集成电路基础与实践技术丛书

CMOS 芯片结构与制造技术

潘桂忠　编著

电子工业出版社
Publishing House of Electronics Industry
北京·BEIJING

内 容 简 介

本书从 CMOS 芯片结构技术出发，系统地介绍了微米、亚微米、深亚微米及纳米 CMOS 制造技术，内容包括单阱 CMOS、双阱 CMOS、LV/HV 兼容 CMOS、BiCMOS、LV/HV 兼容 BiCMOS，以及 LV/HV 兼容 BCD 制造技术。除第 1 章外，全书各章都采用由 CMOS 芯片主要元器件、制造技术及主要参数所组成的综合表，从芯片结构出发，利用计算机和相应的软件，描绘出芯片制造的各工序剖面结构，从而得到制程剖面结构。书中给出了 100 余种典型 CMOS 芯片结构，介绍了各种典型制造技术，并描绘出 50 余种制程剖面结构。深入地了解芯片制程剖面结构，对于电路设计、芯片制造、成品率提升、产品质量提高及电路失效分析等都是十分重要的。

本书技术含量高，非常实用，可作为芯片设计、制造、测试及可靠性等方面工程技术人员的重要参考资料，也可作为微电子专业高年级本科生的教学用书，还可供信息领域其他专业的学生和相关科研人员、工程技术人员参考。

未经许可，不得以任何方式复制或抄袭本书之部分或全部内容。
版权所有，侵权必究。

图书在版编目（CIP）数据

CMOS 芯片结构与制造技术/潘桂忠编著. —北京：电子工业出版社，2021.12
（集成电路基础与实践技术丛书）
ISBN 978-7-121-42500-4

Ⅰ. ①C… Ⅱ. ①潘… Ⅲ. ①CMOS 电路－芯片－生产工艺 Ⅳ. ①TN430.5

中国版本图书馆 CIP 数据核字（2021）第 260262 号

责任编辑：满美希　文字编辑：徐　萍
印　　刷：三河市君旺印务有限公司
装　　订：三河市君旺印务有限公司
出版发行：电子工业出版社
　　　　　北京市海淀区万寿路 173 信箱　邮编：100036
开　　本：787×1 092　1/16　印张：23.5　字数：632 千字
版　　次：2021 年 12 月第 1 版
印　　次：2021 年 12 月第 1 次印刷
定　　价：158.00 元

凡所购买电子工业出版社图书有缺损问题，请向购买书店调换。若书店售缺，请与本社发行部联系，联系及邮购电话：（010）88254888，88258888。
质量投诉请发邮件至 zlts@phei.com.cn，盗版侵权举报请发邮件至 dbqq@phei.com.cn。
本书咨询联系方式：manmx@phei.com.cn。

苦日子过完了，父母却老了；

好日子开始了，父母却走了。

谨以此书纪念

父亲　潘礼德（1905—1986）

母亲　倪玉娥（1915—1988）

作者简介

潘桂忠：1959 年毕业于南京大学物理学系半导体物理专业，高级工程师，研究生导师，贝岭微电子公司原技术工程部经理。从事 LSI/VLSI 设计、工艺技术、芯片结构、电路研制及 IC 生产长达 50 余年。

先后负责启动并运转三家单位（航天部 771 所、香港华科、上海贝岭）引进的 LSI 生产线，实现了大批量生产；开发并提高了各种工艺技术；研制并生产了各种 LSI/VLSI。其中，上海贝岭 LSI 大批量生产获得成功并取得了很好的经济效益，邓小平等领导人曾来公司参观；航天部专用"MOS IC 的设计和制造"获航天部三等功；"S1240 电话交换机专用 LSI 制造、生产和国产化（国家引进重点项目）"分别获上海市优秀新产品成果一等奖、科学技术进步奖和国家科技进步三等奖。曾参与《超纯硅的制备和分析》与《世界 IC 发展趋势》的编译、《实用 IC 工艺手册》的编著；发表论文50 余篇，并编著《MOS 集成电路结构与制造技术》和《MOS 集成电路工艺与制造技术》。

前　言

本书系统地介绍了微米、亚微米、深亚微米及纳米 CMOS 制造技术。除第 1 章外，全书其他各章都由综合表（电路主要元器件、制造技术及主要参数、设计规则等）、CMOS 芯片剖面结构、工艺技术及工艺制程等组成。限于篇幅，本书第 1 章仅简明扼要地叙述制造的各种基本工艺技术，而更加详细的技术，请读者参阅本书后面的"参考文献"。

半个多世纪以来，MOS 集成电路按照摩尔定律高速地向前发展，芯片特征尺寸不断缩小，晶圆尺寸不断扩大，现今已进入 7～22nm 技术节点的上百亿个元件集成度，集成电路制造工艺技术发展迅速且出现了深刻的变化。特征尺寸不断缩小，芯片面积不断扩大，元件数不断增加，芯片从二维结构进入三维结构，布线层数不断增多，集成电路的性能与功能不断提高，这使得集成电路越来越复杂，导致芯片制造技术难度不断提高。针对这种情况，集成电路的设计和制造采用本书作者提出的芯片结构技术是十分必要的。本书各章给出了直观的图示，这对于分析设计和制造中出现的各种问题非常有帮助，对于完善和提高制造技术非常有用，对于产品性能、成品率、产品质量及可靠性等的提高也都是非常有效的。总之，这有助于设计与制造间各种技术问题的讨论，使得电路设计和制造技术得到紧密的结合与沟通。

本书第 1 章简明扼要地介绍了制造基本技术，为后续各章介绍制造技术奠定了基础。全书第 2 章至第 7 章都采用芯片结构技术，系统地介绍了 CMOS 各种典型制造技术，内容包括单阱 CMOS、双阱 CMOS、LV/HV 兼容 CMOS、BiCMOS、LV/HV 兼容 BiCMOS 及 LV/HV 兼容 BCD 制造技术。全书描绘出 100 余种典型 CMOS 芯片结构，并介绍了 50 余种典型 CMOS 制造技术。采用芯片结构技术，利用计算机及相应的软件，可以描绘出芯片制程中各个工序剖面结构，依据各个工序的先后次序互相连接起来，可以得到制程剖面结构示意图。每章的第一节都给出了 CMOS 芯片平面与剖面结构示意图，该图直观地显示出制程中芯片表面、内部元器件及互连的形成过程和结构的变化，使读者能更快地掌握 CMOS 电路制造技术。

电路设计是由设计公司来完成的。一般由制造厂家的技术工程部门将设计规则和各种器件模型参数提供给设计公司，作为电路设计的依据之一。电路设计完成后，就要把电路详细线路图转换成多层的几何图形的版图（Layout），然后制成供芯片制造用的掩模（Mask）。电路芯片制造中多次使用掩模，各次光刻确定了电路芯片各层平面结构与横向尺寸。制程完成后，不仅确定了电路芯片各层平面结构与横向尺寸，而且也确定了剖面结构与纵向尺寸，并精确控制了硅中的杂质浓度及其分布和结深，从而确定了电路功能和电气性能。芯片结构及其尺寸和硅中杂质浓度及其分布、结深都是制程的关键，它们与电路芯片制造工艺和电学参数密切相关。

种类繁多的 CMOS 电路，具有不同的集成度，要采用不同的设计规则，就要有相应的制造技术。不能用高集成度的亚微米或深微米制造技术来制造低集成度的微米级电路。本书介绍的微米、亚微米、深亚微米及纳米制造技术，其中有适用于低集成度电路制造的，也有适用于高集成度电路制造的。

2010 年出版的《MOS 集成电路结构与制造技术》系统地介绍了各种不同元器件剖面结构，

集成后得到各种典型芯片剖面结构，由此结合其结构以实例描绘出一些制程；2012年出版的《MOS 集成电路工艺与制造技术》系统地介绍了芯片基础工艺并建立其工艺规范，由此结合其规范以实例描绘出一些制程；而《CMOS 芯片结构与制造技术》是上述两本著作的续集，系统地介绍了各种硅栅或硅化物栅 CMOS 制程，由此以基本制程结构为基础，消去/修改其中单个或多个元器件结构，或者引入不同于其中单个或多个元器件的结构，并使之制程进行改变，得到多种不同制程结构，阐明了各种制程的相互关联。可以说，这三本著作相辅相成，技术含量高，非常实用。

本书各章中抽出一些内容，在中国电子信息产业集团有限公司主管的《集成电路应用》学术期刊（2017.4～2019.3）陆续刊登，获得读者很好的评价，各种芯片与制程结构技术非常实用。

本书的出版得益于许多人的帮助，在此向他们表示感谢。一是感谢我曾经的工作单位——航天部771所，在该所20余年的工作中，我参与了 IC 板图设计、制造工艺技术及电路芯片的研制与生产等工作，尤其是许平研究员调我到 MOS LSI 生产线工作，这些工作经历都让我积累了宝贵经验；二是感谢上海贝岭微电子公司首任总经理张惠泉（已逝世），他把我作为 IC 高技术人才引进，让我有机会为该公司技术引进和芯片大批量生产而效力；三是感谢我的妻子夏雪花，有了她的大力帮助和支持，我才得以完成本书的编写工作。

虽然书稿历经多次修改和校正，但由于涉及各种类型制造技术，再加上作者的水平和经验有限，书中难免存在缺点和错误，殷切希望广大读者批评指正。

编著者

目　　录

第1章　LSI/VLSI 制造基本技术 ··· 1
　1.1　基础工艺技术 ··· 1
　　　1.1.1　基础工艺技术 ··· 1
　　　1.1.2　工艺制程 ·· 3
　　　1.1.3　工艺一体化 ··· 4
　1.2　器件隔离技术 ··· 4
　　　1.2.1　LOCOS 隔离 ·· 4
　　　1.2.2　浅槽隔离 ·· 6
　　　1.2.3　PN 结隔离 ·· 7
　1.3　衬底与阱技术 ··· 8
　　　1.3.1　CMOS 工艺与阱的形成 ·· 8
　　　1.3.2　可靠性与阱技术 ·· 10
　　　1.3.3　外延与 SOI 衬底 ··· 10
　1.4　栅与源、漏结的形成技术 ··· 11
　　　1.4.1　栅工艺 ·· 11
　　　1.4.2　源、漏结构的形成 ·· 12
　　　1.4.3　漏极技术 ·· 13
　1.5　接触的形成与多层布线技术 ··· 13
　　　1.5.1　接触的形成 ··· 14
　　　1.5.2　金属化系统 ··· 14
　　　1.5.3　多层布线工艺与平坦化技术 ··· 14
　1.6　BiCMOS 技术 ··· 15
　1.7　LV/HV 兼容技术 ·· 16
　　　1.7.1　LV/HV 兼容 CMOS ·· 16
　　　1.7.2　LV/HV 兼容 BiCMOS ·· 17
　　　1.7.3　LV/HV 兼容 BCD ·· 18
　1.8　CMOS 集成电路工艺设计 ·· 19
　　　1.8.1　硅衬底参数设计 ·· 20
　　　1.8.2　栅介质材料 ··· 20
　　　1.8.3　栅电极材料 ··· 21
　　　1.8.4　阈值电压设计 ··· 21
　　　1.8.5　工艺参数设计 ··· 22

1.9	CMOS 集成电路设计与制造技术关系	24
	1.9.1 芯片结构及其参数	25
	1.9.2 芯片结构技术	25
	1.9.3 芯片制造	26

第 2 章 单阱 CMOS 芯片与制程剖面结构 28

2.1	P-Well CMOS（A）	28
	2.1.1 芯片平面/剖面结构	29
	2.1.2 工艺技术	32
	2.1.3 工艺制程	32
2.2	P-Well CMOS（B）	34
	2.2.1 芯片剖面结构	34
	2.2.2 工艺技术	35
	2.2.3 工艺制程	38
2.3	P-Well CMOS（C）	39
	2.3.1 芯片剖面结构	40
	2.3.2 工艺技术	40
	2.3.3 工艺制程	43
2.4	HV P-Well CMOS	45
	2.4.1 芯片剖面结构	46
	2.4.2 工艺技术	46
	2.4.3 工艺制程	49
2.5	N-Well CMOS（A）	51
	2.5.1 芯片平面/剖面结构	52
	2.5.2 工艺技术	55
	2.5.3 工艺制程	55
2.6	N-Well CMOS（B）	57
	2.6.1 芯片剖面结构	57
	2.6.2 工艺技术	58
	2.6.3 工艺制程	61
2.7	N-Well CMOS（C）	62
	2.7.1 芯片剖面结构	63
	2.7.2 工艺技术	63
	2.7.3 工艺制程	66
2.8	HV N-Well CMOS	67
	2.8.1 芯片剖面结构	68
	2.8.2 工艺技术	69
	2.8.3 工艺制程	71

第3章 双阱CMOS芯片与制程剖面结构 ········· 73

3.1 亚微米CMOS（A） ········· 74
- 3.1.1 芯片平面/剖面结构 ········· 75
- 3.1.2 工艺技术 ········· 79
- 3.1.3 工艺制程 ········· 80

3.2 亚微米CMOS（B） ········· 81
- 3.2.1 芯片剖面结构 ········· 82
- 3.2.2 工艺技术 ········· 82
- 3.2.3 工艺制程 ········· 85

3.3 亚微米CMOS（C） ········· 87
- 3.3.1 芯片剖面结构 ········· 87
- 3.3.2 工艺技术 ········· 88
- 3.3.3 工艺制程 ········· 91

3.4 深亚微米CMOS（A） ········· 93
- 3.4.1 芯片剖面结构 ········· 94
- 3.4.2 工艺技术 ········· 94
- 3.4.3 工艺制程 ········· 97

3.5 深亚微米CMOS（B） ········· 99
- 3.5.1 芯片剖面结构 ········· 99
- 3.5.2 工艺技术 ········· 100
- 3.5.3 工艺制程 ········· 103

3.6 深亚微米CMOS（C） ········· 105
- 3.6.1 芯片剖面结构 ········· 106
- 3.6.2 工艺技术 ········· 106
- 3.6.3 工艺制程 ········· 111

3.7 纳米CMOS（A） ········· 112
- 3.7.1 芯片剖面结构 ········· 113
- 3.7.2 工艺技术 ········· 114
- 3.7.3 工艺制程 ········· 117

3.8 纳米CMOS（B） ········· 118
- 3.8.1 芯片剖面结构 ········· 119
- 3.8.2 工艺技术 ········· 120
- 3.8.3 工艺制程 ········· 122

3.9 纳米CMOS（C） ········· 124
- 3.9.1 芯片剖面结构 ········· 125
- 3.9.2 工艺技术 ········· 125
- 3.9.3 工艺制程 ········· 128

3.10 纳米CMOS（D） ········· 130

			3.10.1 芯片剖面结构 ········· 131
			3.10.2 工艺技术 ············ 131
			3.10.3 工艺制程 ············ 135

第 4 章 LV/HV 兼容 CMOS 芯片与制程剖面结构 ········· 137

4.1 LV/HV P-Well CMOS（A） ········· 138
    4.1.1 芯片平面/剖面结构 ········· 138
    4.1.2 工艺技术 ········· 139
    4.1.3 工艺制程 ········· 143

4.2 LV/HV P-Well CMOS（B） ········· 145
    4.2.1 芯片剖面结构 ········· 146
    4.2.2 工艺技术 ········· 146
    4.2.3 工艺制程 ········· 149

4.3 LV/HV P-Well CMOS（C） ········· 150
    4.3.1 芯片剖面结构 ········· 151
    4.3.2 工艺技术 ········· 151
    4.3.3 工艺制程 ········· 154

4.4 LV/HV N-Well CMOS（A） ········· 156
    4.4.1 芯片剖面结构 ········· 157
    4.4.2 工艺技术 ········· 157
    4.4.3 工艺制程 ········· 160

4.5 LV/HV N-Well CMOS（B） ········· 161
    4.5.1 芯片剖面结构 ········· 162
    4.5.2 工艺技术 ········· 163
    4.5.3 工艺制程 ········· 165

4.6 LV/HV N-Well CMOS（C） ········· 167
    4.6.1 芯片剖面结构 ········· 168
    4.6.2 工艺技术 ········· 168
    4.6.3 工艺制程 ········· 171

4.7 LV/HV Twin-Well CMOS（A） ········· 173
    4.7.1 芯片剖面结构 ········· 174
    4.7.2 工艺技术 ········· 174
    4.7.3 工艺制程 ········· 178

4.8 LV/HV Twin-Well CMOS（B） ········· 179
    4.8.1 芯片剖面结构 ········· 180
    4.8.2 工艺技术 ········· 181
    4.8.3 工艺制程 ········· 184

第 5 章 BiCMOS 芯片与制程剖面结构 ········· 186

5.1 P-Well BiCMOS[C] ········· 187

  5.1.1 芯片平面/剖面结构 ······ 188
  5.1.2 工艺技术 ······ 189
  5.1.3 工艺制程 ······ 193
 5.2 P-Well BiCMOS[B]-（A） ······ 194
  5.2.1 芯片剖面结构 ······ 195
  5.2.2 工艺技术 ······ 195
  5.2.3 工艺制程 ······ 198
 5.3 P-Well BiCMOS[B]-（B） ······ 200
  5.3.1 芯片剖面结构 ······ 201
  5.3.2 工艺技术 ······ 201
  5.3.3 工艺制程 ······ 205
 5.4 N-Well BiCMOS[C] ······ 206
  5.4.1 芯片剖面结构 ······ 207
  5.4.2 工艺技术 ······ 208
  5.4.3 工艺制程 ······ 210
 5.5 N-Well BiCMOS[B]-（A） ······ 212
  5.5.1 芯片剖面结构 ······ 213
  5.5.2 工艺技术 ······ 213
  5.5.3 工艺制程 ······ 216
 5.6 N-Well BiCMOS[B]-（B） ······ 218
  5.6.1 芯片剖面结构 ······ 219
  5.6.2 工艺技术 ······ 220
  5.6.3 工艺制程 ······ 223
 5.7 Twin-Well BiCMOS[B]-（A） ······ 225
  5.7.1 芯片剖面结构 ······ 226
  5.7.2 工艺技术 ······ 226
  5.7.3 工艺制程 ······ 229
 5.8 Twin-Well BiCMOS[B]-（B） ······ 231
  5.8.1 芯片剖面结构 ······ 232
  5.8.2 工艺技术 ······ 233
  5.8.3 工艺制程 ······ 236

第6章 LV/HV 兼容 BiCMOS 芯片与制程剖面结构 ······ 239

 6.1 LV/HV P-Well BiCMOS[C] ······ 239
  6.1.1 芯片平面/剖面结构 ······ 240
  6.1.2 工艺技术 ······ 240
  6.1.3 工艺制程 ······ 245
 6.2 LV/HV P-Well BiCMOS[B]-（A） ······ 246

        6.2.1 芯片剖面结构 ··· 247
        6.2.2 工艺技术 ··· 247
        6.2.3 工艺制程 ··· 251
   6.3 LV/HV P-Well BiCMOS[B]-（B） ··· 252
        6.3.1 芯片剖面结构 ··· 253
        6.3.2 工艺技术 ··· 254
        6.3.3 工艺制程 ··· 257
   6.4 LV/HV N-Well BiCMOS[C] ··· 259
        6.4.1 芯片剖面结构 ··· 260
        6.4.2 工艺技术 ··· 260
        6.4.3 工艺制程 ··· 263
   6.5 LV/HV N-Well BiCMOS[B]-（A） ··· 264
        6.5.1 芯片剖面结构 ··· 265
        6.5.2 工艺技术 ··· 265
        6.5.3 工艺制程 ··· 269
   6.6 LV/HV N-Well BiCMOS[B]-（B） ··· 271
        6.6.1 芯片剖面结构 ··· 271
        6.6.2 工艺技术 ··· 272
        6.6.3 工艺制程 ··· 275
   6.7 LV/HV Twin-Well BiCMOS[C] ·· 277
        6.7.1 芯片剖面结构 ··· 277
        6.7.2 工艺技术 ··· 278
        6.7.3 工艺制程 ··· 281
   6.8 LV/HV Twin-Well BiCMOS[B] ·· 282
        6.8.1 芯片剖面结构 ··· 283
        6.8.2 工艺技术 ··· 284
        6.8.3 工艺制程 ··· 287

第 7 章 LV/HV 兼容 BCD 芯片与制程剖面结构 ·· 289
   7.1 LV/HV P-Well BCD[C] ··· 290
        7.1.1 芯片平面/剖面结构 ·· 291
        7.1.2 工艺技术 ··· 291
        7.1.3 工艺制程 ··· 295
   7.2 LV/HV P-Well BCD[B]-（A） ·· 297
        7.2.1 芯片剖面结构 ··· 298
        7.2.2 工艺技术 ··· 298
        7.2.3 工艺制程 ··· 301
   7.3 LV/HV P-Well BCD[B]-（B） ·· 302

    7.3.1 芯片剖面结构 ··· 303
    7.3.2 工艺技术 ··· 304
    7.3.3 工艺制程 ··· 307
  7.4 LV/HV N-Well BCD[C] ··· 309
    7.4.1 芯片剖面结构 ··· 310
    7.4.2 工艺技术 ··· 310
    7.4.3 工艺制程 ··· 313
  7.5 LV/HV N-Well BCD[B]-（A）··· 315
    7.5.1 芯片剖面结构 ··· 315
    7.5.2 工艺技术 ··· 316
    7.5.3 工艺制程 ··· 319
  7.6 LV/HV N-Well BCD[B]-（B）··· 321
    7.6.1 芯片剖面结构 ··· 322
    7.6.2 工艺技术 ··· 322
    7.6.3 工艺制程 ··· 326
  7.7 LV/HV N-Well BCD[B]-（C）··· 327
    7.7.1 芯片剖面结构 ··· 328
    7.7.2 工艺技术 ··· 329
    7.7.3 工艺制程 ··· 332
  7.8 LV/HV Twin-Well BCD[C] ·· 333
    7.8.1 芯片剖面结构 ··· 334
    7.8.2 工艺技术 ··· 335
    7.8.3 工艺制程 ··· 338
  7.9 LV/HV Twin-Well BCD[B]-（A）·· 339
    7.9.1 芯片剖面结构 ··· 340
    7.9.2 工艺技术 ··· 341
    7.9.3 工艺制程 ··· 344
  7.10 LV/HV Twin-Well BCD[B]-（B）··· 345
    7.10.1 芯片剖面结构 ··· 346
    7.10.2 工艺技术 ··· 347
    7.10.3 工艺制程 ··· 350
附录A 术语缩写对照 ··· 353
附录B 简要说明 ··· 357
参考文献 ··· 359

第1章 LSI/VLSI 制造基本技术

CMOS 集成电路是利用许多基本技术制成的，包括基础工艺技术、器件隔离技术、衬底与阱技术、栅与源漏结形成技术、接触形成与多层布线技术、双极与 BiCMOS 技术及 LV/HV 兼容技术等。通过这些基本技术，在硅片上按照一定的图形和结构制造出需要的电路。本章将简要介绍这些基本技术，最后对集成电路工艺设计和电路设计与制造的关系进行叙述。本章的内容将为后续各章介绍的集成电路制造技术打下基础。

1.1 基础工艺技术

基础工艺技术包括形成二氧化硅膜的热氧化工艺，将杂质掺入硅中的杂质扩散和离子注入工艺，将电路缩小版图复制到硅片表面的制版和光刻工艺，以及各种薄膜的淀积工艺等。

1.1.1 基础工艺技术

在 LSI/VLSI 制程中，对于硅衬底基片，首先要对硅晶锭进行切磨抛、清洗、吸杂等预处理，然后进行氧化、光刻、离子注入、扩散退火、薄膜淀积（外延生长、形成绝缘膜、溅射金属膜）等基础工艺技术及其组合加工。

- 晶圆吸杂：在 LSI/VLSI 制造工艺中，这一工序是在硅晶圆生产厂家来完成的。吸杂就是去除从单晶锭上切下的硅晶圆表面上沾染的金属杂质及缺陷。沾染的金属杂质在晶体中的扩散速度比较快，会被缺陷捕获形成深能级，所以必须在硅晶圆基片的预处理工序中清除掉。一种方法是对硅衬底进行离子注入，形成能捕获金属杂质的缺陷，称为外部吸杂；另一种方法是对于内部已存在缺陷的硅衬底，在 H_2 中进行退火处理以消除缺陷，称为内部吸杂。
- 氧化：在 LSI/VLSI 制造工艺中，氧化工序是将硅衬底置于 O_2 中进行加热处理，生成 SiO_2 薄膜。氧化膜的厚度取决于硅片温度、气体流量、气体种类及氧化时间等。按氧化气氛来分，有干氧氧化、水汽氧化及湿氧氧化。湿氧氧化的氧化膜生长速率大约比干氧氧化大一个数量级。另外，也可以用氮气或氩气携带干燥氧气进行氧化。在这种情况下氧气被稀释（如 $N_2 : O_2 = 3 : 1$ 或 $5 : 1$ 等），干氧氧化的生长速率变慢，稀释的比例越大，则生长速率越慢。根据 LSI/VLSI 的要求，选择合适的稀释比例，就可以得到超薄氧化膜。按集成电路制造工艺来分，有初始氧化、基底氧化、预氧化、场区氧化、预栅氧化、栅氧化、多晶氧化及源漏氧化等。

当 SiO_2 膜比较薄时，膜厚与氧化时间成正比。膜变厚以后，膜厚与氧化时间的平方根成正比，因而要得到厚的氧化膜时，需要较长的氧化时间。经过氧化后，硅表面向深层方向移动，移动的距离为氧化膜厚度的 0.44 倍。因而，如果氧化膜厚度存在差异，经氧化后再去除所有的氧化膜，硅表面会存在台阶。

在 LSI/VLSI 制造技术中，根据工艺要求，选择干氧氧化、水汽氧化或湿氧氧化。但采用较多的是干氧–湿氧–干氧相结合的氧化方式。这种氧化方式既保证了 SiO_2 表面和 Si-SiO_2 界面质量，又解决了生长速率的问题。

在热氧化期间，在氧化气氛中添加少量含氯气体（Cl_2、HCl、C_2HCl_3、TCA 等），可以捕获钠离子 Na^+，能显著改善 SiO_2 膜的电学稳定性。这种方法可以减少 SiO_2-Si 界面的表面态，减少 SiO_2 层下面的硅的位错，提高 SiO_2 层下面的少子寿命。

- 光刻：在 LSI/VLSI 制造技术中，光刻是一种以光学复印（曝光）图像和材料腐蚀或刻蚀相结合的表面微细加工技术。前者是把制作在光掩模版上的集成电路几何图形，精确地复制到硅基片表面的光刻胶层上，形成具有相同几何图形结构的光刻胶图形掩蔽层；后者再利用光刻胶掩蔽层的抗蚀保护作用，对没有被光刻胶掩蔽而裸露着的某种薄膜材料进行选择性腐蚀或刻蚀，从而将上述的几何图形进一步转移到硅基片表面的薄膜材料层上。这些待腐蚀或刻蚀的薄膜材料通常是 SiO_2、PSG、BPSG、Poly、Si_3N_4 等半导体材料及金属膜等。

在光刻工序中，各个工步包括硅片处理、涂 HMDS 黏附剂、涂胶、前烘、曝光、显影、后烘及腐蚀或刻蚀、去胶等。

关于光源，按照设计规则，0.8μm 线条用高压汞灯的 g 线（436nm），0.35μm 线条用 i 线（365nm），0.13μm 线条用受激准分子激光器的 UV 光（KrF：248nm），0.10μm 线条使用的光源为 ArF：193nm。对更窄的线条，应该使用 UV 光（F2：157nm）、电子束、离子束或者 X 射线曝光。

- 腐蚀或刻蚀：在 LSI/VLSI 制造技术中，腐蚀或刻蚀是指采用化学的、物理的，或同时使用化学和物理的方法，有选择性地把未被光刻胶掩蔽的待腐蚀或刻蚀的介质膜或金属膜去除，从而最终将掩模图形转移到介质层上。理想的腐蚀或刻蚀要求有良好的方向性、选择性及可控性，其方法可分为湿法腐蚀和干法刻蚀两类。

湿法腐蚀是把被光刻胶掩蔽的硅片浸泡在腐蚀剂中，未被光刻胶保护的薄膜材料（SiO_2、PSG、BPSG、Si、Poly、Al 等）与腐蚀液发生化学反应，逐渐被去除。腐蚀不同的材料需要采用不同的腐蚀剂。腐蚀剂的主要成分是酸，选择适当的配方可得到很好的腐蚀选择性。

对于给定的材料，影响腐蚀速率的主要因素是温度。温度越高，腐蚀速率越大。为了控制腐蚀过程的反应速率，通常使反应在恒温下进行，并选用合适的腐蚀液。一般来说，湿法腐蚀是各向同性的腐蚀，腐蚀过程中腐蚀液不但浸蚀溶掉深度方向的材料，而且同时腐蚀侧壁的材料，并容易产生钻蚀现象，所以腐蚀分辨率不高。

湿法腐蚀存在侧向腐蚀并容易产生钻蚀的问题，要进一步提高腐蚀精度已很困难。而干法刻蚀工艺能高保真地传递图形，特别适用于细线条刻蚀。常用的干法刻蚀分成两种：一种是等离子刻蚀，它是依靠气体辉光放电生成的化学活性游离基与待刻蚀的材料发生化学反应而去除待刻蚀材料的一种方法；另一种是反应离子刻蚀，它是在纵向不断进行刻蚀，而在横向不进行刻蚀的所谓各向异性很强的刻蚀。反应离子刻蚀主要依赖于活性刻蚀剂气体的离子和游离基团与硅片表面之间的化学反应，这些活性粒子所具有的能量主要损耗化学反应，所以物理轰击能量稍小，因而对器件损伤较小。

- 离子注入：在 LSI/VLSI 制造技术中，应用离子注入主要是为了对硅衬底进行掺杂，从而达到改变材料电学性质的目的。离子注入是把掺杂原子离化，然后在静电场中加速，使之获得一定的能量，均匀地注入硅片中。经过适当的退火处理后，注入的离子活化，起施主或受主的作用。

制造集成电路时，多道掺杂工序采用了离子注入。特别是在 MOS 集成电路的制程中，器件隔离工序中防止寄生沟道用的沟道截止、调整阈值电压用的沟道掺杂、CMOS 的阱的形成及源漏区的形成等主要的掺杂工序都采用离子注入。

离子注入的射程取决于离子的种类，以及加速能量。离子注入的杂质经过退火而被激活，同时退火也具有热扩散作用，从而在硅衬底形成一定的杂质分布。为了形成比较深的离子注入分布，一般需采用 700～1500keV 的高能离子注入。

线条在 0.13μm 以下的器件工艺中，为了形成极浅结，需要采用新的离子注入技术，如低能量注入，将硼烷等分子离化或采用 Ga、In、Sb 等重离子注入，或者使用等离子掺杂等技术。

- 扩散退火：在 LSI/VLSI 制造技术中，为了使注入的杂质原子激活，要在 N_2 中 900～1100℃温度范围对硅衬底加热，杂质原子在激活的同时也进行扩散，所以在进行器件结构的设计时，要考虑到经过退火热扩散后的杂质分布。线条在 0.25μm 以下微细结构的 MOS 器件中，源、漏极必须做成极浅结，因此不能使用传统的扩散工艺高温炉进行退火，而是采用灯丝加热的快速热处理（RTP）。扩散炉中的升温速率一般为 10℃/min，而快速热处理的升温速率可以达到 200℃/min，在几秒钟到几分钟时间之内就可以完成退火处理。
- 薄膜淀积：在 LSI/VLSI 制造技术中，使用加热、等离子体及紫外线等各种能源，使气态物质经化学反应形成固态物质淀积在硅衬底上的方法，称为化学气相淀积，简称 CVD 工艺。实现 CVD 的方法主要有常压 CVD（APCVD）、低压 CVD（LPCVD）及等离子 CVD（PECVD）等。与此相应的 CVD 装置要满足不同方法、不同性能和特点的要求。CVD 在 LSI/VLSI 制造技术中的应用有：钝化膜——Si_3N_4、PSG；扩散掩蔽膜——SiO_2、Si_3N_4；扩散源——PSG、BSG；多层绝缘膜——PSG、BPSG、SiO_2、TEOS；栅极——Poly；栅绝缘膜——SiO_2；等等。

利用 CVD 工艺可以得到单晶硅、多晶硅、SiO_2（LTO、HTO、TEOS、BSG、PSG、BPSG 等）、Si_3N_4 及金属硅化物等薄膜。

上述工艺可以分类为清洗工艺（湿法清洁，去除光刻胶）、微细加工工艺（制版，腐蚀或刻蚀）、掺杂工艺（离子注入，扩散）、薄膜形成工艺（淀积绝缘膜，多晶硅膜，金属膜）及表面钝化工艺等。

1.1.2 工艺制程

根据设计电路采用确定的制造技术，由基本工序、相互关联及将其组合起来构成了工艺制程，它是由工艺规范确定的各个基本工序按一定顺序组合构成的。

集成电路芯片采用确定的制造技术来实现，由氧化、光刻、杂质扩散、离子注入、薄膜淀积和溅射金属等构成主要工序。这些工序提供了形成电路中各个元器件（如晶体管、电容、电阻等）所需要的精确控制的硅中的杂质层，也提供了这些电路元器件连接起来形成集成电路所需要的介质和金属层。这些必须按给定的顺序完成的制造步骤构成了制程。当这些工序都按工艺规范做完，每个晶圆上就做成了很多集成电路芯片。

利用计算机，依照设计电路芯片制造技术中的各个工序的先后次序，把各个工序连接起来，可以得到制程。该制程由多个工序组成，而工序则由多个工步组成。根据设计电路的电气特性要求，选择工艺规范号和工艺序号，以便得到所需要的工艺参数和电学参数。

为了直观地显示出制程中芯片表面、内部元器件及互连的形成过程和结构的变化，借助电路芯片剖面结构和制程,使用计算机和相应的软件,可以描绘出电路芯片制程中各个工序剖面结构示意图,依照各个工序的先后次序,把各个工序剖面结构示意图连接起来,就可以得到制程剖面结构示意图。

从制程剖面结构示意图中可以看出,电路芯片制造中多次使用掩模(Mask),各次光刻确定了电路芯片各层平面结构与横向尺寸。制程不仅确定了电路芯片各层平面结构与横向尺寸,而且也确定了剖面结构与纵向尺寸,精确控制了硅中的杂质浓度及其分布和结深,从而确定了电路功能和电气性能。平面结构与横向尺寸、剖面结构与纵向尺寸是制程的关键,它们与栅氧化层厚度 $T_{G\text{-}ox}$、有效沟道长度 L_{eff}、阈值电压 U_t、杂质浓度分布 N_s、源漏结深度 X_j、薄层电阻 R_s 及寄生效应(这些都是结构参数,同时也是工艺参数和电学参数)等有关。制程完成后,平面结构与横向尺寸、剖面结构与纵向尺寸能否实现芯片要求,关键取决于各工序的工艺规范值。如果制程完成后电路芯片得到的结构参数不精确,则电路性能就达不到设计指标。所以在电路芯片制造中,要严格遵守工艺规范才能得到合格的电路。

1.1.3 工艺一体化

以 CMOS 为中心的 LSI/VLSI 制造基本技术,通常可以分为器件隔离、衬底与阱、栅与源漏结的形成、接触形成与多层布线,以及双极与 BiCMOS 等。通过分别开发各工艺步骤,并将它们组合,能够制造出所希望的新的 LSI/VLSI。在下面各节中将深入讨论这些制造基本技术。

1.2 器件隔离技术

集成电路的有源区与衬底内部的隔离,可以通过将 PN 结反向偏置的方法来实现。但是,为了在水平方向上将器件隔离,一般采用氧化层。本节介绍用于器件隔离的局部氧化(LOCOS)和浅槽隔离工艺。在 BiCMOS 制造技术中,还要使用 LOCOS 和 IP+(为了与 P+ 源漏相区分)隔离技术。

1.2.1 LOCOS 隔离

在制程中,为了实现各元器件的隔离,硅衬底表面的某些区域被选择性地氧化,而其余区域不被氧化,这就是硅的局部氧化。P-Well CMOS 制程形成隔离剖面结构如图 1-1 所示(略去背面和侧面结构)。硅衬底经热氧化后,淀积一层 Si_3N_4 膜;形成隔离图形后,通过沟道截止注入(或称场区注入)硼,形成场区;场氧化后,腐蚀掉 $SiON/Si_3N_4/SiO_2$(简称三层腐蚀)就完成了隔离。选择抗氧化能力强的 Si_3N_4 作为选择氧化掩模。Si_3N_4 在水汽中的氧化反应是

$$Si_3N_4 + 6H_2O \rightarrow 3SiO_2 + 4NH_3\uparrow$$

此过程要比 Si 与 H_2O 的反应慢得多,只要选择适当的 Si_3N_4 厚度,就可使氧化终了时 Si_3N_4 仍保留一定的厚度,不致全部转化为 SiO_2,从而使 Si_3N_4 下面的硅受到保护,而裸露的硅则被氧化。Si_3N_4 的厚度与由它转化成的 SiO_2 的厚度的关系为:$t_{Si_3N_4} = 1.7 t_{ox}$。这一工序称为硅的局部氧化(LOCOS)或场区氧化。这种 LOCOS 隔离的缺点是形成被称为"鸟嘴"的突出的过度氧化区,其原因是氧化侵入到 Si_3N_4 膜之下,它是妨碍提高集成度的重要原因之一。

为了提高并控制场阈电压 U_{TF},对场区先注硼,后氧化。在高温长时间氧化下,注入的硼要发生推进,温度越高,推进越深。但若场氧化温度低,则引起"鸟嘴"明显增长。因此,

选用场氧化的温度要合适。在该温度下，可以达到：场区注硼的推进要少得多，从而显著地减小窄沟道效应，避免跨导下降，有利于电路性能的提高；减轻有源区周围出现的"白带"效应；"鸟嘴"长度较短，不影响有源区尺寸。在一定的场区注入下，U_{TF} 只需要高出电路中最高的电源电压的 1.5～2.0 倍，场氧化层（6000～12000Å）不要太厚，否则，将导致严重的"鸟嘴"效应，直接影响有源区尺寸。因此，场氧化层厚度选取要适当。

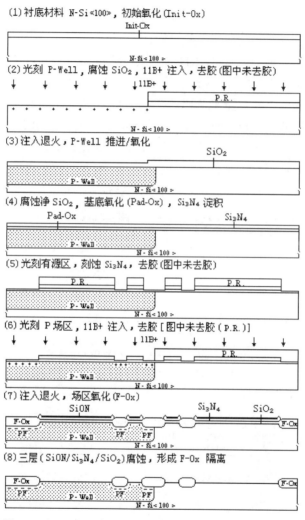

图 1-1　LOCOS 隔离剖面结构的形成（参阅附录 B-[2, 13]）

调节沟道截止注入（或场区注入）剂量和注入深度，使得场氧化后有足够的硼留在紧靠氧化层的硅中。应指出，如果场掺杂浓度太高，会增加源、漏对衬底的电容，降低结-地击穿电压（增加阈值电压对窄-宽效应的敏感性）。所以，要选择合适的场区注入剂量。

场氧化和后续的热加工会引起场区注入的杂质的严重横向扩散，此扩散使得靠近 Si_3N_4 四周的表面浓度提高。因此，对于 $W/L<1$ 的器件，阈值电压升高（窄沟道效应）。对于一定的场氧化层厚度，如场氧化温度较低，则场注入的杂质的横向扩展小。另一个问题是，Si_3N_4 掩蔽层下面有横向氧化，所以有源区之间的距离在场氧化后变大。为此，在制版时要把有源区尺寸扩大（即有源区间距缩小），从而弥补横向氧化所造成的损失。

1.2.2 浅槽隔离

LOCOS 隔离技术得到了广泛应用,但是由于表面平整度较差,场氧化层较厚及沟道截止特性等问题,所以很难应用于 0.25μm 以下设计规则的集成电路制造,这时就要采用浅槽隔离等技术。

浅槽隔离(STI)采用的是浅槽和先进的平面化技术。当特征尺寸在 0.25μm 以下时,不可能期望 LOCOS 及其改进方法达到所要求的表面的平面化、场氧化层厚度、边缘形貌及沟道截止特性。和局部氧化工艺不同,STI 技术采用淀积 SiO_2 层。LOCOS 采用热氧化,会消耗靠近硅表面的用于阻止沟道的硼杂质,这样必然使隔离特性变差。而淀积 SiO_2 层可以使场氧化硅下面保留更多的硼,并且能实现具有势垒增强的更尖的角。STI 提供平的表面场氧化硅,它不存在场氧化硅变薄的缺点,而且易于按比例缩小。Twin-Well CMOS STI 隔离剖面结构的形成如图 1-2 所示。其特点是凹槽侧壁,薄的凹槽再氧化,垂直的硼注入(场区注入),CMP 平面化及光滑凹槽的拐角,采用简便的氧化硅侧墙。此外,这种沟槽结构也被用作 DRAM 的记忆电容的结构形式,它与堆叠式电容都是 DRAM 典型的记忆电容。

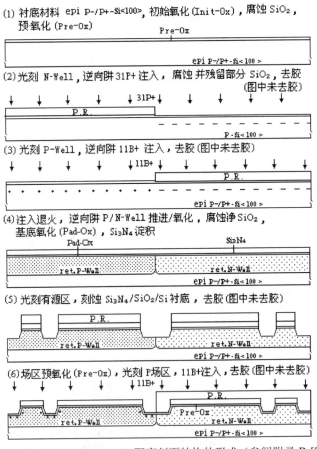

图 1-2 Twin-Well COMS STI 隔离剖面结构的形成(参阅附录 B-[2])

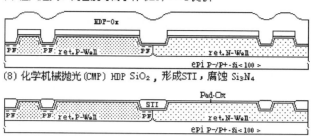

图 1-2 Twin-Well COMS STI 隔离剖面结构的形成（参阅附录 B-[2]）（续）

1.2.3 PN 结隔离

PN 结隔离剖面结构的形成如图 1-3 所示。这是双极型集成电路中常用的隔离技术，它以轻掺杂 P-型硅上外延 N 型层作为衬底。PN 结隔离就是在外延层上进行局部的高浓度 P 型杂质扩散，直到外延层扩穿，形成一个个孤立的硅岛，隔离墙、衬底底部与外延层之间的 P+N 结或 PN 结在反偏下具有很高的电阻，因此能起到隔离作用，在硅岛内制作器件。

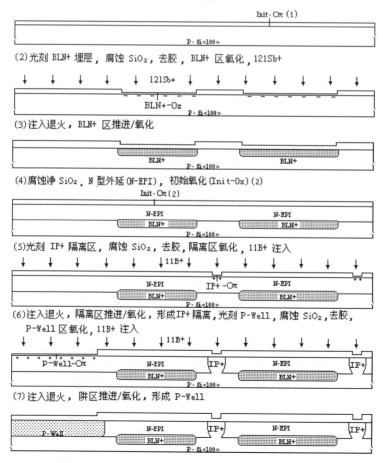

图 1-3 PN 结隔离剖面结构的形成（参阅附录 B-[2]）

1.3 衬底与阱技术

为了在同一硅衬底上形成既有 N 型又有 P 型两种 MOS 结构（CMOS），就需要制作阱（Well），把阱工艺最优化称为阱技术，它可以改善器件的抗辐射和抗闩锁性能。阱技术中，除了通常的扩散阱，还有采用高能离子注入形成的逆向阱（深部的杂质浓度高的阱，与此相反的通常注入的扩散阱称为正向阱）。本节还要介绍外延衬底，这也是阱技术中的一个重要问题。

1.3.1 CMOS 工艺与阱的形成

CMOS 工艺是要在同一个衬底上同时制造出 NMOS 和 PMOS 器件。为了适应不能在原材料上制造的那种类型器件的需要，必须形成与原材料掺杂类型相反的区域。首先要在 N 型硅衬底上将阱区确定出来，然后向阱区注入和扩散掺杂，其浓度足以过补偿 N 型衬底，以得到合适的掺杂形成 P-Well，其制程剖面结构如图 1-4 所示。阱区掺杂浓度和掺杂深度会影响 NMOS 管的阈值电压和击穿电压。同样，在较低浓度的 P 型硅衬底上形成 N-Well，其制程剖面结构如图 1-5 所示。该阱也过补偿 P 型衬底。因此，在 CMOS 技术中，不论 P-Well 工艺还是 N-Well 工艺，总是存在衬底掺杂的过补偿问题，而迁移率取决于杂质总浓度（N_A+N_D），所以沟道迁移率会降低。为了解决这些问题，出现了双阱工艺。它在低电阻率的 P 型原始材料（高浓度的 P+衬底）上生长高电阻率的 P 型外延层（Pepi/P+）或轻掺杂 P 型硅材料作为衬底，同时用杂质注入的方法分别形成低掺杂浓度 P-Well 和 N-Well。这种双阱 CMOS 工艺使每个阱的掺杂及其分布可以独立调整，因此没有一种 MOS 管受到过掺杂效应的影响。NMOS 管制作在 P-Well 内，PMOS 管制作在 N-Well 内。这样可以独立调节两种沟道 MOS 管的参数，以使 CMOS 电路达到最优特性。由于在双阱工艺中不存在过补偿的问题，因此可以获得较高的沟道迁移率和较低的结电容。

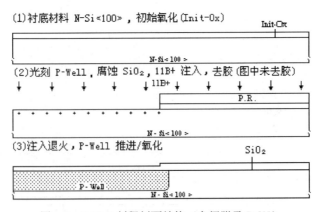

图 1-4 P-Well 制程剖面结构（参阅附录 B-[2]）

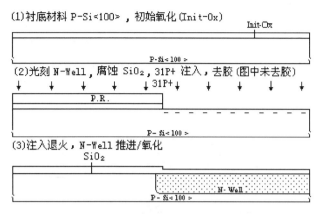

图 1-5　N-Well 制程剖面结构（参阅附录 B-[2]）

双阱（Twin-Well）制程剖面结构如图 1-6 所示。原始材料为轻掺杂 P 型硅或 Pepi/P+ 硅衬底。该图示出如何用一次光刻形成自对准 Twin-Well。对基底氧化层和 Si_3N_4 层进行光刻，在 N-Well 区内用等离子刻蚀 Si_3N_4 层。在一定能量下将磷注入硅中进行 N-Well 区掺杂，但相邻的区域被光刻胶和 Si_3N_4 掩蔽住。随后，在 N-Well 内选择氧化。去除 Si_3N_4 后，进行自对准硼注入，形成 P-Well 区。硼通过薄的基底氧化层进入硅中，但是由厚 SiO_2 层掩蔽住，硼不能注入 N-Well 区。然后做 Twin-Well 推进，达到一定的结深。上述采用一次光刻方法自对准形成 Twin-Well，也可采用两次光刻方法形成 Twin-Well。在深亚微米技术中，通常原始材料是在重掺杂 P+衬底上生长的轻掺杂 P 型外延层。Twin-Well 制程剖面结构如图 1-7 所示。

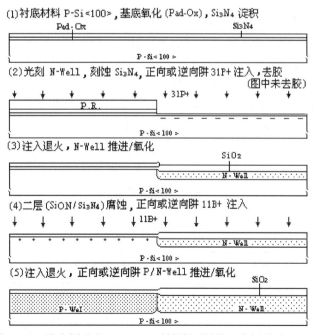

图 1-6　一次光刻形成 Twin-Well 制程剖面结构（参阅附录 B-[2]）

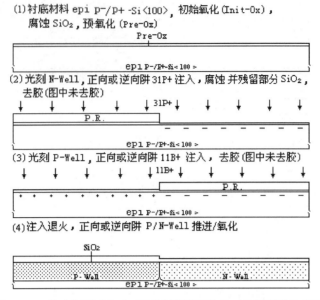

图 1-7　二次光刻形成 Twin-Well 制程剖面结构（参阅附录 B-[2]）

1.3.2　可靠性与阱技术

以抑制衬底寄生双极型效应所产生的闩锁效应和辐射损伤等软故障为目的的阱结构广泛应用于集成电路制造中。如果产生的热载流子或由于放射线照射在衬底上产生的剩余少数载流子流入器件有源区，则这些载流子将会引起寄生双极型现象，导致电路的闩锁，剩余少数载流子还可能引起存储单元数据的变化。随着集成电路的超高集成化，器件尺寸缩小，这些问题将会变得更加突出。图 1-8 分别表示通常的正向阱、高能离子注入形成的逆向阱及外延衬底上的载流子分布。相对于正向阱来说，逆向阱是一种阱深部载流子浓度高的结构，因此它能够阻止载流子从衬底流入。而在外延衬底中，由于采用高浓度衬底，剩余少数载流子的寿命短，所以也能够防止载流子的流入。取代通常的正向双阱结构的是离子注入的逆向双阱结构，增加 P+埋层的逆向双阱结构，以及由 P+埋层进行隔离的逆向双阱结构，不用外延衬底工艺，都能够制造出抗闩锁特性和抗软故障性能优良的器件。

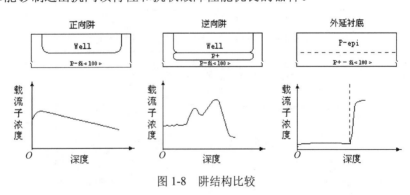

图 1-8　阱结构比较

1.3.3　外延与 SOI 衬底

外延硅衬底是一种抗辐射特性优良的衬底，不过其缺点是衬底自身的价格高。为了进一步提高抗闩锁和抗辐射特性,采用将衬底用绝缘层隔离的 SOI 结构。在这种结构上制作的器件与衬底表面器件相比较,寄生电容可以减小到 1/3,是一种能够实现超高速、超低功耗电路的结构,已经应用于最新的一些集成电路的制造。

注氧隔离法是在硅衬底上注入高浓度的氧离子,经过高温退火,形成氧化埋层,因此容易得到 SOI 层,但是 SOI 层与氧化层界面上的缺陷比较多。衬底键合法是将两片基片氧化膜键合,然后对键合的上基片研磨、腐蚀,形成 SOI 层。这样得到的 SOI 层性能优良,但是难以得到薄而均匀的 SOI 层。智能剥离法是一种将氢离子注入与衬底键合结合的方法,高浓度的氢离子注入层由于退火而形成微空腔,使该层从硅片剥落下来。有关 SOI 技术请读者参阅附录 A 的参考文献。

1.4 栅与源、漏结的形成技术

本节将介绍 MOS 集成电路有源区的栅结构、源、漏结,以及作为漏结扩展部分 LDD 结构的形成工艺。低掺杂漏区(LDD)结构的特点是不会因栅长度的缩短在源、漏端部产生很强的电场,因而能够抑制热载流子的产生。这种对源、漏区的优化设计称为漏区工程。

1.4.1 栅工艺

在 LOCOS 器件隔离、沟道截止及阱形成工艺完成后,就要生长栅氧化膜和制作栅结构了。图 1-9 与图 1-1 相连接,是栅工艺制程。在栅氧化之前,必须进行硅衬底清洗,以确保获得缺陷密度低、金属杂质污染少、表面态密度低、性能优良的栅氧化层特性。

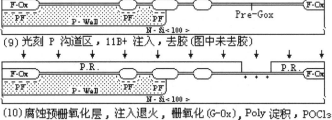

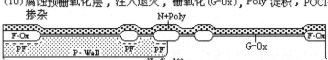

图 1-9 栅氧化膜生长与 Poly 淀积的制程剖面结构(参阅附录 B-[2, 3, 6, 13])

预栅氧化膜形成后,用离子注入方法调整阈值电压。需要降低阈值电压时注入磷或砷,需要提高阈值电压时注入硼,其条件是:注入能量为 50~100keV,注入剂量为 10^{12}~10^{13}/cm^2,注入能量决定离子注入的射程。这时,注入场区的离子被场氧化膜掩蔽。调整阈值电压的离子注入完成后，腐蚀预栅氧化膜，经硅衬底清洗，进行栅氧化膜生长，用 CVD 方法淀积用作栅电极的 Poly。然后，再用离子注入或扩散的方法（$POCl_3$）掺入磷，使 Poly 层的薄层电阻下降到 20～30Ω/sq。对于亚微米、深亚微米电路，需要进一步降低薄层电阻，这时要采用金属硅化物。这种结构称为自对准硅化物，用光刻和腐蚀的方法形成。该工艺的重要性在于它决定栅的长度，对器件的特性有直接的影响。

随着 MOS 设计规则的缩小，栅氧化层薄膜化，厚度到了设计规则为 0.25μm 以下，硅栅氧化层将被氮氧化物等材料所代替，同时，伴随着 MOS 结构的微型化，也需要采用高介电常数的电介质。

1.4.2 源、漏结构的形成

制造工艺与 1.4.1 节相连接，用栅区作为自对准掩模，在源、漏扩展区进行轻掺源、漏（LDD）的 N 型或 P 型杂质的离子注入（图 1-10 中仅进行 NLDD 注入）。接着，在硅栅的侧壁，形成氧化膜（TEOS）侧墙。以这个侧墙作为源、漏离子注入的掩模，形成 LDD 与源、漏区。在源、漏扩展区的 LDD 结构中，电场强度没有源、漏区那样强，是一种抑制热载流子发生的结构。在源、漏离子注入后，淀积层间绝缘膜，同时进行退火处理激活注入层。这时 LDD 与源、漏区注入离子的扩散将决定最终的有效栅长。源、漏形成后，用 CVD 法淀积掺有磷或硼的氧化膜。之所以采用掺有磷或硼的氧化膜磷硅玻璃 PSG 或硼磷硅玻璃 BPSG 作为层间绝缘膜，是为了减小层间布线电容，抑制可动钠离子在栅区的移动，并利用它在高温下的延展性达到表面平坦。

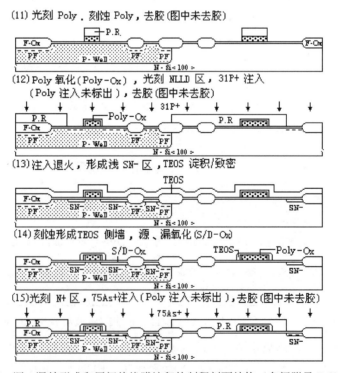

图 1-10 源、漏结形成和层间绝缘膜淀积的制程剖面结构（参阅附录 B-[2, 16]）

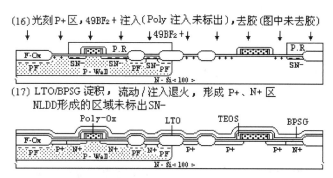

图 1-10 源、漏结形成和层间绝缘膜淀积的制程剖面结构（参阅附录 B-[2, 16]）（续）

1.4.3 漏极技术

源、漏形成工艺之前，先进行源、漏区扩展的 LDD 工艺，如图 1-10 所示。这是一项减小源、漏端电场梯度的工艺，这种优化技术称为漏极技术。漏极工艺中源、漏区的 LDD 结构是对称的，因此就产生了如何减小因 LDD 结构引起的寄生阻抗及如何控制电场的问题。为了形成 LDD 结构，离子注入时利用多晶硅栅的氧化物侧墙（TEOS）作为掩模。

MOS 结构源、漏工艺的一个重要课题就是源、漏极浅结的形成技术。随着 MOS 结构的微细化，需要将源、漏结深从 100nm 缩小到 50nm 以下，因此要研究开发新的掺杂技术，如能将低能离子注入与 RTP 结合起来的技术、等离子掺杂技术等。

1.5 接触的形成与多层布线技术

制造工艺与 1.4.2 节相连接，在形成 CMOS 结构后，需要对各个器件连线，如图 1-11 所示。这就需要进行淀积层间绝缘膜（BPSG/LTO）、形成接触及进行多层布线等。为了形成良好的接触，必须对衬底上高浓度的 N+或 P+区及上面形成接触的金属材料进行退火以形成合金，这被称为合金化。为了防止接触金属在合金化时发生不必要的扩散，要采用扩散阻挡层。为了将各个元器件连线构成电路，必须采用层间绝缘膜的金属布线或多层布线。因此还要利用腐蚀或 CMP 等平坦化技术，在工艺允许的范围内使衬底表面平坦化。

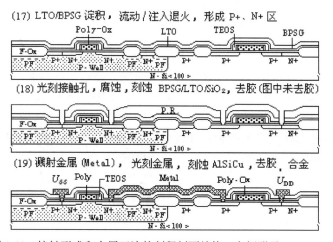

图 1-11 接触形成和金属互连的制程剖面结构（参阅附录 B-[2, 16]）

1.5.1 接触的形成

在膜厚约 1μm 的层间绝缘膜上,利用湿法/干法或干法刻蚀形成接触孔,用溅射方法淀积厚度约 1μm 的接触金属,然后使接触金属图形化。形成接触图形后,在 400～500℃温度退火 20～30min,使接触部分合金化。

接触金属一般采用掺有 1%～2%硅的铝合金（AlSi）。之所以采用含硅的铝合金,是因为预先使铝中的硅浓度达到饱和,在合金化过程中不仅能够防止硅从衬底向铝中扩散,也可以防止由于铝向衬底扩散形成楔形尖峰。这种合金化工艺也能够起到减轻由于等离子体损伤等形成的表面态的效果。除了铝硅合金,还有铝硅铜（AlSiCu）及铝铜（AlCu）等。

1.5.2 金属化系统

随着 MOS 结构的微细化,在防止硅由接触区向铝电极扩散及铝向硅衬底扩散形成楔状尖峰的同时,还必须降低接触电阻。因此采用多晶硅中间层或 Ti、TiN、TiW、W 等作为硅的扩散阻挡层,并采用耐高温循环退火的高熔点金属硅化物（$TiSi_2$、$CoSi_2$、WSi_2、$PtSi$、$MoSi_2$）作为接触金属,以获得比铝合金更低的接触电阻。

图 1-12 所示为接触电极的扩散阻挡层示例。在层间绝缘膜上开好接触孔后,淀积扩散阻挡层金属（TiN/Ti）。作为高熔点金属硅化物电极的实例,图 1-13 是采用 $TiSi_2$ 的自对准硅化物工艺示意图。在形成源、漏以后,淀积 Ti 层,并在 N_2 中退火形成硅化物,再选择腐蚀掉残留的 Ti 层,最后形成硅化物电极结构。

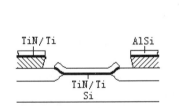
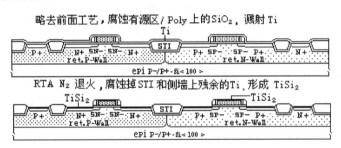

图 1-12　接触电极的扩散阻挡层示例　　图 1-13　自对准硅化物（参阅附录 B-[2]）

1.5.3 多层布线工艺与平坦化技术

为了使衬底与金属布线的第一层绝缘,采用氧化硅（厚度为 500～1000nm）及 PSG 或 BPSG 等掺杂电介质膜,经过在高温 800～1000℃下的软化,并使表面平坦化。多层布线间的层间绝缘膜采用 TEOS 氧化膜,旋涂玻璃（SOG）、PECVD SiO_2、$HDPSiO_2$ 等填充空隙性能优良的材料。随着 VLSI 的高速化,为了减小寄生电容,必须采用低介电常数材料。

图 1-14 所示为利用涂敷光刻胶和刻蚀进行平坦化的示例。利用光刻胶填平凹凸处,通过刻蚀使光刻胶与氧化膜均等,使表面平坦化。存储器需要 2～3 层金属布线,可以采用软熔与刻蚀方法结合的平坦化技术,对于需要 5 层以上的多层布线,采用化学机械抛光（CMP）法。

应用于多层布线工艺的 CMP 法是一种不需要腐蚀的方法。这种方法是使用化学抛光剂的机械抛光法,通过更换抛光剂也可以对电介质或金属抛光平坦化,使以铝作为布线材料的 5 层以上的多层布线得到了应用。

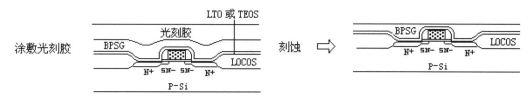

图 1-14　涂敷光刻胶与表面平坦化刻蚀示例

以前人们一直采用金属铝作为向接触孔埋入针形接点或层间接线柱的材料。但是，铝在高温下会出现可靠性问题。这是由于它耐高温性差，以及称为电迁移现象的高电流密度下断线的问题，因此现在多改用金属钨。但是，钨的电阻率是铝的 2~3 倍，于是人们的目光又转向铜。然而，铜的缺点是本身加工性差，所以需要采用 CMP 等方法平坦化，并结合利用镶嵌工艺的图形化制程。最终，以铜作为布线材料的 5 层以上的多层布线得到了广泛应用。

1.6　BiCMOS 技术

为了充分发挥双极型和 CMOS 器件的特点，即既有高输入阻抗，又有较大的电流驱动负载能力，这对提高驱动电流、提高电路速度、缩小芯片面积是有好处的，同时又能实现与 CMOS 工艺技术完全兼容，因而 BiCMOS 成为一种重要的工艺技术。它就是将双极型和 CMOS 器件同时制作在同一芯片上。它综合了双极型器件高跨导、强负载驱动能力和 CMOS 高集成度、低功耗的优点，使二者取长补短，发挥各自的优势，它给高速、高集成度、高性能的集成电路的发展提供了一条有效的途径。

BiCMOS 工艺有许多种，但归结起来可以分为两类：一类是以 CMOS 制程及其所制得的元器件作为制造技术的基础，引入兼容双极型工艺，以制得双极型器件的相容技术，并以 BiCMOS[C] 来表示；另一类是以双极型制程及其所制得的元器件作为制造技术的基础，引入兼容 CMOS 工艺，以制得 CMOS 器件的相容技术，并以 BiCMOS[B] 来表示。影响 BiCMOS 器件性能的主要是双极型部分，因此以双极型工艺为基础的 BiCMOS[B] 工艺用得较多。

对 BiCMOS 工艺的基本要求是要将两种器件组合在同一芯片上，两种器件各有其优点，由此得到的芯片具有良好的综合性能，而且相对双极型和 CMOS 工艺来说，不增加过多的工艺步骤。

表 1-1 是 Twin-Well CMOS、双极型和 Twin-Well BiCMOS 的制程的比较。从表中可以看出，通过在 CMOS 工艺中增加 3~4 个掩模工序，就能够实现与 BiCMOS 工艺一体化。

表 1-1　三种工艺制程的比较

CMOS	双 极 型	BiCMOS[B]	CMOS	双 极 型	BiCMOS[B]
—	埋层	埋层	LDD	保护膜	LDD
—	外延	外延	—	Pb 基区	Pb 基区
阱	—	阱	P+ S/D	—	P+ S/D
隔离	隔离	隔离	N+ S/D	发射极	N+ S/D
场调整	—	场调整	接触	接触	接触
—	深磷（DN）	深磷（DN）	金属	金属	金属
栅氧化膜	—	栅氧化膜	钝化	钝化	钝化
多晶硅	—	多晶硅			

1.7 LV/HV 兼容技术

随着微电子技术的发展和对高可靠性的要求，需要低压控制逻辑和高压输出兼容集成电路，于是出现了各种低压与高压兼容 MOS 工艺。为了便于高低压兼容 MOS 器件集成，通常采用具有漂移区的偏置栅结构的 HV MOS 器件和源双扩散（异型）LDMOS、VDMOS 器件。

在高低压兼容集成电路中，输出级往往是高压器件结构。在器件结构方面，随着电压高低和导通阻抗等主要性能参数的要求和集成电路应用范围的不断扩大，出现了各种高压器件结构，按照应用范围和对器件性能参数的要求，可选择不同的器件结构，如偏置栅的 MOS 器件、源双扩散（异型）LDMOS、VDMOS 器件等。

1.7.1 LV/HV 兼容 CMOS

使用偏置栅结构，把 LV 与 HV CMOS 整合在一起，以形成 LV/HV 兼容 CMOS。所谓偏置栅，是指栅没有覆盖到漏区上，而是与其有一段距离，在这段距离内由离子注入（或扩散）形成一个深 N-区（DN-）或 P-Well 区，称之为漂移区（或漏极延伸区）。当漏源电压高时，此漂移区全部耗尽，承受了很高的电压，从而避免沟道区的穿通发生；当漏源电压低而电流大时，此漂移区提供了电流通路，但它本身表现为一个电阻，引起压降与功耗。

漏源击穿电压与漂移区有依赖关系：漂移区越长，击穿电压越高。在漂移区长度和衬底掺杂浓度确定后，为了获得最高击穿电压，必须优化漂移区的注入剂量。漂移区长度对导通电阻有影响，漂移区长，导通电阻就大。因此，必须进行优化，以便得到合理的漂移区长度。

图 1-15 和图 1-16 所示分别为 P-Well 和 N-Well 工艺具有较厚栅氧化膜的偏置栅 HV MOS 器件结构。在掺杂漏区（D）和沟道区（栅 G 下面）之间引入轻掺杂的扩散区和场厚氧化层，这种结构的漏极耐压较高。为了使栅极能承受较高的栅源电压，使用较厚的栅氧化膜（HV-Gox）。为了有效削弱栅电场（栅极上施加高电压）对击穿电压较大的影响，在漏区和沟道区之间引入场厚氧化层（F-Ox）。为了防止厚氧化层上面金属互连所产生的寄生沟道，在偏置栅 HV MOS 周围加了 N+或 P+隔离环。注意：在制程剖面结构图中，为了简明起见，通常略去 N+或 P+隔离环，在全书剖面图示中以附录 B 的[19]给出的说明为准。在 P-Well HV NMOS 器件的结构中引入低浓度 DN-区，在 N-Well HV PMOS 器件的结构中引入低浓度 DP-区，在 N-Well HV NMOS 器件结构中引入低浓度 DP-区，都是为了减小漂移区表面电场的作用。

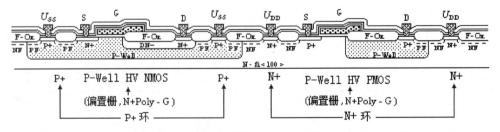

图 1-15 带有 P+环或 N+环 P-Well 偏置栅 HV MOS 器件剖面结构（参阅附录 B-[2]）

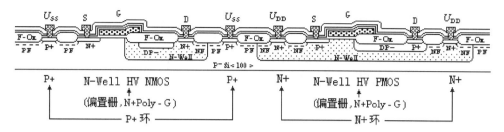

图 1-16 带有 P+环或 N+环 N-Well 偏置栅 HV MOS 器件剖面结构（参阅附录 B-[2]）

Twin-Well 偏置栅 HV MOS 器件剖面结构如图 1-17 所示。DN−和 DP−漂移区、DN-Well 的结深都比低压的 P-Well 或 N-Well 的更深。

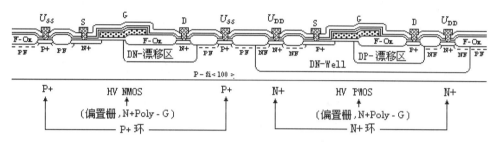

图 1-17 带有 P+环或 N+环 Twin-Well 偏置栅 HV MOS 器件剖面结构（参阅附录 B-[2]）

1.7.2 LV/HV 兼容 BiCMOS

把 LV/HV CMOS 与双极型器件（NPN、PNP 等）整合在一起，以形成 LV/HV BiCMOS。该工艺有许多种，但归纳起来可以分成两类：一类是以 LV BiCMOS[C]工艺为基础，引入漂移区的偏置栅结构和 E/B/C 轻掺杂工艺，以制得 HV 器件的相容技术，并以 LV/HV BiCMOS[C]来表示；另一类是以 LV BiCMOS[B]工艺为基础，引入漂移区的偏置栅结构和 E/B/C 轻掺杂工艺，以制得 HV 器件的相容技术，并以 LV/HV BiCMOS[B]来表示。

- 双极型器件高压结构。在 LV/HV BiCMOS 电路中，不仅采用 HV NMOS 和 HV PMOS 器件，而且也会使用双极型 HV NPN 和 HV PNP 器件。设计高击穿电压双极型器件，要求达到高的集电极−基极击穿电压、集电极−发射极击穿电压，在某些时候还要求较高的发射极−基极击穿电压，还应考虑衬底（隔离）结（C-S 结）即高的集电极−衬底击穿电压。由于集成电路中衬底总是接电路的最低电位，因此 C-S 结通常总是承受电路中的最高反向电压。但因为衬底一般是高电阻率材料，而隔离扩散又是深结扩散，结的杂质浓度梯度较小，所以在常规工艺下，C-S 结的击穿电压总是比其他三种结的击穿电压高。一般发射结的击穿电压只有 6～9V，但因该结通常是正向工作的，即使反向运用时，也并不需要很高的耐压。所以在集成电路中应考虑的是与集电结有关的两个击穿电压：发射极开路时的集电极−基极反向击穿电压 BU_{CBO} 和基极开路时的集电极−发射极反向击穿电压 BU_{CEO}。

集成双极型中的 BU_{CEO} 和 BU_{CBO} 主要取决于外延层的厚度、电阻率及结深。只要选取适当的硅外延层厚度、电阻率及结深度，就可以得到所需要的 HV 双极型器件。外延层厚度不能太薄，否则因埋层杂质向上扩散，会使 BU_{CBO} 明显下降。外延层电阻率也会因埋层杂质向上扩散而下降，进而影响 BU_{CBO}。基区扩散结深一些，对提高 BU_{CBO} 有利。

在低压控制逻辑和高压输出兼容的集成电路中，为了便于高低压 MOS 和双极型器件兼容集成，通常采用具有漂移区的偏置栅结构的 HV MOS 器件和 E/B/C 具有轻掺杂区结构的 HV 双极型器件。改变漂移区的长度、宽度、结深度、掺杂浓度及施加场极板和改变 E/B/C 轻掺杂区结深度、浓度等可以得到更高的电压。高压双极型器件，通常高压为 30～100V，它的结构如图 1-18 所示。

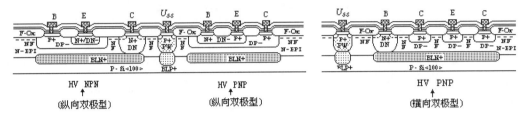

图 1-18 HV 双极型剖面结构（参阅附录 B-[2]）

1.7.3 LV/HV 兼容 BCD

源区做异型（P 型或 N 型）双扩散，产生 N+/DP-区或 P+/DN-区，就形成了横向双扩散 HV LDMOS 器件结构，如图 1-19（a）和（b）所示。该结构是在同一窗口相继进行硼磷两次扩散或注入，以形成源区和沟道区。由两次杂质扩散横向结深之差确定沟道长度。LDMOS 的阈值电压取决于沟道掺杂浓度和衬底浓度，因此只要控制沟道区掺杂浓度的峰值就能得到合适的阈值电压。在沟道和漏极之间形成漏漂移区及其中的场氧化层（F-Ox），该漂移区适合 HV 要求的一个长度较长的 N-Well 或 P-Well，上面为沟道硅栅延伸的一部分，以制得 HV LDNMOS 或 HV LDPMOS 器件。为了防止厚氧化层上面金属互连所产生的寄生沟道，在高压 LDMOS 器件周围加了 N+或 P+隔离环。注意：在制程剖面结构图中，为了简化起见，通常略去 N+或 P+隔离环。

DMOS 器件可分为两种：横向 DMOS[LDMOS，如图 1-19（a）和（b）所示]和纵向 DMOS（VDMOS）。漏极从表面引出的 VDMOS 器件和漏极从背面引出的 VDMOS 器件结构分别如图 1-19（c）和（d）所示。该结构的电流容量取决于 VDMOS 器件表面的元胞数。

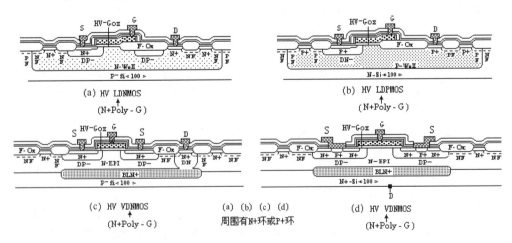

图 1-19 LDMOS 和 VDNMOS 剖面结构（参阅附录 B-[19]）

HV VDMOS 器件的耐压和导通阻抗取决于外延层厚度和浓度的折中选择。一般是在满足耐压条件下，使导通阻抗最小，这就是外延层厚度和浓度的最佳选择。为满足功率器件高耐压的要求，需要增加外延层厚度，使漏极从表面引出的 PN 结隔离结构的耐压受到深磷漏极扩散的限制。因而它只能用于较低耐压的场合，而漏极从背面引出的 VDMOS 结构就没有这种限制，可以应用于较高耐压的场合。

基于弱化表面电场技术建立的 LDMOS 器件结构，既可提高耐压，又可降低导通阻抗和外延层厚度，使其接近于 VDMOS 器件结构。这样漏极就从表面引出，使之获得了广泛的使用。

弱化表面电场技术就是通过对 N 型外延层电荷总密度的限制，使其 N 漂移区的杂质总密度低于某个临界值，则当表面电场达到击穿临界值之前，N 漂移区就已全部耗尽，由整个 N 漂移区承担全部横向电压，从而削弱了表面电场，击穿从表面转移到体内，进而提高了耐压。弱化表面结构使制作高压器件所需要的外延层厚度减薄，从而实现 LV/HV 工艺兼容。

图 1-20 中使用 P 型硅上 N 型外延层作为衬底，并采用 BLP+埋层和 IP+隔离的 LDNMOS 结构，而在横向双扩散 LDMOS 器件中不使用外延层，它主要依靠一个漂移区来提高耐压。这个漂移区的杂质浓度比沟道区的杂质浓度低，因而空间电荷主要向漂移区扩展。因此，LDMOS 器件用于高压小电流的高压电路，耐压能达到 200～500V 或更高。当应用于 BCD[B] 中时，就要采用 P 型硅上 N 型外延层作为衬底，而且要做 IP+隔离。

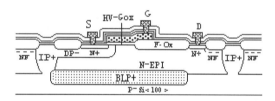

图 1-20　使用弱化表面电场设计的 LDMOS 剖面结构

把具有高的电压或大的电流的双扩散 HV DMOS 器件引入 LV BiCMOS 集成电路中，使之整合于一体，通常称之为 LV/HV 兼容 BCD 技术。因此，其制造工艺复杂，兼容了双极型、CMOS、DMOS 的工艺技术。这是一种以 LV BiCMOS 工艺制程及其所制得的元器件为基础，引入 HV DMOS 器件工艺，实现的 LV/HV 兼容 BCD 技术。

LV/HV 兼容 BCD 工艺有许多种，但归纳起来可以分成两类：一类是以 LV BiCMOS[C] 工艺为基础，引入源区做异型双扩散，在沟道和漏极之间形成满足 HV 要求的漏漂移区及其中场氧化层（F-Ox）工艺，以制得 HV DMOS 的兼容技术，并以 LV/HV BCD[C]来表示；另一类是以 LV BiCMOS[B]工艺为基础，引入源区做异型双扩散，在沟道和漏极之间形成满足 HV 要求的漏漂移区及其中场氧化层（F-Ox）工艺，以制得 HV DMOS 的兼容技术，并以 LV/HV BCD[B]来表示。

下面将介绍 MOS 集成电路制程中的工艺设计，该设计十分重要。集成电路制造只有具备正确的工艺设计，才能得到高成品率、高性能及高可靠性的电路。

1.8　CMOS 集成电路工艺设计

集成电路工艺设计，一是要满足工艺参数和电学参数设计的要求，使之达到规范值，二是要保证电路具有高成品率、高性能及高可靠性。

集成电路工艺设计就是根据电路结构及其电气特性的指标，提出对制造工艺参数（如杂质浓度及其分布、结深、栅氧化层厚度等）和电学参数（薄层电阻、源漏击穿电压、阈值电压、跨导等）的要求，制定出具体的工艺条件，以保证达到所要求的各种参数规范值，从而设计出合理的制程，以保证实现高成品率、高性能及高可靠性。例如，对于 P-Well CMOS 工艺，重要的工艺参数有 P-Well 的表面浓度（通常用薄层电阻 R_{SPW} 来表示）及其阱深 X_{jPW}，源漏扩散的表面浓度（薄层电阻 R_{SN+}、R_{SP+}）及其结深 X_{jN+}、X_{jP+}，MOS 管阈值电压（U_{TN}、U_{TP}），场阈值电压（U_{TNFSi}、U_{TPFSi}、U_{TNFAl}、U_{TPFAl}），源漏击穿电压（BU_{DSN}、BU_{DSP}），栅氧化层厚度 $T_{G\text{-}Ox}$ 及其击穿电压 $BU_{G\text{-}Ox}$，场区氧化厚度 $T_{F\text{-}Ox}$，多晶硅厚度 T_{Poly}，重掺杂多晶硅的薄层电阻 $R_{SN+Poly}$、$R_{SP+Poly}$，互连金属条厚度 T_{Al} 及衬底材料的电阻率 ρ 和晶向等。

1.8.1 硅衬底参数设计

（1）硅衬底及导电类型的选择。在硅集成电路制造工艺中，通常用单晶硅作衬底。对于 PMOS 集成电路，衬底材料选用 N 型硅；而 NMOS 集成电路，衬底材料则选用 P 型硅。对于 CMOS 集成电路，硅衬底材料的选择取决于工艺方法和电路性能。对 P-Well 工艺，采用 N 型硅，N-Well 工艺则采用 P 型硅，而双阱工艺，则采用高阻 P 型硅或外延高阻 P/P+ 型（P–EPI/P+ Sub）硅。

（2）晶向的选择。氧化层中表面态密度强烈依赖于单晶的晶向，其大小按下列顺序减小：<111>＞<110>＞<100>。因而在相同工艺下，U_{TP} 按这个顺序减小，而 U_{TN} 将按这个顺序朝正值增大。所以，对于 SiO_2 栅介质的 MOS 集成电路，衬底硅单晶的晶向要选取 <100>。

（3）电阻率的选择。表征衬底硅特性的主要参数是电阻率，它的大小影响很多电参数。若提高电阻率，则阈值电压 U_T 降低，ΔU_T 减小，PN 结电容 C_{PN} 下降，源漏击穿电压 BU_{DS} 增大，PN 结击穿电压 BU_{PN} 提高，漏结反向漏电流升高。在兼顾各个参数要求的前提下，主要根据阈值电压 U_T、ΔU_T 的要求来决定。在栅氧化层厚度 $T_{G\text{-}Ox}$ 和表面态密度 Q_{Ox}/q 一定的情况下，U_T 值主要取决于衬底掺杂浓度。

1.8.2 栅介质材料

栅绝缘膜是在硅表面上热生长的 SiO_2，主要是热生长的氧化硅或氮氧化硅。但是，热生长的 SiO_2 表现出与硅形成最好界面，这里"最好"的意思是指界面具有很低浓度的界面固定电荷和陷阱（界面态）。因为界面电荷不依赖于载流子的表面迁移率，所以，低电荷密度是很重要的。相当大的努力致力于发展热氧化工艺，想要制造出厚度均匀的薄氧化膜，这种氧化膜具有低的界面电荷密度、低的体内陷阱浓度及高的击穿电压。当氧化膜厚度按比例缩小后，所有这些氧化膜的性能就受到严重的挑战。

和栅直接有关的电学参数有 U_T、C_i、g_m、$BU_{G\text{-}Ox}$、BU_{PN}、μ_s 等。介质材料选择以介电常数 ε_i 和绝缘层——硅系统中的电荷的多少及状态作为依据。若介电常数 ε_i 大，则 g_m 和 C_i 也大，但 U_T 小；若 Q_{ss} 大，则 U_T 降低，而 g_m 增大；若 N_{ss} 大，μ_s 小，则 g_m 小。人们更注重的是 Q_{ss} 的稳定性，希望器件工作时随时间、温度、环境的变化，Q_{ss} 的变化越小越好。目前，在亚微米和深亚微米工艺技术中，大多用 SiO_2 单层介质。

栅介质厚度 T 受 $BU_{G\text{-}Ox}$、BU_{PN}、C_i、β、U_T 等参数限制。若 T 增大，则 $BU_{G\text{-}Ox}$ 增大，BU_{PN} 升高，但 β 减小，U_T 增大。

必须指出,薄 SiO_2 膜和超薄 SiO_2 膜的生长工艺是不同的。如何获得高质量的氧化层和高平整度的 Si/SiO_2 界面是工艺的关键。这包括氧化气氛、氧化条件等一系列问题。此外,由于纵向厚度按比例缩小,即使采用 1.5V 电源电压,在超薄栅氧化层中电场强度仍然可以高达 10^6 V/cm。这将影响电路的可靠性。

1.8.3 栅电极材料

MOS 电路可采用铝或高浓度掺杂的多晶硅作为栅电极。前者由于铝和硅之间的功函数差限制了 U_T 的改进,且铝栅电极对源、漏覆盖产生很大的寄生电容,因而限制了工作速度的提高。硅栅工艺改变了栅电极与衬底之间的功函数差,同时有"自对准"作用,能实现多层布线,因此速度和集成度都能得到很大的改进。

MOS 器件用的主要的栅材料是 N+掺杂多晶硅(N+Poly)。因为这一层多用于形成互连导线,所以应尽可能降低它的电阻率。由于多晶硅一般是重掺杂的,通常它的体电阻率是最小的可能值。当一般厚度为 4000Å 左右时,N+掺杂多晶硅的电阻率引起的薄层电阻为 20~30Ω/sq。

器件和薄膜尺寸、横向和纵向都将按比例缩小,多晶硅薄膜的高电阻率已成为提高集成电路速度的限制因素之一。当加工精度提高到亚微米或深亚微米时,多晶硅作为互连已经完全不适应需求了,而必须代之以硅化物薄膜。随着集成电路特征尺寸的缩小,MOS 栅电极材料、单纯的多晶硅栅将被硅化物/多晶硅复合栅电极所替代。

高熔点金属硅化物淀积在掺杂多晶硅的顶层形成一个混合的栅电极,称为多晶硅化物。厚度与 N+掺杂多晶硅相同的多晶硅化物的薄层电阻减小为原来的 1/10~1/5。因为与栅氧化膜接触的仍是多晶硅,故多晶硅化物栅电极具有与多晶硅一样的电学特性(如功函数)。

1.8.4 阈值电压设计

沟道区是所有器件工作的地方,因此在器件设计中自然地会对它给予相当多的关注。当然,在衬底中主要的问题是掺杂,它同时决定了器件的阈值电压和它对偏置的灵敏度。沟道中用一次或多次注入来调整掺杂水平和掺杂分布,从而满足按比例缩小的要求。这些注入或者通过栅绝缘膜进行,或者在该处的绝缘膜形成以前进行。例如,阈值电压调整的注入和耗尽注入都通过栅 SiO_2 进行。接着进行的高温制程足以对 SiO_2 和 Si 晶格损伤进行退火,并且活化这些注入。但是,通过栅绝缘膜进行注入的方法,由于过多的操作带有露着绝缘膜的硅片,因此会带来一些损害栅绝缘膜质量的危险。

在不同的电路中,阈值电压也不一样。CMOS 电路对 U_T 的要求如下:

(1)保证 PMOS 和 NMOS 器件均为增强型。$U_{TP}<0$,PMOS 管为增强型工作。对于 NMOS 管,$U_{TN}>0$ 为增强型,$U_{TN}<0$ 为耗尽型。为保证 NMOS 管为增强型工作,要在工艺上尽可能地减小 Q_{ox},并适当提高 P-Well 的掺杂浓度。

(2)U_{TP} 和 U_{TN} 的匹配。

CMOS 的高抗干扰性能和良好的开关特性是在 U_{TP} 和 U_{TN} 的匹配下得到的。因此,在进行工艺设计时,要保证$-U_{TP} + U_{TN} = 0$。由这一条件可知,当表面电荷较大时,就要求具有很高的 P-Well 浓度。但这种低电阻率的 P 型扩散是不容易控制的,且高浓度扩散将造成 N 沟道器件电子迁移率的严重下降。高的表面电荷使得 PMOS 管的 U_{TP} 绝对值升高,从而使电路速度降低。根据匹配设计,仅当表面电荷较低时,才能得到阈值电压的良好匹配。所以制造工艺要求达到 P-Well 扩散薄层电阻具有良好的重复性，栅氧化表面电荷数值要少，且重复性良好。

对于 N-Well 工艺，N+Poly 硅栅，未经沟道注入时，$|U_{TP}|$过高。采用硼离子注入 N-Well，以调节阈值电压，使其降到一个合适的数值。P 型杂质硼注入 N 阱表面，按注入剂量的不同，可以使 N-Well 表面出现各种掺杂。若掺杂类型变为 P 型且浓度较高，则在栅 SiO_2-Si 界面处存在一个中性的 P 型区，即所谓的隐埋型沟道。在这种情况下，阈值电压随着硼离子的注入下降相当迅速。在给定的 N-Well 浓度和栅氧化膜厚度下，沟道未做离子注入时，具有较高的$|U_{TP}|$。采用高阻衬底具有较低的 U_{TN}。在栅氧化后，不经光刻，使用公共硼离子对整个工艺硅片表面进行合适的剂量注入，使$|U_{TP}|$下降，U_{TN}升高，从而使 $U_{TN}=|U_{TP}|$。

等比例缩小后，硅栅特征尺寸变小。如果工艺控制差，则尺寸变得更小，U_T 呈现下降。实际上，U_T 不仅是栅氧化膜厚度 T_{Ox}、衬底掺杂浓度 N_A、衬底偏压 U_{BS} 及表面电荷的函数，而且也强烈地依赖于源漏的结深 X_{jDS}、沟道长度 L 及源漏电压 U_{DS}。为了克服短沟道效应而引起的 U_T 下降，制造工艺设计应考虑：源漏扩散区必须形成浅结，利用砷离子注入技术，使源漏结深 X_{jDS} 减小；减薄栅氧化膜厚度，使 C_{ox} 增加；增加衬底杂质浓度 N_A。实际上，会对沟道区进行注入，以提高沟道区的掺杂浓度。注意，在采用沟道区离子注入掺杂来调节 U_T 时，U_T 的高低不仅与总剂量有关，而且与注入分布本身也有关。

U_T 随 L、W 变化将直接影响电路参数的均匀性。在制造工艺中，MOS 管的 L 和 W 受到光刻、刻蚀的不均匀性影响，造成不同 MOS 器件的沟道纵横尺寸的偏差，在紫外光刻技术中，引起沟道变化是完全有可能的。对于长沟道来说，它导致的 U_T 偏差很小；而对于短沟道来说，它会使电路 U_T 具有一定的偏差，从而严重地影响电路性能和成品率。因此，制造工艺要严格控制硅栅特征尺寸。

窄沟道效应要引起 MOS 管的 U_T 升高，这是栅下耗尽区向场区扩展的结果。场区注入剂量越大，窄沟道效应越严重。因此，若窄沟道效应加重，则会严重影响 MOS 管的充/放电速度，甚至影响输出电平。为了削弱窄沟道效应，制造技术采用两项措施：在保证场阈值前提下，尽量减少场注入剂量；适当降低场氧化温度。

现在着重说明 CMOS 工艺中器件小型化时栅电极与硅的接触电势的重要性。恒电场换算时，器件的阈值电压 U_T 必须相应地缩小。在恒定电压条件下，实际尺寸按比例缩小。但是，如果尺寸进一步按比例缩小，则电压还需要降低。当电压降低时，U_T 将不得不相应地按比例缩小。当 $L<0.5\mu m$ 时，电源电压必须在 3V 左右，以避免由于向氧化膜中注入热电子而引起不稳定。这时，CMOS 中 NMOS 管和 PMOS 管的阈值电压必须分别约为 0.5V 和-0.5V。若 L 进一步缩小，则电源电压和阈值电压都要继续降低。

1.8.5 工艺参数设计

1. 场氧化层厚度 T_{F-Ox}

T_{F-Ox} 一般是根据场阈值电压 U_{TF} 来确定的。为了防止寄生 MOS 管，要求 U_{TF} 有足够大的值。可以得到：

$$T_{F-Ox} > \varepsilon_{Ox}(\Phi_{ms}+\Phi_F-U_{DD})/Q_{Ox}+Q_B$$

若 Q_{Ox} 控制得比较低，或者衬底的掺杂浓度选得比较小，则 T_{F-Ox} 就要增大。

场阈值电压 U_{TF} 是决定场区参数的主要依据，为了消除寄生 MOS 管，在电路中必须要求 U_{TF} 大于电路中的最高电压。因此要注意场区的介质的选择，常用 SiO_2（局部氧化生成的）/PSG

（磷硅玻璃）或 SiO$_2$（局部氧化生成的）/BPSG（硼磷硅玻璃）。场区介质厚度在满足 U_{TF} 要求的前提下，尽量做得薄一些，以避免互连线爬坡太陡。必须指出，当硅栅特征尺寸为 0.5μm 以下时，因使用超薄栅氧化膜，电源电压降为 3.3V 或更低，因此 LOCOS SiO$_2$ 可以减薄。为了实现场区有高的 U_{TF}，有效的办法是使场区衬底表面浓度增大，用场区离子注入同型杂质的方法，这是很容易实现的。

2. 栅氧化层厚度 $T_{G\text{-}Ox}$

$T_{G\text{-}Ox}$ 与很多参量有关，但主要由下式确定：

$$T_{G\text{-}Ox} = BU_{GS}/E_i$$

式中，E_i 为 SiO$_2$ 的最大临界电场强度（$8×10^6$V/cm）。在工艺条件允许的情况下，$T_{G\text{-}Ox}$ 应尽量小一些。

随着硅栅特征尺寸的缩小，为了克服短沟道效应，不仅要减小源漏的 N+/P、P+/N 结的深度，以达到浅结或超浅结，而且栅氧化膜的厚度也要减薄。

当硅栅特征尺寸降到 0.5μm 以下时，5V 的电源电压就不适用了。因此这些器件应设计成电源电压为 3.3V 或更低，或者是 5V 的电源电压，但在内部必须转化为一个较低电压。

硅栅特征尺寸不断缩小，栅氧化膜厚度也随之减薄。电场在漏结集中会发生击穿问题。制造工艺中采用等离子、反应离子刻蚀技术或离子注入技术等，在薄栅氧化膜中可能造成各种类型的辐射损伤等。因此，制备高质量薄栅氧化膜是个关键。栅氧化膜的致密性、均匀性、完整性、存在的电荷、漏电及耐压等都必须达到工艺规定的要求。薄栅氧化膜的生长必须足够慢，才能保证获得均匀性和重复性好的氧化膜。

局部场氧化时，形成 SiON 膜；栅氧化时，SiON 膜起着氧化掩蔽作用，从而使栅边界氧化层偏薄、得到的氧化膜缺陷多、耐压低。因此，在栅氧化之前，利用预栅氧化方法来克服。高温栅氧化时，场区注入杂质的硼将向 MOS 管沟道区横向扩散，这种扩散使电学沟道变窄，从而导致 MOS 器件 U_T 增加，因此必须选择合适的栅氧化温度。

3. 阱浓度和阱深

P-Well CMOS 工艺中，阱的浓度应比衬底浓度至少大一个数量级。U_{TN} 也需要较高的 P-Well 浓度。但是，P-Well 浓度主要受击穿电压的限制，而且载流子迁移率、衬底偏置效应也要求 P-Well 浓度不能太高，一般控制在 10^{16}/cm^3 左右，在保证 U_{TN}、U_{TP} 满足要求的情况下，P-Well 浓度尽量选得低一些。

P-Well 和衬底之间形成一个反向偏置 PN 结，其反向偏压的大小为 U_{DD} 值。另外，在电路输出高电平时，NMOS 管区的电位也接近 U_{DD}，所以它和 P-Well 之间又形成一个反偏 PN 结，其反向偏压的最大值为 U_{DD}。P-Well 的最大深度应保证在 CMOS 电路工作时上述两个反向偏置 PN 结的势垒区不至于穿通，由此可以决定出 P-Well 的阱深。对于长沟道器件，一般实际应用中控制在 5～7μm。

P-Well 的深度不能太大，否则横向扩散也大，会影响集成度。

对于 N-Well 工艺，阱浓度和阱深，类似于上述 P-Well CMOS 工艺。但是，必须指出，N-Well 工艺是在掺杂浓度低的衬底上制造的 NMOS，具有高迁移率、低的体效应及低的寄生电容，有利于电路性能的提高。NPNP 四层结构产生的"闩锁效应"的概率比 P-Well 要低，这是因为在 N-Well CMOS 中寄生的纵向双极型管是 PNP 型的，其电流增益较低，而在 P-Well CMOS 中为 NPN 型，电流增益较高。采用 N-Well，使工艺简化，并有利于提高集成度。场氧化时，磷在 N-Well 表面发生分凝而堆积，对 PMOS 的场注入和隔离环节可以省略。

4. 源漏浓度和结深

源漏扩散杂质要补偿衬底掺杂，形成良好的 PN 结，同时要形成良好的欧姆接触和低阻"隧道"互连线，以减小分布电阻的影响，扩散杂质浓度应适当高一些。

结深对有效沟道长度、栅覆盖电容和短沟道效应等器件特性均有影响，源漏扩散深度不能太大。对于长沟道 MOS 管，一般控制在 $0.5 \sim 1.0 \mu m$；而短沟道 MOS 管，一般控制在 $0.25 \sim 0.50 \mu m$；对于深亚微米 MOS 管，一般控制在 $0.1 \mu m$ 或更小。

在 NMOS 管中，已经用砷代磷来掺杂源漏区，这是因为砷的固溶度高，扩散系数低，掺砷采用砷离子注入技术；在 PMOS 管中，已经用 BF_2 代硼来掺杂源漏区，这是因为 BF_2 质量大，注入深度浅。

5. 金属层厚度

在台阶处的铝层要减薄，同时考虑到铝的电迁移现象，铝层厚度不能太薄。由产生电迁移的电流密度可估算出最小铝层厚度。

1.9　CMOS 集成电路设计与制造技术关系

50 多年来，集成电路按照摩尔定律高速地向前发展，现今已进入 $7 \sim 22nm$ 时期。这使得芯片剖面（或平面/剖面）结构越来越复杂，遇到的和要解决的问题越来越多。

芯片结构技术提供了一种有用的途径。电路设计和芯片制造之间有一个新的接口，如图 1-21 下面左边部分所示。接口对设计和制造都十分重要，因为设计厂家和制造厂家都要按照接口规定的严格要求进行设计与制造。一方面，通常设计者对所设计电路的功能、性能和版图结构等都有严格的指标，也是很关注的，但对芯片制造技术关注和了解较少。因此，无法提出对影响电路电气特性的芯片制程中的一些要求。另一方面，芯片制造者对设计电路中器件的特征尺寸、集成度、芯片面积、Mask 层数及制造技术等都有严格的要求，也是很关注的，而通常对设计电路的功能、性能和版图结构等关注和了解较少。因此，无法提出借助局部改动制造工艺来改善电路电气特性的建议。上述这些就导致电路设计和芯片制造之间出现了不足的地方。

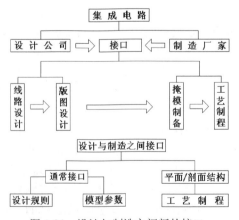

图 1-21　设计与制造之间新的接口

1.9.1 芯片结构及其参数

为了解决上述电路设计和芯片制造之间接口存在不足的问题，本书提出一种新的接口，即除了通常的接口（设计规则和器件模型参数），还应加入芯片剖面（或平面/剖面）结构技术，并由该技术得到适合于设计电路的加工制程，如图1-22下面部分所示。

电路功能是根据客户的要求进行设计的，而电路性能是根据电路与版图结构、构成电路的各种元器件模型参数及制造技术等来决定的。制程完成后，得到的芯片功能和电气性能都必须达到设计指标。利用 CAD 技术，将设计电路中所有元器件及其相互连接转换为几何图形，即电路图形转换为平面版图，这就是版图设计。由此可得到芯片制造所用的一套掩模版（Mask），它确定了芯片平面各层结构与横向尺寸，而制程不仅确定了芯片平面/剖面结构、横向和纵向尺寸，还决定了电路功能和电气性能。

可见，芯片制程将设计电路平面版图结构转换为芯片平面/剖面结构。芯片横向和纵向尺寸如图 1-22 所示。这两种尺寸与栅氧化膜厚度 $T_{G\text{-}Ox}$、有效沟道长度 L_{eff}、阈值电压 U_T、杂质浓度分布 N_s、结深度 X_j、薄层电阻 R_s 及寄生效应（这些都是平面和剖面结构参数）等有关。

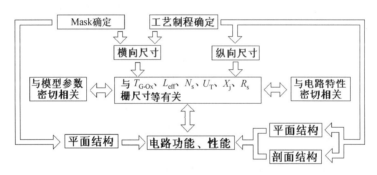

图 1-22　芯片横向和纵向尺寸

如果电路设计中采用的器件模型参数不精确，则经制程后所得到的电路性能就达不到设计指标。如果电路芯片制造中所得到的平面/剖面结构参数不精确，则所得到的电路性能也达不到设计指标。所以，在进行电路设计时，要采用精确的元器件模型参数，而进行电路芯片制造时要严格遵守制程中的工艺规范，得到精确的平面/剖面结构参数。

由此可见，器件模型参数与平面/剖面结构参数密切相关。相同电路在不同晶圆制造厂家的制程有差异，导致了电路芯片平面/剖面结构参数不相同，即便使用相同设计规则设计的一套数字模拟电路掩模版，制造出的电路芯片电气特性一般也会有差异。可见芯片平面/剖面结构及其参数在电路设计和芯片制造中起着十分重要的作用。

深入地了解并分析芯片平面/剖面结构，对于电路设计、芯片制造、成品率提升、产品质量提高及电路失效分析等都是十分重要的。

1.9.2 芯片结构技术

为了克服上述接口的不足，以及设计与制造之间存在的问题，达到电路设计的性能指标，采用芯片结构技术是一种有效的途径。

芯片结构指的是剖面（或平面/剖面）结构。首先，利用计算机和相应的软件，并选取各层适当的尺寸，设计出电路典型的无源元件、有源元件及 ESD 保护等剖面（或平面/剖面）结构，建立起元器件基本单元库。然后，根据设计电路，选择单元库中的元器件，依据适当的方式排列并拼接起来，构成芯片剖面（或平面/剖面）结构，如图 1-23 所示。

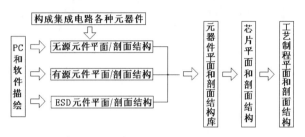

图 1-23　芯片结构技术

使用上述剖面（或平面/剖面）结构，利用计算机和相应的软件，可以得到芯片典型剖面（或平面/剖面）结构示意图。

首先，由设计技术人员在电路中找出各种典型元器件；然后，由制造技术人员对这些元器件进行剖面（或平面/剖面）结构设计，选取剖面（或平面/剖面）结构各层统一适当的尺寸和不同的标识，表示制程中各工艺完成后的层次，设计得到可以互相拼接得很好的各元器件结构；最后，把各元器件剖面（或平面/剖面）结构依一定方式排列并连接起来，构成电路芯片结构。

根据芯片结构和制造工艺的各个工序，描绘出对应每一工序的剖面（或平面/剖面）结构，从而得到芯片制造的各个工序的结构。

芯片制程由上述各个工序组成，最终确定出芯片制程剖面（或平面/剖面）结构。根据制程中各个工序可以描绘出能反映每次光刻显影或刻蚀后的相应的平面结构。电路芯片结构由它的剖面（或平面/剖面）结构所组成。上述称为芯片结构技术。

众所周知，芯片剖面（或平面/剖面）结构，不仅对电路设计公司很有参照价值，而且对芯片制造厂家也非常实用。芯片制造技术工程师使用芯片结构技术，与电路设计工程师所设计的电路相结合，描绘出电路芯片制程的剖面（或平面/剖面）结构示意图，这有助于设计与制造之间各种技术问题的讨论，使得电路设计和制造技术得到紧密的结合与沟通。

集成电路由各种元器件所组成，它具有各种的类型（PMOS、NMOS、CMOS、BiCMOS、BCD 等）电路；具有低压、高压及低压与高压兼容的电路；具有微米、亚微米、深亚微米及纳米电路等。为了与制造工艺很好地结合，将上述各种元器件绘制成不同规格的剖面（或平面/剖面）结构，并建立起相应的结构库。在电路和版图设计完成后，可根据电路确定出由哪些典型元器件所组成，从不同规格剖面（或平面/剖面）结构库中选取需要的元器件结构，组成电路芯片剖面（或平面/剖面）结构示意图。由该芯片剖面（或平面/剖面）结构和制造技术可以确定出剖面（或平面/剖面）结构制程。

1.9.3　芯片制造

芯片制造由各个工序所组成。为了与芯片制造厂用于大批量生产电路芯片的制程（一般称为"生产制程"）相区别，我们把上述从芯片结构技术所得到的制程称为"设计制程"。

"设计制程"与芯片制造厂提供的"生产制程"相比较，若两者相一致，而且给定的工艺参数和电学参数（如杂质分布 N_s、栅氧化层厚度 $T_{G\text{-Ox}}$、阈值电压 U_T、结深 X_j、薄层电阻 R_s

等）也相同，则芯片制造厂提供的"生产制程"适用于所设计的电路；若两者不一致（对于数字/模拟电路，往往不相同），则制造厂提供的"生产制程"不适用，要重新制定"制程"或以"生产制程"为基础，进行修改、补充及调整。重新制定的"制程"或修改后的"生产制程"都是一种"工程制程"。它要通过工程试验，选择适合的工艺条件、工艺参数及电学参数，来达到适用于所设计电路的制程，这就是设计电路与芯片制造厂的工艺磨合，以便达到"适合制程"，如图1-24所示。

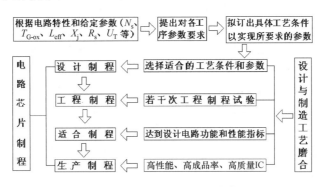

图1-24 电路芯片制程的磨合

在上述制程进行修改、补充及调整的磨合过程中，要根据设计的电路特性和给定的工艺参数及电学参数（如杂质分布 N_s、栅氧化层厚度 T_{G-Ox}、阈值电压 U_T、结深 X_j、薄层电阻 R_s 等），提出对各工序工艺参数的要求，试验得到适用于所设计的电路的制程，拟订出具体实施的工艺条件，以保证实现所要求的工艺参数和电学参数。例如，对于 P-Well CMOS，重要的工艺参数有 P-Well 的薄层电阻（R_{SPW}）与结深 X_{jPW}、源漏扩散的薄层电阻（R_{SN+}/R_{SP+}）与结深 X_{jSD}、栅氧化膜厚度 T_{G-Ox}、场区氧化膜厚度 T_{F-Ox}、多晶硅膜厚度 T_{Poly}、多晶硅掺杂薄层电阻 $R_{SN+Poly}$、MOS 管阈值电压 U_{TN}/U_{TP}、场区阈值电压 U_{TFN}/U_{TFP}、MOS 源漏击穿电压 BU_{SDN}/BU_{SDP}，以及衬底材料电阻率等参数。

可见，上述芯片的"设计制程""工程制程"及"适合制程"是把集成电路的设计和它的制程之间的关系进行了密切的结合。如果"适合制程"进一步优化，并达到批量生产和设计电路具有的高性能、高成品率及高可靠性要求，就进入了"生产制程"。

所以，首先根据所要求的设计电路性能和器件结构，进行工艺和器件设计，以满足上述要求。接着，确定采用什么技术进行制造，并为此在生产线上选择必要的材料和制造设备，组成该设计电路的一条生产线。然后，利用该生产线反复进行试制和模拟，直到实现预计的加工尺寸、器件结构和性能为止。之后，定出数百项各工序的工艺条件，制作成相应的工艺和电学参数表。最终，按照此参数表制造集成电路，达到预定的合格率后再进行可靠性评估。评估通过后即可开始集成电路的批量生产。

第 2 章　单阱 CMOS 芯片与制程剖面结构

单阱 CMOS 有 P-Well 和 N-Well 两种。P-Well CMOS 集成电路是在一个 N 型硅衬底上同时制造出增强型 NMOS 和增强型 PMOS 器件等。在该工艺中，首先要在原材料上将阱区确定出来，然后向阱区注入或扩散掺杂，其浓度足以过补偿 N 型衬底和提供很好的控制，以得到所希望的 P 型掺杂形成的阱（P-Well）。为确保这种控制，P-Well 的掺杂浓度一般比 N 型衬底浓度高一个数量级。然而，如果 P-Well 掺杂浓度过高，则会在 NMOS 器件中产生不良影响，如增加背栅压效应和增大源/漏到 P-Well 的电容。因此，工艺中要得到合适的阱区掺杂浓度。该掺杂浓度和掺杂深度会影响 NMOS 器件的阈值电压和击穿电压。为了获得较低的阈值电压，需要较深的 P-Well 扩散和较高的电阻率，但 P-Well 太深会由于横向扩散的影响而使 NMOS 器件和 PMOS 器件间距加大，使芯片面积增大。

由此可知，P-Well CMOS 电路采用 N 型硅作为衬底。在该衬底中用硼离子注入加再扩散方法形成深 P-Well。NMOS 器件制作在 P-Well 中，PMOS 器件制作则在 N 型硅衬底上，而 P-Well 制作在 N 型衬底中。在硅衬底表面层几平方微米或更小的区域通过制程形成各种元器件并连接成集成电路，而衬底表面层以下厚的区域作为基体。

在 MOS 集成电路中，N 型衬底通常与电路中电压高的部分相连，P-Well 通常与电路中电压低的部分相连，以避免阱内及阱与衬底间的 PN 结正向偏置。由于阱与硅衬底其余部分之间完全是依靠 PN 结隔离的，因此可靠的阱接触是十分重要的。这样可以保证电路正常工作时 PN 结始终反向偏置，从而能够起到有效的隔离作用。

由于阱的掺杂浓度总是比衬底的高，因此阱中的器件沟道掺杂浓度就要比直接制作在衬底上的高，于是体效应随掺杂浓度的增加而增大，而且出现沟道迁移率下降、输出电导率下降、结电容增加等问题。

集成电路是经过很多道工艺制成的，如形成二氧化硅膜的热氧化工艺，将杂质掺入硅中的杂质扩散和离子注入工艺，将电路图形复制到硅片表面的制版和光刻工艺，以及各种薄膜的淀积工艺等。使用这些基础工艺，在硅片上按照一定的图形和结构制造出所需要的电路。

本章先介绍 P-Well CMOS 电路的各种制造技术。采用芯片剖面结构技术和计算机所提供的软件，可以得到各种 P-Well CMOS 制程剖面（或平面/剖面）结构示意图。

注意：元器件和芯片剖面结构示意图指的是上表面结构，为了简明起见，背面和侧面结构都不画出。在全书各章节不同位置都用参阅附录 B-[2]做了附注。

2.1　P-Well CMOS（A）

电路采用 3μm 设计规则，使用 P-Well CMOS（A）制造技术。该电路典型元器件、制造技术及主要参数如表 2-1 所示。制程完成后，在硅衬底上形成 CMOS 芯片中的各种元器件，并使之互连，实现所设计电路，该电路或各层版图已变换为缩小的各层平面和剖面结构图形的芯片。如果所得到的工艺参数与电学参数都满足设计电路的要求，则芯片功能和电气性能都能达到设计指标。

表 2-1 工艺技术和芯片中主要元器件

工 艺 技 术		芯片中主要元器件	
■ 技术	CMOS（A）	电阻	$R_{SN+Poly}$，R_{SN+}
■ 衬底	N-Si<100>	电容	—
■ 阱	P-Well	晶体管	NMOS W/L>1 增强型（驱动管）
■ 隔离	LOCOS		PMOS W/L>1 增强型（负载管）
■ 栅结构	N+Poly/SiO$_2$	二极管	N+/P-Well
■ 源漏区	N+，P+		P+/N-Sub
■ 栅特征尺寸	3μm		
■ Poly	1 层（N+Poly）		
■ 互连金属	1 层（AlSi）		
■ 电源（U_{DD}）	5V		
工 艺 参 数*	数 值	电学参数*	数 值
■ ρ		■ U_{TN}/U_{TP}	
■ X_{jPW}		■ BU_{DSN}/BU_{DSP}	
■ $T_{F\text{-}Ox}/T_{G\text{-}Ox}/T_{Poly\text{-}Ox}$	左边这些参数视工艺制程而定	■ U_{TFN}/U_{TFP}	左边这些参数视电路特性而定
■ $T_{Poly}/T_{BPSG}/T_{LTO}$		■ $R_{SPW}/R_{SN+Poly}$	
■ L_{effn}/L_{effp}		■ R_{SN+}/R_{SP+}	
■ X_{jN+}/X_{jP+}，T_{Al}		■ g_n/g_p，I_{LPN}	
■ 设计规则	3μm	■ 电路 DC/AC 特性	视设计电路而定

*表中参数：衬底电阻率为 ρ，阱深/薄层电阻分别为 X_{jPW}/R_{SPW}，场氧化层/栅氧化层/Poly 氧化层厚度分别为 $T_{F\text{-}Ox}/T_{G\text{-}Ox}/T_{Poly\text{-}Ox}$，N+区薄层电阻/结深分别为 R_{SN+}/X_{jN+}，P+区薄层电阻/结深分别为 R_{SP+}/X_{jP+}，源漏击穿电压分别为 BU_{DSN}/BU_{DSP}，N 沟道/P 沟道的有效沟道长度分别为 L_{effn}/L_{effp}，铝层厚度为 T_{Al}，NMOS/PMOS 阈值电压分别为 U_{TN}/U_{TP}，N 场、P 场阈值电压分别为 U_{TFN}/U_{TFP}，NMOS/PMOS 的跨导分别为 g_n/g_p，PN 结漏电流为 I_{LPN}。

2.1.1 芯片平面/剖面结构

应用芯片结构技术（参见附录 B-[21]），使用计算机和相应的软件，可以得到 P-Well CMOS（A）电路芯片典型平面/剖面结构。首先在电路中找出各种典型元器件：RsN+Poly/RsN+电阻和 P+/N-Sub、N+/P-Well（电阻/二极管组成的输入端栅保护结构）、NMOS 及 PMOS。然后进行平面/剖面结构设计，选取平面/剖面结构各层统一适当的尺寸和不同的标识，表示制程各工艺完成后的层次，设计得到可以互相拼接得很好的各元器件结构（或在元器件结构库中选取），分别如图 2-1 中的 Ⓐ、Ⓑ 和 Ⓒ 所示（不要把它们看作连接在一起）。最后把各元器件结构按照一定方式排列并拼接起来，构成电路芯片剖面结构，图 2-1（a）为其示意图，而与之对应的平面/剖面结构示意图如图 2-2 所示。以该结构为基础，消去输入端栅保护结构，引入耗尽型 NMOS，得到如图 2-1（b）所示的另一种结构。如果引入不同于图 2-1 中的单个或多个元器件结构，或消去其中单个或多个元器件结构，或对其中的元器件结构进行改变，则可得到多种不同的结构。可选用其中与设计电路相联系的一种结构。下面仅对图 2-1（a）中的结构进行叙述。

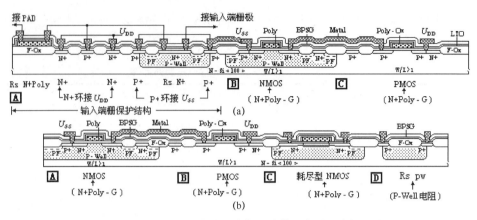

图 2-1 P-Well CMOS（A）电路芯片剖面结构示意图（参阅附录 B-[2]）

（1）衬底材料 N-Si<100>，初始氧化（Init-Ox）

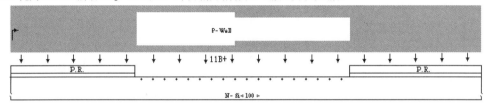

（2）光刻 P-Well，腐蚀 SiO_2，11B+注入（平面/剖面结构图），去胶（图中未去胶）

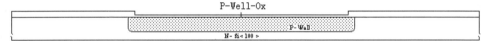

（3）注入退火，P-Well 推进/氧化

（4）腐蚀净 SiO_2，基底氧化，Si_3N_4 淀积

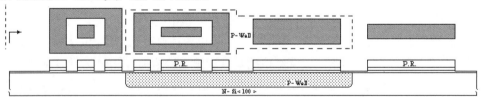

（5）光刻有源区，刻蚀 Si_3N_4，去胶（图中未去胶）

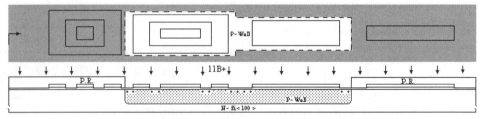

（6）光刻 P 场区，11B+注入，去胶（图中未去胶）

图 2-2 P-Well CMOS（A）制程平面/剖面结构示意图（参阅附录 B-[2, 3, 6]）

(7) 注入退火，场区氧化，形成 SiON/Si₃N₄/SiO₂ 三层结构

(8) 三层腐蚀，预栅氧化。光刻 P 沟道区，11B+注入，去胶（图中未去胶）

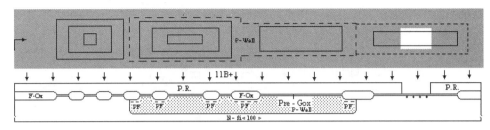

(9) 注入退火，栅氧化（G-Ox），Poly 淀积，POCl₃ 掺杂

(10) 光刻 Poly，刻蚀 Poly，去胶（图中未去胶）

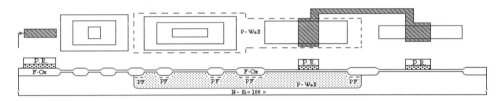

(11) Poly 氧化，光刻 N+区，75As+注入（Poly 注入未标出），去胶（图中未去胶）

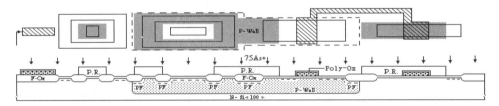

(12) 光刻 P+区，49BF₂+或 11B+注入（Poly 注入未标出），去胶（图中未去胶）

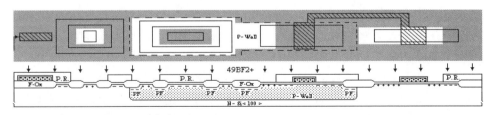

(13) LTO/BPSG 淀积，流动/注入退火，形成 N+、P+区

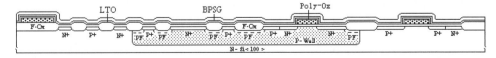

图 2-2　P-Well CMOS（A）制程平面/剖面结构示意图（参阅附录 B-[2, 3, 6]）（续）

（14）光刻接触孔，腐蚀，刻蚀 BPSG/LTO/SiO$_2$，去胶（图中未去胶）

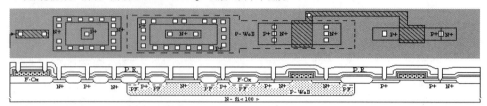

（15）溅射金属（Metal），光刻金属，刻蚀 AlSi，去胶

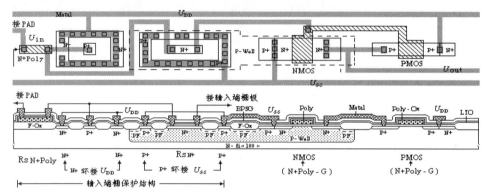

（16）钝化层 PSG/PECVD Si$_3$N$_4$ 淀积，光刻键压点，刻蚀 PECVD Si$_3$N$_4$/PSG，去胶；合金；背面减薄；PCM 测试，芯片测试

图 2-2　P-Well CMOS（A）制程平面/剖面结构示意图（参阅附录 B-[2, 3, 6]）（续）

2.1.2　工艺技术

设计电路工艺技术概要如表 2-1 所示。使用硅栅等平面工艺，制程用 P-Well CMOS（A）来表示。

根据 P-Well CMOS（A）电路电气特性要求，确定用于芯片制造的基本参数，如表 2-1 所示。在芯片制造工艺中，一是要确保工艺参数、电学参数都达到规范值，二是批量生产中要确保芯片具有高成品率、高性能及高可靠性。根据电路电气特性的指标，对下列参数提出严格要求。

（1）工艺参数：如各种杂质浓度及其分布、结深、栅氧化层/介质层厚度等。

（2）电学参数：薄层电阻、源漏击穿电压、阈值电压等。

（3）硅衬底材料电阻率等。

芯片制造是由各工步所组成的工序来实现的，需要制定出各工序具体的工艺条件，以保证达到所要求的各种参数的规范值。

从芯片工艺制程的最初阶段开始，就要对各工序进行严格的工艺监控与检测，并制定出该工序的材料质量和参数规范。如果该工序质量和参数未达到规范要求，偏离数值很大，则应返工；若不能返工，就要做报废处理。工艺线上须进行严格工艺监控与检测，以便使工艺参数和电学参数都达到规范值，生产出高质量芯片。

从制程剖面结构图（图 2-2）中可以看出，需要进行 10 次光刻。

2.1.3　工艺制程

图 2-1 所示的 P-Well CMOS（A）芯片结构的制程由工艺规范确定的各个基本工序、相互

关联及将其按一定顺序组合而构成。为实现此制程，要完成以下主要工艺：N-型硅衬底 11B+ 注入，形成 P-Well；硅局部氧化，形成元器件隔离；生长栅氧化膜，形成 MOS 介质层；Poly 淀积/掺杂并刻蚀，形成硅栅结构；硅栅自对准注入，形成源漏掺杂区；薄膜淀积及溅射金属，形成集成电路所需要的介质和金属层等。

由多次氧化、光刻、杂质扩散、离子注入、薄膜淀积及溅射金属等各个基本工序构成芯片制程，形成了以下元器件及其杂质层、介质层和互连金属层。

（1）电路芯片中的各个元器件：RsN+Poly/RsN+电阻和 P+/N-Sub、N+/P-Well（电阻/二极管组成的输入端栅保护结构）、NMOS 及 PMOS 等。

（2）这些电路元器件所需要的精确控制的硅中的杂质层：P-Well、PF、沟道 P 型掺杂、N+、P+等。

（3）集成电路所需要的介质层：F-Ox、G-Ox、Poly-Ox、BPSG 等。

（4）将这些电路元器件连接起来形成集成电路的金属层：AlSi。

应用计算机，依据芯片制造工艺中的各个工序的先后次序，把各个工序连接起来，可以得到制程。它由各个工序组成，而工序则由各个工步来实现。根据设计电路的电气特性要求，选择工艺序号和工艺规范号，就可以得到所需要的工艺参数和电学参数。

为了直观地显示出制程中芯片表面、内部元器件及互连的形成过程和结构的变化，借助图 2-1 所示的芯片剖面结构和制造工艺的各个工序，利用芯片结构技术，使用计算机及相应的软件，可以描绘出芯片制程中各个工序的平面/剖面结构，依照各个工序的先后次序，把它们互相连接起来，就可以得到 P-Well CMOS（A）芯片平面/剖面结构，图 2-2 为其示意图。

P-Well CMOS（A）制程主要特点如下所述。

（1）使用 Si_3N_4 作为场区注入掩模，使场氧化层与沟道截止区自对准，以缩小器件尺寸，增加集成度。元器件隔离采用的场区先做离子注入，后做局部氧化（LOCOS），场扩散区可起隔离作用。采用硅局部氧化，可以增加场区 SiO_2 厚度而保持较低的场区 SiO_2 台阶及较缓的台阶边沿。这不仅可提高场阈值电压，而且有利于后续工艺的 Poly 条和 Al 条布线。

（2）硅局部氧化（LOCOS）时，在氧化硅掩模边沿生长的 SiO_2 是倾斜的，形成所谓的"鸟嘴"，其长短不仅与场氧化温度有关，而且还和用于场氧化掩蔽的 Si_3N_4 与基底氧化的 SiO_2 膜的厚度的比值（3～5）有关。

（3）MOS 电路采用高浓度掺杂的多晶硅作为栅电极。硅栅工艺改变了栅电极与衬底之间的功函数差，同时栅电极对源漏有"自对准"作用，寄生电容小，因而提高了工作速度。

（4）采用高浓度掺杂的多晶硅作为栅电极。因为这一层多用来形成互连导线，因此集成度得到很大的提高。

制程中使用了 10 次掩模，芯片各层平面结构与横向尺寸由每次光刻来确定。制程完成后，不仅确定了芯片各层平面结构与横向尺寸，而且也确定了剖面结构与纵向尺寸，并精确控制了硅中的杂质浓度及其分布和结深，从而确定了电路功能和电气性能。

芯片结构及尺寸和硅中杂质浓度及结深是制程的关键（参见附录 B-[20]）。它们与下列参数有关：

（1）衬底硅电阻率；

（2）阱深度、掺杂浓度及其分布；

（3）场区氧化层和栅氧化层厚度；

（4）有效沟道长度；

(5) 源漏结深度及薄层电阻;

(6) 器件的阈值电压、源漏击穿电压、跨导、漏电流等。

这些参数都在表 2-1 中给出。此外，CMOS 两种阈值电压必须进行调节，以达到互相匹配的目的。

2.2 P-Well CMOS（B）

电路采用 1.2μm 设计规则，使用 P-Well CMOS（B）制造技术。表 2-2 示出该电路典型元器件、制造技术及主要参数。它以 P-Well CMOS（A）制程及所制得的各种元器件为基础，并对其芯片结构和制造工艺进行改变，最终在硅衬底上形成 CMOS IC 中的各种元器件，并使之互连，实现所设计电路。如果制程完成后得到的各种参数都符合所设计电路的要求，则芯片功能和电气性能都能达到设计指标。

表 2-2 工艺技术和芯片中主要元器件

工 艺 技 术		芯片中主要元器件	
■ 技术	CMOS（B）	■ 电阻	R_{SPW}
■ 衬底	N-Si<100>	■ 电容	$N+Poly/SiO_2/CN+$
■ 阱	P-Well	■ 晶体管	NMOS W/L>1 增强型（驱动管）
■ 隔离	LOCOS		PMOS W/L>1 增强型（负载管）
■ 栅结构	$N+Poly/SiO_2$		NMOS W/L<1 耗尽型
■ 源漏区	N+SN-，P+	■ 二极管	N+/P-Well（剖面图中未画出）
■ 栅特征尺寸	1.2μm		P+/N-Sub（剖面图中未画出）
■ Poly	1 层（N+Poly）		
■ 互连金属	1 层（AlSiCu）		
■ 电源（U_{DD}）	5V		
工 艺 参 数*	数 值	电 学 参 数*	数 值
■ ρ	左边这些参数视工艺制程而定	■ $U_{TN}/U_{TP}/U_{TND}$	左边这些参数视电路特性而定
■ $X_{jPW}/X_{jCN+}/X_{jSN-}$		■ BU_{DSN}/BU_{DSP}	
■ $T_{F-Ox}/T_{G-Ox}/T_{Poly-Ox}$		■ U_{TFN}/U_{TFP}	
■ $T_{Poly}/T_{BPSG}/T_{LTO}/T_{TEOS}$		■ $R_{SPW}/R_{SCN+}/R_{SN+Poly}$	
■ $L_{effN}/L_{efp}/L_{effND}$		■ $R_{SN-}/R_{SN+}/R_{SP+}$	
■ X_{jN+}/X_{jP+}，T_{Al}		■ g_n/g_p，I_{LPN}	
■ 设计规则	1.2μm	■ 电路 DC/AC 特性	视设计电路而定

*表中参数：SN-区结深/薄层电阻分别为 X_{jSN-}/R_{SN-}，四乙氧基硅烷淀积薄膜厚度为 T_{TEOS}，耗尽型 NMOS 阈值电压为 U_{TND}，其他参数符号与表 2-1 相同。

2.2.1 芯片剖面结构

在电路中找出各种典型元器件：NMOS、PMOS、耗尽型 NMOS、P-Well 电阻及 Cs 衬底电容，应用芯片结构技术（参见附录 B-[21]），对它们进行剖面结构设计，分别如图 2-3 中的 A、B、C、D、E 所示（不要把它们看作连接在一起）。由它们构成 P-Well CMOS（B）芯片典型剖面结构，图2-3（a）为其示意图。以该结构为基础，消去耗尽型NMOS，引入场区Poly电阻，得到如图2-3（b）所示的另一种结构。如果引入不同于图2-3中的单个或多个元器件结构，或消去其中单个或多个元器件结构，或对其中元器件结构进行改变，则可得到多种不同的结构。选用其中与设计电路相联系的一种结构。下面仅对图2-3（a）所示结构进行说明。

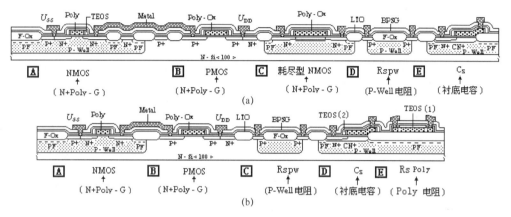

图2-3　P-Well CMOS（B）电路芯片剖面结构示意图（参阅附录B-[2]）

2.2.2　工艺技术

设计电路工艺技术概要如表2-2所示。为实现P-Well CMOS（B）技术，引入一些基本工艺，对P-Well CMOS（A）制造工艺做如下改变。

（1）消去与电阻/二极管组成的输入端栅保护有关的工艺及其结构。

（2）N-型硅衬底中进行11B+注入，生成P-Well区的同时，引入并形成P-Well电阻。

（3）预栅氧化后，引入P-Well中31P+注入，生成CN+区，形成电容区的下电极。

（4）引入N沟道区75As+或31P+注入，生成沟道耗尽区，形成耗尽型NMOS。

（5）源漏N+区注入前，引入NLDD 31P+注入，TEOS淀积并刻蚀形成侧墙，生成低掺杂SN-区，缩小MOS器件优越性能。上述消去与引入的基本工艺，使P-Well CMOS（A）芯片剖面结构和制程都发生了明显的变化。工艺完成后，制得NMOS A、PMOS B、耗尽型NMOS C、P-Well电阻 D及Cs衬底电容 E等，并用P-Well CMOS（B）来表示。

根据P-Well CMOS（B）电路电气性能指标及与制造密切相关的各种参数，确定用于芯片制造的基本参数，如表2-2所示。制造工艺中，对下列参数提出严格要求。

（1）工艺参数：各种掺杂浓度及其分布，X_{jPW}、X_{jCN+}、X_{jN+}、X_{jP+}等结深，$T_{F\text{-}Ox}$、$T_{G\text{-}Ox}$、$T_{Poly\text{-}Ox}$等氧化层厚度。

（2）电学参数：U_{TN}、U_{TP}、U_{TND}等阈值电压，R_{SPW}、R_{SCN+}、R_{SN+}、R_{SP+}等薄层电阻，BU_{DSN}、BU_{DSP}等源漏击穿电压。

（3）硅衬底电阻率（ρ）等。

制定出各工序具体的工艺条件，以保证所要求的各种参数都达到规范值。

芯片批量生产时，保持各批次制程的均一性相当重要。从投片到产出包括许多步骤，必须使用制程控制各工序的质量，以便使工艺参数和电学参数都达到规范值，生产出高质量芯片。

从制程剖面结构图（图2-4）中可以看出，制程中需要进行13次光刻。光刻中的对准曝光要严格对准、套准，并使之在确定的误差以内。

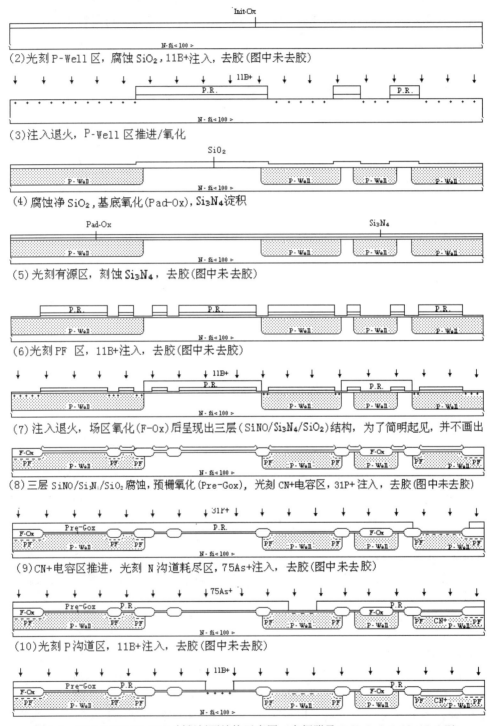

图 2-4　P-Well CMOS（B）制程剖面结构示意图（参阅附录 B-[2, 3, 4, 6, 13, 15, 16]）

(11) 腐蚀预栅氧化(Pre-Gox)层，注入退火，栅氧化(G-Ox)，Poly 淀积，POCl₃ 掺杂

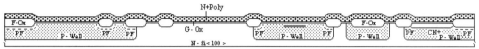

(12) 光刻 Poly，刻蚀 Poly，去胶(图中未去胶)

(13) Poly 氧化(Poly-Ox)，光刻 NLDD 区，31P+ 注入(Poly 注入未标出)，去胶(图中未去胶)

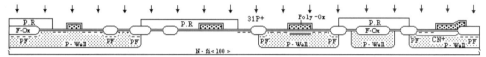

(14) 注入退火，形成 SN⁻ 区，TEOS 淀积/致密，刻蚀形成 TEOS 侧墙，源漏氧化(S/D-Ox)

(15) 光刻 N+ 区，75As+ 注入(图中未标出)，去胶(图中未去胶)

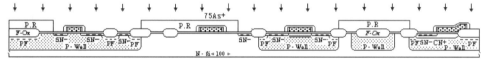

(16) 光刻 P+ 区，49BF₂+ 注入(图中未标出)，去胶(图中未去胶)

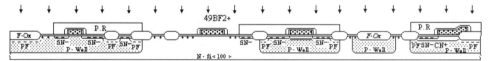

(17) LTO/BPSG 淀积，流动/注入退火，形成 N+SN⁻、P+ 区(图中未标出 SN⁻)

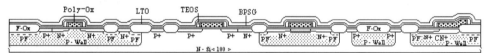

(18) 光刻接触孔，腐蚀，刻蚀 BPSG/LTO/SiO₂，去胶(图中未去胶)

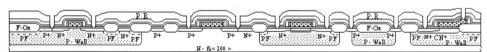

(19) 溅射金属(Metal)，刻蚀 AlSiCu，去胶

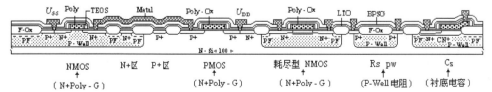

(20) PSG/PE CVD Si₃N₄，光刻键压点，刻蚀 PE CVD Si₃N₄/PSG，去胶，合金，背面减薄，PCM/芯片测试

图 2-4　P-Well CMOS（B）制程剖面结构示意图（参阅附录 B-[2, 3, 4, 6, 13, 15, 16]）（续）

2.2.3 工艺制程

由工艺规范确定的各个基本工序、相互关联及将其按一定顺序组合,构成了图 2-3 所示的 P-Well CMOS(B)芯片结构的制程。为实现此制程,在 P-Well CMOS(A)制程基础上,消去与引入部分基本工艺,不仅增加了制造工艺,技术难度增大,使芯片结构发生了明显的变化,而且改变了其制程,从而实现 P-Well CMOS(B)制程。

由多次氧化、光刻、杂质扩散、离子注入、薄膜淀积及溅射金属等各个基本工序构成芯片制程,形成了以下元器件及其杂质层、介质层和互连金属层。

(1) 电路芯片中的各个元器件:NMOS、PMOS、耗尽型 NMOS、P-Well 电阻及 Cs 衬底电容等。

(2) 这些电路元器件所需要的精确控制的硅中的杂质层:P-Well、PF、CN+、沟道掺杂、SN-、N+、P+、N+Poly 等。

(3) 集成电路所需要的介质层:F-Ox、G-Ox、Poly-Ox、TEOS、BPSG、LTO 等。

(4) 将这些电路元器件连接起来形成集成电路的金属层:AlSiCu。

应用计算机,依据 P-Well CMOS(B)芯片制造工艺中各个工序的先后次序,把各个工序互相连接起来,可以得到制程。它由各个工序组成,而工序则由各个工步来实现。根据设计电路的电气特性要求,选择工艺序号和工艺规范号,就可以得到所需要的工艺参数和电学参数。

根据图 2-3 芯片剖面结构和制造工艺的各个工序,使用芯片结构技术,利用计算机和相应的软件,可以描绘出芯片制程中各个工序的剖面结构,依据各个工序的先后次序将其连接起来,可以得到制程剖面结构,图 2-4 为其示意图。该图直观地显示出 P-Well CMOS(B)制程中芯片表面、内部元器件及互连的形成过程和结构的变化。

P-Well CMOS(B)制程的主要特点:它除了具有 P-Well CMOS(A)工艺制程主要特点外,还在栅和源漏的重掺杂区之间引入一个轻掺杂区。制程中 Poly 刻蚀后,首先以低剂量 31P+注入,形成轻掺杂浅 N-区(SN-区),淀积并刻蚀 TEOS,形成硅栅侧墙,然后利用侧墙作为掩模,75As+注入形成重掺杂 N+区,和轻掺杂 SN-区相连。可见,N+区注入杂质不会在栅下面发生横向扩散,但会在侧墙下面扩散。因此,LDD 结构器件较常规器件不仅缩小了器件尺寸,而且具有小得多的衬底电流和栅电流,以及器件衰退。另外,覆盖电容也减小,导致栅电容降低和速度提高。这表明,LDD 结构器件具有高的可靠性和优越的器件性能。

制程中使用 13 次掩模,各次光刻确定了 P-Well CMOS(B)芯片各层平面结构与横向尺寸。工艺完成后确定了:

(1) 芯片各层平面结构与横向尺寸;

(2) 剖面结构与纵向尺寸;

(3) 硅中的杂质浓度、分布及结深;

(4) 电路功能和电气性能等。

芯片结构及尺寸和硅中的杂质浓度及结深是制程的关键(参见附录 B-[20])。它们与下列工艺参数有关:

(1) 衬底硅电阻率;

(2) 阱深度、掺杂浓度及其分布;

(3) 场氧化层和栅氧化层厚度;

(4) 有效沟道长度;

(5) 源漏结深度及薄层电阻;

(6) 器件的阈值电压、源漏击穿电压、跨导及漏电流等。

此外，CMOS 两种阈值电压必须进行调节，以达到互相匹配的目的。

制程完成后，先测试晶圆 PCM 数据，达到规范值后才能测试芯片电气特性。如果是工程研制，则制造者分析 PCM 数据，而设计者分析芯片功能和性能；两者分析讨论，确定下一次的研制方案。如果是批量生产，则分析 PCM 数据和芯片合格率的高低等。

这里要指出，为了提高电路抗闩锁能力，除采用良好的输入保护、电源滤波及信号屏蔽等措施以防外来干扰触发外，还要在设计和工艺中采取以下有效措施：

（1）降低寄生双极性管的电流增益。β_{npn} 大小取决于制造工艺，它与阱深有关，阱越深，β_{npn} 越小，因此阱深不能太浅。β_{pnp} 大小决定于版图设计，它与 PMOS 管的 P+区离阱间距有关，间距越大，β_{pnp} 越小，因此间距不能取得太小。在容易产生闩锁的输入/输出部分，其间距视版图布局尽可能取得大一些。这样，使得 $\beta_{npn} \times \beta_{pnp} \ll 1$。

（2）减小阱的体电阻 R_w 和硅衬底电阻 R_s。为了防止阱表面反型形成寄生沟道，采用 P+保护环包围阱，P+环和阱均接地电位。这样，一方面可减小阱的体电阻，另一方面可防止 N+区和 N 型硅衬底连通。在必要位置，采用 N+保护环包围 PMOS 管区，N+环和 N 硅衬底均接 U_{DD}。这样，N+保护环对减小 N 型硅衬底的体电阻 R_s 有利。在容易发生闩锁的输入/输出部分都加 P+或 N+保护环。

此外，电源总线、地总线采用粗铝条，并连成一线，中间不使用扩散区相连，确保畅通。为了达到电路芯片各部分电源电位均匀，使电源线环绕芯片。

注意：全书各种制造工艺流程都要考虑提高电路抗闩锁能力。

2.3 P-Well CMOS（C）

电路采用 1.2μm 设计规则，使用 P-Well CMOS（C）制造技术。该电路典型元器件、制造技术及主要参数如表 2-3 所示。它以 P-Well CMOS（A）制程及所制得的各种元器件为基础，并对其芯片结构和制造工艺进行改变，最终在硅衬底上形成 CMOS IC 中的各种元器件，并使之互连，实现所设计电路。如果制程完成后得到的各种工艺参数和电学参数都符合所设计电路的要求，则芯片功能和电气性能都能达到设计指标。

表 2-3 工艺技术和芯片中主要元器件

工 艺 技 术		芯片中主要元器件	
■ 技术	CMOS（C）	■ 电阻	$R_{S\ Poly2}$
■ 衬底	N-Si<100>	■ 电容	N+Poly2/Si_3N_4-Poly-ox/N+Poly1
■ 阱	P-Well	■ 晶体管	NMOS $W/L>1$ 增强型（驱动管）
■ 隔离	LOCOS		PMOS $W/L>1$ 增强型（负载管）
■ 栅结构	N+Poly/SiO_2		NMOS $W/L<1$ 耗尽型
■ 源漏区	N+SN-，P+	■ 二极管	N+/P-Well（剖面图中未画出）
■ 栅特征尺寸	1.2μm		P+/N-Sub（剖面图中未画出）
■ Poly	2 层（N+Poly）		
■ 互连金属	1 层（AlSiCu）		
■ 电源（U_{DD}）	5V		

(续表)

工艺参数*	数值	电学参数*	数值
ρ, X_{jPW}	左边这些参数视工艺制程而定	$U_{TN}/U_{TP}/U_{TND}$	左边这些参数视电路特性而定
$T_{F\text{-}Ox}/T_{G\text{-}Ox}/T_{Poly\text{-}Ox}$		BU_{DSN}/BU_{DSP}	
$T_{Si_3N_4\text{-}Poly\text{-}Ox}$		U_{TFN}/U_{TFP}	
$T_{Poly1}/T_{Poly2}/T_{BPSG}/T_{LTO}$		$R_{SPW}/R_{SN+Poly1}/R_{SN+Poly2}$	
$T_{Si_3N_4}/T_{Poly\text{-}Ox}/T_{TEOS}$		R_s N-Poly2	
$L_{effN}/L_{effP}/L_{effND}$		R_{SN+}/R_{SP+}	
X_{jN+}/X_{jP+}, T_{Al}		g_n/g_p, I_{LPN}	
■ 设计规则	1.2μm	■ 电路 DC/AC 特性	视设计电路而定

*表中参数：Poly2 薄层电阻为 $R_{SN\text{-}Poly2}$，其他参数符号与前面各表相同。

2.3.1 芯片剖面结构

应用芯片结构技术（参见附录 B-[21]），可以得到 P-Well CMOS（C）芯片典型剖面结构。在电路中找出各种典型元器件：NMOS、PMOS、Poly 电阻、Cf 场区电容及耗尽型 NMOS，进行剖面结构设计，分别如图 2-5 中的 A、B、C、D、E 所示（不要把它们看作连接在一起），由它们组成 P-Well CMOS（C）芯片剖面结构，图 2-5（a）为其示意图。以该结构为基础，消去耗尽型 NMOS，引入 P-Well 电阻和 Cs 衬底电容，得到如图 2-5（b）所示的另一种结构。如果引入不同于图 2-5 中的单个或多个元器件结构，或消去其中单个或多个元器件结构，或对其中元器件结构进行改变，则可得到多种不同的结构。选用其中与设计电路相联系的一种结构。下面仅对图 2-5（a）所示结构进行说明。

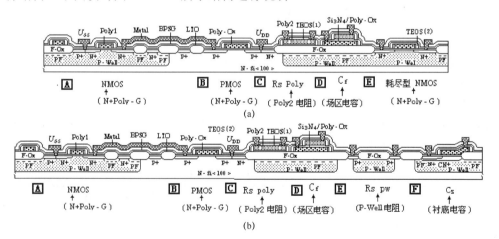

图 2-5 P-Well CMOS（C）电路芯片剖面结构示意图（参阅附录 B-[2]）

2.3.2 工艺技术

设计电路工艺技术概要如表 2-3 所示。为实现 P-Well CMOS（C）技术，引入 Poly 电阻和场区电容的双层 Poly 工艺，对 P-Well CMOS（A）制造工艺做如下改变。

（1）消去与电阻/二极管组成的输入端栅保护有关的工艺及其结构。

（2）预栅氧化后，引入沟道区 75As+或 31P+注入，生成 N 沟道耗尽区，形成耗尽型 NMOS。

（3）在刻蚀 Poly1 形成硅栅结构后，引入 Poly1 氧化、Si_3N_4 淀积及 Poly2 淀积，并分别做轻和重掺杂，生成 Poly2 电阻和介质层为 Si_3N_4/Poly-ox 的双层 Poly 场区电容。

（4）源漏 N+区注入前，引入 NLDD 31P+注入、TEOS 淀积并刻蚀形成侧墙，生成轻掺杂 SN-区，缩小 MOS 器件优越性能。上述消去与引入的基本工艺，使 P-Well CMOS（A）芯片剖面结构和制程都发生了明显的变化。工艺完成后，可以制得 NMOS A 、PMOS B 、Poly2 电阻 C 、Cf 场区电容 D 及耗尽型 NMOS E 等，并用 P-Well CMOS（C）来表示。

根据 P-Well CMOS（C）电路电气特性要求，确定用于芯片制造的基本参数，如表 2-3 所示。在芯片制程工艺中，一方面要确保工艺参数、电学参数都达到规范值，另一方面批量生产中要确保电路具有高成品率、高性能及高可靠性。根据电路电气特性的指标，对下列参数提出严格要求。

（1）工艺参数：如各种杂质浓度及其分布、结深、栅氧化层/介质层厚度等。

（2）电学参数：如薄层电阻、源漏击穿电压、阈值电压等。

（3）硅衬底材料电阻率等。

为此，在芯片制造中，由各工步所组成的工序来实现，并制定出各工序具体的工艺条件，以保证达到所要求的各种参数的规范值。

从工艺制程的最初阶段就开始进行工艺检测，以获得芯片制程中各工序必要的关于材料质量和工艺参数及电学参数的数据。在芯片集成度不断提高的情况下，每一道工序都有决定成功或失败的关键问题：沾污、结深、薄膜的质量。工艺检测对于描绘工艺硅片的特性与检查其成品率非常关键，要确保工艺参数和电学参数都达到规范值。

从制程剖面结构图（图 2-6）中看出，需要做 14 次光刻。对于光刻，不仅要求有高的图形分辨率，而且还要求具有良好的图形套准精度。

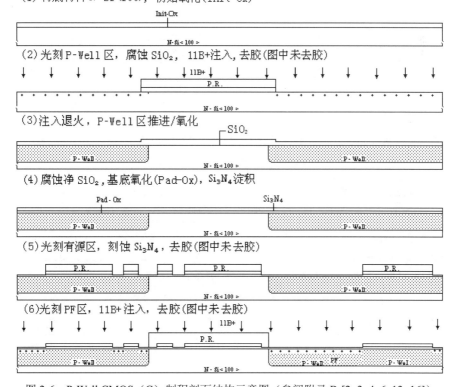

图 2-6 P-Well CMOS（C）制程剖面结构示意图（参阅附录 B-[2, 3, 4, 6, 13, 16]）

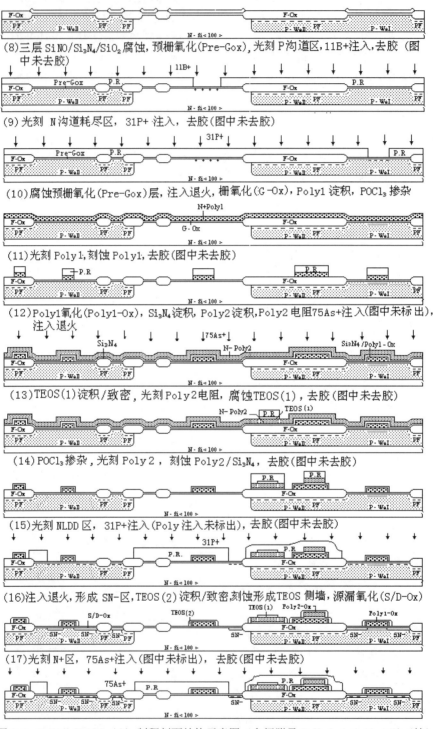

图 2-6　P-Well CMOS（C）制程剖面结构示意图（参阅附录 B-[2, 3, 4, 6, 13, 16]）（续）

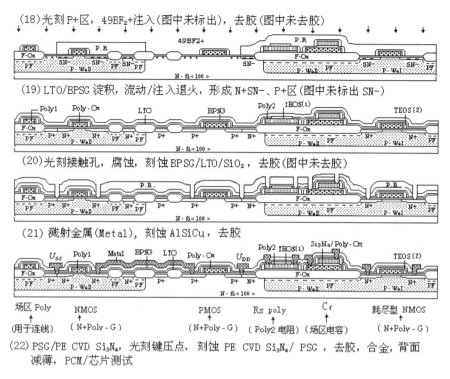

图 2-6 P-Well CMOS（C）制程剖面结构示意图（参阅附录 B-[2, 3, 4, 6, 13, 16]）（续）

2.3.3 工艺制程

图 2-5 所示的 P-Well CMOS（C）芯片结构采用确定的制造技术来实现。它由工艺规范确定的各个基本工序、相互关联及将其按一定顺序组合而构成。为实现此制程，在 P-Well CMOS（A）制程中，消去与引入部分基本工艺，不仅增加了制造工艺，技术难度增大，使芯片结构发生了明显的变化，而且改变了其制程，从而实现 P-Well CMOS（C）制程。

由多次氧化、光刻、杂质扩散、离子注入、薄膜淀积及溅射金属等各个基本工序构成芯片制程，形成了以下元器件及其杂质层、介质层和互连金属层。

（1）电路芯片中的各个元器件：NMOS、PMOS、耗尽型 NMOS、Poly 电阻及 Cf 场区电容等。

（2）这些电路元器件所需要的精确控制的硅中的杂质层：P-Well、PF、沟道掺杂、SN-、N+、P+、N+Poly、N-Poly 等。

（3）集成电路所需要的介质层：F-Ox、G-Ox、Si_3N_4/Poly-Ox、BPSG 等。

（4）将这些电路元器件连接起来形成集成电路所需要的金属层：AlSiCu。

应用计算机，依据 P-Well CMOS（C）芯片制造工艺中的各个工序的先后次序，把各个工序连接起来，可以得到制程。它由各个工序组成，而工序则由各个工步来实现。根据设计电路的电气特性要求，选择工艺序号和工艺规范号，以便得到所需要的工艺参数和电学参数。

根据图 2-5 芯片结构和制造工艺的各个工序，使用芯片结构技术，利用计算机和相应的软件，描绘出对应每道工序的剖面结构，从而得到芯片制造的各个工序结构。芯片制程由上述各个工序所组成，它确定了 P-Well CMOS（C）制程剖面结构，图 2-6 为其示意图。根据制程中的各个工序可以描绘出能反映每次光刻显影或刻蚀的相应的平面结构。每道工序的平面/剖面结构或制程完成后的芯片结构都能直观地显示出制程中芯片表面、内部元器件及互连的形成过程和结构的变化。

P-Well CMOS（C）制程主要特点如下所述。

（1）使用双层 Poly 技术，形成多晶硅栅、多晶硅电阻及位于场区上的电容。在制程中，栅氧化后，淀积第一层多晶硅（Poly1）并进行 $POCl_3$ 掺杂，经等离子刻蚀后，就形成了 MOS 管的多晶硅栅和位于场区电容的一个下极板，可见第一层多晶硅具有这两种应用。经多晶硅氧化并淀积 Si_3N_4 膜（用来作为电容的介质）后，淀积第二层多晶硅（Poly2），选择合适的剂量，对多晶硅做砷注入，以便形成多晶硅电阻，淀积 TEOS 膜，形成作为电阻的掩模，进行 $POCl_3$ 掺杂、等离子刻蚀多晶硅，就形成了多晶硅电阻和电容的上极板。可见第二层多晶硅具有这两种应用，如图 2-6 中（12）～（14）所示。

（2）使用侧墙技术，形成 NLDD 区。这是为了缩小硅栅尺寸，进而缩小芯片、提高集成度所采用的一种技术。在制程中，经 Poly2 刻蚀后，对 N+区使用 31P+ 轻掺杂注入，淀积 TEOS，等离子刻蚀形成 TEOS 侧墙，然后对 N+区进行 75As+浅注入，形成重掺杂源漏区。这样，NMOS 管栅两侧形成轻掺杂区（即 NLDD 区），如图 2-6 中（15）～（19）所示。使用该技术，NMOS 管栅征性尺寸为 1.2μm（PMOS 管≥2.0μm），具有良好的电学特性。

（3）使用薄的多晶硅氧化膜和 Si_3N_4 膜作为介质，形成位于场区上的电容。在一些模拟电路中，要求电容具有好的均匀性和高的击穿强度。该制程形成的电容能够达到这种要求。电容放置在场区，上下电极均被场氧化层与其他元件和衬底隔离开，所以是一个寄生参量很小的固定电容，其电容值不受横向扩散的影响，只要能精确控制介质膜的质量和厚度，就不难得到电路所要求的电容值。该电容具有较高的精度、低的电压系数及低的温度系数，且具有最小的寄生电容。

（4）使用 Poly 的砷注入，形成位于场区上的电阻。在一些电路中，要求 Poly 电阻具有很高的电阻值。制程形成的这种电阻能达到该要求。选择较小的注入剂量、确定合适的退火温度，就能得到所要求的高阻。在一些模拟电路中，要求 1～2kΩ/sq 的多晶硅电阻被广泛使用。这种电阻值的电阻也同样容易得到。

从制程剖面结构图中可以看出，使用了 14 次掩模，各次光刻确定了 P-Well CMOS（C）各层平面结构与横向尺寸。工艺完成后确定了：

（1）芯片各层平面结构与横向尺寸；
（2）剖面结构与纵向尺寸；
（3）硅中的杂质浓度、分布及结深；
（4）电路功能和电气性能等。

芯片结构及尺寸和硅中的杂质浓度及结深是制程的关键（参见附录 B-[20]）。它们与下列工艺参数有关：

（1）衬底硅电阻率；
（2）阱深度、掺杂浓度及其分布；

（3）场氧化层和栅氧化层厚度；
（4）有效沟道长度；
（5）源漏结深度及薄层电阻；
（6）Poly 电阻及其掺杂；
（7）双层 Poly 电容及介质层厚度等；
（8）器件的阈值电压、源漏击穿电压、跨导及漏电流等。

制程完成后，能否达到芯片的要求，满足设计电路性能指标，关键取决于各工序的工艺规范值。所以芯片制造中要严格遵守各工序的工艺规范，才能得到合格的电路。

此外，CMOS 两种阈值电压必须进行调节，以达到互相匹配的目的。两种 MOS 管的阈值电压必须差不多，且大约在 1V 以下。这个条件使 CMOS 电路适合在低压下工作（$U_{DD}>U_{TN}+|U_{TP}|$），以及在较高的 U_{DD} 值下有较高的电流驱动能力。然而要满足这个条件，就需要做某些调整。如果每种 MOS 管的栅都用同一种材料（通常为 N+Poly），则对 NMOS 管和 PMOS 管来说，它们的功函数差就不同。这种差别使得两种 MOS 管的阈值电压不对称。只降低 PMOS 管衬底的掺杂不能使$|U_{TP}|\leqslant 1.0V$。

制程完成后，先测试晶圆 PCM 数据，达到规范值后，才能测试芯片的电气特性。如果主要的 PCM 数据未达到规范值，偏离数值很大，则该晶圆做报废处理。

2.4 HV P-Well CMOS

电路采用 $\geqslant 5\mu m$ 设计规则，使用 HV P-Well CMOS 制造技术。该电路典型元器件、制造技术及主要参数如表 2-4 所示。它以 P-Well CMOS（A）制程及所制得的各种元器件为基础，并对其芯片结构和制造工艺进行改变，最终在硅衬底上形成 HV CMOS IC 中的各种元器件，并使之互连，实现所设计电路。如果制程完成后得到的各种参数都达到规范值，则芯片性能达到设计指标。

表 2-4　工艺技术和芯片中主要元器件

工 艺 技 术		芯片中主要元器件	
■ 技术	HV CMOS	■ 电阻	R_{SPW}
■ 衬底	N-Si<100>	■ 电容	N+Poly/SiO$_2$/CN+
■ 阱	P-Well	■ 晶体管	HV NMOS $W/L>1$（S/D DDD）增强型（驱动管）
■ 隔离	LOCOS		
■ 栅结构	N+Poly/SiO$_2$		HV PMOS $W/L>1$（S/D DDD）增强型（负载管）
■ 源漏区	N+/DN-，P+/DP-		
■ 栅特征尺寸	$\geqslant 5\mu m$，视所示 HV 而定	■ 二极管	N+/P-Well（剖面图中未画出）
■ Poly	1 层（N+Poly）		P+/N-Sub（剖面图中未画出）
■ 互连金属	1 层（AlSi）		
■ 电源（U_{DD}）	5～20V		

(续表)

工艺参数*	数 值	电学参数*	数 值
■ ρ	左边这些参数视工艺制程而定	■ U_{HVTN}/U_{HVTP}	左边这些参数视电路特性而定
■ $X_{jPW}/X_{jDN}/X_{jDP}/X_{jCN+}$		■ BU_{HVDSN}/BU_{HVDSP}	
■ $T_{F-Ox}/T_{G-Ox}/T_{Poly-Ox}$		■ U_{TFN}/U_{TFP}	
■ $T_{Poly}/T_{BPSG}/T_{LTO}$		■ $R_{SPW}/R_{SDN}/R_{SDP}/R_{SCN+}$	
■ L_{effn}/L_{effp}		■ $R_{SN+Poly}/R_{SN+}/R_{SP+}$	
■ X_{jN+}/X_{jP+}, T_{Al}		■ g_n/g_p, I_{LPN}	
■ 设计规则	≥5μm	■ 电路 DC/AC 特性	视设计电路而定

*表中参数符号与前面各表相同。

2.4.1 芯片剖面结构

应用芯片结构技术（参见附录 B-[21]），使用计算机和相应的软件，可以得到芯片剖面结构。首先在设计电路中找出各种典型元器件：NMOS、PMOS、P-Well 电阻及 Cs 衬底电容。然后对这些元器件进行剖面结构设计，分别如图 2-7 中的 A、B、C、D 所示（不要把它们看作连接在一起）。最后排列并拼接这些元器件，构成 HV P-Well CMOS 芯片剖面结构，图 2-7（a）为其示意图。以该结构为基础，消去 P-Well 电阻和 Cs 衬底电容，引入 Cf 场区电容、Poly 电阻及耗尽型 NMOS，得到如图 2-7（b）所示的另一种结构。如果引入不同于图 2-7 中的单个或多个元器件结构，或消去其中单个或多个元器件结构，或对其中元器件结构进行改变，则可得到多种不同的结构。选用其中与设计电路相联系的一种结构。下面仅对图 2-7（a）所示结构进行说明。

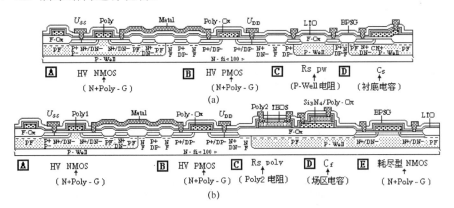

图 2-7 HV P-Well CMOS 电路芯片剖面结构示意图（参阅附录 B-[2]）

2.4.2 工艺技术

设计电路工艺技术概要如表 2-4 所示。为实现 HV P-Well CMOS 技术，引入一些基本工艺，对 P-Well CMOS（A）制造工艺做如下改变。

（1）消去与电阻/二极管组成的输入端栅保护有关的工艺及其结构。

（2）N-型硅衬底中进行 11B+注入，生成 P-Well 的同时，引入并形成 P-Well 电阻。

（3）P-Well 场区注入后，引入 N-型硅衬底场区 31P+注入，生成轻掺杂 NF 区，并增加场区氧化层厚度，形成场区高阈值。

(4) 预栅氧化后,P-Well 中引入 31P+注入,生成重掺杂 CN+区,形成电容的下极板。

(5) 源漏 N+和 P+区注入前,引入 11B+、31P+注入并推进,分别生成轻掺杂、深结深的 DN-区和 DP-区,源漏 N+和 P+区注入后,形成 N+/DN-区和 P+/DP-区为源漏。

(6) 引入适合 HV 要求的栅氧化层厚度。上述消去与引入的基本工艺,使 P-Well CMOS (A) 芯片结构和制程都发生了明显的变化。工艺完成后,制得 HV NMOS A 和 HV PMOS B、P-Well 电阻 C 及衬底电容 D 等,并用 HV P-Well CMOS 来表示。

根据 HV P-Well CMOS 电路电气性能/合格率与制造各种参数的密切关系,确定用于芯片制造的基本参数,如表 2-4 所示。在芯片制造工艺中,由各工步所组成的工序来实现,并制定出各工序具体的工艺条件,以保证下列所要求的各种参数都达到规范值。

(1) 工艺参数:各种杂质浓度及其分布,X_{jPW}、X_{jCN+}、X_{jDN-}、X_{jDP-}、X_{jN+}、X_{jP+}等结深,T_{F-Ox}、T_{G-Ox}、$T_{Poly-Ox}$ 等氧化层厚度。

(2) 电学参数:U_{TN}/U_{TP} 等阈值电压,R_{SPW}、R_{SCN+}、R_{SDN-}、R_{SDP-}、R_{SN+}、R_{SP+}等薄层电阻,BU_{DSN}、BU_{DSP} 等源漏击穿电压。

(3) 硅衬底材料电阻率(ρ)等。

为了保证达到规范值,在工艺线上设立了工艺检测环节。通过对某些特定项目进行定期或不定期的检测,可以获得必要的关于材料质量和工艺参数及电学参数的数据。工艺过程检测的目的是通过检测数据的及时反馈,使整条工艺线的控制达到最佳化,以便得到高合格率和高性能的芯片。同时,它也为追寻器件生产中发生问题的原因提供了重要的依据。

在制作掩模时,必须考虑各次光刻所用掩模的名称、图形黑白、正胶、有无划片槽及对准层次等。从制程剖面结构图(图 2-8)中可以看出,需要进行 14 次光刻。对于光刻,不但要求有高的图形分辨率,而且还要求具有良好的图形套准精度。

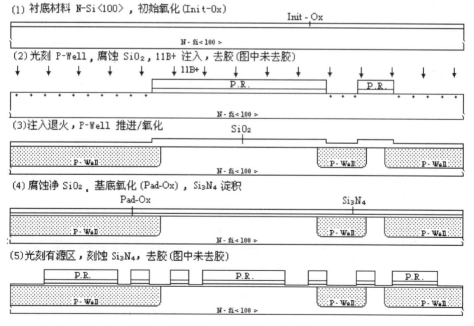

图 2-8 HV P-Well CMOS 制程剖面结构示意图(参阅附录 B-[2, 3, 6, 13, 15, 17])

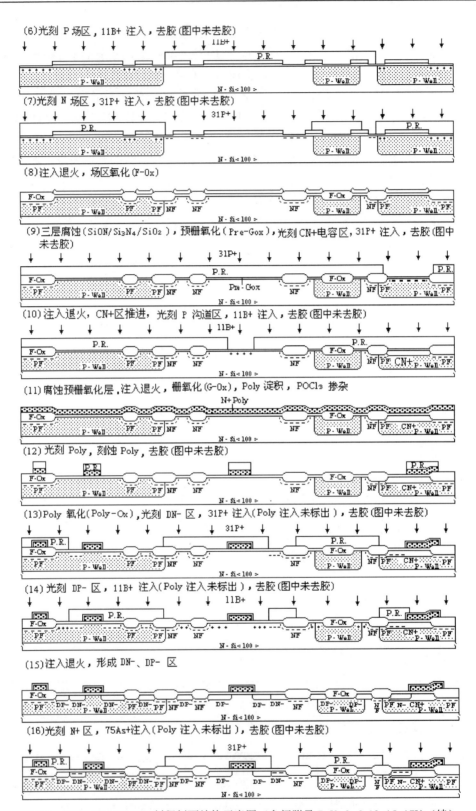

图 2-8 HV P-Well CMOS 制程剖面结构示意图（参阅附录 B-[2, 3, 6, 13, 15, 17]）（续）

(17) 光刻 P+ 区，11B+或49BF₂+ 注入（Poly 注入未标出），去胶（图中未去胶）

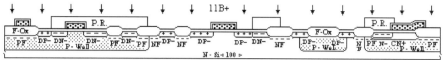

(18) LTO/BPSG 淀积，流动/注入退火，形成 P+/DP-、N+/DN- 区

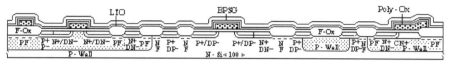

(19) 光刻接触孔，腐蚀，刻蚀 BPSG/LTO/SiO₂，去胶（图中未去胶）

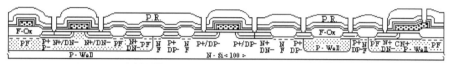

(20) 溅射金属 (Metal)，光刻金属，刻蚀 AlSi，去胶

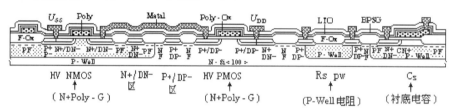

(21) PSG/PE CVD Si₃N₄ 淀积，光刻键压点，刻蚀 Si₃N₄/PSG，去胶，合金，背面减薄，PCM 测试，芯片测试

图 2-8　HV P-Well CMOS 制程剖面结构示意图（参阅附录 B-[2, 3, 6, 13, 15, 17]）（续）

2.4.3　工艺制程

由工艺规范确定的各个基本工序、相互关联及将其按一定顺序组合，构成图 2-7 所示的 HV P-Well CMOS 芯片结构的制程。为实现此制程，在 P-Well CMOS（A）制程中，消去与引入部分基本工艺，不仅增加了制造工艺，技术难度增大，使芯片结构发生了明显的变化，而且改变了其制程，从而实现 HV P-Well CMOS 制程。

由多次氧化、光刻、杂质扩散、离子注入、薄膜淀积及溅射金属等各个基本工序构成芯片制程，形成了以下元器件及其杂质层、介质层和互连金属层。

（1）芯片中的各个元器件：HV NMOS、HV PMOS、P-Well 电阻及 Cs 衬底电容等。

（2）这些电路元器件所需要的精确控制的硅中的杂质层：P-Well、PF、NF、CN+、沟道 P 型掺杂、DN-、DP-、N+、P+、N+Poly 等。

（3）集成电路所需要的介质层：F-Ox、G-Ox、Poly-Ox、BPSG、LTO、Si₃N₄/PSG 等。

（4）将这些电路元器件连接起来形成集成电路所需要的金属层：AlSi。

应用计算机，依据 HV P-Well CMOS 芯片制造工艺中各个工序的先后次序，把各个工序连接起来，可以得到制程。它由各个工序所组成，而工序则由各个工步来实现。根据设计电路的电气特性要求，选择工艺序号和工艺规范号，以便得到所需要的工艺参数和电学参数。

应用芯片结构技术，依据图 2-7 芯片剖面结构和制造工艺的各个工序，利用计算机和相应的软件，可以描绘出芯片制程中各个工序剖面结构，依照各个工序的先后次序连接起来，可以得到制程剖面结构，图 2-8 为其示意图。该图直观地显示出 HV P-Well CMOS 制程中芯片表面、内部元器件及互连的形成过程和结构的变化。

HV P-Well CMOS 制程主要特点如下所述。

（1）较厚的场区氧化层，因此，选用场氧化的温度要合适。在合适的温度下，减小窄沟道效应，避免跨导下降，有利于提高电路性能。

（2）P 场区和 N 场区需要分别进行 11B+、31P+注入，以提高场区阈值电压。

（3）源漏区做同型双扩散，以形成 N+/DN-或 P+/DP-结构，来提高结的击穿电压。

制程中使用 14 次掩模，各次光刻确定了 HV P-Well CMOS 芯片各层的平面结构与横向尺寸。制程完成后确定了：

（1）芯片各层平面结构与横向尺寸；

（2）剖面结构与纵向尺寸；

（3）硅中的杂质浓度、分布及结深；

（4）电路功能和电气性能等。

芯片结构及尺寸和硅中杂质浓度及结深是制程的关键（参见附录 B-[20]）。它们与下列工艺参数有关：

（1）衬底硅电阻率；

（2）阱深度、掺杂浓度及其分布；

（3）场氧化层和栅氧化层厚度；

（4）有效沟道长度；

（5）源漏 N+/DN-或 P+/DP-结深度及其薄层电阻；

（6）器件的阈值电压、源漏击穿电压、跨导及漏电流等。

此外，CMOS 两种阈值电压必须进行调节，以达到互相匹配的目的。

这里要指出，对于较高电压下工作的电路，场阈值电压 U_{TFP}、U_{TFN} 要求较高，为了防止由于 N 型衬底和 P-Well 区的场阈值电压较低而引起漏电流，可以采用 N 衬底的沟道阻断（截止）N+环和 P-Well 内的沟道阻断 P+环，通过环区的高浓度 N+及 P+扩散层，使得在适当厚场的场区 SiO_2 情况下得到较高的场阈值电压，这种带有沟道阻断环的 P-Well CMOS 工艺，加大了芯片面积，使集成度受到限制。

N-Well CMOS 工艺结构是一种倒置的 CMOS 结构。它与 P-Well CMOS 工艺结构正好相反，是向 P 型硅中扩散形成一个用作 PMOS 管的 N-Well。这时 N 型杂质浓度必须过补偿 P 型衬底的本底浓度。

N-Well CMOS 采用与 E/D NMOS 相同的 P 型衬底材料制作 NMOS 管，采用离子注入形成的 N-Well 制备 PMOS 管，使用沟道离子注入调整两种沟道器件的阈值电压。

N-Well CMOS 工艺比 P-Well CMOS 工艺具有许多明显的优点：

（1）工艺具有完全兼容性。与 E/D NMOS 工艺完全兼容，因此，可以在同一衬底（高阻 P 型硅）上实现 NMOS/CMOS 的集成。

（2）具有较高的性能。制备在轻掺杂衬底上的 NMOS 管的性能得到了最佳化：保持了高的电子迁移率、低的 N+结的寄生电容及衬底偏置效应，降低了漏结势垒区的电场强度，从而降低了电子碰撞电离所产生的电流等。

（3）具有"闩锁效应"的概率低。由于电子迁移率较高，因而 N-Well 的寄生电阻较低；碰撞电离的主要来源——电子碰撞电离所产生的衬底电流，在 N-Well CMOS 中通过较低寄生电阻的衬底流走，而在 P-Well CMOS 中通过 P-Well 较高的横向电阻泄放，故产生的寄生衬底电压在 N-Well CMOS 中比 P-Well 要小。在 N-Well CMOS 中寄生的纵向双极型晶体管是 PNP 型，其电流增益较低；而在 P-Well CMOS 中为 NPN 型，电流增益较高。所有这些因素均意味着，N-Well CMOS 结构中产生"闩锁效应"的概率较 P-Well 低。

（4）简化工艺并有利于提高集成度。由于 N-Well CMOS 结构的工艺步骤较 P-Well CMOS 简化，故有利于提高集成度。由于磷在场氧化时，在 N-Well 表面的堆积（分凝效应），因此对 PMOS 的场注入和隔离环可以省去。

N-Well CMOS 集成电路采用高电阻率 P 型硅作为衬底。在该衬底中用磷离子注入加再扩散方法形成 N-Well。NMOS 管制作在 P 型硅衬底中，PMOS 管制作在 N-Well 中，而 N-Well 制作在 P 型硅衬底中。高电阻率 P 型硅衬底降低了 NMOS 器件的结电容，有利于电路工作速度的提高。在硅衬底表面层几微米或更小的区域通过制程形成各种元器件并连接成集成电路，而衬底表面层以下厚的区域则作为基体。下面介绍各种 N-Well CMOS 集成电路制造技术。

2.5 N-Well CMOS（A）

电路采用 3μm 设计规则，使用 N-Well CMOS（A）制造技术。该电路典型元器件、制造技术及主要参数如表 2-5 所示。制程完成后，在硅衬底上形成 CMOS 芯片中的各种元器件，并使之互连，实现所设计电路，该电路或各层版图已变换为缩小的各层平面和剖面结构图形的芯片。如果得到的工艺参数与电学参数都符合所设计电路的要求，则芯片功能和电气性能都能达到设计指标。

表 2-5 工艺技术和芯片中主要元器件

工 艺 技 术		芯片中主要元器件	
■ 技术	CMOS（A）	■ 电阻	$R_{SN+Poly}$，R_{SN+}
■ 衬底	P-Si<100>	■ 电容	
■ 阱	N-Well	■ 晶体管	NMOS $W/L>1$ 增强型（驱动管）
■ 隔离	LOCOS		PMOS $W/L>1$ 增强型（负载管）
■ 栅结构	N+Poly/SiO$_2$	■ 二极管	P+/N-Well
■ 源漏区	N+, P+		N+/P-Sub
■ 栅特征尺寸	3μm		
■ Poly	1 层（N+Poly）		
■ 互连金属	1 层（AlSi）		
■ 电源（U_{DD}）	5V		
工艺参数*	数 值	电学参数*	数 值
■ ρ	左边这些参数视工艺制程而定	■ U_{TN}/U_{TP}	左边这些参数视电路特性而定
■ X_{jNW}		■ BU_{DSN}/BU_{DSP}	
■ $T_{F-Ox}/T_{G-Ox}/T_{Poly-Ox}$		■ U_{TFN}/U_{TFP}	
■ $T_{Poly}/T_{BPSG}/T_{LTO}$		■ $R_{SNW}/R_{SN+Poly}$	
■ L_{effn}/L_{effp}		■ R_{SN+}/R_{SP+}	
■ X_{jN+}/X_{jP+}，T_{Al}		■ g_n/g_p，I_{LPN}	
■ 设计规则	3μm	■ 电路 DC/AC 特性	视设计电路而定

*表中参数：NW 阱深/薄层电阻为 X_{jNW}/R_{SNW}，其他各参数符号与前面各表相同。

2.5.1 芯片平面/剖面结构

应用芯片结构技术（参见附录 B-[21]），使用计算机和相应的软件，可以得到 N-Well CMOS（A）芯片典型平面/剖面结构。首先在电路中找出各种典型元器件：RsN+Poly/RsN+ 和 N+/P-Sub、P+/N-Well（电阻/二极管组成的输入端栅保护结构）、NMOS 及 PMOS。然后进行平面/剖面结构设计，选取平面/剖面结构各层统一适当的尺寸和不同的标识，表示制程中各工艺完成后的层次，设计得到可以互相拼接得很好的各元器件结构（或在元器件结构库中选取），分别如图 2-9 中的 A、B、C 所示（不要把它们看作连接在一起）。最后把各元器件结构按照一定方式排列并拼接起来，构成芯片剖面结构，图 2-9（a）为其示意图，而对应的平面/剖面结构示意图如图 2-10 所示。以该结构为基础，消去输入端栅保护结构，引入耗尽型 NMOS 和 N-Well 电阻，得到如图 2-9（b）所示的另一种结构。如果引入不同于图 2-9 中的单个或多个元器件结构，或消去其中单个或多个元器件结构，或对其中元器件结构进行改变，则可得到多种不同的结构。选用其中与设计电路相联系的一种结构。下面仅对图 2-9（a）所示结构进行说明。

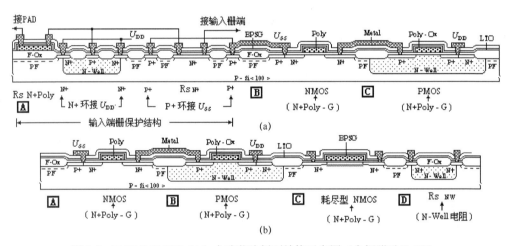

图 2-9　N-Well CMOS（A）电路芯片剖面结构示意图（参阅附录 B-[2]）

（1）衬底材料 N-Si<100>，初始氧化（Init-Ox）

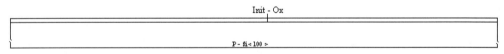

（2）光刻 N-Well，腐蚀 SiO_2，31P+注入（平面/剖面结构图），去胶（图中未去胶）

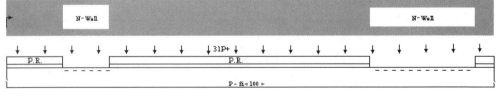

（3）注入退火，N-Well 推进/氧化

图 2-10　N-Well CMOS（A）制程剖面结构示意图（参阅附录 B-[2, 3, 6]）

(4) 腐蚀净 SiO$_2$，基底氧化（Pad-Ox），Si$_3$N$_4$ 淀积

(5) 光刻有源区，刻蚀 Si$_3$N$_4$，去胶（图中未去胶）

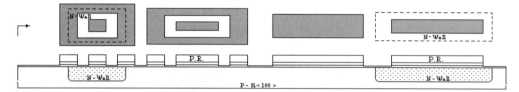

(6) 光刻 P 场区，11B+ 注入，去胶（图中未去胶）

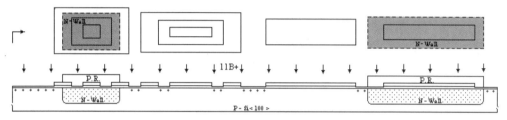

(7) 注入退火，场区氧化，形成 SiON/Si$_3$N$_4$/SiO$_2$ 三层结构

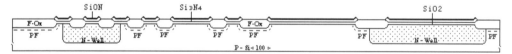

(8) 三层腐蚀，预栅氧化。阈值调节，11B+ 注入

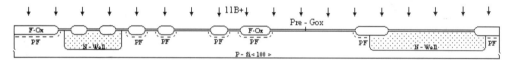

(9) 注入退火，栅氧化（G-Ox）

(10) Poly 淀积，POCl$_3$ 掺杂

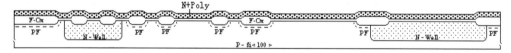

(11) 光刻 Poly，刻蚀 Poly，去胶（图中未去胶）

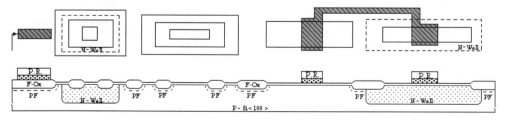

图 2-10　N-Well CMOS（A）制程剖面结构示意图（参阅附录 B-[2, 3, 6]）（续）

(12) Poly 氧化（Poly-Ox）。光刻 N+区，75As+或 31P+注入（Poly 注入未标出），去胶（图中未去胶）

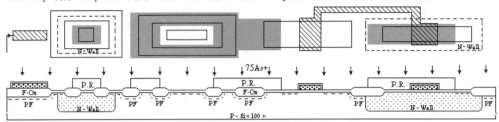

(13) 光刻 P+区，49BF$_2$+或 11B+注入（Poly 注入未标出），去胶（图中未去胶）

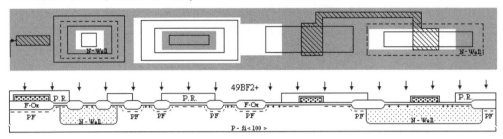

(14) LTO/BPSG 淀积，流动/注入退火，形成 N+、P+区

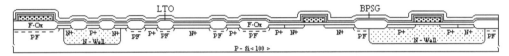

(15) 光刻接触孔，腐蚀，刻蚀 BPSG/LTO/SiO$_2$，去胶（图中未去胶）

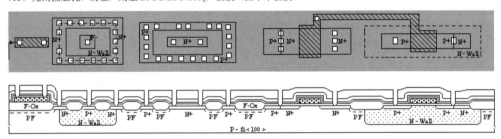

(16) 溅射金属（Metal），光刻金属，刻蚀 AlSi，去胶

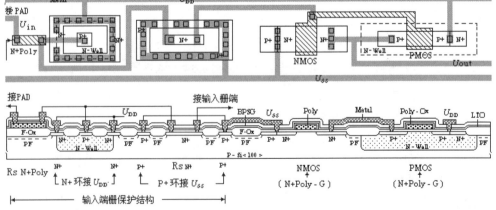

(17) PSG/PECVD Si$_3$N$_4$ 钝化层淀积，光刻键压点，刻蚀 PECVD Si$_3$N$_4$/PSG，去胶，合金，背面减薄，晶圆 PCM 测试，芯片测试

图 2-10 N-Well CMOS（A）制程剖面结构示意图（参阅附录 B-[2, 3, 6]）（续）

2.5.2 工艺技术

设计电路工艺技术概要如表 2-5 所示。制程用 N-Well CMOS（A）来表示。

根据 N-Well CMOS（A）电路电气特性要求，确定用于芯片制造的基本参数，如表 2-5 所示。在芯片制造工艺中，一是要确保工艺参数、电学参数都要达到规范值，二是批量生产中要确保芯片具有高成品率、高性能及高可靠性。根据电路电气特性的指标，对下列参数提出严格要求。

（1）工艺参数：如各种杂质浓度及其分布、结深、栅氧化层/介质层厚度等。
（2）电学参数：薄层电阻、源漏击穿电压、阈值电压等。
（3）硅衬底材料电阻率等。

芯片制造是由各工步所组成的工序来实现的，需要制定出各工序具体的工艺条件。从芯片制程的最初阶段开始，就对各工序进行严格的工艺监控与检测，并制定出该工序的材料质量和参数规范。如果该工序质量和参数未达到规范要求，偏离数值很大，则要返工；若不能返工，就要进行报废处理。在工艺线上进行严格的工艺监控与检测，可使工艺参数和电学参数都达到规范值，生产出高质量芯片。

从制程剖面结构图（图 2-10）中可以看出，需要进行 9 次光刻。

2.5.3 工艺制程

图 2-9 所示的 N-Well CMOS（A）芯片结构的制程由工艺规范确定的各个基本工序、相互关联及将其按一定顺序组合而构成。为实现此制程，要完成以下主要工艺：P-型硅衬底进行 31P+注入，形成 N-Well；硅局部氧化（LOCOS），形成元器件隔离；生长栅氧化膜（SiO_2），形成 MOS 介质层；Poly 淀积/掺杂并刻蚀，形成硅栅结构（N+Poly/SiO_2）；硅栅自对准注入，形成源漏掺杂区（N+ S/D，P+S/D）；薄膜淀积（BPSG/LTO）及溅射金属（AlSi）等。

由多次氧化、光刻、杂质扩散、离子注入、薄膜淀积及溅射金属等各个基本工序构成芯片制程，形成了以下元器件及其杂质层、介质层和互连金属层。

（1）芯片中的各个元器件：电阻/二极管组成的输入端栅保护结构，NMOS 及 PMOS。
（2）这些电路元器件所需要的精确控制的硅中的杂质层：N-Well、PF、沟道掺杂、N+、N+Poly、P+等。
（3）集成电路所需要的介质层：F-Ox、G-Ox、Poly-Ox、BPSG、LTO 等。
（4）将这些电路元器件连接起来形成集成电路的金属层：AlSi。

应用计算机，依据 N-Well CMOS（A）芯片制造工艺中各个工序的先后次序，把各个工序互相连接起来，可以得到制程。它由各个工序所组成，而工序则由各个工步来实现。根据设计电路的电气特性要求，选择工艺序号和工艺规范号，以便得到所需要的工艺参数和电学参数。

为了直观地显示出制程中芯片表面、内部元器件及互连的形成过程和结构的变化，借助图 2-9 所示的芯片剖面结构和制造工艺的各个工序，利用芯片结构技术，使用计算机和相应的软件，可以描绘出芯片制程中各个工序的平面/剖面结构，依照各个工序的先后次序互相连接起来，可以得到 N-Well CMOS（A）芯片平面/剖面结构，图 2-10 为其示意图。

N-Well CMOS（A）制程主要特点如下所述。

（1）采用高电阻率 P 型硅作为衬底。在轻掺杂衬底上形成了 NMOS 管，其性能得到了提高：保持了高的电子迁移率、低的 N+结的寄生电容及衬底偏置效应，降低了漏结势垒区的电场强度，从而降低了电子碰撞电离所产生的电流等。

（2）等离子方法刻蚀 Si_3N_4 后形成有源区，然后光刻 P 场区，选择一定的注入能量和剂量，进行硼离子注入，场区氧化后，在其厚氧化层下面形成阻断（截止）沟道的 PF 区（即 P 场区）。但是没有对 N 场区做磷或砷离子注入，这是由于磷在场氧化时，在 N-Well 表面的堆积，从而得到高的场阈值电压（$|U_{tfp}|$）。因此，对 PMOS 的场区注入和隔离环可省去。

（3）不经光刻进行调节注入。对于 N+Poly 栅，未经沟道注入时$|U_{TP}|$过高。采用硼离子注入 N-Well，以调节阈值电压，使$|U_{TP}|$降到一个合适的数值。在给定的 N-Well 浓度和栅氧化膜厚度下，未做沟道注入时，具有较高的$|U_{TP}|$。采用高电阻率衬底，具有较低的 U_{TN}，在栅氧化后，不经光刻，使用公共硼离子对工艺硅片表面进行合适的剂量注入，使得$|U_{TP}|$下降、U_{TN} 上升，从而达到 $U_{TN} = |U_{TP}|$。

制程中使用 14 次掩模，各次光刻确定了 N-Well CMOS（A）芯片各层的平面结构与横向尺寸。制程完成后确定了：

（1）芯片各层平面结构与横向尺寸；
（2）剖面结构与纵向尺寸；
（3）硅中的杂质浓度、分布及结深；
（4）电路功能和电气性能等。

芯片结构及尺寸和硅中杂质浓度及结深是制程的关键（参见附录 B-[20]）。它们与下列工艺参数有关：

（1）衬底硅电阻率；
（2）阱深度、掺杂浓度及其分布；
（3）场区氧化层和栅氧化层厚度；
（4）有效沟道长度；
（5）源漏结深度及其薄层电阻；
（6）器件的阈值电压、源漏击穿电压、跨导、漏电流等。

此外，CMOS 两种阈值电压必须进行调节，以达到互相匹配的目的。

制程完成后，横向和纵向尺寸能否满足芯片要求，关键取决于各工序的工艺规范值。如果制程完成后芯片得到的剖面结构参数不精确，则电路性能就达不到设计指标。所以芯片制造中要严格遵守工艺规范才能得到合格的电路。

制程完成后，先测试晶圆 PCM 数据，达到规范值后才能测试芯片电气特性。如果是工程研制，则制造者分析 PCM 数据，而设计者分析芯片功能和性能，两者分析讨论，确定下次的研制方案；如果是批量生产，则分析 PCM 数据和芯片合格率的高低等。如果主要 PCM 数据未达到规范值,偏离数值很大,则要对该晶圆进行报废处理。

2.6 N-Well CMOS(B)

电路采用 1.2μm 设计规则,使用 N-Well CMOS(B)制造技术。表 2-6 示出该电路典型元器件、制造技术及主要参数。它以 N-Well CMOS(A)制程及所制得的各种元器件为基础,并对其芯片结构和制造工艺进行改变,最终在硅衬底上形成 CMOS 芯片中的各种元器件,并使之互连,实现所设计电路。如果制程完成后得到的各种参数都符合所设计电路的要求,则芯片功能和电气性能都能达到设计指标。

表 2-6 工艺技术和芯片中主要元器件

工 艺 技 术		芯片中主要元器件	
■ 技术	CMOS(B)	■ 电阻	R_{SNW},$R_{S\,Poly}$
■ 衬底	P-Si<100>	■ 电容	—
■ 阱	N-Well	■ 晶体管	NMOS W/L>1 增强型(驱动管)
■ 隔离	LOCOS		PMOS W/L>1 增强型(负载管)
■ 栅结构	N+Poly/SiO₂	■ 二极管	N+/ P-Well(剖面图中未画出)
■ 源漏区	N+SN-,P+		P+/N-Sub(剖面图中未画出)
■ 栅特征尺寸	1.2μm		
■ Poly	1 层(N+Poly)		
■ 互连金属	1 层(AlSiCu)		
■ 电源(U_{DD})	5V		
工 艺 参 数*	数 值	电 学 参 数*	数 值
■ ρ	左边这些参数视工艺制程而定	■ $U_{TN}/U_{TP}/U_{TND}$	左边这些参数视电路特性而定
■ X_{jNW}		■ BU_{DSN}/BU_{DSP}	
■ $T_{F\text{-}Ox}/T_{G\text{-}Ox}/T_{Poly\text{-}Ox}$		■ U_{TFN}/U_{TFP}	
■ $T_{Poly}/T_{BPSG}/T_{LTO}/T_{TEOS}$		■ $R_{SNW}/R_{SN+Poly}$	
■ $L_{effn}/L_{effp}/L_{effND}$		■ R_{SN+}/R_{SP+}	
■ X_{jN+}/X_{jP+},T_{Al}		■ g_n/g_p,I_{LPN}	
■ 设计规则	1.2μm	■ 电路 DC/AC 特性	视设计电路而定

*表中各参数符号与前面各表相同。

2.6.1 芯片剖面结构

在电路中找出各种典型元器件:NMOS、PMOS、N-Well 电阻及 Poly 电阻,应用芯片结构技术(参见附录 B-[21]),进行剖面结构设计,分别如图 2-11 中的 A、B、C、D 所示(不要把它们看作连接在一起)。由它们构成 N-Well CMOS(B)芯片典型剖面结构,图 2-11(a)为其示意图。以该结构为基础,消去场区 Poly 电阻,引入耗尽型 NMOS 和 Cs 衬底电容,得到如图 2-11(b)所示的另一种结构。如果引入不同于图 2-11 中的单个或多个元器件结构,或消去其中单个或多个元器件结构，或对其中元器件结构进行改变，则可得到多种不同的结构。选用其中与设计电路相联系的一种结构。下面仅对图 2-11（a）所示结构进行说明。

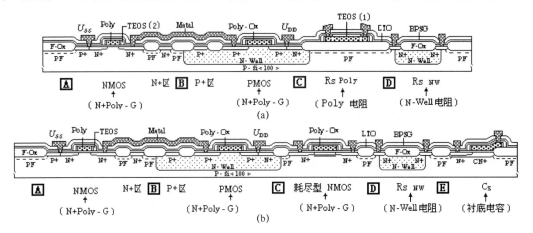

图 2-11 N-Well CMOS（B）电路芯片剖面结构示意图（参阅附录 B-[2]）

2.6.2 工艺技术

设计电路工艺技术概要如表 2-6 所示。为实现 N-Well CMOS（B）技术，引入一些基本工艺，对 N-Well CMOS（A）制造工艺做如下改变。

（1）消去与电阻/二极管组成的输入端栅保护有关的工艺及其结构。

（2）P-型硅衬底中进行 31P+注入，生成 N-Well 的同时，引入并形成 N-Well 电阻。

（3）Poly 淀积后，引入 75As+注入，生成轻掺杂 N-Poly 区，形成 Poly 电阻。

（4）源漏 N+区注入前，引入 NLDD 31P+注入，TEOS 淀积并刻蚀形成硅栅侧墙，生成轻掺杂 SN-区，可缩小 MOS 器件尺寸。

上述消去与引入的基本工艺，使 N-Well CMOS（A）芯片结构和制程都发生了明显的变化。工艺完成后，可制得 NMOS[A]、PMOS[B]、Poly 电阻[C]及 N-Well 电阻[D]，并用 N-Well CMOS（B）来表示。

N-Well CMOS（B）电路电气性能指标与制造中的各种参数密切相关，确定用于芯片制造的基本参数，如表 2-6 所示。制造工艺中，对下列参数提出严格要求。

（1）工艺参数：各种掺杂浓度及其分布，X_{jNW}、X_{jN+}、X_{jP+} 等结深，$T_{F\text{-}Ox}$、$T_{G\text{-}Ox}$、$T_{Poly\text{-}Ox}$ 等氧化层厚度。

（2）电学参数：U_{TN}、U_{TP}、U_{TND} 等阈值电压，R_{SNW}、$R_{SN\text{-}Poly}$、R_{SN+}、R_{SP+} 等薄层电阻，BU_{DSN}、BU_{DSP} 等源漏击穿电压。

（3）硅衬底电阻率（ρ）等。

芯片制造是由各工步所组成的工序来实现的，需要制定出各工序具体的工艺条件，以保证所要求的各种参数都达到规范值。

芯片批量生产时，保持各批次制程的均一性相当重要。不但要监控工艺参数和电学参数，使其在整个晶圆的范围内达到规范值，还要让每一片生产的晶圆都达到这个标准。从投片到产出包括许多步骤，必须使用制程控制各工序的质量，以便得到高合格率和高性能芯片。

从制程剖面结构图（图 2-12）中可以看出，制程中需要进行 12 次光刻。光刻中的对准曝光要严格对准、套准，并使之在确定的误差以内。

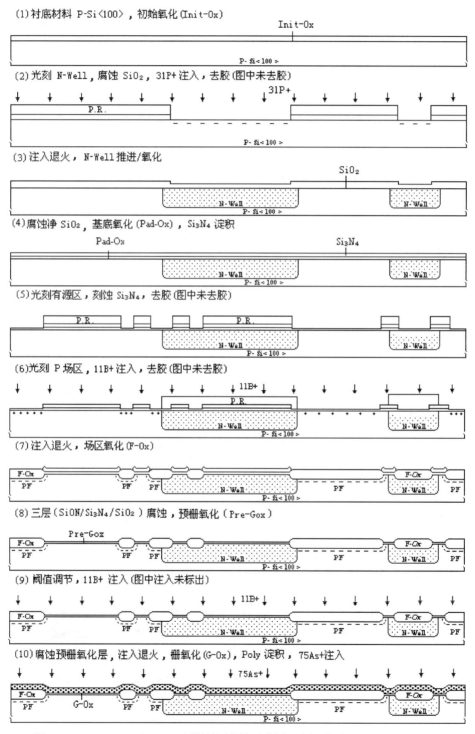

图 2-12　N-Well CMOS（B）制程剖面结构示意图（参阅附录 B-[2, 3, 6, 13, 16]）

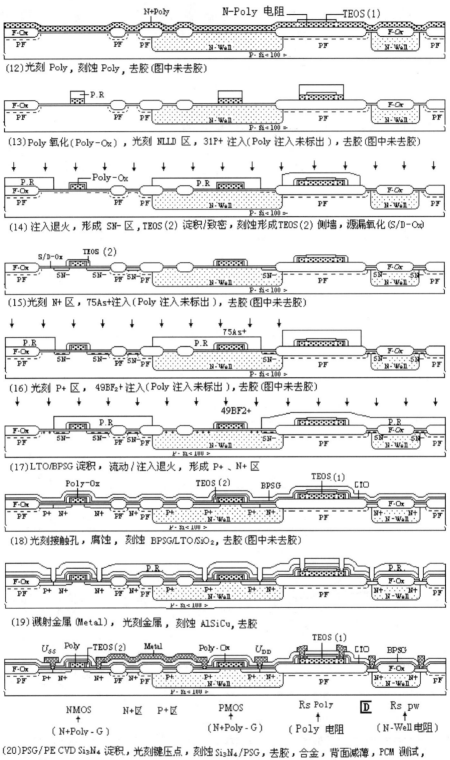

图 2-12 N-Well CMOS（B）制程剖面结构示意图（参阅附录 B-[2, 3, 6, 13, 16]）（续）

2.6.3 工艺制程

由工艺规范确定的各个基本工序、相互关联及将其按一定顺序组合，构成图 2-11 所示的 N-Well CMOS（B）芯片剖面结构的制程。为实现此制程，在 N-Well CMOS（A）制程中，消去与引入部分基本工艺，不仅增加了制造工艺，技术难度增大，使芯片结构发生了明显的变化，而且改变了其制程，从而实现了 N-Well CMOS（B）制程。

由多次氧化、光刻、杂质扩散、离子注入、薄膜淀积及溅射金属等各个基本工序构成芯片制程，形成了以下元器件及其杂质层、介质层和互连金属层。

（1）电路芯片中的各个元器件：NMOS、PMOS、N-Well 电阻及场区 Poly 电阻等。

（2）这些电路元器件所需要的精确控制的硅中的杂质层：N-Well、PF、沟道掺杂、N-Poly、N+Poly、SN-、N+、P+等。

（3）集成电路所需要的介质层：F-Ox、G-Ox、Poly-Ox、TEOS、BPSG/LTO 等。

（4）将这些电路元器件连接起来形成集成电路的金属层：AlSiCu。

应用计算机，依据 N-Well CMOS（B）芯片制造工艺中的各个工序的先后次序，把各个工序连接起来，可以得到制程。它由各个工序组成，而工序则由各个工步来实现。根据设计电路的电气特性要求，选择工艺序号和工艺规范号，以便得到所需要的工艺参数和电学参数。

根据图 2-11 芯片剖面结构和制造工艺的各个工序，使用芯片结构技术，利用计算机和相应的软件，可以描绘出芯片制程中各个工序的剖面结构，依据各个工序的先后次序互相连接起来，可以得到制程剖面结构，图 2-12 为其示意图。该图直观地显示出 N-Well CMOS（B）制程中芯片表面、内部元器件及互连的形成过程和结构的变化。

N-Well CMOS（B）制程主要特点：在栅和源漏的重掺杂区之间引入一个轻掺杂区。制程中 Poly 刻蚀后，首先进行低剂量 31P+注入，形成轻掺杂浅 N-区（SN-区），淀积并刻蚀 TEOS，形成硅栅侧墙，然后利用侧墙作为掩模，进行 75As+注入形成重掺杂 N+区，并与轻掺杂 SN-区相连。可见，N+区注入杂质不会在栅下面发生横向扩散，但会在侧墙下面扩散。因此，LDD 结构器件较常规器件有小得多的衬底电流和栅电流，以及器件衰退。另外，覆盖电容也减小，使得栅电容降低和速度提高。上述表明，LDD 结构器件具有高的可靠性和优越的器件性能。

芯片制程中使用了 11 次掩模，各次光刻确定了 N-Well CMOS（B）芯片各层的平面结构与横向尺寸。工艺完成后，不仅确定了芯片各层平面结构与横向尺寸，而且也确定了剖面结构与纵向尺寸，并精确控制了硅中的杂质浓度及其分布和结深，从而确定了电路功能和电气性能。

芯片结构及尺寸和硅中杂质浓度及结深是制程的关键（参见附录 B-[20]）。它们与下列工艺参数有关：

（1）衬底硅电阻率；

（2）阱深度、掺杂浓度及分布；

（3）场氧化层和栅氧化层厚度；

（4）有效沟道长度；

（5）源漏结深度及其薄层电阻等；

（6）器件的阈值电压、源漏击穿电压、跨导及漏电流等。

此外，CMOS 两种阈值电压必须进行调节，以达到互相匹配的目的。

制程完成后，平面/剖面结构和横向/纵向尺寸能否满足芯片要求，关键取决于各工序的工艺规范值。如果制程完成后，芯片得到的工艺参数和电学参数不精确，则电路性能就达不到设计指标。所以芯片制造中要严格遵守各工序的工艺规范才能得到合格的电路。

制程完成后，先测试晶圆 PCM 数据，达到规范值后才能测试芯片电气特性。如果是工程研制，则制造者分析 PCM 数据，而设计者分析芯片功能和性能。

2.7　N-Well CMOS（C）

电路采用 1.2μm 设计规则，使用 N-Well CMOS（C）制造技术。该电路典型元器件、制造技术及主要参数如表 2-7 所示。它以 N-Well CMOS（A）制程及所制得的各种元器件为基础，并对其芯片结构和制造工艺进行改变，最终在硅衬底上形成 CMOS 芯片中的各种元器件，并使之互连，实现所设计电路。如果制程完成后得到的各种工艺参数和电学参数都符合所设计电路的要求，则芯片功能和电气性能都能达到设计指标。

表 2-7　工艺技术和芯片中主要元器件

工　艺　技　术		芯片中主要元器件	
■ 技术	CMOS（C）	■ 电阻	$R_{S\,Poly}$，R_{SNW}
■ 衬底	P-Si<100>	■ 电容	$N+Poly2/Si_3N_4$-Poly-ox/
■ 阱	N-Well		$N+Poly1$，$N+Poly1/SiO_2/CN+$
■ 隔离	LOCOS	■ 晶体管	NMOS $W/L>1$ 增强型（驱动管）
■ 栅结构	$N+Poly/SiO_2$		PMOS $W/L>1$ 增强型（负载管）
■ 源漏区	N+SN-，P+	■ 二极管	P+/N-Well（剖面图中未画出）
■ 栅特征尺寸	1.2μm		N+/P-Sub（剖面图中未画出）
■ Poly	2 层（N+Poly）		
■ 互连金属	1 层（AlSiCu）		
■ 电源（U_{DD}）	5V		
工艺参数*	数　值	电学参数*	数　值
■ ρ		■ $U_{TN}/U_{TP}/U_{TND}$	
■ X_{jNW}/X_{jCN+}		■ BU_{DSN}/BU_{DSP}	
■ $T_{F-Ox}/T_{G-Ox}/T_{Poly-Ox}$	左边这些参数视工艺制程而定	■ U_{TFN}/U_{TFP}	左边这些参数视电路特性而定
■ $T_{Si3N4}/T_{Poly-Ox}/T_{TEOS}$		■ $R_{SNW}/R_{SN+Poly1}/R_{SN+Poly2}$	
■ $T_{Poly1}/T_{Poly2}/T_{BPSG}/T_{LTO}$		■ $R_{SN-Poly2}$，$R_{SCN+}/R_{SN+}/R_{SP+}$	
■ $L_{effn}/L_{effp}/L_{effND}$		■ g_n/g_p，I_{LPN}	
■ X_{jN+}/X_{jP+}，T_{Al}			
■ 设计规则	1.2μm	■ 电路 DC/AC 特性	视设计电路而定

*表中各参数符号与前面各表相同。

2.7.1 芯片剖面结构

应用芯片结构技术（参见附录 B-[21]），可以得到 N-Well CMOS（C）芯片典型剖面结构。首先在电路中找出各种典型元器件：NMOS、PMOS、耗尽型 NMOS、Poly2 电阻及 Cf 场区电容，然后进行剖面结构设计，分别如图 2-13 中的 A、B、C、D、E、F 所示（不要把它们看作连接在一起）。最后由它们组成 N-Well CMOS（C）芯片剖面结构，图 2-13（a）为其示意图。以该结构为基础，消去 Cs 衬底电容和 N-Well 电阻，引入耗尽型 NMOS，得到如图 2-13（b）所示的另一种结构。如果引入不同于图 2-13 中的单个或多个元器件结构，或消去其中单个或多个元器件结构，或对其中元器件结构进行改变，则可得到多种不同的结构。选用其中与设计电路相联系的一种结构。下面仅对图 2-13（a）所示结构进行说明。

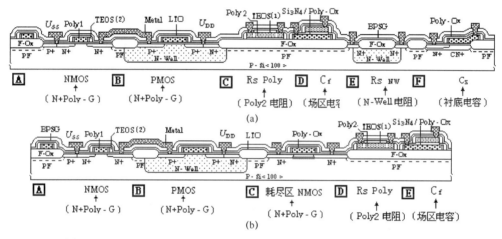

图 2-13　N-Well CMOS（C）电路芯片剖面结构示意图（参阅附录 B-[2]）

2.7.2 工艺技术

设计电路工艺技术概要如表 2-7 所示。为实现 N-Well CMOS（C）技术，引入场区 Poly 电阻和双层 Poly 电容、N-Well 电阻和 Cs 衬底电容，对 N-Well CMOS（A）制造工艺做如下改变。

（1）消去与电阻/二极管组成的输入端栅保护有关的工艺及其结构。

（2）P-型硅衬底中进行 31P+注入，生成 N-Well 的同时，引入并形成 N-Well 电阻。

（3）预栅氧化后，引入 75As+或 31P+注入，生成 CN+区，形成 Cs 衬底电容下极板。

（4）在刻蚀 Poly1 形成硅栅结构后，引入 Poly1 氧化、Si_3N_4 淀积及 Poly2 淀积，并分别做轻和重掺杂，生成 N-Poly2 电阻和介质层为 Si_3N_4/Poly-ox 的双层 Poly 场区电容。

（5）源漏 N+区注入前，引入 NLDD 31P+注入，TEOS 淀积并刻蚀形成硅侧墙，生成轻掺杂 SN-区，可缩小 MOS 器件尺寸。

上述消去与引入的基本工艺，使 N-Well CMOS（A）芯片结构和制程都发生了明显的变化。工艺完成后，可制得 NMOS A、PMOS B、Poly 电阻 C、Cf 场区电容 D、N-Well 电阻 E 及 Cs 衬底电容 F，并用 N-Well CMOS（C）来表示。

根据 N-Well CMOS（C）电路电气特性要求，确定用于芯片制造的基本参数，如表 2-7 所示。在芯片制程工艺中，一方面要确保工艺参数、电学参数都达到规范值，另一方面批量生产中要确保电路具有高成品率、高性能及高可靠性。根据电路电气特性的指标，对下列参数提出严格要求。

（1）工艺参数：如各种杂质浓度及其分布、结深、栅氧化层/介质层厚度等。

（2）电学参数：如薄层电阻、源漏击穿电压、阈值电压等。

（3）硅衬底材料电阻率等。

芯片制造是由各工步所组成的工序来实现的，需要制定出各工序具体的工艺条件，以保证达到所要求的各种参数的规范值。

从制程的最初阶段就开始进行工艺检测，以获得芯片制程中各工序必要的关于材料质量和工艺参数及电学参数的数据。在芯片集成度不断提高的情况下，每一道工序都有决定成功或失败的关键问题：沾污、结深、薄膜的质量。工艺检测对于描绘工艺硅片的特性与检查其成品率非常关键，要确保工艺参数和电学参数都达到规范值。

从制程剖面结构图（图2-14）中可以看出，需要做13次光刻。

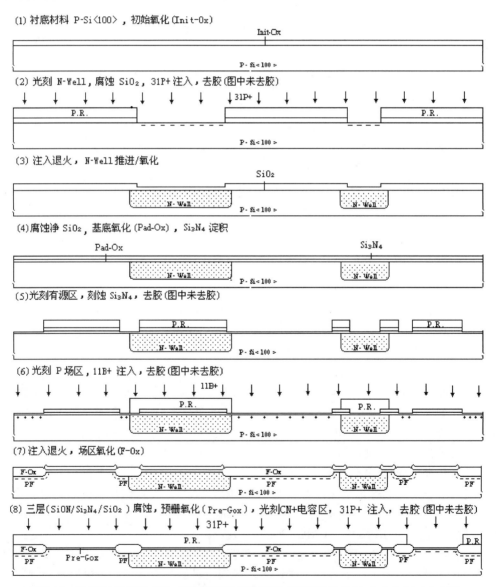

图2-14 N-Well CMOS（C）制程剖面结构示意图（参阅附录B-[2, 3, 4, 6, 13, 15, 16]）

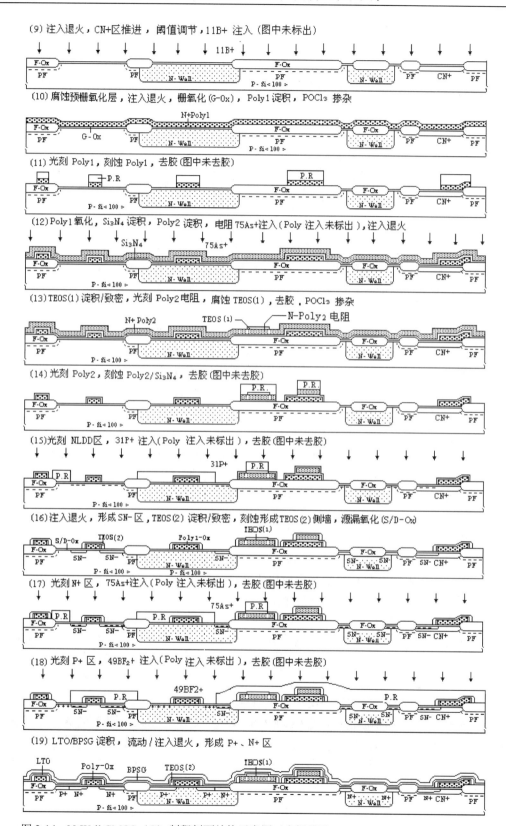

图 2-14 N-Well CMOS（C）制程剖面结构示意图（参阅附录 B-[2, 3, 4, 6, 13, 15, 16]）（续）

(20) 光刻接触孔，腐蚀，刻蚀 BPSG/LTO/SiO₂，去胶（图中未去胶）

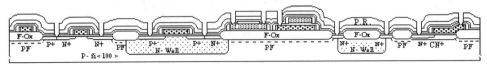

(21) 溅射金属（Metal），光刻金属，刻蚀 AlSiCu，去胶

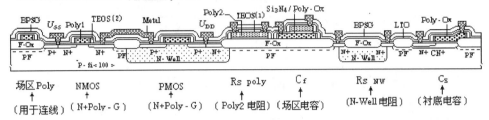

(22) PSG/PE CVD Si₃N₄ 淀积，光刻键压点，刻蚀 Si₃N₄/PSG，去胶，合金，背面减薄，PCM 测试，芯片测试

图 2-14　N-Well CMOS（C）制程剖面结构示意图（参阅附录 B-[2, 3, 4, 6, 13, 15, 16]）（续）

2.7.3　工艺制程

图 2-13 所示的 N-Well CMOS（C）芯片结构采用确定的制造技术来实现。它由工艺规范确定的各个基本工序、相互关联及将其按一定顺序组合而构成。为实现此制程，在 N-Well CMOS（A）制程中，消去与引入部分基本工艺，不仅增加了制造工艺，技术难度增大，使芯片结构发生了明显的变化，而且改变了其制程，从而实现了 N-Well CMOS（C）制程。

由多次氧化、光刻、杂质扩散、离子注入、薄膜淀积及溅射金属等各个基本工序构成芯片制程，形成了以下元器件及其杂质层、介质层和互连金属层。

（1）电路芯片中的各个元器件：NMOS、PMOS、Poly 电阻和 Cf 场区电容、N-Well 电阻和 Cs 衬底电容等。

（2）这些电路元器件所需要的精确控制的硅中的杂质层：N-Well、PF、沟道掺杂、CN+、N+Poly、N-Poly、SN-、N+、P+等。

（3）集成电路所需要的介质层：F-Ox、G-Ox、Si₃N₄/Poly-Ox、BPSG、TEOS 等。

（4）将这些电路元器件连接起来形成集成电路的金属层：AlSiCu。

当这些工序都按工艺规范完成，每个晶圆上就做成了很多集成电路芯片。

应用计算机，依据 N-Well CMOS（C）芯片制造工艺中的各个工序的先后次序，把各个工序互相连接起来，可以得到制程。它由各个工序所组成，而工序则由各个工步来实现。根据设计电路的电气特性要求，选择工艺序号和工艺规范号，以便得到所需要的参数。

根据图 2-13 芯片结构和制造工艺的各个工序，使用芯片结构技术，利用计算机和相应的软件，描绘出对应每道工序的剖面结构，从而得到芯片制造的各个工序结构。芯片制程由上述各个工序所组成，从而确定出 N-Well CMOS（C）制程剖面结构，图 2-14 为其示意图。根据制程中的各个工序可以描绘出能反映每次光刻显影或刻蚀的相对应的平面结构。每道工序的平面/剖面结构或制程完成后的芯片结构都能直观地显示出制程中芯片表面、内部元器件及互连的形成过程和结构的变化。

N-Well CMOS（C）制程主要特点如下所述。

（1）双层 Poly。第一层 Poly1 用作 MOS 硅栅和电容下极板，第二层 Poly2 用作高阻值

Poly 电阻和电容上极板,它们都制作在场区上。

(2) 重掺杂 Poly。重掺杂 Poly1 和 Poly2 可以在不同层用于布线。

(3) 场区 MOS 电容。电容不放在有源区衬底上,而是放在场区上,上下电极被场区氧化层与其他元件和衬底隔离开,是一种寄生参量很小的固定电容。

(4) NLDD MOS 结构。CMOS 电路设计中,所用的 NMOS 比 PMOS($L \geqslant 2.0\mu m$)多,在 $1.2\mu m$ 工艺中仅对 NMOS 管采用轻掺杂(LDD)结构,具有优良的电特性。

实际上,上述四点都是为了提高芯片的性能和集成度。

制程中使用了 13 次掩模,各次光刻确定了 N-Well CMOS(C)各层平面结构与横向尺寸。制程完成后确定了芯片各层平面结构与横向尺寸和剖面结构与纵向尺寸,并精确控制了硅中的杂质浓度及其分布和结深,从而确定了电路功能和电气性能。

芯片结构及尺寸和硅中杂质浓度及结深是制程的关键(参见附表 B-[20])。它们与下列工艺参数有关:

(1) 衬底硅电阻率;
(2) 阱深度、掺杂浓度及分布;
(3) 场氧化层和栅氧化层厚度;
(4) 有效沟道长度;
(5) 源漏结深度及薄层电阻;
(6) Poly 电阻及其掺杂;
(7) 双层 Poly 电容及介质层厚度等;
(8) 器件的阈值电压、源漏击穿电压、跨导及漏电流等。

制程完成后先测试 PCM 数据,达到规范值后,才能测试芯片电气性能。

2.8 HV N-Well CMOS

电路采用 $\geqslant 5\mu m$ 设计规则,使用 HV N-Well CMOS 制造技术。该电路典型元器件、制造技术及主要参数如表 2-8 所示。它以 N-Well CMOS(A)制程及所制得的各种元器件为基础,并对其芯片结构和制造工艺进行改变,最终在硅衬底上形成 HV CMOS 芯片中的各种元器件,并使之互连,实现所设计电路。如果制程完成后所得到的各种参数都达到规范值,则芯片性能达到设计指标。

表 2-8　工艺技术和芯片中主要元器件

工　艺　技　术		芯片中主要元器件	
■ 技术	HV CMOS	■ 电阻	R_{SNW}, $R_{S\,Poly}$
■ 衬底	P-Si<100>	■ 电容	—
■ 阱	N-Well	■ 晶体管	HV NMOS $W/L>1$ (S/D DDD) 增强型(驱动管)
■ 隔离	LOCOS		
■ 栅结构	N+Poly/SiO$_2$		HV PMOS $W/L>1$ (S/D DDD) 增强型(负载管)

(续表)

工艺技术		IC 中主要元器件	
■ 源漏区	N+/DN-, P+/DP-	■ 二极管	N+/P-Well（剖面图中未画出）
■ 栅特征尺寸	≥5μm，视高压而定		P+/N-Sub（剖面图中未画出）
■ Poly	1 层（N+Poly）		
■ 互连金属	1 层（AlSi）		
■ 电源（U_{DD}）	5～20V		

工艺参数*	数值	电学参数*	数值
■ ρ		■ U_{HVTN}/U_{HVTP}	
■ $X_{jNW}/X_{jDN-}/X_{jDP-}$		■ BU_{HVDSN}/BU_{HVDSP}	
■ $T_{F-Ox}/T_{G-Ox}/T_{Poly-Ox}$	左边这些参数视工艺制程而定	■ U_{TFN}/U_{TFP}	左边这些参数视电路特性而定
■ $T_{Poly}/T_{BPSG}/T_{LTO}$		■ $R_{SNW}/R_{SDN-}/R_{SDP-}$	
■ L_{effn}/L_{effp}		■ $R_{SN+Poly}/R_{SN-Poly}$	
■ X_{jN+}/X_{jP+}，T_{Al}		■ R_{SN+}/R_{SP+}, g_n/g_p, I_{LPN}	
■ 设计规则	≥5μm	■ 电路 DC/AC 特性	视设计电路而定

*表中各参数符号与前面各表相同。

2.8.1 芯片剖面结构

应用芯片结构技术（参见附录 B-[21]），使用计算机和它所提供的软件，可以得到芯片剖面结构。首先在设计电路中找出各种典型元器件：NMOS、PMOS、N-Well 电阻及 Poly 电阻。然后对这些元器件进行剖面结构设计，分别如图 2-15 中的 A、B、C、D 所示（不要把它们看作连接在一起）。最后排列并拼接这些元器件，构成 HV N-Well CMOS 芯片剖面结构，图 2-15（a）为其示意图。以该结构为基础，消去 N-Well 电阻，引入 Cf 场区电容，得到如图 2-15（b）所示的另一种结构。如果引入不同于图 2-15 中的单个或多个元器件结构，或消去其中单个或多个元器件结构，或对其中元器件结构进行改变，则可得到多种不同的结构。选用其中与设计电路相联系的一种结构。下面仅对图 2-15（a）所示结构进行说明。

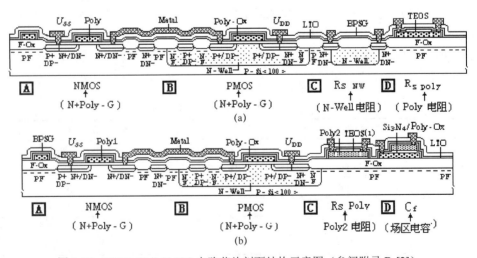

图 2-15　HV N-Well CMOS 电路芯片剖面结构示意图（参阅附录 B-[2]）

2.8.2 工艺技术

设计电路工艺技术概要如表 2-8 所示。为实现 HV N-Well CMOS 技术，引入 DDD 基本工艺，对 N-Well CMOS（A）制造工艺做如下改变。

（1）消去与电阻/二极管组成的输入端栅保护有关的工艺及其结构。

（2）P-型硅衬底中进行 31P+注入，生成 N-Well 同时，引入并形成 N-Well 电阻。

（3）P 场区注入后，引入 N-Well 场区 31P+注入，生成轻掺杂 NF 区，并增加场区氧化层厚度，形成高阈值 N 场区。

（4）源漏 P+、N+区注入前，依次引入 11B+、31P+注入并推进，分别生成轻掺杂 DP-区和 DN-区，形成 P+/DP-区和 N+/DN-区为源漏。

（5）引入满足 HV 要求的栅氧化层厚度。

（6）引入 Poly 中 75As+注入并退火，生成轻掺杂 N-Poly 区，形成 Poly 电阻。

上述消去与引入的基本工艺，使 N-Well CMOS（A）芯片结构和制程都发生了明显的变化。工艺完成后，可制得 HV NMOS[A]、HV PMOS[B]、N-Well 电阻[C]及 Poly 电阻[D]，并用 HV N-Well CMOS 来表示。

根据 HV N-Well CMOS 电路电气性能/合格率与制造中各种参数的密切关系，确定用于芯片制造的基本参数，如表 2-8 所示。芯片制造工艺是由各工步所组成的工序来实现的，需要制定出各工序具体的工艺条件，以保证下列要求的各种参数都达到规范值。

（1）工艺参数：各种杂质浓度及其分布，X_{jNW}、X_{jDN-}、X_{jDP-}、X_{jN+}、X_{jP+}等结深，T_{F-Ox}、T_{G-Ox}、$T_{Poly-Ox}$等氧化层。

（2）电学参数：U_{TN}、U_{TP}等阈值电压，R_{SNW}、R_{SDN-}、R_{SDP-}、R_{SN+}、R_{SP+}等薄层电阻，BU_{DSN}、BU_{DSP}等源漏击穿电压。

（3）硅衬底材料电阻率（ρ）等。

为了保证各种参数都达到规范值，在工艺线上设立了工艺检测环节。通过对某些特定项目进行定期或不定期的检测，以获得必要的关于材料质量和工艺参数及电学参数的数据。工艺过程检测的目的是通过检测数据的及时反馈，使整条工艺线的控制达到最佳化，以便得到高合格率和高性能芯片。同时它也为寻找器件生产中发生问题的原因提供了重要的依据。

在制作掩模时，必须考虑各次光刻所用掩模的名称、图形黑白、正胶、有无划片槽及对准层次等。从制程剖面结构图（图 2-16）中可以看出，需要进行 14 次光刻。

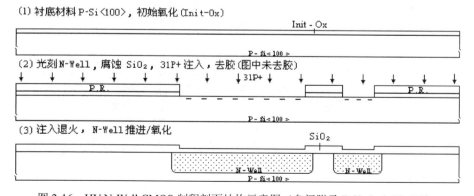

图 2-16　HV N-Well CMOS 制程剖面结构示意图（参阅附录 B-[2, 3, 6, 13, 17]）

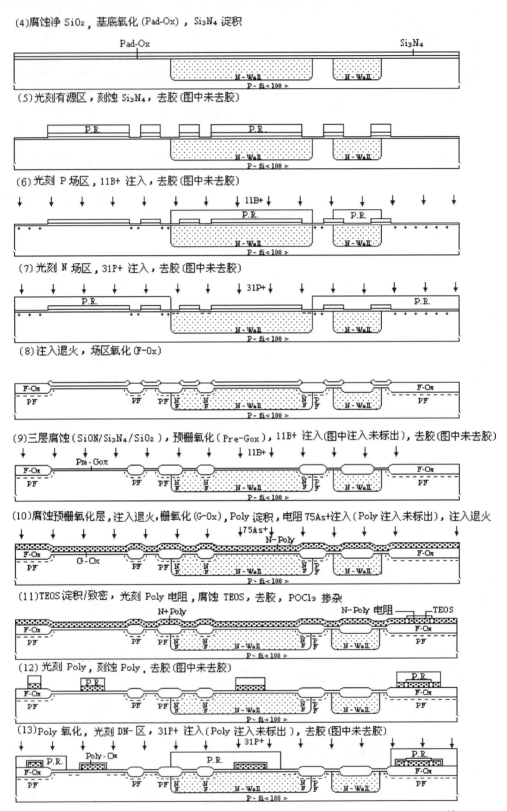

图 2-16 HV N-Well CMOS 制程剖面结构示意图（参阅附录 B-[2, 3, 6, 13, 17]）（续）

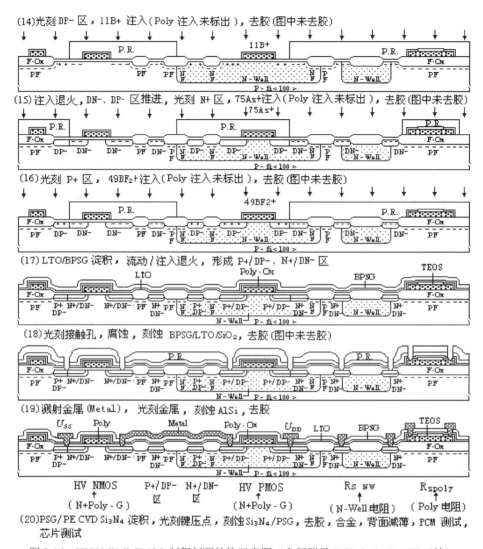

图 2-16 HV N-Well CMOS 制程剖面结构示意图（参阅附录 B-[2, 3, 6, 13, 17]）（续）

2.8.3 工艺制程

由工艺规范确定的各个基本工序、相互关联及将其按一定顺序组合，构成图 2-15 所示的 HV N-Well CMOS 芯片结构的制程。为实现此制程，在 N-Well CMOS（A）制程中，消去与引入部分基本工艺，不仅增加了制造工艺，技术难度增大，使芯片结构发生了明显的变化，而且改变了制程，从而实现了 HV N-Well CMOS 制程。

由多次氧化、光刻、杂质扩散、离子注入、薄膜淀积及溅射金属等各个基本工序构成芯片制程，形成了以下元器件及其杂质层、介质层和互连金属层。

（1）电路芯片中的各个元器件：NMOS、PMOS、N-Well 电阻及 Poly 电阻。

（2）这些电路元器件所需要的精确控制的硅中的杂质层：N-Well、PF、NF、沟道掺杂、DN-、DP-、N+、P+、N-Poly、N+Poly 等。

（3）集成电路所需要的介质层：F-Ox、G-Ox、Poly-Ox、BPSG、LTO 等。

（4）将这些电路元器件连接起来形成集成电路的金属层：AlSi。

应用计算机，依据 HV N-Well CMOS 芯片制造工艺中各个工序的先后次序，把各个工序互相连接起来，可以得到制程。它由各个工序所组成，而工序则由各个工步来实现。根据设计电路的电气特性要求，选择工艺序号和工艺规范号，以便得到所需要的工艺参数和电学参数。

应用芯片结构技术，依据图 2-15 电路芯片剖面结构和制造工艺各个工序，利用计算机和相应的软件，可以描绘出芯片制程中各个工序的剖面结构，依照各个工序的先后次序，把各个工序剖面结构互相连接起来，可以得到如图 2-16 所示的制程剖面结构示意图。该图直观地显示出 HV N-Well CMOS 制程中芯片表面、内部元器件及互连的形成过程和结构的变化。

HV N-Well CMOS 制程主要特点如下所述。

（1）P 场区和 N 场区分别进行 11B+ 和 31P+注入，并增加场区氧化层厚度，以提高场区阈值电压。

（2）较厚的场区氧化层。因此，选用场氧化的温度要合适。在合适的温度下，减小窄沟道效应，避免跨导下降，有利于提高电路性能。

（3）源漏区做同型双扩散，以形成 N+/DN-或 P+/DP-结构，提高结的击穿电压。

制程中使用了 14 次掩模，各次光刻确定了 HV N-Well CMOS 芯片各层平面结构与横向尺寸。工艺完成后确定了：

（1）芯片各层平面结构与横向尺寸；
（2）剖面结构与纵向尺寸；
（3）硅中的杂质浓度、分布及结深；
（4）电路功能和电气性能等。

芯片结构及尺寸和硅中杂质浓度及结深是制程的关键（参见附录 B-[20]）。它们与下列工艺参数有关：

（1）衬底硅电阻率；
（2）阱深度、掺杂浓度及其分布；
（3）场氧化层和栅氧化层厚度；
（4）有效沟道长度；
（5）源漏结深度及薄层电阻等；
（6）器件的阈值电压、源漏击穿电压、跨导及漏电流等。

制程完成后，能否达到芯片的要求，满足设计电路性能指标，关键取决于各工序的工艺规范值。所以芯片制造中要严格遵守各工序的工艺规范才能得到合格的电路。

这里要指出，对于较高电压下工作的电路，场阈值电压（$|U_{TFP}|$，U_{TFN}）要求较高，为了防止由于 P 型衬底和 N-Well 区的场阈值电压较低而引起漏电流，可以采用 P 衬底的沟道阻断（截止）N+环和 N-Well 内的沟道阻断 P+环，通过环区的高浓度 N+及 P+扩散层，使得在适当厚场的场区 SiO_2 情况下得到较高的场阈值电压，这种带有沟道阻断环的 N-Well CMOS 工艺，加大了芯片面积，使集成度受到限制。

制程完成后，先测试晶圆 PCM 数据，达到规范值后才能测试芯片电气特性。如果主要的 PCM 数据未达到规范值，偏离数值很大，则要对该晶圆进行报废处理。

第3章 双阱CMOS芯片与制程剖面结构

在选用较低电阻率衬底的CMOS技术中，不论P-Well工艺还是N-Well工艺，总是存在衬底掺杂的过补偿问题，而迁移率取决于杂质总浓度，所以沟道迁移率会降低。为了获得较高的沟道迁移率和较低的结电容，解决衬底过补偿问题，出现了双阱（Twin-Well）工艺。Twin-Well CMOS集成电路采用高电阻率P型或高电阻率外延层（P-epi/P+）作为衬底，同时分别用硼离子注入和磷离子注入加再扩散方法形成低掺杂浓度P-Well和N-Well。NMOS制作在P-Well中，而PMOS制作在N-Well中，这种双阱CMOS工艺使每个阱的掺杂及其分布可以独立调整，因此没有一种MOS受到过掺杂效应的影响。由于在双阱工艺中不存在过补偿的问题，因此可以获得较高的沟道迁移率和较低的结电容，以使CMOS电路达到最优特性。在硅衬底表面层几微米或更小的区域通过制程形成各种元器件并连接成各种电路，而衬底表面层以下厚的区域作为基体。亚微米/深亚微米/纳米CMOS制造都采用Twin-Well工艺。本章将介绍Twin-Well CMOS集成电路各种制造技术。

Twin-Well CMOS电路与前面介绍的P-Well或N-Well CMOS有很大的不同。主要是MOS进入亚微米、深亚微米及纳米特征尺寸，而且制造工艺技术也发生了重要的变化。下面就器件间的隔离、薄栅氧化膜/超薄栅氧化膜、浅结/超浅结及LDD结构做简要介绍。

- 器件间的隔离：集成电路中器件间的隔离通常采用硅局部氧化（LOCOS）。它的主要缺点是在场区和有源区之间的过渡处存在所谓的"鸟嘴"。该过渡区减小了器件集成度。当LSI/VLSI的隔离尺寸越来越小时，此问题就变得更严重了。在进入深亚微米尺度时，标准的LOCOS隔离技术已经很难实施。替代标准LOCOS的几种隔离有了改进的技术。

限制LOCOS有源区侵蚀的方法，即在基底氧化和传统LOCOS技术的Si_3N_4氧化掩蔽之间插入多晶硅缓冲层。在场氧化时，多晶硅用作附加的应力释放层，允许有较薄的基底氧化层和采用较厚的Si_3N_4，这就减少了侵蚀，缩短了"鸟嘴"长度，并且没有诱生缺陷。

在$\leqslant 0.25\mu m$特征尺寸下，采用浅槽隔离（STI）技术，它使用浅槽和先进的平面化技术。利用淀积SiO_2填充衬底并刻蚀沟槽，能使场氧化硅下面保留更多的硼，提供平的表面，其不存在场氧化硅变薄的缺点，而且易于按比例缩小。

- 超薄栅氧化膜：由于器件尺寸不断缩小，栅氧化膜的厚度也要求按比例减薄，这主要是为了防止短沟效应。超薄栅氧化膜要达到其高质量的指标：低的缺陷密度，好的抗杂质扩散的势垒特性，具有低的界面态密度和固定电荷的Si/SiO_2界面，在热载流子应力和辐射条件下的稳定性，以及低的热预算（温度时间乘积量）工艺。

为了提高栅介质质量，深亚微米或超深亚微米MOS器件可以采用氮氧化物作为栅电介质薄膜。

- 沟道掺杂：在亚微米或深亚微米制造技术中，沟道区的注入一般需要两次，其中一次用于调整阈值电压，另一次用于抑制穿通效应。抑制穿通的注入通常是高能量，较高剂量，注入峰值较深（延伸至源－漏耗尽层附近）；而调节阈值电压的注入一般能量较低，注入峰值位于表面附近。因此栅下的杂质分布不仅取决于衬底掺杂，而且还取决于注入杂质，因而沟道区杂质呈非均匀分布。

在尺寸较大的 CMOS 工艺中，NMOS 和 PMOS 的栅均采用 N+Poly。NMOS 沟道区注入的杂质（硼）与衬底（P 型）杂质类型相同；对于 PMOS，为了得到预期的阈值电压，必须进行与衬底杂质类型相反（在 N 型衬底上注入 P 型杂质）的浅沟道杂质注入，因此在栅下面的沟道区会形成 PN 结。如果没有这次调节阈值电压注入，则 PMOS 的阈值电压绝对值太大。在深亚微米或超深亚微米 CMOS 工艺中，PMOS 采用 P+Poly 栅，NMOS 采用 N+Poly 栅。这样，采用 P+Poly 栅的 PMOS 的沟道注入杂质类型也与衬底杂质类型相同。

- 冠状（Halo）掺杂：Halo 是大角度（>20°）四方向的中等剂量的离子注入，可分为 P-Halo 和 N-Halo 两种类型。它的作用是防止源漏穿通，减小延伸区的结深和缩短沟道长度，都有利于提高器件性能。在 0.1μm 以下一代技术中，具有较高电场和非比例栅氧化膜，需要一种垂直和横向都非均匀最佳特定的分布，以便抑制短道效应。
- 浅结/超浅结：在亚微米或深亚微米技术中，为了抑制 MOS 穿通电流和减小短沟道效应，工艺要求更浅的源漏结深，达到浅结/超浅结。工艺对 PN 结有很高的要求：高的表面浓度，极浅的结深，低接触薄层电阻及很小的结漏电流。

在 LSI/VLSI 中要求浅/超浅的 N+P 结，可用砷离子注入来实现。由于砷离子相当重，因而可使被注入区硅表面变为无定形，此时，只要在 900℃较低温度下退火，即可由固相外延形成再结晶，相应的扩散却相当小，因此可实现浅/超浅的 N+P 结。

在 LSI/VLSI 中，还需要浅/超浅的 P+N 结。利用 11B+离子注入无法实现。为此，可采用 49BF$_2$+，由于 49BF$_2$+质量大，并能将结深降到单用 11B+时的 1/4，来制作超浅的 P+N 结。为了形成非晶的表面层，注入一种电不激活的物质（硅、锗、锑），由预先非晶化后，用低能量 11B+注入制作浅/超浅的 P+N 结。

为了满足较低的源/漏和栅 Poly 电阻的深亚微米要求，可采用自对准硅化物/多晶硅复合结构。这种技术得到的 Poly 和扩散区薄层电阻同时减小，这种硅化物是用难熔金属硅化物覆盖在扩散区、Poly 栅而得到的。自对准硅化物结构在进入深亚微米后要注意两点，一是 Poly 厚度需要减薄，二是应防止 LDD 侧墙被短路。

在浅结或超浅结欧姆接触中，Al-Si 互扩散产生的结漏电、穿通等是影响器件热稳定性，甚至造成器件失效的一个严重问题，尤其是对深亚微米以下的 PN 结来说更为突出。为此采用在 Al 层和 Si 层之间加扩散阻挡层的方法，通常选用 W、TiW、TiN 等。TiN 膜使用最为普遍，这是因为 TiN 的热稳定性好。

- LDD 结构：轻掺杂漏 LDD 结构主要应用于亚微米或深亚微米 MOS 器件中，以提高源漏穿通电压和减少高电场引入的热载流子注入问题。有些具有代表性的结构和技术利用 TEOS 或 Si$_3$N$_4$ 侧墙制作对称的 LDD 结构，它的形成方法就是在栅和源漏的重掺杂区之间引入一个轻掺杂区。这样，N+区注入杂质不会在栅下面发生横向扩散，但会在侧墙下面扩散。

下面介绍 Twin-Well CMOS 集成电路各种制造技术。

3.1 亚微米 CMOS（A）

电路采用 0.8μm 设计规则，使用 Submiron CMOS（A）制造技术。该电路典型元器件、制造技术及主要参数如表 3-1 所示。制程完成后，在硅衬底上形成亚微米 CMOS 芯片中的各种元器件，并使之互连，实现所设计电路，该电路或各层版图已变换为缩小的各层平面和剖面结构图形的芯片。如果得到的工艺参数与电学参数都符合所设计电路的要求，则芯片功能和电气性能都能达到设计指标。

表 3-1 工艺技术和芯片中主要元器件

工 艺 技 术		芯片中主要元器件	
■ 技术	Submiron CMOS（A）	■ 电阻	R_{SNW}
■ 衬底	P-Si<100>	■ 电容	N+Poly/SiO$_2$/CN+
■ 阱	Twin-Well	■ 晶体管	NLDD NMOS W/L>1 增强型（驱动管）
■ 隔离	LOCOS		
■ 栅结构	N+Poly/SiO$_2$		PLDD PMOS W/L>1 增强型（负载管）
■ 源漏区	N+SN-，P+SP-		
■ 栅特征尺寸	0.8μm	■ 二极管	P+/N-Well（剖面图中未画出）
■ Poly	1 层（N+Poly）		N+/P-Well（剖面图中未画出）
■ 互连金属	1 层（AlCu）		
■ 电源（U_{DD}）	5V		
工 艺 参 数*	数 值	电 学 参 数*	数 值
■ ρ	左边这些参数视工艺制程而定	■ U_{TN}/U_{TP}	左边这些参数视电路特性而定
■ $X_{jNW}/X_{jPW}/X_{jCN+}$		■ BU_{DSN}/BU_{DSP}	
■ $T_{F-Ox}/T_{G-Ox}/T_{Poly-Ox}$		■ U_{TFN}/U_{TFP}	
■ $T_{Poly}/T_{BPSG}/T_{LTO}/T_{TEOS}$		■ $R_{SNW}/R_{SPW}/R_{SCN+}$	
■ L_{effn}/L_{effp}		■ $R_{SN+Poly}/R_{SN+}/R_{SP+}$	
■ X_{jN+}/X_{jP+}，T_{Al}		■ g_n/g_p，I_{LPN}	
■ 设计规则	0.8μm	■ 电路 DC/AC 特性	视设计电路而定

*表中参数符号与第 2 章各表相同。

3.1.1 芯片平面/剖面结构

应用芯片结构技术（参见附录 B-[21]），使用计算机和相应的软件，可以得到 Submicron CMOS（A）芯片典型平面/剖面结构。首先在电路中找出各种典型元器件：NMOS、PMOS、Cs 衬底电容及 N-Well 电阻。然后进行平面/剖面结构设计，选取平面/剖面结构各层统一适当的尺寸和不同的标识，表示各工艺完成后的层次，设计得到可以互相拼接得很好的各元器件结构（或在元器件结构库中选取），分别如图 3-1 中的 A、B、C、D 所示（不要把它们看作连接在一起）。最后把各元器件结构依一定方式排列并拼接起来，构成芯片剖面结构，图 3-1（a）为其示意图，而与之对应的平面/剖面结构示意图如图 3-2 所示。以该结构为基础，引入耗尽型 NMOS、场区 Poly 电阻及电容，得到如图 3-1（b）所示的另一种结构。如果引入不同于图 3-1 中的单个或多个元器件结构，或消去其中单个或多个元器件结构，或对其中元器件结构进行改变，则可得到多种不同结构。选用其中与设计电路相联系的一种结构。下面仅对图 3-1（a）所示结构进行说明。

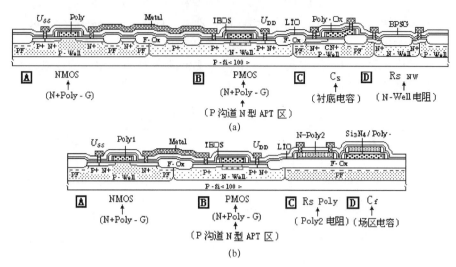

图 3-1 Submiron CMOS（A）电路芯片剖面结构示意图（参阅附录 B-[2]）

（1）衬底材料 N-Si<100>，基底氧化（Pad-Ox），Si_3N_4 淀积

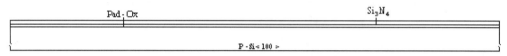

（2）光刻 N-Well，刻蚀 Si_3N_4，31P+注入，去胶（图中未去胶）

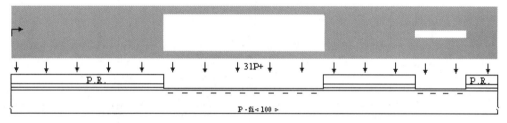

（3）注入退火，N-Well 推进/氧化

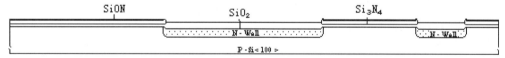

（4）二层 $SiON/Si_3N_4$ 腐蚀，P-Well 注入，11B+离子注入

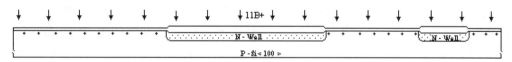

（5）注入退火，Twin-Well 推进/氧化

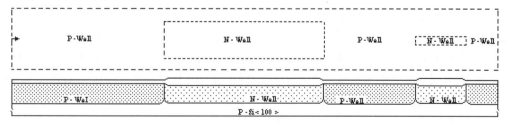

图 3-2 Twin-Well CMOS（A）制程平面/剖面结构示意图（参阅附录 B-[2, 3, 5, 6, 13, 15, 16]）

(6) 腐蚀净表面 SiO_2，基底氧化（Pad-Ox），Poly/Si_3N_4 淀积

(7) 光刻有源区，刻蚀 Si_3N_4/Poly，去胶（图中未去胶）

(8) 光刻 P 场区，11B+ 深注入和浅注入，去胶（图中未去胶）

(9) 注入退火，场区氧化（F-Ox），形成 SiON/Si_3N_4/Poly/SiO_2 四层结构

(10) 四层 SiON/Si_3N_4/Poly/SiO_2 腐蚀，预栅氧化（Pre-Gox），光刻 CN+电容区，31P+ 或 75As+ 注入，去胶（图中未去胶）

(11) 注入退火，CN+电容区推进，阈值调节沟道区 49BF_2+ 注入（图中未标出），不经光刻，整个表面注入。光刻 P 沟道区，APT（防穿通）31P+ 注入，去胶（图中未去胶）

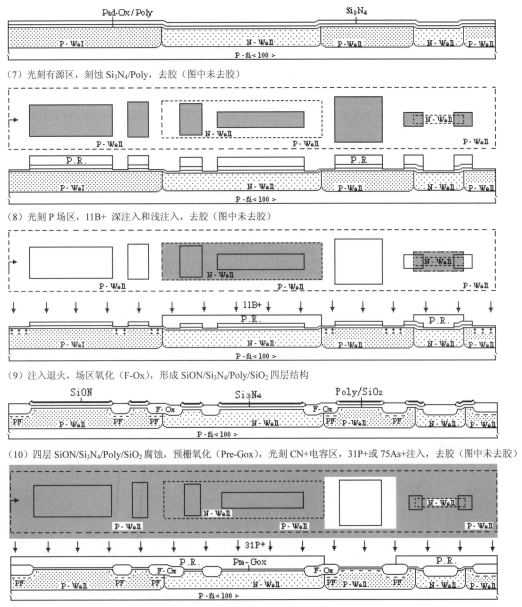

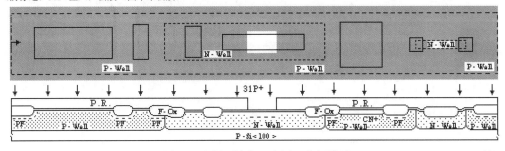

图 3-2 Twin-Well CMOS（A）制程平面/剖面结构示意图（参阅附录 B-[2, 3, 5, 6, 13, 15, 16]）（续）

(12) 注入退火，栅氧化（G-Ox），Poly 淀积，POCl₃ 掺杂。光刻 Poly，刻蚀 Poly，去胶（图中未去胶），防穿通注入退火后，留下 P 沟道 N 型 APT 区。在全书各章节不同位置的图中都可参阅附录 B-[5]中的附注

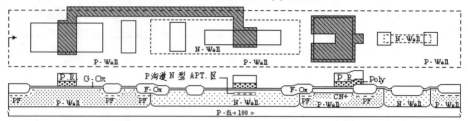

(13) Poly 氧化（Poly-Ox），光刻 NLDD 区，31P+ 注入（Poly 注入未标出），去胶（图中未去胶）

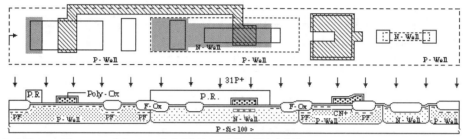

(14) 光刻 PLDD 区，49BF₂+注入（Poly 注入未标出），去胶（图中未去胶）

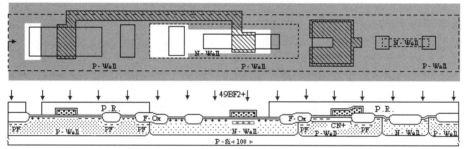

(15) 注入退火，形成 SN-/SP-区，TEOS 淀积/致密。TEOS 各向异性刻蚀，形成 TEOS 侧墙。S/D 区氧化，光刻 N+区，75As+ 注入（Poly 注入未标出），去胶（图中未去胶）

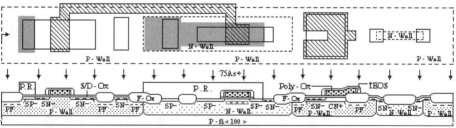

(16) 光刻 P+区，49BF₂+注入（Poly 注入未标出），去胶（图中未去胶）

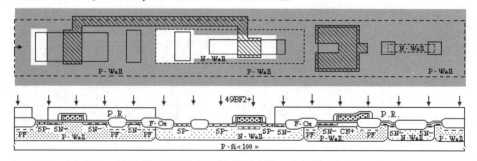

图 3-2　Twin-Well CMOS（A）制程平面/剖面结构示意图（参阅附录 B-[2, 3, 5, 6, 13, 15, 16]）（续）

（17）注入退火，形成 N+SN-或 P+SP-源漏区，为了简化起见，略去了 SN-或 SP-区的标示，仅标示出 N+或 P+源漏区。在全书各章节不同位置的图中都可参阅附录 B-[16]中的附注

（18）LTO/BPSG 淀积/致密，光刻接触孔，腐蚀，刻蚀 BPSG/LTO/SiO$_2$，去胶（图中未去胶）

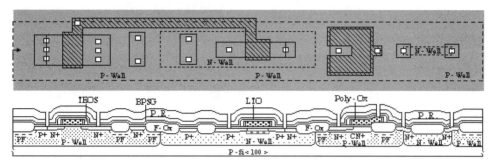

（19）Ti/TiN 淀积，RTA N$_2$ 退火，溅射金属（Metal），光刻金属，刻蚀 TiN/AlCu/TiN/Ti，干法去胶

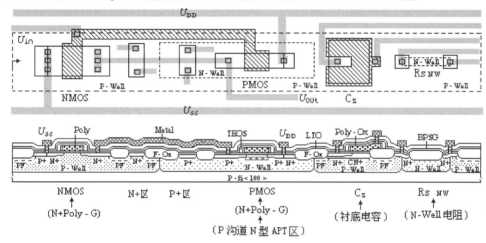

（20）钝化层 PSG/PECVD Si$_3$N$_4$ 淀积，光刻键压点，刻蚀 PECVD Si$_3$N$_4$/PSG，去胶，合金，背面减薄。晶圆 PCM 测试，芯片测试

图 3-2　Twin-Well CMOS（A）制程平面/剖面结构示意图（参阅附录 B-[2, 3, 5, 6, 13, 15, 16]）（续）

3.1.2　工艺技术

设计电路工艺技术概要如表 3-1 所示。使用 Twin-Well 工艺，制程用 Submicron CMOS（A）来表示。

根据 Submicron CMOS（A）电路电气特性要求，确定用于芯片制造的基本参数，如表 3-1 所示。在芯片制造工艺中，一是要确保工艺参数、电学参数都达到规范值，二是在批量生产中要确保芯片具有高成品率、高性能及高可靠性。根据电路电气特性的指标，对下列参数提出严格要求。

（1）工艺参数：如各种杂质浓度及其分布、结深、栅氧化层/介质层厚度等。

（2）电学参数：薄层电阻、源漏击穿电压、阈值电压等。

（3）硅衬底材料电阻率等。

芯片制造是由各工步所组成的工序来实现的，需要制定出各工序具体的工艺条件。从芯片制程的最初阶段开始，就对各工序进行严格的工艺监控与检测，并制定出该工序的材料质量和参数规范。如果该工序质量和参数未达到规范要求，偏离数值很大，则要进行返工，若

不能返工,就要做报废处理。工艺线上须进行严格的工艺监控与检测,目的是使工艺参数和电学参数都达到规范值,生产出高质量芯片。

从制程剖面结构图(图3-2)中可以看出,需要进行13次光刻。

3.1.3 工艺制程

图3-1所示的Submiron CMOS(A)芯片结构的制程由工艺规范确定的各个基本工序、相互关联及将其按一定顺序组合而构成。为实现此制程需:分别进行自对准31P+、11B+注入,形成Twin-Well;改进硅局部氧化(LOCOS),形成元器件隔离;生长薄栅氧化膜(SiO_2),形成MOS介质层;Poly淀积/掺杂并刻蚀,形成硅栅结构(N+Poly/SiO_2);LDD注入,淀积并刻蚀TEOS膜,形成硅栅侧墙;自对准注入,形成源漏掺杂区(N+SN-、P+SP-);薄膜淀积(BPSG/LTO)及溅射金属(Al),形成芯片所需要的介质和金属层等主要工艺。

由多次氧化、光刻、杂质扩散、离子注入、薄膜淀积及溅射金属等各个基本工序构成芯片制程,形成了以下元器件及其杂质层、介质层和互连金属层。

(1)电路芯片中的各个元器件:NMOS、PMOS、N-Well电阻及Cs衬底电容等。

(2)这些电路元器件所需要的精确控制的硅中的杂质层:N-Well、P-Well、PF、CN+、沟道掺杂、SN-、SP-、N+Poly、N+、P+等。

(3)集成电路所需要的介质层:F-Ox、G-Ox、Poly-Ox、BPSG等。

(4)将这些电路元器件连接起来形成集成电路的金属层:AlCu。

应用计算机,依据Submiron CMOS(A)芯片制造工艺中各个工序的先后次序,把各个工序互相连接起来,可以得到制程。它由各个工序所组成,而工序则由各个工步来实现。根据设计电路的电气特性要求,选择工艺序号和工艺规范号,即可得到所需要的工艺参数和电学参数。

为了直观地显示出制程中芯片表面、内部元器件及互连的形成过程和结构的变化,借助图3-1芯片剖面结构和制造工艺的各个工序,利用芯片结构技术,使用计算机及其相应的软件,可以描绘出芯片制程中各个工序平面/剖面结构,依照各个工序的先后次序互相连接起来,可以得到Submiron CMOS(A)制程平面/剖面结构,图3-2为其示意图。

Submiron CMOS(A)制程主要特点如下所述。

(1)自对准形成Twin-Well。衬底基底氧化/Si_3N_4淀积,光刻N-Well并刻蚀Si_3N_4,31P+注入N-Well掺杂,选择氧化并去除Si_3N_4,自对准11B+注入,形成P-Well,阱推进形成Twin-Well。省去一次光刻P-Well工序。

(2)场区注入。P场区,不仅通常进行11B+浅注入,而且还要进行APT(防穿通)11B+深注入,形成场区P型APT区。

(3)沟道区掺杂。P沟道区,不仅通常进行P-型掺杂浅注入,而且还要进行APT 31P+深注入,形成P沟道区N型APT区。

(4)MOS S/D区结构。S/D结构工艺中,不仅对NMOS采用NLDD,形成N+SN-结构,而且对PMOS也采用PLDD掺杂,形成P+SP-结构。

制程中使用了13次掩模,各次光刻确定了Submiron CMOS(A)芯片各层平面结构与横向尺寸。工艺完成后确定了:

(1)芯片各层平面结构与横向尺寸;

(2) 剖面结构与纵向尺寸;
(3) 硅中的杂质浓度、分布及结深;
(4) 电路功能和电气性能等。

芯片结构及尺寸和硅中杂质浓度及结深是制程的关键(参见附录 B-[20])。它们与下列工艺参数有关:

(1) 衬底硅电阻率;
(2) 阱深度、掺杂浓度及其分布;
(3) 场区氧化层和栅氧化层厚度;
(4) 有效沟道长度;
(5) 源漏结深度及薄层电阻;
(6) 器件的阈值电压、源漏击穿电压、跨导及漏电流等。

此外,CMOS 两种阈值电压必须进行调节,以达到互相匹配的目的。

制程完成后,平面结构与横向尺寸和剖面结构与纵向尺寸能否满足芯片要求,关键取决于各工序的工艺规范值。如果制程完成后芯片得到的参数不精确,则电路性能就达不到设计指标。所以芯片制造中要严格遵守工艺规范才能得到合格的电路。

制程完成后,先测试晶圆 PCM 数据,达到规范值后才能测试芯片电气特性。如果主要的 PCM 数据未达到规范值,偏离数值很大,则要对该晶圆进行报废处理。

3.2 亚微米 CMOS(B)

电路采用 0.6μm 设计规则,使用 Submicron CMOS(B)制造技术。表 3-2 示出该电路典型元器件、制造技术及主要参数。它以 Submicron CMOS(A)制程及所制得的各种元器件为基础,并对其芯片结构和制造工艺进行改变,最终在硅衬底上形成亚微米 CMOS 芯片中的各种元器件,并使之互连,实现所设计电路。如果制程完成后得到的各种参数都符合所设计电路的要求,则芯片功能和电气性能都能达到设计指标。

表 3-2 工艺技术和芯片中主要元器件

工 艺 技 术		芯片中主要元器件	
■ 技术	Submicron CMOS(B)	■ 电阻	$R_{S\ Poly}$
■ 衬底	P-Si<100>	■ 电容	N+Poly2/Si_3N_4-Poly-Ox/N+Poly1
■ 阱	Twin-Well	■ 晶体管	NLDD NMOS $W/L>1$ 增强型(驱动管)
■ 隔离	LOCOS		
■ 栅结构	N+Poly/SiO_2		PLDD PMOS $W/L>1$ 增强型(负载管)
■ 源漏区	N+SN-, P+SP-		
■ 栅特征尺寸	0.6μm		NMOS $W/L<1$ 耗尽型
■ Poly	2 层(N+Poly)	■ 二极管	N+/P-Well(剖面图中未画出)
■ 互连金属	1 层(AlCu)		P+/N-Well(剖面图中未画出)
■ 电源(U_{DD})	5V		

(续表)

工艺参数*	数值	电学参数*	数值
■ ρ, X_{jNW}/X_{jPW}		■ $U_{TN}/U_{TP}/U_{TND}$	
■ $T_{F\text{-}Ox}/T_{G\text{-}Ox}/T_{Poly\text{-}Ox}$		■ BU_{DSN}/BU_{DSP}	
■ T_{Poly1}/T_{Poly2}	左边这些参数视工艺制程而定	■ U_{TFN}/U_{TFP}	左边这些参数视工艺制程而定
■ $T_{Si_3N_4}/T_{TEOS}$		■ R_{SNW}/R_{SPW}	
■ $L_{effN}/L_{effP}/L_{effND}$		■ $R_{SN+Poly1}/R_{SN\text{-}Poly2}$	
■ X_{jN+}/X_{jP+}, T_{Al}		■ R_{SN+}/R_{SP+}, g_n/g_p, I_{LPN}	
■ 设计规则	0.6μm	■ 电路 DC/AC 特性	视设计电路而定

*表中参数符号与第 2 章各表相同。

3.2.1 芯片剖面结构

在电路中找出各种典型元器件——NMOS、PMOS、Poly 电阻、Cf 场区电容及耗尽型 NMOS, 应用芯片结构技术 (参见附录 B-[21]), 进行剖面结构设计, 分别如图 3-3 中的 A、B、C、D、E 所示 (不要把它们看作连接在一起)。由它们构成 Submicron CMOS (B) 芯片典型剖面结构, 图 3-3 (a) 为其示意图。以该结构为基础, 消去耗尽型 NMOS, 引入 Cs 衬底电容和 N-Well 电阻, 得到如图 3-3 (b) 所示的另一种结构。如果引入不同于图 3-3 中的单个或多个元器件结构, 或消去其中单个或多个元器件结构, 或对其中元器件结构进行改变, 则可得到多种不同结构。选用其中与设计电路相联系的一种结构。下面仅对图 3-3 (a) 所示结构进行说明。

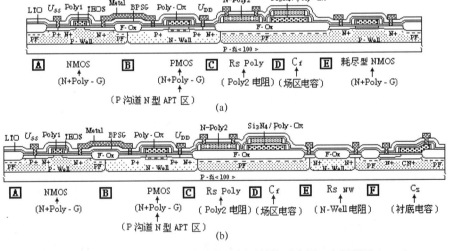

图 3-3 Submiron CMOS (B) 电路芯片剖面结构示意图 (参阅附录 B-[2])

3.2.2 工艺技术

设计电路工艺技术概要如表 3-2 所示。为实现 Submiron CMOS (B) 技术, 引入 Poly 电阻和场区电容的双层 Poly 工艺, 对 Submiron CMOS (A) 制造工艺做如下改变。

(1) 采用两次光刻, 分别进行 31P+、11B+注入, 得到 Twin-Well, 形成阱界面场氧化层不呈现台阶结构。

(2) 消去与生成 N-Well 电阻和衬底电容有关的工艺及其结构。

(3) 预栅氧化后,引入沟道区 75As 注入,生成沟道耗尽区,形成耗尽型 NMOS。

(4) 在刻蚀 Poly1 形成硅栅结构后,引入 Poly1 氧化、Si_3N_4 淀积及 Poly2 淀积,并分别进行轻和重掺杂,生成 Poly2 电阻和介质层为 Si_3N_4/Poly-ox 的双层 Poly 场区电容。

上述消去与引入的基本工艺,使 Submiron CMOS（A）芯片结构和制程都发生了明显的变化。工艺完成后,制得 CMOS A 和 B、Poly 电阻 C、电容 D 及耗尽型 NMOS E 等,并用 Submicron CMOS（B）来表示。

电路电气性能指标与制造各种参数密切相关,确定用于芯片制造的基本参数,如表 3-2 所示。制造工艺中,对下列参数提出严格要求。

(1) 工艺参数:各种掺杂浓度及其分布,X_{jPW}、X_{jNW}、X_{jN+}、X_{jP+} 等结深,T_{F-Ox}、T_{G-Ox}、$T_{Poly-Ox}$ 等氧化层厚度。

(2) 电学参数:U_{TN}、U_{TP}、U_{TND} 等阈值电压,R_{SPW}、R_{SNW}、R_{SN+}、R_{SP+} 等薄层电阻,BU_{DSN}、BU_{DSP} 等源漏击穿电压。

(3) 硅衬底电阻率（ρ）等。

芯片制造靠各工步所组成的工序来实现,要制定出各工序具体的工艺条件。电路芯片批量生产时,保持各批次制程的均一性相当重要。不但要监控各工序工艺参数和电学参数,使其在整个晶圆的范围内达到规范值,还要让每一片生产的晶圆都达到这个标准。从投片到产出包括许多步骤,必须使用制程控制各工序的质量,以便得到高合格率和高性能芯片。

从制程剖面结构图（图 3-4）中可以看出,制程中需要进行 16 次光刻。光刻中的对准曝光要严格对准、套准,并使之在确定的误差以内。

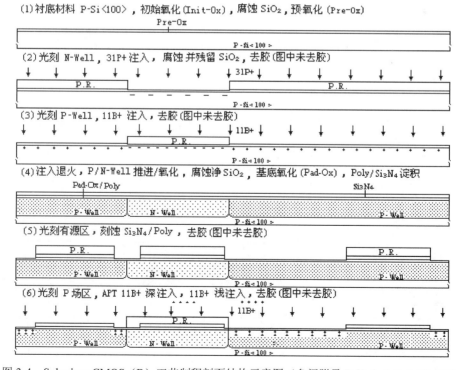

图 3-4 Submiron CMOS（B）工艺制程剖面结构示意图（参阅附录 B-[2, 3, 4, 5, 6, 13, 16]）

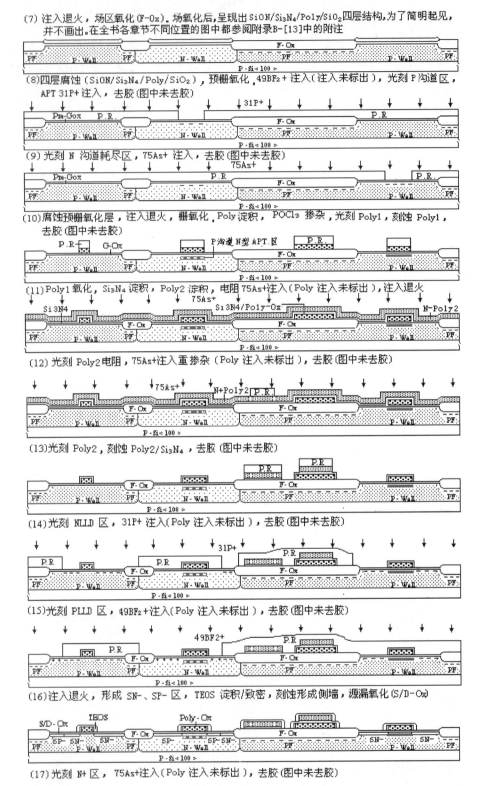

图 3-4 Submiron CMOS（B）工艺制程剖面结构示意图（参阅附录 B-[2, 3, 4, 5, 6, 13, 16]）（续）

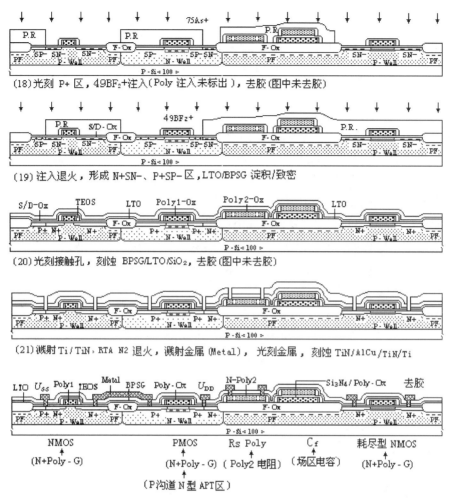

图 3-4 Submiron CMOS（B）工艺制程剖面结构示意图（参阅附录 B-[2, 3, 4, 5, 6, 13, 16]）（续）

3.2.3 工艺制程

由工艺规范确定的各个基本工序、相互关联及将其按一定顺序组合，构成如图 3-3 所示的 Submiron CMOS（B）芯片结构的制程。为实现此制程，在 Submiron CMOS（A）制程中，消去与引入部分基本工艺，不仅增加了制造工艺，技术难度增大，使芯片结构发生了明显的变化，而且改变了其制程，从而实现了 Submiron CMOS（B）制程。

由多次氧化、光刻、杂质扩散、离子注入、薄膜淀积及溅射金属等各个基本工序构成芯片制程，形成了以下元器件及其杂质层、介质层和互连金属层。

（1）电路芯片中的各个元器件：NMOS、PMOS、耗尽型 NMOS、Poly 电阻及 Cf 场区电容等。

（2）这些电路元器件所需要的精确控制的硅中的杂质层：N-Well、P-Well、PF、沟道掺杂、N+Poly、N-Poly、SN-、SP-、N+、P+SP-等。

(3) 集成电路所需要的介质层：F-Ox、G-Ox、TEOS、Si_3N_4/Poly-Ox、BPSG/LTO 等。

(4) 将这些电路元器件连接起来形成集成电路的金属层：AlCu。

应用计算机，依据 Submiron CMOS（B）芯片制造工艺中各个工序的先后次序，把各个工序互相连接起来，可以得到制程。它由各个工序所组成，而工序则由各个工步来实现。根据设计电路的电气特性要求，选择工艺序号和工艺规范号，即可得到所需要的工艺参数和电学参数。

根据图 3-3 芯片剖面结构和制造工艺的各个工序，使用芯片结构技术，利用计算机及相应的软件，可以描绘出芯片制程中各个工序的剖面结构，依据各个工序的先后次序互相连接起来，可以得到如图 3-4 所示的制程剖面结构示意图。该图直观地显示出 Submiron CMOS（B）制程中芯片表面、内部元器件及互连的形成过程和结构的变化。

Submiron CMOS（B）制程主要特点如下所述。

(1) 采用两次光刻并进行磷和硼离子注入，分别形成 N-Well 和 P-Well。

(2) 采用双层 Poly。第一层 Poly 用作 MOS 硅栅和电容的下极板，第二层 Poly2 用作高阻值 Poly 电阻和电容的上极板。

(3) Poly1 和 Poly2 可以在不同层进行布线。

(4) MOS 电容不在有源区衬底上制作，而是制作在场区上，上下电极被场区氧化层与其他元件和衬底隔离开，是一种寄生参量很小的固定电容，称为场区 MOS 电容。

制程中使用了 16 次掩模，各次光刻确定了 Submiron CMOS（B）芯片各层平面结构与横向尺寸。工艺完成后确定了：

(1) 芯片各层平面结构与横向尺寸；

(2) 剖面结构与纵向尺寸；

(3) 硅中的杂质浓度、分布及结深；

(4) 电路功能和电气性能等。

芯片结构及尺寸和硅中杂质浓度及结深是制程的关键（参见附录 B-[20]）。它们与下列工艺参数有关：

(1) 阱深度、杂质浓度及其分布；

(2) 栅氧化层厚度；

(3) Poly 电阻掺杂；

(4) 电容介质层 Si_3N_4/Poly-Ox 厚度；

(5) 有效沟道长度；

(6) 源漏结深度；

(7) 薄层电阻等；

(8) 器件的阈值电压、源漏击穿电压、跨导及漏电流等。

制程完成后，先测试晶圆 PCM 数据，达到规范值后才能测试芯片电气特性。如果主要的 PCM 数据未达到规范值，偏离数值很大，则要对该晶圆进行报废处理。

3.3 亚微米 CMOS（C）

电路采用 0.5μm 设计规则，使用 Submiron CMOS（C）制造技术。该电路典型元器件、制造技术及主要参数如表 3-3 所示。它以 Submiron CMOS（A）制程及所制得的各种元器件为基础，并对其芯片结构和制造工艺进行改变，最终在硅衬底上形成亚微米 CMOS 芯片中的各种元器件，并使之互连，实现所设计电路。如果制程完成后得到的各种工艺参数和电学参数都符合所设计电路的要求，则芯片功能和电气性能都能达到设计指标。

表 3-3 工艺技术和芯片中主要元器件

工艺技术		芯片中主要元器件	
■ 技术	Submiron CMOS（C）	■ 电阻	R_{SNW}
■ 衬底	P-Si<100>	■ 电容	WSi_2/N+Poly2/SiO_2/CN+
■ 阱	Twin-Well	■ 晶体管	NLDD NMOS $W/L>1$ 增强型（驱动管)
■ 隔离	LOCOS		
■ 栅结构	WSi_2/N+Poly/SiO_2		PLDD PMOS $W/L>1$ 增强型（负载管）
■ 源漏区	N+SN-，P+SP-		
■ 栅特征尺寸	0.5μm		NLDD NMOS $W/L<1$ 耗尽型
■ Poly	1 层（WSi_2/N+Poly）	■ 二极管	P+/N-Well（剖面图中未画出）
■ 互连金属	2 层（AlCu，W Plug）		N+/P-Well（剖面图中未画出）
■ 电源（U_{DD}）	5V		
工艺参数*	数 值	电学参数*	数 值
■ ρ	左边这些参数视工艺制程而定	■ $U_{TN}/U_{TP}/U_{TND}$	左边这些参数视工艺制程而定
■ $X_{jNW}/X_{jPW}/X_{jCN+}$		■ BU_{DSN}/BU_{DSP}	
■ $T_{F-Ox}/T_{G-Ox}/T_{Poly-Ox}$		■ U_{TFN}/U_{TFP}	
■ $T_{SOG}/T_{PESiO2\,(1)}/T_{PESiO2\,(2)}$		■ $R_{SNW}/R_{SPW}/R_{SCN+}$	
■ $T_{Poly}/T_{BPSG}/T_{LTO}/T_{TEOS}$		■ $R_{SN+Poly}$	
■ $L_{effn}/L_{effp}/L_{effND}$		■ R_{SN+}/R_{SP+}	
■ X_{jN+}/X_{jP+}，$T_{Al\,(1)}/T_{Al\,(2)}$		■ g_n/g_p，I_{LPN}	
■ 设计规则	0.5μm	■ 电路 DC/AC 特性	视设计电路而定

*表中参数：SOG 膜厚度为 T_{SOG}，PECVD SiO_2 厚度为 T_{PESiO2}，其他各参数符号和第 2 章各表相同。

3.3.1 芯片剖面结构

应用芯片结构技术（参见附录 B-[21]），可以得到 Submicron CMOS（C）芯片典型剖面结构。首先在电路中找出各种典型元器件——NMOS、PMOS、Cs 衬底电容、N-Well 电阻及耗尽型 NMOS，然后进行剖面结构设计，分别如图 3-5 中的 Ⓐ、Ⓑ、Ⓒ、Ⓓ、Ⓔ 所示（不要把它们看作连接在一起）。最后由它们组成 Submicron CMOS（C）芯片剖面结构，图 3-5（a）为其示意图。以该结构为基础，消去 Cs 衬底电容，把布线从双层改为单层，得到如图 3-5（b）所示的另一种结构。如果引入不同于图 3-5 中的单个或多个元器件结构，或消去其中单个或多个元器件结构，或对其中元器件结构进行改变，则可得到多种不同结构。选用其中与设计电路相联系的一种结构。下面仅对图 3-5（a）所示结构进行说明。

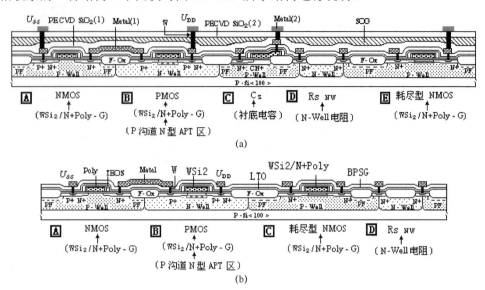

图 3-5　Submiron CMOS（C）电路芯片剖面结构示意图（参阅附录 B-[2]）

3.3.2　工艺技术

设计电路工艺技术概要如表 3-3 所示。为实现 Submiron CMOS（C）技术，引入双层铝布线和耗尽型 NMOS 器件工艺，对 Submiron CMOS（A）制造工艺做如下改变。

（1）采用两次光刻，分别进行 31P+、11B+注入，生成 Twin-Well，形成阱界面场氧化层不呈现台阶结构。

（2）预栅氧化后，引入沟道区 75As 注入，形成 N 沟道耗尽区。

（3）在 Poly 淀积并掺杂后，在其上引入淀积钨膜，生成 WSi₂/N+Poly，形成复合栅结构。

（4）刻蚀接触孔后，引入孔中 31P+、11B+注入并推进，生成比源漏结深的 N+和 P+孔，形成低接触区。

（5）生成 N+和 P+接触孔后，引入金属钨填充接触孔，形成钨塞。

（6）下层金属铝互连后，引入双层铝布线的介质层 SOG/SiO₂ 淀积并进行平坦化，刻蚀通孔并填充钨，生成钨塞，形成上下层金属互连。

上述引入的基本工艺，使 Submicron CMOS（A）芯片结构和制程都发生了明显的变化。工艺完成后，制得 NMOS A、PMOS B、衬底电容 C、N-Well 电阻 D 及耗尽型 NMOS E 等，并用 Submicron CMOS（C）来表示。

根据 Submicron CMOS（C）电路电气特性要求，确定用于芯片制造的基本参数，如表 3-3 所示。芯片制程工艺中，一方面要确保工艺参数、电学参数都达到规范值，另一方面批量生产中要确保各批次制程的均一性。根据电路电气特性的指标，对下列参数提出严格要求。

（1）工艺参数：各种杂质浓度及分布、结深、栅氧化层/介质层厚度等。

（2）电学参数：薄层电阻、源漏击穿电压、阈值电压等。

（3）硅衬底材料电阻率等。

芯片制造由各工步所组成的工序来实现，需要制定出各工序具体的工艺条件。从制程的最初阶段就开始进行工艺检测,以获得芯片制程中各工序必要的关于材料质量和工艺参数与电学参数的数据。在芯片集成度不断增加的情况下,每一道工序都有决定成功还是失败的关键问题:沾污、结深、薄膜的质量。工艺检测对描绘工艺硅片的特性与检查其成品率非常关键,要确保工艺参数和电学参数都达到规范值。

各次光刻可从制程剖面结构图(图 3-6)中看出,共需要做 19 次光刻。对于光刻,不但要求有高的图形分辨率,同时还要求具有良好的图形套准精度。

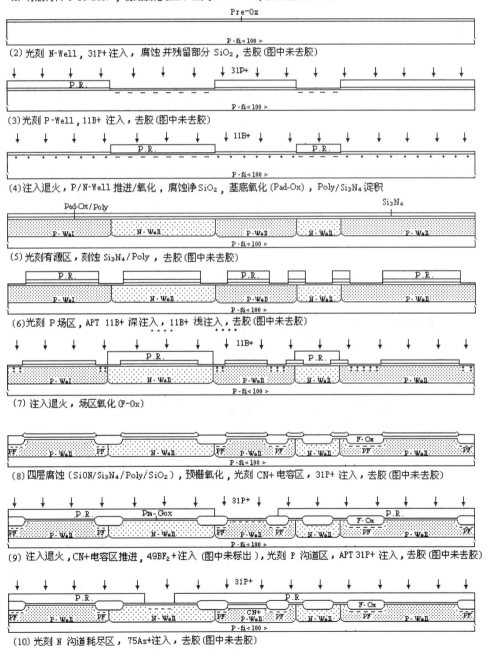

图 3-6 Submiron CMOS(C)制程剖面结构示意图(参阅附录 B-[2, 3, 4, 5, 6, 13, 15, 16])

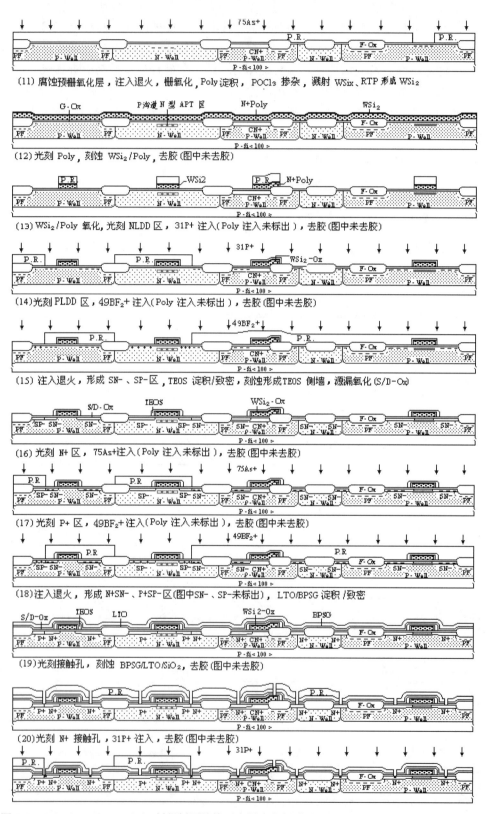

图 3-6 Submiron CMOS（C）制程剖面结构示意图（参阅附录 B-[2, 3, 4, 5, 6, 13, 15, 16]）（续）

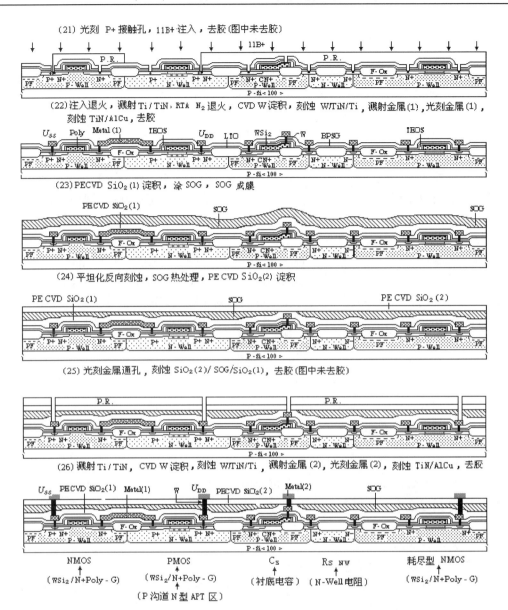

图 3-6 Submiron CMOS（C）制程剖面结构示意图（参阅附录 B-[2, 3, 4, 5, 6, 13, 15, 16]）（续）

3.3.3 工艺制程

图 3-5 所示的 Submiron CMOS（C）芯片结构采用确定的制造技术来实现。它由工艺规范确定的各个基本工序、相互关联及将其按一定顺序组合构成。为实现此制程，在 Submiron CMOS（A）制程中，引入部分基本工艺（见图 3-6），不仅增加了制造工艺，技术难度增大，使芯片结构发生了明显的变化，而且改变了其制程，从而实现了 Submiron CMOS（C）制程。

由多次氧化、光刻、杂质扩散、离子注入、薄膜淀积及溅射金属等各个基本工序构成芯片制程，形成了以下元器件及其杂质层、介质层和互连金属层。

（1）电路芯片中的各个元器件：NMOS、PMOS、耗尽型 NMOS、N-Well 电阻及 Cs 衬底电容等。

（2）这些电路元器件所需要的精确控制的硅中的杂质层：N-Well、P-Well、PF、CN+、沟道掺杂、WSi_2/N+Poly、SN-、SP-、N+、P+、N+孔、P+孔等。

（3）集成电路所需要的介质层：F-Ox、G-Ox、BPSG、LTO、PECVD SiO_2、SOG 等。

（4）将这些电路元器件连接起来形成集成电路的金属层：AlCu、W Plug。

应用计算机，依据 Submiron CMOS（C）芯片制造工艺中各个工序的先后次序，把各个工序互相连接起来，可以得到制程。它由各个工序所组成，而工序则由各个工步来实现。根据设计电路的电气特性要求，选择工艺序号和工艺规范号，即可得到所需要的工艺参数和电学参数。

根据图 3-5 所示芯片结构和制造工艺的各个工序，使用芯片结构技术，利用计算机及相应的软件，描绘出对应每一工序的剖面，从而得到芯片制造的各个工序的结构。芯片制程由上述各个工序所组成，从而可以确定 Submiron CMOS（C）制程剖面结构，图 3-6 为其示意图。根据制程中的各个工序可以描绘出反映每次光刻显影或刻蚀的相对应的平面结构。每一道工序的平面/剖面结构或制程完成后的芯片结构都能直观地显示出制程中芯片表面、内部元器件及互连的形成过程和结构的变化。

Submiron CMOS（C）制程主要特点如下所述。

（1）表面为平坦结构。由表面图形形成的表面起伏，可以用一层厚的 SOG 作为平坦化牺牲层来进行平坦化，这一牺牲层填充空洞和表面低处。用刻蚀技术刻蚀该牺牲层。通过用比低处图形快的刻蚀速率刻蚀掉高处的图形来使表面平坦化。

（2）NMOS 栅特征尺寸为 0.5μm。

（3）栅电极为 WSi_2/N+Poly 结构。

（4）双层铝布线结构。铝双层布线在每两层导线之间有一层将它们隔离开的介质，而两层导线之间是通过在介质层开的通孔连接的，使用钨来填充通孔，以便在两层金属之间形成电通路。

（5）接触孔比源漏区结深。

（6）钨填充接触孔、通孔，形成钨塞结构。

制程中使用了 19 次掩模，各次光刻确定了 Submiron CMOS（C）芯片各层平面结构与横向尺寸。工艺完成后确定了：

（1）芯片各层平面结构与横向尺寸；

（2）剖面结构与纵向尺寸；

（3）硅中的杂质浓度、分布及结深；

（4）电路功能和电气性能等。

芯片结构及尺寸和硅中杂质浓度及结深是制程的关键（参见附录 B-[20]）。它们与下列工艺参数有关：

（1）衬底硅电阻率；

（2）双阱深度、掺杂浓度及其分布；

（3）场氧化层和栅氧化层厚度；

（4）有效沟道长度；

（5）源漏结深度及薄层电阻等；

（6）器件的阈值电压、源漏击穿电压、跨导及漏电流等。

此外，CMOS 两种阈值电压必须进行调节，以达到互相匹配的目的。

制程完成后，能否实现芯片的要求，达到设计电路性能指标，关键取决于各工序的工艺规范值。所以芯片制造中要严格遵守各工序的工艺规范才能得到合格的电路。

制程完成后，先测试晶圆 PCM 数据，达到规范值后，才能测试芯片电气特性。如果主要的 PCM 数据未达到规范值，偏离数值很大，则要对该晶圆进行报废处理。

3.4 深亚微米 CMOS（A）

电路采用 0.25μm 设计规则，使用 Deep Submiron CMOS（A）制造技术。该电路典型元器件、制造技术及主要参数如表 3-4 所示。制程完成后，在外延硅衬底上形成深亚微米 CMOS 芯片中的各种元器件，并使之互连，实现所设计电路，该电路或各层版图已变换为缩小的各层平面和剖面结构图形的芯片。如果得到的各种参数都达到规范值，则芯片性能达到设计指标。

表 3-4 工艺技术和芯片中主要元器件

工 艺 技 术		芯片中主要元器件	
■ 技术	Deep Submiron CMOS（A）	■ 电阻	R_{SNW}
■ 衬底	P-epi/P+-Si<100>	■ 电容	—
■ 阱	ret.Twin–Well（逆向双阱）	■ 晶体管	NLDD NMOS $W/L>1$（表面沟道）（驱动管）
■ 隔离	STI		
■ 栅结构	$TiSi_2$/N+Poly/SiO_2 $TiSi_2$/P+Poly/SiO_2		PLDD PMOS $W/L>1$（表面沟道）（负载管）
■ 源漏区	$TiSi_2$/N+SN- $TiSi_2$/P+SP-		NLDD NMOS $W/L<1$（表面沟道）（耗尽型管）
■ 栅特征尺寸	0.25μm	■ 二极管	$TiSi_2$N+/P-Well（剖面图中未画出）
■ Poly	1 层（$TiSi_2$/N+Poly，$TiSi_2$/P+Poly）		$TiSi_2$P+/N-Sub（剖面图中未画出）
■ 互连金属	1 层（AlCu，W Plug）		
■ 电源（U_{DD}）	1.25～2.5V		
工艺参数*	数 值	电学参数*	数 值
■ ρ，T_{P-EPI}	左边这些参数视制程而定	■ $U_{TN}/U_{TP}/U_{TND}$	左边这些参数视 IC 特性而定
■ $X_{jret.NW}/X_{jret.PW}$		■ BU_{DSN}/BU_{DSP}	
■ $T_{STI}/T_{G-Ox}/T_{Poly-Ox}/T_{Si_3N_4}$		■ U_{TFN}/U_{TFP}，R_s P-EPI	
■ $T_{BPSG}/T_{TEOS}/T_{Poly}$		■ $R_{sret.NW}/R_{sret.PW}/R_{SW}$	
■ L_{effn}/L_{effp}		■ $R_{SP+Poly}/R_{SN+Poly}$	
■ X_{jN+}/X_{jP+}，T_{Al}		■ $R_{SN+}/R_{SP+}/R_{STiSi2}$，$g_n/g_p$，$I_{LPN}$	
■ 设计规则	0.25μm	■ 电路 DC/AC 特性	视设计电路而定

*表中参数：隔离槽深度为 T_{STI}，其他参数符号和第 2 章各表相同。

3.4.1 芯片剖面结构

应用芯片结构技术（参见附录 B-[21]），使用计算机及相应的软件，可以得到芯片剖面结构。首先在设计电路中找出各种典型元器件：NMOS、PMOS、耗尽型 NMOS 及 N-Well 电阻。然后对这些元器件做剖面结构设计，分别如图 3-7 中的 A、B、C、D 所示（不要把它们看作连接在一起）。最后排列并拼接这些元器件，构成 Deep Submiron CMOS（A）芯片剖面结构，图 3-7（a）为其示意图。以该结构为基础，消去耗尽型 NMOS，引入 CN+衬底电容，得到如图 3-7（b）所示的另一种结构。如果引入不同于图 3-7 中的单个或多个元器件结构，或消去其中单个或多个元器件结构，或对其中元器件结构进行改变，则可得到多种不同结构。选用其中与设计电路相联系的一种结构。下面仅对图 3-7（a）所示结构进行说明。

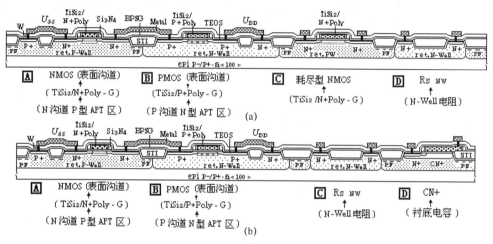

图 3-7　Deep Submiron CMOS（A）电路芯片剖面结构（参阅附录 3-[2]）

3.4.2 工艺技术

设计电路工艺技术概要如表 3-4 所示。LOCOS 隔离技术由于表面平整度较差，场氧化层较厚及沟道截止特性等问题，所以很难应用于 0.25μm 及以下制造技术。因此，采用浅槽隔离（STI）技术来代替 LOCOS 隔离技术。采用 STI 技术的深亚微米工艺，制程用 Deep Submicron CMOS（A）来表示。

根据 Deep Submiron CMOS（A）电路电气特性要求，确定用于芯片制造的基本参数，如表 3-4 所示。芯片制造工艺中，一是要确保工艺参数、电学参数都达到规范值，二是批量生产中要确保芯片具有高成品率、高性能及高可靠性。根据电路电气特性的指标，对下列参数提出严格要求。

（1）工艺参数：如各种杂质浓度及分布、结深、栅氧化层/介质层厚度等。
（2）电学参数：薄层电阻、源漏击穿电压、阈值电压等。
（3）硅衬底材料电阻率等。

芯片制造由各工步所组成的工序来实现，要制定出各工序具体的工艺条件。从芯片工艺制程的最初阶段开始，就要对各工序进行严格的工艺监控与检测，并制定出该工序的材料质量和参数规范。如果该工序质量和参数未达到规范要求，偏离数值很大，则晶圆要进行返工，若不能返工，就要做报废处理。在工艺线上进行严格的工艺监控与检测，可以使工艺参数和电学参数都达到规范值，生产出高质量芯片。

在制作掩模时，必须考虑各次光刻所用掩模的名称、图形黑白、正胶、有无划片槽及对准层次等。从制程剖面结构图（图 3-8）中可以看出，需要进行 15 次光刻。对于光刻，不但要求有高的图形分辨率，而且还要求具有良好的图形套准精度。

(1) 衬底材料 epiP-/P+ -Si<100>，初始氧化(Init-Ox)，腐蚀 SiO_2，预氧化(Pre-Ox)

(2) 光刻 N-Well 区，逆向阱 31P+ 注入，腐蚀并残留 SiO_2，去胶(图中未去胶)

(3) 光刻 P-Well 区，逆向阱 11B+ 注入，去胶(图中未去胶)

(4) 注入退火，逆向阱 N/P-Well 区推进/氧化，腐蚀净 SiO_2，基底氧化(Pad-Ox)，Si_3N_4 淀积

(5) 光刻有源区，刻蚀 $Si_3N_4/SiO_2/Si$ 衬底，去胶(图中未去胶)

(6) 场区预氧化(Pre-Ox)，光刻 P 场区(PF)，11B+ 注入，去胶(图中未去胶)

(7) 注入退火，高密度等离子体(HDP) SiO_2 淀积

(8) 化学机械抛光(CMP)HDP SiO_2，形成 STI，腐蚀 Si_3N_4

(9) 光刻 P 沟道区，APT. 75As+ 深注入，75As+ 浅注入，去胶(图中未去胶)

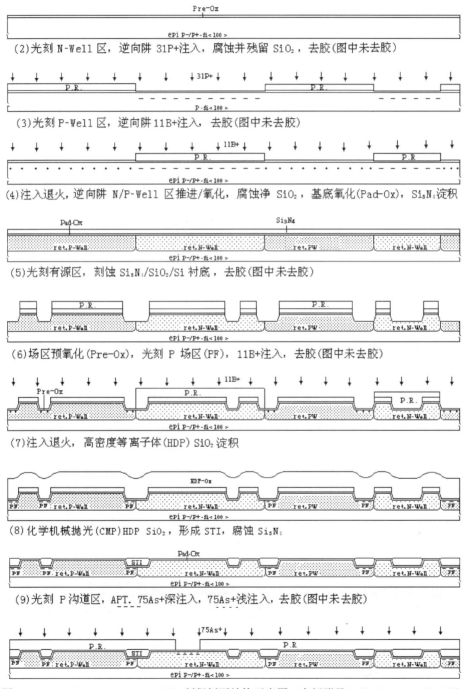

图 3-8 Deep Submiron CMOS（A）制程剖面结构示意图（参阅附录 B-[2, 3, 4, 5, 6, 13, 16]）

(10) 光刻 N 沟道区，APT. 11B+深注入，49BF₂+浅注入，去胶(图中未去胶)

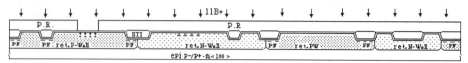

(11) 光刻 N 沟道耗尽区，75As+注入，去胶(图中未去胶)

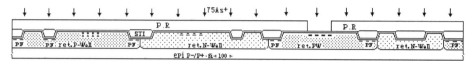

(12) 注入退火，腐蚀净 SiO₂，栅氧化(G-Ox)，Poly 淀积，光刻 Poly，刻蚀 Poly，去胶(图中未去胶)

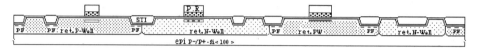

(13) Poly 氧化(Poly-Ox)，光刻 NLDD 区，75As+注入(Poly 注入未标出)，去胶(图中未去胶)

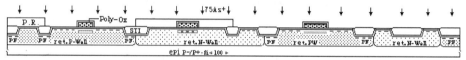

(14) 光刻 PLDD 区，49BF₂+注入(Poly 注入未标出)，去胶(图中未去胶)

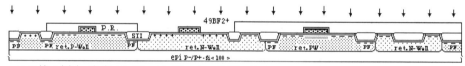

(15) 注入退火，形成 SN-区、SP-区，Si₃N₄淀积，刻蚀形成 Si₃N₄侧墙，源漏氧化(S/D-Ox)

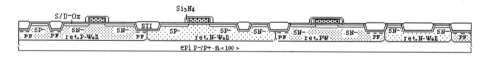

(16) 光刻 N+区，75As+注入(Poly 注入未标出)，去胶(图中未去胶)

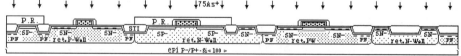

(17) 光刻 P+区，含有硼的大分子(B₁₀H₁₁、B₂₀H₂₂、C₂B₁₀H₁₂等)离子注入(Poly 注入未标出)，去胶(图中未去胶)

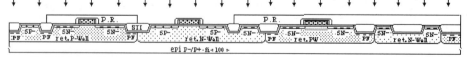

(18) 注入退火，形成 N+SN-区、P+SP-区，腐蚀源区/Poly 上的 SiO₂，溅射 Ti，RAT 退火，形成 TiSi₂。(图中未标出 SN-、SP-)

图 3-8 Deep Submiron CMOS（A）制程剖面结构示意图（参阅附录 B-[2, 3, 4, 5, 6, 13, 16]）（续）

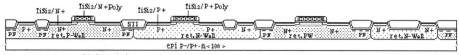

(19) TEOS/BPSG 淀积/致密

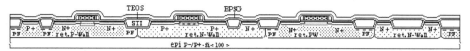

(20) 光刻接触孔，刻蚀 BPSG/TEOS，去胶（图中未去胶）

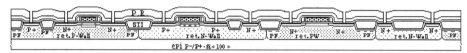

(21) 溅射 Ti/TiN，RAT N₂ 退火，CVD W 淀积，刻蚀 W/TiN/Ti，溅射金属，光刻金属，刻蚀 TiN/AlCu，去胶

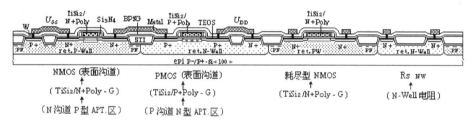

(22) PSG/PE CVD Si₃N₄ 淀积，光刻键压点，刻蚀 PE CVD Si₃N₄/PSG，去胶，合金，背面减薄，PCM/芯片测试

图 3-8　Deep Submiron CMOS（A）制程剖面结构示意图（参阅附录 B-[2, 3, 4, 5, 6, 13, 16]）（续）

3.4.3　工艺制程

由工艺规范确定的各个基本工序及相互关联按一定顺序组合，构成了图 3-7 所示的 Deep Submiron CMOS（A）芯片结构的制程。为实现此制程，需完成以下主要工艺：进行 P-epi/P+ 硅外延衬底高能离子注入，形成逆向 Twin-Well；刻蚀硅衬底并进行 HDP SiO₂ 填充、CMP 平坦化，形成器件 STI 隔离；两次沟道深浅注入，形成防穿通和阈值调节，生长超薄氧化膜，形成 MOS 栅介质；Poly 淀积并刻蚀，形成硅栅；溅射 Ti，形成两类 Poly 硅化物复合栅；LDD 注入，刻蚀形成 Si₃N₄ 侧墙及源漏注入，形成超浅结等。

由多次氧化、光刻、杂质扩散、离子注入、薄膜淀积及溅射金属等各个基本工序构成芯片制程，形成了以下元器件及其杂质层、介质层和互连金属层。

（1）电路芯片中各个元器件：NMOS、PMOS、耗尽型 NMOS 及 N-Well 电阻等。

（2）这些电路元器件所需要的精确控制的硅中的杂质层：P-epi/P+、ret.N-Well、ret.P-Well、PF、沟道掺杂、TiSi₂、TiSi₂/N+Poly、TiSi₂/P+Poly、SN-、SP-、N+、P+ 等。

（3）集成电路所需要的介质层：STI、G-Ox、Poly-Ox、Si₃N₄、BPSG 等。

（4）将这些电路元器件连接起来形成集成电路的金属层：AlCu、W Plug。

应用计算机，依据 Deep Submiron CMOS（A）芯片制造工艺中各个工序的先后次序，把各个工序互相连接起来，可以得到制程。它由各个工序所组成，而工序由各个工步来实现。根据设计电路的电气特性要求，选择工艺序号和工艺规范号，以便得到所需要的工艺参数和电学参数。

为了直观地显示出制程中芯片表面、内部元器件及互连的形成过程和结构的变化，借助图 3-7 电路芯片剖面结构和制造工艺的各个工序，利用芯片结构技术，使用计算机及相应的软件，可以描绘出芯片制程中各个工序的剖面结构，依照各个工序的先后次序互相连接起来，可以得到如图 3-8 所示的 Deep Submiron CMOS（A）制程剖面结构示意图。

Deep Submiron CMOS（A）制程主要特点如下所述。

（1）采用 P-epi/P+ 硅外延衬底。在重掺杂 P+ -Si<100>型硅衬底上生长轻掺杂 P 型外延层，而且由于均匀掺杂的 P 型外延层覆盖在顶上，这种结构使重掺杂的 P+ - Si<100>型衬底位于所有 MOS 器件下面。它的作用是避免闩锁效应。

（2）采用浅槽隔离工艺。浅槽隔离（STI）采用的是浅槽和先进的平面化技术。在小于或等于 0.25μm 特征尺寸下，不可能通过 LOCOS 和其改进方法达到所要求的表面的平面化、场氧化层厚度、边缘形貌及沟道截止特性。和局部氧化工艺不同，STI 技术采用淀积 SiO_2。热氧化会消耗靠近硅表面的用于截止沟道的硼杂质，这样必然使隔离特性变差。用淀积 SiO_2 能使场氧化硅下面保留更多的硼。STI 提供平的表面和完全凹槽场氧化硅，不存在场氧化硅变薄的缺点，而且易于按比例缩小。其特点是凹槽侧壁薄的凹槽再氧化、垂直的硼注入（场区注入）、CMP 平面化及光滑凹槽采用简便的氧化硅侧墙。

（3）采用逆向双阱。高能离子注入形成逆向双阱，注入峰值远离表面（即上稀下浓），从而削弱闩锁效应，而且阱深大幅降低；不再需要高温推进以形成所需要的阱深，阱的横向扩散小，有利于集成度的提高。

（4）采用两类 Poly 栅：PMOS 栅为 P+Poly，NMOS 栅为 N+Poly。按比例缩小的 CMOS、P+Poly（仅对 PMOS）可用作栅材料。CMOS 均为表面沟道器件，栅侧墙材料为 Si_3N。采用双层 Poly 技术。

（5）采用自对准硅化物工艺，如 $TiSi_2$ 工艺，形成的扩散区或 S/D 区为 $TiSi_2$/N+SN-、$TiSi_2$/P+SP-结构，栅为 $TiSi_2$/N+Poly 或 $TiSi_2$/P+Poly 结构，得到低的电阻，接触孔为钨塞结构，N+Poly 和 P+Poly 之间用 $TiSi_2$ 来短接。

制程中使用了 15 次掩模，Deep Submiron CMOS（A）芯片各层平面结构与横向尺寸由每次的光刻来确定。制程完成后，不仅确定了芯片各层平面结构与横向尺寸，而且也确定了剖面结构与纵向尺寸，并精确控制了硅中的杂质浓度及分布和结深，从而确定了电路功能和电气性能。

芯片结构及尺寸和硅中杂质浓度及结深是制程的关键（参见附录 B-[20]）。它们与下列参数有关：

（1）P-epi/P+ 硅外延衬底电阻率及厚度；

（2）逆向 Twin-Well 深度、掺杂浓度及分布；

（3）浅槽隔离（STI）深度、各介质层和栅氧化层厚度；

（4）有效沟道长度；

（5）P+Poly/N+Poly 及其厚度/薄层电阻；

（6）场区 Poly2 电阻厚度及薄层电阻、场区电容介质层厚度；

（7）$TiSi_2$/源漏结深度及薄层电阻等；

（8）器件的阈值电压、源漏击穿电压、跨导及漏电流等。

此外，CMOS 两种阈值电压必须进行调节，以达到互相匹配的目的。

制程完成后,先测试晶圆 PCM 数据,达到规范值后才能测试芯片电气特性。如果主要的 PCM 数据未达到规范值,偏离数值很大,则要对该晶圆进行报废处理。

3.5 深亚微米 CMOS(B)

电路采用 0.25μm 设计规则,使用 Deep Submiron CMOS(B)制造技术。该电路典型元器件、制造技术及主要参数如表 3-5 所示。它以 Submiron CMOS(A)制程及所制得的各种元器件为基础,并对其芯片结构和制造工艺进行改变,最终在硅衬底上形成深亚微米 CMOS 芯片中的各种元器件,并使之互连,实现所设计电路。如果制程完成后得到的各种工艺参数和电学参数都符合所设计电路的要求,则芯片功能和电气性能都能达到设计指标。

表 3-5 工艺技术和芯片中主要元器件

工艺技术		芯片中主要元器件	
■ 技术	Deep Submiron CMOS(B)	■ 电阻	R_{SNW}, R_{SPoly}
■ 衬底	P-epi/P+-Si<100>	■ 电容	N+Poly2/Si_3N_4-Poly-Ox/N+Poly1
■ 阱	ret.Twin–Well(逆向双阱)	■ 晶体管	NLDD NMOS W/L>1(表面沟道)(驱动管)
■ 隔离	STI		
■ 栅结构	$TiSi_2$/N+Poly/SiO_2 $TiSi_2$/P+Poly/SiO_2		PLDD PMOS W/L>1(表面沟道)(负载管)
■ 源漏区	$TiSi_2$/N+SN- $TiSi_2$/P+SP-	■ 二极管	$TiSi_2$N+/P-Well(剖面图中未画出) $TiSi_2$P+/N-Sub(剖面图中未画出)
■ 栅特征尺寸	0.25μm		
■ Poly	2 层($TiSi_2$/N+Poly, $TiSi_2$/P+Poly)		
■ 互连金属	1 层(AlCu, W Plug)		
■ 电源(U_{DD})	1.25~2.5V		
工艺参数*	数 值	电学参数*	数 值
■ ρ, T_{P-EPI}, $X_{jret.NW}$/$X_{jret.PW}$	左边这些参数视制程而定	■ U_{TN}/U_{TP}	左边这些参数视 IC 特性而定
■ T_{STI}/T_{G-Ox}/$T_{Poly-Ox}$		■ BU_{DSN}/BU_{DSP}	
■ T_{Poly1}/T_{Poly2}/T_{BPSG}		■ U_{TFN}/U_{TFP}, R_{SP-EPI}	
■ $T_{Si_3N_4}$/$T_{Poly-Ox}$/$T_{TEOS(1)}$/$T_{TEOS(2)}$		■ $R_{sret.NW}$/$R_{sret.PW}$/R_{SW}/$R_{SN+Poly1}$	
■ L_{effn}/L_{effp}		■ $R_{SN+Poly2}$/$R_{SP+Poly2}$/$R_{SN-Poly2}$	
■ X_{jN+}/X_{jP+}, T_{Al}		■ R_{SN+}/R_{SP+}/R_{STiSi_2}, g_n/g_p, I_{LPN}	
■ 设计规则	0.25μm	■ 电路 DC/AC 特性	视设计电路而定

*表中参数:隔离槽深度为 T_{STI},其他参数符号和第 2 章各表相同。

3.5.1 芯片剖面结构

应用芯片结构技术(参见附录 B-[21]),使用计算机和相应的软件,可以得到芯片剖面结构。首先在设计电路中找出各种典型元器件:NMOS、PMOS、Poly2 电阻、Cf 场区电容及 N-Well 电阻等。然后对这些元器件进行剖面结构设计,分别如图 3-9 中的 Ⓐ、Ⓑ、Ⓒ、Ⓓ、Ⓔ

所示（不要把它们看作连接在一起）。最后排列并拼接这些元器件，构成 Deep Submiron CMOS（B）芯片剖面结构，图 3-9（a）为其示意图。以该结构为基础，消去 Cf 场区电容和 Poly 电阻，引入耗尽型 NMOS，得到如图 3-9（b）所示的另一种结构。如果引入不同于图 3-9 中的单个或多个元器件结构，或消去其中单个或多个元器件结构，或对其中元器件结构进行改变，则可得到多种不同结构。选用其中与设计电路相联系的一种结构。下面仅对图 3-9（a）所示结构进行说明。

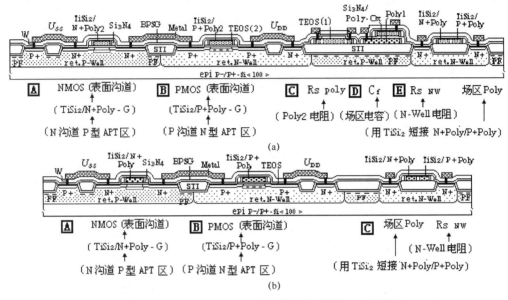

图 3-9　Deep Submiron CMOS（B）电路芯片剖面结构（参阅附录 B-[2]）

3.5.2　工艺技术

设计电路工艺技术概要如表 3-5 所示。为实现 Deep Submiron CMOS（B）技术，引入双层 Poly 工艺，对 Deep Submiron CMOS（A）制造工艺做如下改变。

（1）消去与生成耗尽型 NMOS 有关的工艺及结构。

（2）引入双层 Poly 工艺。

（3）在刻蚀 Poly1 形成硅栅结构后，引入 Poly1 氧化、Si_3N_4 淀积及 Poly2 淀积，并分别进行轻和重掺杂，生成 Poly2 电阻和介质层为 Si_3N_4/Poly-ox 的双层 Poly 场区电容。

上述消去与引入的基本工艺，使 Deep Submiron CMOS（A）芯片结构和制程都发生了明显的变化。工艺完成后，制得 CMOS A 和 B、Poly 电阻 C、场区电容 D 及 N-Well 电阻 E，并用 Deep Submicron CMOS（B）来表示。

根据 Deep Submiron CMOS（B）电路电气特性要求，确定用于芯片制造的基本参数，如表 3-5 所示。芯片制造工艺中，一是要确保工艺参数、电学参数都达到规范值，二是批量生产中要确保芯片具有高成品率、高性能及高可靠性。根据电路电气特性的指标，对下列参数提出严格要求。

（1）工艺参数：如各种杂质浓度及分布、结深、栅氧化层/介质层厚度等。

（2）电学参数：薄层电阻、源漏击穿电压、阈值电压等。

（3）硅衬底材料电阻率等。

芯片制造由各工步所组成的工序来实现,要制定出各工序具体的工艺条件。从芯片工艺制程的最初阶段开始,就要对各工序进行严格的工艺监控与检测,并制定出该工序的材料质量和参数规范。如果该工序质量和参数未达到规范要求,偏离数值很大,则要进行返工,若不能返工,就要做报废处理。在工艺线上进行严格的工艺监控与检测,可以使工艺参数和电学参数都达到规范值,生产出高质量芯片。

在制作掩模时,必须考虑各次光刻所用掩模的名称、图形黑白、正胶、有无划片槽及对准层次等。从制程剖面结构图(图3-10)中可以看出,需要进行16次光刻。对于光刻,不但要求有高的图形分辨率,同时还要求具有良好的图形套准精度。

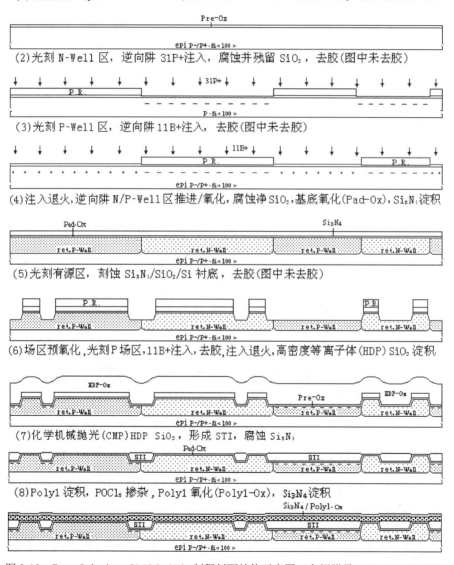

图 3-10 Deep Submiron CMOS(B)制程剖面结构示意图(参阅附录 B-[2, 3, 5, 6, 16])

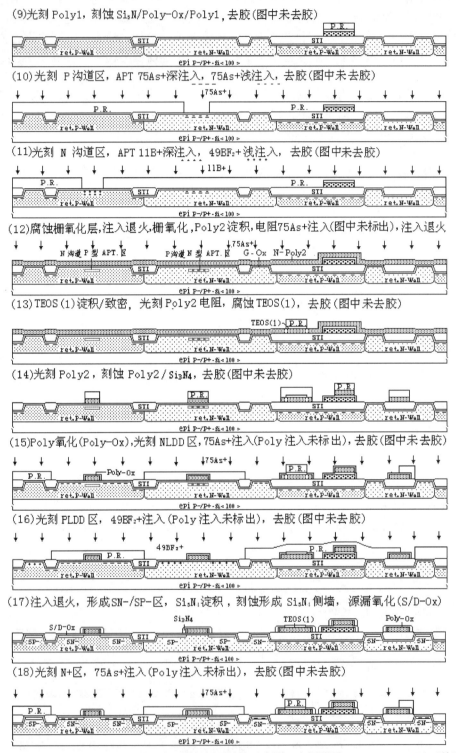

图 3-10 Deep Submiron CMOS（B）制程剖面结构示意图（参阅附录 B-[2, 3, 5, 6, 16]）（续）

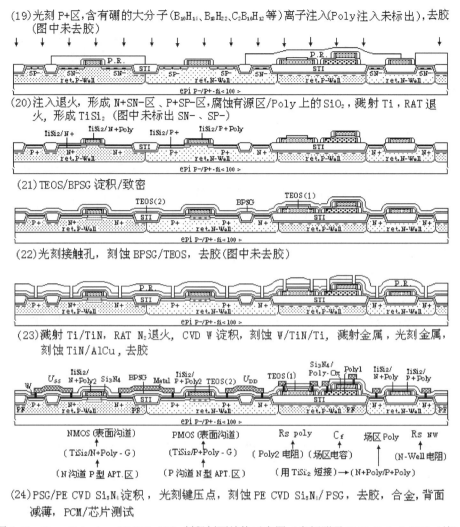

图 3-10　Deep Submiron CMOS（B）制程剖面结构示意图（参阅附录 B-[2, 3, 5, 6, 16]）（续）

3.5.3　工艺制程

由工艺规范确定的各个基本工序和相互关联按一定顺序组合，构成了如图 3-9 所示的 Deep Submiron CMOS（B）芯片结构的制程。为实现此制程，在 Deep Submiron CMOS（A）制程中，消去与引入部分基本工艺，不仅增加了制造工艺，技术难度增大，使芯片结构发生了明显的变化，而且改变了制程，从而实现了 Deep Submiron CMOS（B）制程。

由多次氧化、光刻、杂质扩散、离子注入、薄膜淀积及溅射金属等各个基本工序构成芯片制程，形成了以下元器件及其杂质层、介质层和互连金属层。

（1）电路芯片中的各个元器件：NMOS、PMOS、Poly 电阻、Cf 场区电容及 ret.N-Well 电阻等。

（2）这些电路元器件所需要的精确控制的硅中的杂质层：P-epi/P+、ret.N-Well、ret.P-Well、PF、沟道掺杂、$TiSi_2$、N-Poly、N+Poly、P+Poly、SN-、SP-、N+、P+ 等。

（3）集成电路所需要的介质层：STI、G-Ox、Poly-Ox、Si_3N_4、BPSG 等。

（4）将这些电路元器件连接起来形成集成电路的金属层：AlCu、W Plug。

应用计算机，依据 Deep Submiron CMOS（B）芯片制造工艺中各个工序的先后次序，把各个工序互相连接起来，可以得到制程。它由各个工序所组成，而工序由各个工步来实现。根据设计电路的电气特性要求，选择工艺序号和工艺规范号，以便得到所需要的工艺参数和电学参数。

为了直观地显示出制程中芯片表面、内部元器件及互连的形成过程和结构的变化，借助图 3-9 电路芯片剖面结构和制造工艺的各个工序，利用芯片结构技术，使用计算机和相应的软件，可以描绘出芯片制程中各个工序的剖面结构，依照各个工序的先后次序互相连接起来，可以得到如图 3-10 所示的 Deep Submiron CMOS（B）制程剖面结构示意图。

Deep Submiron CMOS（B）制程除了具备 Deep Submiron CMOS（A）的 5 个特点之外，还具有下列特点。

（1）采用双层 Poly。第一层 Poly1 用作 MOS 硅栅和电容的下极板，第二层 Poly2 用作高阻值 Poly 电阻和电容的上极板。

（2）Poly1 和 Poly2 可以在不同层布线。

（3）MOS 电容不在有源区衬底上制作，而是制作在场区上，上下电极被场区氧化层与其他元件和衬底隔离开。这是一种寄生参量很小的固定电容，称为场区 MOS 电容。

制程中使用了 16 次掩模，Deep Submiron CMOS（B）芯片各层平面结构与横向尺寸由每次的光刻来确定。制程完成后，不仅确定了芯片各层平面结构与横向尺寸，而且也确定了剖面结构与纵向尺寸，并精确控制了硅中的杂质浓度及分布和结深，从而确定了电路功能和电气性能。

芯片结构及尺寸和硅中杂质浓度及结深是制程的关键（参考附录 B-[20]）。它们与下列参数有关：

（1）P-epi/P+ 硅外延衬底电阻率及厚度；

（2）逆向 Twin-Well 深度、掺杂浓度及分布；

（3）浅槽隔离（STI）深度、各介质层和栅氧化层厚度；

（4）有效沟道长度；

（5）P+ Poly/N+ Poly 及其厚度/薄层电阻；

（6）场区 Poly2 电阻厚度及薄层电阻、场区电容介质层厚度；

（7）$TiSi_2$/源漏结深度及薄层电阻等；

（8）器件的阈值电压、源漏击穿电压、跨导及漏电流等。

此外，CMOS 两种阈值电压必须进行调节，以达到互相匹配的目的。

为了得到良好的 CMOS 电路特性，CMOS 集成电路中两种沟道 MOS 管应该具有对称的阈值电压（绝对值相等、符号相反）。这是 CMOS 集成电路制造工艺中的重要原则。为了抑制场区寄生 MOS 管的漏电流，必须保证场阈值电压要大于集成电路的工作电压。

制程完成后，平面结构与横向尺寸和剖面结构与纵向尺寸能否满足芯片要求，关键取决于各工序的工艺规范值。如果制程完成后芯片得到的参数不精确，则电路性能就达不到设计指标。所以芯片制造中要严格遵守工艺规范才能得到合格的电路。

制程完成后，先测试晶圆 PCM 数据，达到规范值后，才能测试芯片电气性能。如果是工程研制，则制造者分析 PCM 数据，而设计者分析芯片功能和性能，两者分析讨论，确定下一次的研制方案；如果是批量生产，则分析 PCM 数据和芯片合格率的高低等。如果主要的 PCM 数据未达到规范值，偏离数值很大，则要对该晶圆进行报废处理。

3.6 深亚微米 CMOS（C）

电路采用 0.25μm 设计规则，使用 Deep Submiron CMOS（C）制造技术。该电路主要元器件、制造技术及主要参数如表 3-6 所示。它以 Deep Submiron CMOS（A）制程及所制得的各种元器件为基础，并对其芯片结构和制造工艺进行改变，最终在硅衬底上形成深亚微米 CMOS 芯片中的各种元器件，并使之互连，实现所设计电路，该电路或各层版图已变换为缩小的各层平面和剖面结构图形的 IC 芯片。如果得到的各种工艺参数与电学参数都符合所设计电路的要求，则芯片功能和电气性能都能达到设计指标。

表 3-6　工艺技术和芯片中主要元器件

工　艺　技　术		芯片中主要元器件	
■ 技术	Deep Submiron CMOS（C）	电阻	—
■ 衬底	P-epi/P+-Si<100>	电容	—
■ 阱	ret.Twin–Well（逆向双阱）	晶体管	NLDD NMOS W/L>1（表面沟道）（驱动管）
■ 隔离	STI		
■ 栅结构	$CoSi_2$/N+Poly/SiO_2		PLDD PMOS W/L>1（表面沟道）（负载管）
	$CoSi_2$/P+Poly/SiO_2		
■ 源漏区	$CoSi_2$/N+SN-		NLDD NMOS W/L<1（耗尽型）
	$CoSi_2$/P+SP-	二极管	$CoSi_2$N+/P-Well（剖面图中未画出）
■ 栅特征尺寸	0.25μm		$CoSi_2$P+/N-Sub（剖面图中未画出）
■ Poly	1 层（$CoSi_2$/N+Poly，$CoSi_2$/P+Poly）		
■ 互连金属	4 层铜（Cu Plug），顶层金属铝（AlCu）布线		
■ 电源（U_{DD}）	1.25～2.5V		
工艺参数*	数　　值	电学参数*	数　　值
■ ρ，$T_{\text{P-EPI}}$	左边这些参数视工艺制程而定	■ U_{TN}/U_{TP}/U_{TND}	左边这些参数视电路特性而定
■ $X_{\text{jret.NW}}$/$X_{\text{jret.PW}}$		■ BU_{DSN}/BU_{DSP}	
■ T_{STI}/$T_{\text{G-Ox}}$/T_{Poly}		■ U_{TFN}/U_{TFP}	
■ $T_{\text{Si3N4 (1)}}$/T_{PESiO2}/T_{BPSG}		■ $R_{\text{SP-EPI}}$/$R_{\text{sret.NW}}$/$R_{\text{sret.PW}}$	
■ T_{Ti}/T_{TiN}/T_W/T_a/T_{HDPSiO2}/$T_{Si_3N_4\,(2)}$		■ $R_{\text{SN+Poly}}$/$R_{\text{SP+Poly}}$/R_{SW}	
■ X_{jN+}/X_{jP+}，L_{effn}/L_{effp}/L_{effND}		■ R_{SN+}/R_{SP+}/R_{SCoSi_2}	
■ T_{Cu1}/T_{Cu2}/T_{Cu3}/T_{Cu4}/T_{Al}		■ g_n/g_p，I_{LPN}	
■ 设计规则	0.25μm	■ 电路 DC/AC 特性	视设计电路而定

*表中参数：P 型外延层厚度为 $T_{\text{P-EPI}}$，其他参数符号和第 2 章各表相同。

3.6.1 芯片剖面结构

应用芯片结构技术（参见附录 B-[21]），使用计算机和相应的软件，可以得到 Deep Submiron CMOS（C）芯片典型剖面结构。首先在电路中找出各种典型元器件：NMOS、PMOS 及耗尽型 NMOS。然后对这些元器件进行剖面结构设计，选取剖面结构各层统一适当的尺寸和不同的标识，表示制程中各工艺完成后的层次，设计得到可以互相拼接得很好的各元器件结构（或在元器件结构库中选取），分别如图 3-11 中的 A、B、C 所示（不要把它们看作连接在一起）。最后把各元器件结构按一定方式排列并拼接起来，构成芯片剖面结构，图 3-11（a）为其示意图。以该结构为基础，消去耗尽型 NMOS，将多层铜布线改为单层铝布线，引入 Cf 场区 Poly 电容、Poly 电阻及 N–Well 电阻，得到如图 3-11（b）所示的另一种结构。如果引入不同于图 3-11 中的单个或多个元器件结构，或消去其中单个或多个元器件结构，或对其中元器件结构进行改变，则可得到多种不同结构。选用其中与设计电路相联系的一种结构。下面仅对图 3-11（a）所示结构进行说明。

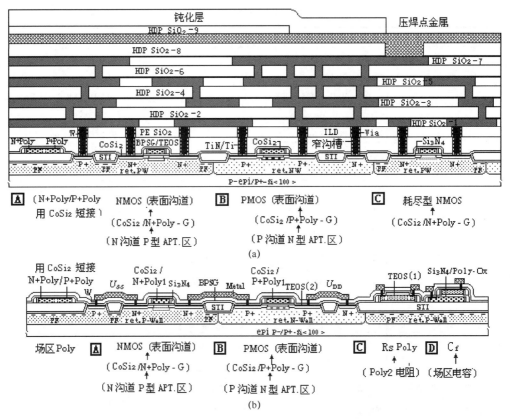

图 3-11　Deep Submiron CMOS（C）芯片剖面结构示意图（参阅附录 B-[2]）

3.6.2 工艺技术

设计电路工艺技术概要如表 3-6 所示。为实现 Deep Submiron CMOS（C）技术，引入 4 层金属 Cu 布线和 CMP 等工艺，对 Deep Submiron CMOS（A）制造工艺做如下改变。

(1) 消去与 N-Well 电阻和 Deep Submiron CMOS（A）制程中互连金属有关的工艺及结构，并以 CoSi$_2$ 代替 TiSi$_2$ 形成多层金属铜布线的硅基底。

(2) 形成硅化物后，引入 TEOS/BPSG 淀积，CMP 平坦化，刻蚀窄沟槽，阻挡层/钨（W）淀积，CMP 平坦化，形成局部互连。

(3) CMP 平坦化后，引入 PE SiO$_2$ 淀积，刻蚀通孔，阻挡层/钨淀积，CMP 平坦化，形成钨塞。

(4) 形成钨塞后，引入 HDP SiO$_2$ 淀积，刻蚀生成沟槽，阻挡层/Cu 淀积，CMP Cu 层，生成 Cu 布线。

(5) 生成 Cu 布线后，引入 Si$_3$N$_4$/HDP SiO$_2$/Si$_3$N$_4$/HDP SiO$_2$ 淀积，刻蚀生成通孔，刻蚀生成沟槽，阻挡层/Cu 淀积，CMP Cu 层，生成 Cu 布线。重复本步骤，生成 4 层金属铜布线。

(6) 引入 Si$_3$N$_4$/HDP SiO$_2$ 淀积，刻蚀生成接触孔，阻挡层/AlCu 淀积，刻蚀形成顶层，为金属铝布线。

上述消去和引入的基本工艺，使 Deep Submiron CMOS（C）芯片结构和制程都发生了显著的变化。工艺完成后，在硅基底上形成 4 层铜与顶层铝布线，制得 NMOS A、PMOS B 及耗尽型 NMOS C 等，并用 Deep Submicron CMOS（C）来表示。

与多层铝布线相比，主要的不同之处如下所述。

(1) 4 层金属铜布线结构，顶层为金属铝布线。

(2) 各层铜布线的通孔填充物不是钨塞，而是铜塞。

(3) 采用双镶技术形成铜互连。

根据 Deep Submicron CMOS（C）电路电气特性要求，确定用于芯片制造的基本参数，如表 3-6 所示。芯片制程工艺中，一方面要确保工艺参数、电学参数都达到规范值，另一方面在批量生产中要确保各批次制程的均一性。根据电路电气特性的指标，对下列参数提出严格要求。

(1) 工艺参数：如各种杂质浓度及分布、结深、栅氧化层/介质层厚度等。

(2) 电学参数：如薄层电阻、源漏击穿电压、阈值电压等。

(3) 硅衬底材料电阻率等。

芯片制造由各工步所组成的工序来实现，要制定出各工序具体的工艺条件。从工艺制程的最初阶段就开始进行工艺检测，以获得芯片制程中各工序必要的关于材料质量和工艺参数与电学参数的数据。在芯片集成度不断增加的情况下，每一道工序都有决定成功还是失败的关键问题：沾污、结深、薄膜的质量。工艺检测对于描绘工艺硅片的特性与检查其成品率非常关键，要确保工艺参数和电学参数都达到规范值。

对于光刻次数很多的，制作掩模时通常设计者与制造者一起确定。如果应用芯片结构及其制程剖面结构技术，就不难确定出各次光刻工序。制程中各次光刻所用掩模，从制程剖面结构图（图 3-12）中可以看出，需要进行 25 次光刻。光刻不但要求有高的图形分辨率，同时还要求具有良好的图形套准精度。

制程从图 3-8 的工序（18）开始，前面各工序都相同。

(18) 注入退火，形成 N+SN-、P+SP-区，腐蚀有源区/Poly 上的 SiO$_2$，溅射 Co，RTA 退火，形成 CoSi$_2$（图中未标出 SN-、SP-）

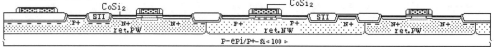

图 3-12 Deep Submiron CMOS（C）制程剖面结构示意图（参阅附录 B-[2, 3, 4, 5, 6, 16]）

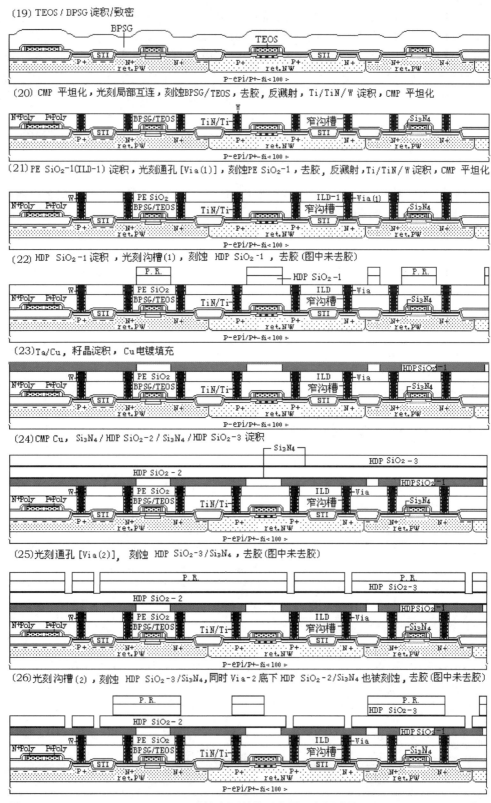

图 3-12 Deep Submiron CMOS（C）制程剖面结构示意图（参阅附录 B-[2, 3, 4, 5, 6, 16]）（续）

(27) Ta/Cu,籽晶淀积，Cu电镀填充

(28) CMP Cu，Si₃N₄/HDP SiO₂-4/Si₃N₄/HDP SiO₂-5 淀积

(29) 光刻通孔[Via(3)]，刻蚀HDP SiO₂-5/Si₃N₄，去胶（图中未去胶）

(30) 光刻沟槽(3)，刻蚀HDP SiO₂-5/Si₃N₄，同时Via(3)底下HDP SiO₂-4/Si₃N₄也被刻蚀，去胶（图中未去胶）

(31) Ta/Cu,籽晶淀积，Cu电镀填充

(32) CMP Cu，Si₃N₄/HDP SiO₂-6/Si₃N₄/HDP SiO₂-7 淀积

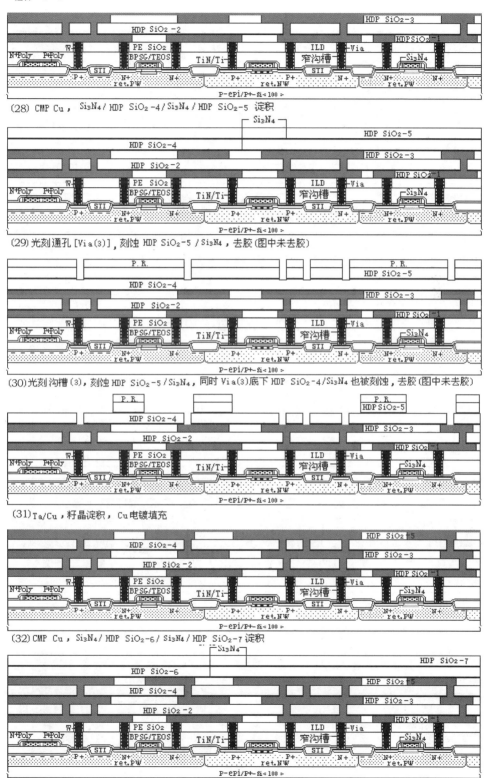

图3-12　Deep Submiron CMOS（C）制程剖面结构示意图（参阅附录B-[2, 3, 4, 5, 6, 16]）（续）

(33) 光刻通孔 [Via(4)]，刻蚀 HDP SiO_2-7/Si_3N_4，去胶(图中未去胶)

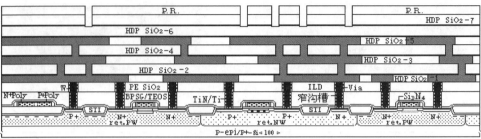

(34) 光刻沟槽(4)，刻蚀 HDP SiO_2-7/Si_3N_4，同时 Via(4) 底下 HDP SiO_2-6/Si_3N_4 也被刻蚀，去胶(图中未去胶)

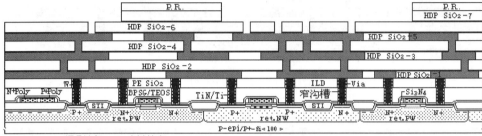

(35) Ta/Cu，籽晶淀积，Cu 电镀填充

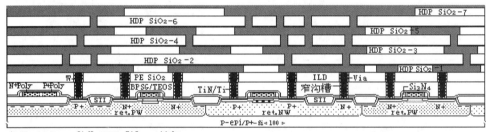

(36) CMP Cu，Si_3N_4/HDP SiO_2-8 淀积

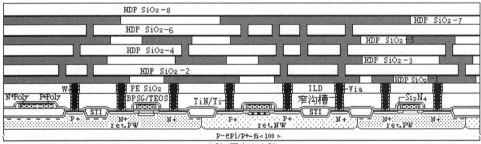

(37) 光刻接触孔，刻蚀 HDP SiO_2-8/Si_3N_4，去胶(图中未去胶)

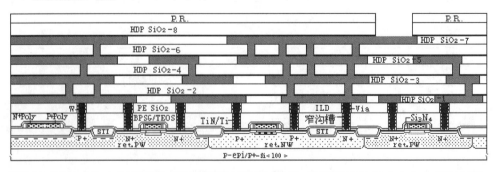

图 3-12 Deep Submiron CMOS（C）制程剖面结构示意图（参阅附录 B-[2, 3, 4, 5, 6, 16]）（续）

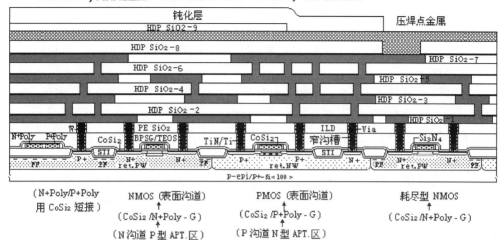

图 3-12 Deep Submiron CMOS（C）制程剖面结构示意图（参阅附录 B-[2, 3, 4, 5, 6, 16]）（续）

3.6.3 工艺制程

图 3-11 所示的 Deep Submiron CMOS（C）芯片结构采用确定的制造技术来实现。它由工艺规范确定的各个基本工序、相互关联及将其按一定顺序组合构成。为实现此制程，在 Deep Submiron CMOS（A）制程中，消去与引入部分基本工艺，不仅增加了制造工艺，技术难度增大，使芯片结构发生了显著的变化，而且改变了其制程，从而实现了 Deep Submiron CMOS（C）制程。

由多次氧化、光刻、杂质扩散、离子注入、薄膜淀积及溅射金属等各个基本工序构成芯片制程，形成了以下元器件及其杂质层、介质层和互连金属层。

（1）电路芯片中的各个元器件：NMOS、PMOS 及耗尽型 NMOS 等。

（2）这些电路元器件所需要的精确控制的硅中的杂质层：P-EPI、ret.N-Well、ret.P-Well、PF、沟道掺杂、$CoSi_2$、SN-、SP-、N+Poly、P+Poly、N+、P+等。

（3）集成电路所需要的介质层：STI、G-Ox、Si_3N_4、BPSG、TEOS、多层铜布线的 Si_3N_4/HDP SiO_2/Si_3N_4/HDP SiO_2 等。

（4）将这些电路元器件连接起来形成集成电路的金属层：AlCu、Cu、Cu Plug。

应用计算机，依据 Deep Submiron CMOS（C）芯片制造工艺中各个工序的先后次序，把各个工序互相连接起来，可以得到制程。它由各个工序所组成，而工序由各个工步来实现。根据设计电路的电气特性要求，选择工艺序号和工艺规范号，以便得到所需要的工艺参数和电学参数。

应用芯片结构技术，使用计算机和相应的软件，根据图 3-11 电路芯片剖面结构和制造工艺的各个工序，可以描绘出芯片制程中各个工序的剖面结构，根据各个工序的先后次序互相连接起来，可以得到如图 3-12 所示的制程剖面结构示意图。该图直观地显示出 Deep Submiron

CMOS（C）制程中芯片表面、内部元器件及互连的形成过程和结构的变化。

Deep Submiron CMOS（C）制程主要特点如下所述。

（1）STI 浅槽隔离。

（2）逆向双阱。

（3）使用两类复合栅（PMOS 栅为 $CoSi_2$/P+Poly，NMOS 栅为 $CoSi_2$/N+Poly），MOS 都为表面沟道器件。

（4）制程中采用 $CoSi_2$ 工艺，形成的扩散区或 S/D 区均为 $CoSi_2$/N+SN-、$CoSi_2$/P+SP-结构，基底接触孔为钨塞结构，通孔接触为铜塞结构。

（5）4 层金属铜布线和顶层金属铝布线。

制程中使用了 25 次掩模，各次光刻确定了 Deep Submiron CMOS（C）各层平面结构与横向尺寸。芯片各层平面结构与横向尺寸和剖面结构与纵向尺寸，在制程完成后才能确定下来，并精确控制了硅中的杂质浓度及其分布和结深，从而确定了电路功能和电气性能。

芯片结构及尺寸和硅中杂质浓度及结深是制程的关键（参见附录 B-[20]）。它们与下列参数有关：

（1）P-epi/P+外延硅电阻率和厚度；

（2）逆向 Twin-Well 深度、掺杂浓度及其分布；

（3）浅槽隔离（STI）、栅氧化层厚度和多层铜布线介质层厚度；

（4）有效沟道长度；

（5）导电层及其厚度/薄层电阻；

（6）通孔接触电阻；

（7）源漏结深度及薄层电阻等；

（8）器件的阈值电压、源漏击穿电压、跨导及漏电流等。

制程完成后，先测试晶圆 PCM 数据，达到规范值后，才能测试芯片电气特性。如果主要的 PCM 数据未达到规范值，偏离数值很大，则要对该晶圆进行报废处理。

3.7　纳米 CMOS（A）

电路采用 180nm（0.18μm）或 130nm（0.13μm）设计规则（限于篇幅，这里把 180nm 和 130nm 技术节点放在一起介绍，但两者的栅特征尺寸、栅氧化层厚度及电源电压等的差别如表 3-7 所示），使用纳米 CMOS（A）制造技术。该电路典型元器件、制造技术及主要参数如表 3-7 所示。它以 Deep Submiron CMOS（A）制程及所制得的各种元器件为基础，并对其芯片结构和制造工艺进行改变，最终在硅衬底上形成纳米 CMOS 芯片中的各种元器件，并使之互连，实现所设计电路。

表 3-7 工艺技术和芯片中主要元器件

工 艺 技 术		芯片中主要元器件	
■ 技术	纳米 CMOS（A）	■ 电阻	—
■ 衬底	P-epi/P+-Si<100>	■ 电容	—
■ 阱	ret.Twin–Well（逆向双阱）	■ 晶体管	NLDD NMOS W/L>1（表面沟道）（驱动管）
■ 隔离	STI		PLDD PMOS W/L>1（表面沟道）（负载管）
■ 栅结构	$CoSi_2$/N+Poly/SiO_2		NLDD NMOS W/L<1（耗尽型）
	$CoSi_2$/P+Poly/SiO_2	■ 二极管	$CoSi_2$/N+/P-Well（剖面图中未画出）
■ 源漏区	$CoSi_2$/N+SN-		$CoSi_2$/P+/N- Well（剖面图中未画出）
	$CoSi_2$/P+SP-		
■ 栅特征尺寸	100 nm 或 70 nm		
■ 栅氧化层厚度	2.0nm（对应的栅为 100nm）		
	1.5nm（对应的栅为 70nm）		
■ CMOS 沟道	非应变硅		
■ Poly	1 层（$CoSi_2$/N+Poly，$CoSi_2$/P+Poly）		
■ 互连金属	1 层铝（TiN/AlCu，W Plug）或多层金属**		
■ 电源（U_{DD}）	1.5～1.3V		
工 艺 参 数*	数 值	电 学 参 数*	数 值
■ ρ，$T_{P\text{-}EPI}$	左边这些参数视工艺制程而定	■ $U_{TN}/U_{TP}/U_{TND}$	左边这些参数视电路特性而定
■ $X_{jret.NW}/X_{jret.PW}$		■ BU_{DSN}/BU_{DSP}，U_{TFN}/U_{TFP}	
■ $T_{STI}/T_{G\text{-}Ox}/T_{Si_3N_4}$		■ $R_{SP\text{-}EPI}/R_{sret.NW}/R_{sret.PW}$	
■ $T_{Poly}/T_{BPSG}/T_{TEOS}/T_W$		■ $R_{SN+Poly}/R_{SP+Poly}/R_{SW}$	
■ $L_{effn}/L_{effp}/L_{effND}$		■ $R_{SN}/R_{SP}/R_{STiSi_2}$	
■ X_{jN+}/X_{jP+}，T_{Al}		■ g_n/g_p，I_{LPN}	
■ 设计规则	180nm 或 130nm	■ 电路 DC/AC 特性	视设计电路而定

*表中参数：nm 为长度单位纳米，其他参数符号和第 2 章各表相同。

**该技术对于 100nm 或 70nm，可制造多于 6 层的以 Cu 作为互连的芯片（这里不详述），层间介质材料为 SiOF，多层互连，请参阅 3.6 节。对于 70nm 电路，通常采用双阈值。1μm=1000nm=10000Å，1nm=10Å，100 nm=0.1μm。

3.7.1 芯片剖面结构

应用芯片结构技术（参见附录 B-[21]），使用计算机和相应的软件，可以得到纳米 CMOS（A）芯片结构。在电路中找出各种典型元器件——NMOS、PMOS 及耗尽型 NMOS，进行剖面结构设计，分别如图 3-13 中的 A、B、C 所示（不要把它们看作连接在一起）。由它们组成纳米 CMOS（A）芯片典型剖面结构，图 3-13（a）为其示意图。以该结构为基础，消去耗尽型 NMOS，引入 Cs 衬底电容和 N-Well 电阻，得到如图 3-13（b）所示的另一种结构。如果引入不同于图 3-13 中的单个或多个元器件结构，或消去其中单个或多个元器件结构，或对其中元器件结构进行改变，则可得到多种不同结构。选用其中与设计电路相联系的一种结构。下面仅对图 3-13（a）所示结构进行说明。

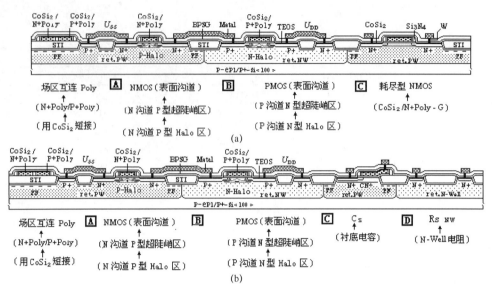

图 3-13 纳米 CMOS（A）芯片剖面结构示意图（参阅附录 B-[2]）

3.7.2 工艺技术

设计电路工艺技术概要如表 3-7 所示。为实现纳米 CMOS（A）技术，引入沟道逆向注入、Halo 区注入及钴硅化物等工艺，对 Deep Submiron CMOS（A）工艺做如下改变。

（1）消去与 N-Well 电阻有关的工艺及结构。

（2）分别引入 N 和 P 沟道做逆向注入，形成沟道区超陡峭非均匀掺杂分布。

（3）LDD 注入后，引入成角度注入，形成 P 或 N 型 Halo 区。

（4）引入 Co 溅射，生成 $CoSi_2$，形成的栅和源漏区均为硅化物。

（5）为了克服器件短沟道效应，引入超薄 SiO_2 栅介质，超浅结深。

上述消去与引入的基本工艺，使 Deep Submiron CMOS（A）芯片结构和制程都发生了明显的变化。工艺完成后，制得 NMOS A、PMOS B、耗尽型 NMOS C，以及相连 N+Poly/ P+Poly 条用 $CoSi_2$ 短接等，并用纳米 CMOS（A）来表示。

根据纳米 CMOS（A）电路电气特性要求，确定用于芯片制造的基本参数，如表 3-7 所示。

芯片制程工艺中，一方面要确保工艺参数、电学参数都达到规范值，另一方面在批量生产中要确保各批次制程的均一性。根据电路电气特性的指标，对下列参数提出严格要求。

（1）工艺参数：各种杂质浓度及分布、结深、栅氧化层/介质层厚度等。

（2）电学参数：薄层电阻、源漏击穿电压、阈值电压等。

（3）硅衬底和外延膜材料电阻率等。

芯片制造由各工步所组成的工序来实现，要制定出各工序具体的工艺条件。从制程的最初阶段就开始进行工艺检测，以获得芯片制程中各工序必要的关于材料质量和工艺参数与电学参数的数据。在芯片集成度不断增加的情况下，每一道工序都有决定成功还是失败的关键问题：沾污、结深、薄膜的质量。工艺检测对于描绘工艺硅片的特性与检查其成品率非常关键，要确保工艺参数和电学参数都达到规范值。

在制作掩模时，必须考虑各次光刻所用掩模的名称、图形黑白、正胶、有无划片槽及对准层次等。从制程剖面结构图（图 3-14）中可以看出，需要进行 15 次光刻。对于光刻，不但要求有高的图形分辨率，同时还要求具有良好的图形套准精度。

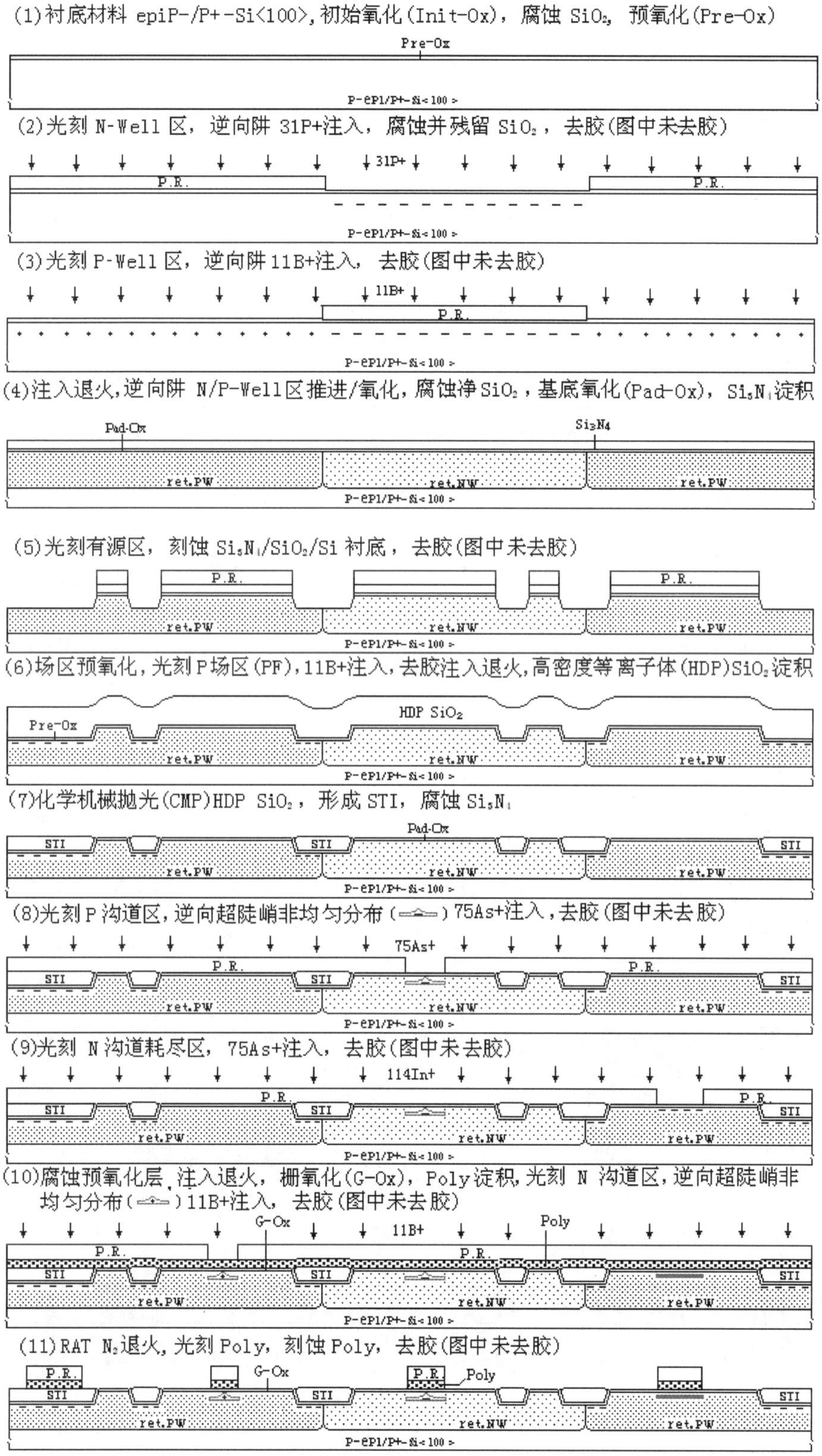
(1)衬底材料 epiP-/P+-Si<100>，初始氧化(Init-Ox)，腐蚀 SiO₂，预氧化(Pre-Ox)
Pre-Ox
P-epi/P+-Si<100>
(2)光刻 N-Well 区，逆向阱 31P+注入，腐蚀并残留 SiO₂，去胶(图中未去胶)
31P+
P.R.
P.R.
P-epi/P+-Si<100>
(3)光刻 P-Well 区，逆向阱 11B+注入，去胶(图中未去胶)
11B+
P.R.
P-epi/P+-Si<100>
(4)注入退火，逆向阱 N/P-Well区推进/氧化，腐蚀净SiO₂，基底氧化(Pad-Ox)，Si₃N₄淀积
Pad-Ox
Si₃N₄
ret.PW
ret.NW
ret.PW
P-epi/P+-Si<100>
(5)光刻有源区，刻蚀 Si₃N₄/SiO₂/Si 衬底，去胶(图中未去胶)
P.R.
P.R.
ret.PW
ret.NW
ret.PW
P-epi/P+-Si<100>
(6)场区预氧化，光刻 P场区(PF)，11B+注入，去胶注入退火，高密度等离子体(HDP)SiO₂淀积
HDP SiO₂
Pre-Ox
ret.PW
ret.NW
ret.PW
P-epi/P+-Si<100>
(7)化学机械抛光(CMP)HDP SiO₂，形成 STI，腐蚀 Si₃N₄
Pad-Ox
STI
STI
STI
ret.PW
ret.NW
ret.PW
P-epi/P+-Si<100>
(8)光刻 P 沟道区，逆向超陡峭非均匀分布( )75As+注入，去胶(图中未去胶)
75As+
P.R.
P.R.
STI
STI
STI
ret.PW
ret.NW
ret.PW
P-epi/P+-Si<100>
(9)光刻 N 沟道耗尽区，75As+注入，去胶(图中未去胶)
114In+
P.R.
P.R.
STI
STI
STI
ret.PW
ret.NW
ret.PW
P-epi/P+-Si<100>
(10)腐蚀预氧化层，注入退火，栅氧化(G-Ox)，Poly淀积，光刻 N 沟道区，逆向超陡峭非均匀分布( )11B+注入，去胶(图中未去胶)
G-Ox
11B+
Poly
P.R.
P.R.
STI
STI
STI
ret.PW
ret.NW
ret.PW
P-epi/P+-Si<100>
(11)RAT N₂退火，光刻 Poly，刻蚀 Poly，去胶(图中未去胶)
P.R.
G-Ox
P.R.
Poly
STI
STI
STI
ret.PW
ret.NW
ret.PW
P-epi/P+-Si<100>

图 3-14　纳米 CMOS（A）制程剖面结构示意图（参阅附录 B-[2, 3, 4, 5, 6, 16]）

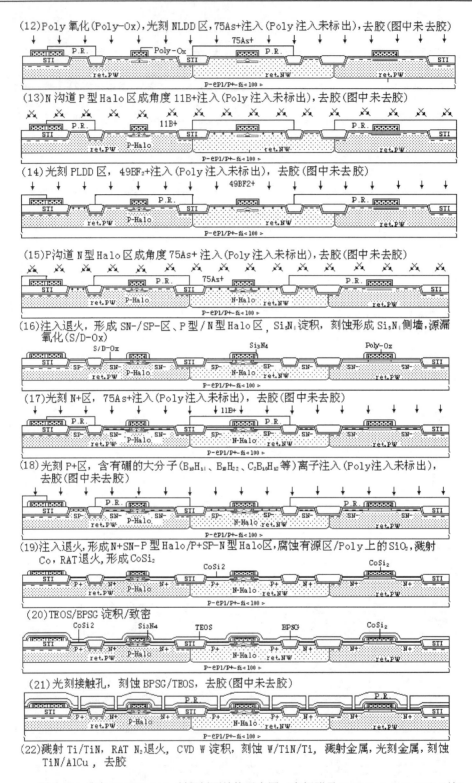

图 3-14 纳米 CMOS（A）制程剖面结构示意图（参阅附录 B-[2, 3, 4, 5, 6, 16]）（续）

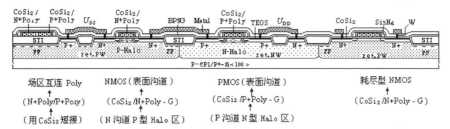

(23) PSG/PE CVD Si_3N_4 淀积，光刻键压点，刻蚀 PE CVD Si_3N_4/PSG，去胶，合金，背面减薄，PCM/芯片测试

图 3-14 纳米 CMOS（A）制程剖面结构示意图（参阅附录 B-[2, 3, 4, 5, 6, 16]）（续）

3.7.3 工艺制程

图 3-13 所示的纳米 CMOS（A）芯片结构采用确定的制造技术来实现。它由工艺规范确定的各个基本工序、相互关联及将其按一定顺序组合构成。为实现此制程，在 Deep Submiron CMOS（A）制程中，消去与引入部分基本工艺，不仅增加了制造工艺，技术难度增大，使芯片结构发生了明显的变化，而且改变了其制程，从而实现了纳米 CMOS（A）制程。

由多次氧化、光刻、杂质扩散、离子注入、薄膜淀积及溅射金属等各个基本工序构成芯片制程，形成了以下元器件及其杂质层、介质层和互连金属层。

（1）电路芯片中的各个元器件：NMOS、PMOS 及耗尽型 NMOS 等。

（2）这些电路元器件所需要的精确控制的硅中的杂质层：P-epi/P+-Si<100>、ret.N-Well、ret.P-Well、PF、沟道掺杂、$CoSi_2$、SN-、SP-、Halo P-、Halo N-、N+Poly、P+Poly、N+、P+ 等。

（3）集成电路所需要的介质层：STI、G-Ox、BPSG、Si_3N_4 等。

（4）将这些电路元器件连接起来形成集成电路的金属层：TiN/AlCu、W Plug。

应用计算机，依据纳米 CMOS（A）芯片制造工艺中各个工序的先后次序，把各个工序互相连接起来，可以得到制程。它由各个工序所组成，而工序由各个工步来实现。根据设计电路的电气特性要求，选择工艺序号和工艺规范号，得到所需要的工艺参数和电学参数。

应用芯片结构技术，使用计算机和相应的软件，根据图 3-13 芯片剖面结构和制造工艺的各个工序，可以描绘出芯片制程中各个工序的剖面结构，根据各个工序的先后次序连接起来，可以得到如图 3-14 所示的制程剖面结构示意图。该图直观地显示出纳米 CMOS（A）制程中芯片表面、内部元器件及互连的形成过程和结构的变化。

纳米 CMOS（A）制程主要特点如下所述。

（1）采用 P-epi/P+硅外延衬底。在重掺杂 P+-Si<100>型硅衬底上生长轻掺杂 P 型外延层，它的作用是避免闩锁效应。

（2）使用逆向掺杂阱。典型的逆向掺杂阱杂质分布的形成，对于 PMOS 器件使用 11B+，对于 NMOS 器件使用 31P+。逆向掺杂阱的杂质分布（上面稀下面浓）有利于改进短沟道效应、增大表面迁移率等。

（3）应用钴硅化物材料。采用自对准 $CoSi_2$ 工艺，形成的扩散区或 S/D 区均为 $CoSi_2$/N+SN-、

CoSi$_2$/P+SP-结构，栅为 CoSi$_2$/N+ Poly 或 CoSi$_2$/P+ Poly 复合栅结构，得到低的电阻，接触孔为钨塞结构。

（4）逆向掺杂沟道——Halo 优化技术。为了得到高的驱动电流，使用了这种富有成效的技术。浅的 LDD 区是由低能量的 75As+ 和 49BF2+ 离子注入形成的，在构建栅以后再进行成角度的 Halo 掺杂。只要很好地优化和 Halo 的组合，就可以使最坏的 IOFF 器件和目标器件性能退化达到最小。

（5）沟道逆向超陡峭注入，得到超浅结深、超薄栅氧化膜。

制程中使用了 15 次掩模，各次光刻确定了纳米 CMOS（A）芯片各层平面结构与横向尺寸。工艺完成后确定了：

（1）芯片各层平面结构与横向尺寸；
（2）剖面结构与纵向尺寸；
（3）硅中的杂质浓度、分布及结深；
（4）电路功能和电气性能等。

芯片结构及尺寸和硅中杂质浓度及结深是制程的关键（参见附录 B-[20]）。它们与下列工艺参数有关：

（1）P-epi/P+硅外延衬底电阻率及厚度；
（2）逆向 Twin-Well 深度、掺杂浓度及分布；
（3）浅槽隔离（STI）深度、各介质层和栅氧化层厚度；
（4）有效沟道长度；
（5）P+Poly/N+Poly 及其厚度/薄层电阻；
（6）N 沟道或 P 沟道超陡峭注入浓度及分布；
（7）Halo 注入能量、剂量、角度；
（8）CoSi$_2$/源漏结深度及薄层电阻等；
（9）器件的阈值电压、源漏击穿电压、IDSAT 及漏电流等。

制程完成后，先测试晶圆 PCM 数据，达到规范值后，才能测试芯片电气性能。如果主要的 PCM 数据未达到规范值，偏离数值很大，则要对该晶圆进行报废处理。

3.8 纳米 CMOS（B）

电路采用 90nm 或 65nm 设计规则（限于篇幅，这里把 90nm 和 65nm 技术节点放在一起介绍，两者的栅特征尺寸、栅氧化层厚度、结深及电源电压的差别见表 3-8），使用纳米 CMOS（B）技术。该电路的典型元器件、制造技术及主要参数如表 3-8 所示。它以纳米 CMOS（A）制造技术为基础，并对其芯片结构和制造工艺进行改变，最终在硅衬底上形成纳米 CMOS 芯片的各种元器件，并使之互连，实现所设计电路。如果得到的各种参数都达到规范值，则芯片性能达到设计指标。

表 3-8 工艺技术和芯片中主要元器件

工 艺 技 术		芯片中主要元器件	
■ 技术	纳米 CMOS（B）	■ 电阻	—
■ 衬底	P-epi/P+-Si<100>	■ 电容	—
■ 阱	ret.Twin–Well（逆向双阱）	■ 晶体管	NLDD NMOS $W/L>1$（表面沟道）
■ 隔离	STI		PLDD PMOS $W/L>1$（表面沟道）（负载管）
■ 栅结构	CoSi$_2$/N+Poly/SiON		NLDD NMOS $W/L<1$（耗尽型）
	CoSi$_2$/P+Poly/SiON	■ 二极管	CoSi$_2$/N+/P-Well（剖面图中未画出）
■ 源漏区	CoSi$_2$/N+SN-		CoSi$_2$/P+/N-Well（剖面图中未画出）
	CoSi$_2$/P+SP-		
■ 栅特征尺寸	50nm 或 30nm		
■ 栅氧化层厚度	1.5nm（对应的栅为 50nm）		
	1.2nm（对应的栅为 30nm）		
■ CMOS 沟道	应变硅		
■ Poly	1 层（CoSi$_2$/N+Poly, CoSi$_2$/P+Poly）		
■ 互连金属	1 层铝（TiN/AlCu, W Plug）或多层金属**		
■ 电源（U_{DD}）	1.2~0.85V		
工 艺 参 数*	数 值	电学参数*	数 值
■ ρ，T_{P-EPI}	左边这些参数视工艺制程而定	■ $U_{TN}/U_{TP}/U_{TND}$	左边这些参数视电路特性而定
■ $X_{jret.NW}/X_{jret.PW}$		■ BU_{DSN}/BU_{DSP}，U_{TFN}/U_{TFP}	
■ $T_{STI}/T_{G-Ox}/T_{Si_3N_4}$		■ R_{SNW}/R_{SPW}	
■ $T_{Poly}/T_{BPSG}/T_{TEOS}/T_W$		■ $R_{SN+Poly}/R_{SP+Poly}/R_{SW}$	
■ $L_{effn}/L_{effp}/L_{effND}$		■ $R_{SN+}/R_{SP+}/R_{STiSi_2}$	
■ X_{jN+}/X_{jP+}，T_{Al}		■ g_n/g_p，I_{LPN}	
■ 设计规则	90nm 或 65nm	■ 电路 AC/DC 特性	视设计电路而定

*表中参数符号和第 2 章各表相同。

**该技术节点对于 90nm 或 65nm，栅介质为 SiO$_2$ 或 SiON，可制造 7 层以上以金属 Cu 作为互连的芯片（这里不详述），层间介质材料为 SiOC，多层互连，请参阅 3.6 节。

3.8.1 芯片剖面结构

应用芯片结构技术（参见附表 B-[21]），使用计算机和相应的软件，可以得到芯片剖面结构。首先在设计电路中找出各种典型元器件——NMOS 管、PMOS 管及耗尽型 NMOS 管，然后对这些元器件进行剖面结构设计，分别如图 3-15 中的 A、B、C 所示（不要把它们看作连接在一起）。最后排列并拼接这些元器件，构成纳米 CMOS（B）芯片剖面结构，图 3-15（a）为其示意图。以该结构为基础，引入 Cf 场区 Poly 电容和 Poly 电阻，得到如图 3-15（b）所示的另一种结构。如果引入不同于图 3-15 中的单个或多个元器件结构，或消去其中单个或多个元器件结构，或对其中元器件结构进行改变，则可得到多种不同结构。选用其中与设计电路相联系的一种结构。下面仅对图 3-15（a）结构进行说明。

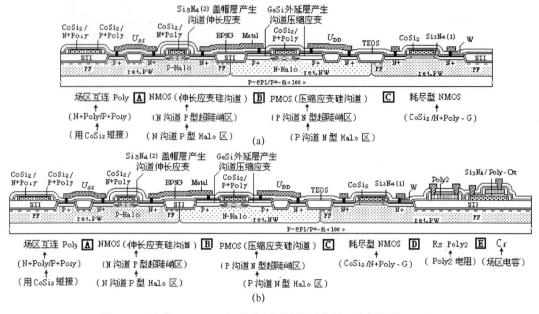

图 3-15 纳米 CMOS（B）芯片剖面结构示意图（参阅附录 B-[2]）

3.8.2 工艺技术

设计电路工艺技术概要如表 3-8 所示。为实现纳米 CMOS（B）技术，引入 GeSi 异质外延、Si_3N_4 淀积形成盖帽层等工艺，对纳米 CMOS（A）制造工艺做如下改变。

（1）在源漏 N+、P+ 区工艺完成后，引入 GeSi 异质外延并刻蚀，在 P+ 源漏区生成 GeSi 层，形成 P 沟道压缩应变区。

（2）引入 Si_3N_4 淀积并刻蚀，在 NMOS 栅上生成 Si_3N_4 盖帽层，形成 N 沟道伸长应变区。

（3）为了克服器件短沟道效应，引入比纳米 CMOS（A）的 SiO_2 栅介质膜更薄的膜或使用 SiON 栅介质膜，结深更浅。

上述引入的基本工艺，使纳米 CMOS（A）芯片结构和制程都发生了明显的变化。工艺完成后，制得 NMOS[A]、PMOS[B]、耗尽型 NMOS[C]，以及相连 N+Poly/P+Poly 条用 $CoSi_2$ 短接，并用纳米 CMOS（B）来表示。

纳米 CMOS（B）电路电气性能/合格率与制造各种参数密切相关，确定用于芯片制造的基本参数，如表 3-8 所示。芯片制造由各工步所组成的工序来实现，要制定出各工序具体的工艺条件，以保证下列所要求的各种参数都达到规范值。

（1）工艺参数：各种杂质浓度及分布，$X_{jret.NW}$、$X_{jret.PW}$、X_{jN+}、X_{jP+} 等结深，T_{STI}、T_{G-Ox}、$T_{Si_3N_4}$ 等介质层厚度。

（2）电学参数：U_{TN}、U_{TP}、U_{TND} 等阈值电压，R_{SNW}、R_{SNP}、R_{SN+}、R_{SP+} 等薄层电阻，BU_{DSN}、BU_{DSP} 等源漏击穿电压。

（3）硅衬底和外延膜材料电阻率（ρ）等。

电路芯片批量生产时，要确保各批次制程的均一性。为了保证工艺参数和电学参数都达到规范值，在工艺线上设立了工艺检测环节。通过对某些特定项目进行定期或不定期的检测，以获得必要的关于材料质量和工艺参数与电学参数的数据。工艺过程检测的目的是通过检测数据的及时反馈，使整条工艺线的控制达到最佳化，以便得到高合格率和高性能芯片。同时，它也为寻找器件生产中发生问题的原因提供了重要的依据。

应用芯片结构及其制程剖面结构技术，不难确定出各次光刻工序。从制程剖面结构图（图 3-16）中可以看出，需要进行 20 次光刻。光刻的对准曝光要严格对准、套准，并使之在确定的误差以内。

制程从图 3-14 的工序（19）开始。

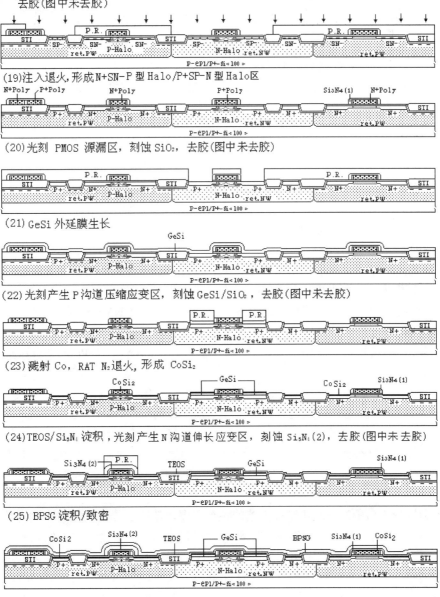

图 3-16 纳米 CMOS（B）制程剖面结构示意图（参阅附录 B-[2, 3, 4, 5, 6, 16]）

(26) 光刻接触孔，刻蚀 BPSG/TEOS，去胶（图中未去胶）

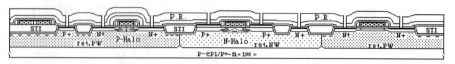

(27) 溅射 Ti/TiN，RAT N_2 退火，CVD W 淀积，刻蚀 W/TiN/Ti，溅射金属，光刻金属，刻蚀 TiN/AlCu，去胶

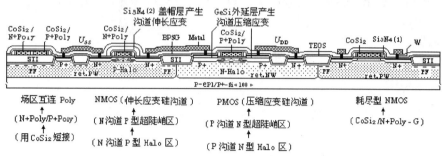

(28) PSG/PE CVD Si_3N_4 淀积，光刻键压点，刻蚀 PE CVD Si_3N_4/PSG，去胶，合金，背面减薄，PCM/芯片测试

图 3-16 纳米 CMOS（B）制程剖面结构示意图（参阅附录 B-[2, 3, 4, 5, 6, 16]）（续）

3.8.3 工艺制程

由工艺规范确定的各个基本工序、相互关联及将其按一定顺序组合，构成图 3-15 所示的纳米芯片结构的制程。为实现此制程，在纳米 CMOS（A）制程中，引入部分基本工艺，不仅增加了制造工艺，技术难度增大，使芯片结构发生了明显的变化，而且改变了其制程，从而实现了纳米 CMOS（B）制程。

由多次氧化、光刻、杂质扩散、离子注入、薄膜淀积及溅射金属等各个基本工序构成芯片制程，形成了以下元器件及其杂质层、介质层和互连金属层。

（1）电路芯片中的各个元器件：NMOS、PMOS 及耗尽型 NMOS 等。

（2）这些电路元器件所需要的精确控制的硅中的杂质层：P-epi/P+-Si<100>、ret.N-Well、ret.P-Well、PF、沟道掺杂、$CoSi_2$、SN-、SP-、Halo P-、Halo N-、N+Poly、P+Poly、N+、P+、GeSi 异质外延等。

（3）集成电路所需要的介质层：STI、G-Ox、Si_3N_4、BPSG、TEOS 等。

（4）将这些电路元器件连接起来形成集成电路的金属层：TiN/AlCu、W Plug。

应用计算机，依据纳米 CMOS（B）芯片制造工艺中各个工序的先后次序，把各个工序互相连接起来，可以得到制程。它由各个工序所组成，而工序则由各个工步来实现。根据设计电路的电气特性要求，选择工艺序号和工艺规范号，以便得到所需要的工艺参数和电学参数。

根据芯片结构（图 3-15）和制造工艺的各个工序，使用芯片结构技术，利用计算机及相应的软件，描绘出对应每道工序的剖面，从而得到芯片制造的各个工序的结构。芯片制程由上述各个工序所组成，从而确定出纳米 CMOS（B）制程剖面结构，图 3-16 为其示意图。根据制程中的各个工序可以描绘出能反映每次光刻显影或刻蚀的相对应的平面结构。每道工序平面/剖面结构或制程完成后的芯片结构都能直观地显示出制程中芯片表面、内部元器件及互连的形成过程和结构的变化。

纳米 CMOS（B）制程主要特点如下所述。

（1）使用应变硅沟道。随着 MOS 的栅长按比例缩小至 100nm 以下，由于迁移率的退化，要想保持高的驱动电流会变得很困难。制造工艺中使用应变硅结构提高了迁移率。这种结构可以在完全形成 CMOS 以后的顶部进行淀积，从而避免复杂的芯片制造工艺。

（2）采用 Si_3N_4 薄膜盖帽层结构生成 NMOS 应变硅沟道。这种结构可以在完全形成 CMOS 以后的顶部进行淀积。淀积的 Si_3N_4 薄膜盖帽层，在沟道中感生出可伸长应变硅沟道，从而增强 NMOS 沟道迁移率。

（3）应用选择源漏区 GeSi 外延结构生成 PMOS 管应变硅沟道。在形成栅结构、源和漏电极扩展及侧墙制造以后，使用选择性的异质外延在源和漏电极区域内生长应变材料（外延源电极和漏电极的扩展结构）。如果应变材料的晶格间距大，则会在沟道中感生出可压缩的应变，生长应变材料的 GeSi 层就属于这种，在沟道中感生出大的压缩力形变，不仅空穴迁移率有显著的提高，而且可以减小源和漏电极之间的寄生串联电阻，这两者都对提高驱动电流有贡献。

（4）使用 SiON 栅介质。

制程中使用 20 次掩模，各次光刻确定了纳米 CMOS（B）芯片各层平面结构与横向尺寸。工艺完成后确定了：

（1）芯片各层平面结构与横向尺寸；

（2）剖面结构与纵向尺寸；

（3）硅中的杂质浓度、分布及结深；

（4）电路功能和电气性能等。

芯片结构及尺寸和硅中杂质浓度及结深是制程的关键（参见附录 B-[20]）。它们与下列工艺参数有关：

（1）P-epi/P+硅外延衬底电阻率及厚度；

（2）逆向 Twin-Well 深度、掺杂浓度及其分布；

（3）浅槽隔离（STI）深度、各介质层和栅氧化层厚度；

（4）有效沟道长度；

（5）P+ Poly/N+ Poly 及其厚度/薄层电阻；

（6）Halo 注入能量、剂量、角度；

（7）$CoSi_2$/源漏结深度及薄层电阻；

（8）应变硅沟道的伸长应变力和压缩应变力等；

（9）器件的阈值电压、源漏击穿电压、IDSAT 及漏电流等。

制程完成后，先测试晶圆 PCM 数据，达到规范值后，才能测试芯片电气性能。如果主要的 PCM 数据未达到规范值，偏离数值很大，则要对该晶圆进行报废处理。

纳米 CMOS（B）工艺制程是从纳米 CMOS（A）制程的工序（19）开始的，前面各工序中仅栅特征尺寸、栅氧化层厚度等有所不同，其他都与纳米 CMOS（A）制程基本相同。

前面介绍的 180/130nm 和 90/65nm 技术节点纳米芯片对应的栅长分别为 100/70nm 和 50/30nm。这些技术节点栅电极材料都是多晶硅，栅介质为 SiO_2 或 SiON。集成电路的发展，使得芯片栅尺寸不断按比例缩小。45nm、32nm 及 22nm 技术节点纳米芯片对应的栅长为 20nm、15nm、10nm。通常它们的栅电极材料都不是多晶硅，而是金属，栅介质是高 k 材料，器件由平面结构演变为立体结构，有了显著的不同。

3.9 纳米 CMOS（C）

随着集成电路制造技术的发展，栅电极材料由 Poly 硅栅改变为金属栅，栅介质材料由低 k 的 SiO_2、SiON 改变为高 k 的 HfO_2 或 HfO_2/SiON，技术节点进入 45～32nm，从而进一步提高了芯片的集成度和性能。芯片电路采用 45～32nm 设计规则，使用纳米 CMOS（C）技术。该电路典型元器件、制造技术及主要参数如表 3-9 所示。它以纳米 CMOS（A）制造技术为基础，并对其芯片结构和制造工艺进行改变，最终在硅衬底上形成纳米 CMOS 芯片各种元器件，并使之互连，实现所设计电路。如果得到的各种参数都达到规范值，则芯片性能达到设计指标。

表 3-9 工艺技术和芯片中主要元器件

工 艺 技 术		芯片中主要元器件	
■ 技术	纳米 CMOS（C）	■ 电阻	—
■ 衬底	P-epi/P+-Si<100>或 P-Si<100>	■ 电容	—
■ 阱	Twin-Well	■ 晶体管	NLDD NMOS W/L>1（表面沟道）（驱动管）
■ 隔离	STI		PLDD PMOS W/L>1（表面沟道）（负载管）
■ 栅结构	Al/TaAlN/HfO_2/SiON（金属栅）		NLDD NMOS W/L<1（耗尽型）
	Al/TaN/HfO_2/SiON（金属栅）	■ 二极管	N+ SiC/P-Well（剖面图中未画出）
■ 源漏区	N+SiC		P+ SiGe/N-Well（剖面图中未画出）
	P+SiGe		
■ 栅特征尺寸	20～15nm		
■ CMOS 沟道	应变硅		
■ CMOS 结构	平面结构		
■ Poly	—		
■ 互连金属	1 层铝（TiN/AlCu, W Plug）或多层金属**		
■ 电源（U_{DD}）	1.0～0.85V		
工 艺 参 数*	数 值	电 学 参 数*	数 值
■ ρ	左边这些参数视工艺制程而定	■ $U_{TN}/U_{TP}/U_{TND}$	左边这些参数视电路特性而定
■ X_{jNW}/X_{jPW}		■ BU_{DSN}/BU_{DSP}, U_{TFN}/U_{TFP}	
■ $T_{STI}/T_{HfO_2}/T_{SiON}$		■ R_{SNW}/R_{SPW}	
■ T_{ILD0}/T_W		■ R_{SW}	
■ $L_{effn}/L_{effp}/L_{effND}$		■ $R_{SN+SiC}/R_{SP+SiGe}$	
■ X_{jN+}/X_{jP+}, T_{AlCu}		■ g_n/g_p, I_{LPN}	
■ 设计规则	45～32nm	■ 电路 AC/DC 特性	视设计电路而定

*表中参数符号和第 2 章各表相同。

**该技术对于 45～32nm 金属栅，栅介质为 HfO_2/SiON，可制造 7 层以上以金属 Cu 作为互连的芯片（这里不详述），层间介质材料为 SiOC，多层互连，请参阅 3.6 节。

3.9.1 芯片剖面结构

应用芯片结构技术（参见附录 B-[21]），可以得到纳米 CMOS（C）芯片典型剖面结构。首先在电路中找出各种典型元器件——NMOS、PMOS 及耗尽型 NMOS，然后进行剖面结构设计，分别如图 3-17 中的 A、B、C 所示（不要把它们看作连接在一起）。最后由它们组成纳米 CMOS（C）芯片剖面结构，图 3-17（a）为其示意图。以该结构为基础，消去耗尽型 NMOS，引入衬底电容 Cs 和 N-Well 电阻，得到如图 3-17（b）所示的另一种结构。如果引入不同于图 3-17 中的单个或多个元器件结构，或消去其中单个或多个元器件结构，或对其中元器件结构进行改变，则可得到多种不同结构。选用其中与设计电路相联系的一种结构。下面仅对图 3-17（a）所示结构进行说明。

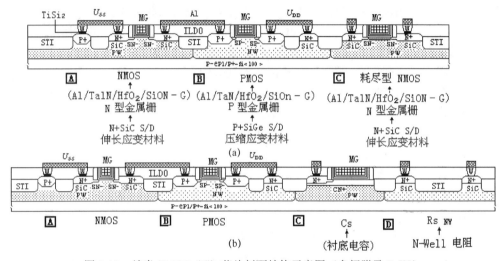

图 3-17 纳米 CMOS（C）芯片剖面结构示意图（参阅附录 B-[2]）

3.9.2 工艺技术

器件尺寸持续缩小，MOS 管栅氧化层变得很薄而无法在 1V 电压下可靠工作，当器件尺寸≤45nm 时，必须用高 k 介质层取代 SiO_2，SiON 作为栅介质材料。它可以防止栅极漏电和电介质击穿。为了提高器件的速度，金属再一次用于栅电极，因为金属比多晶硅、硅化物的电阻低很多，而且外加电压开启 MOS 时，Poly 栅将在多晶硅与氧化层之间形成耗尽层，降低了 MOS 开关速度。使用金属栅则使这一问题得到了解决。本节介绍的工艺采用了金属栅极材料、高 k 栅介质材料及外延生长应变层。

实现金属栅极工艺，有两种方案，一种是先栅工艺，另一种是后栅工艺，本节介绍的工艺采用后栅工艺来实现。

设计电路工艺技术概要如表 3-9 所示。为实现本节所介绍的工艺，引入 SiGe 和 SiC 异质外延生长并掺杂、金属栅电极材料及高 k 栅介质材料等工艺，对纳米 CMOS（A）制造工艺进行如下主要的改变。

（1）刻蚀形成侧墙后，光刻 NNMOS 源漏区并刻蚀其上 SiO_2/硅衬底，形成凹槽，选择性异质外延生长应变材料单晶 SiC 层（循环多次 CVD 淀积并刻蚀），使源和漏有源区凸起，同时做磷掺杂,形成 N+区。因为 45～32nm 工艺的结深很浅,通过外延生长工艺使源和漏有源区凸起,可以增加有源区的厚度,降低 NMOS 源和漏的接触电阻。

(2) 形成 N+区后,光刻 PMOS 源漏区并刻蚀其上 SiO₂,采用 KOH 腐蚀硅衬底,形成凹槽,选择性异质外延生长应变材料单晶 SiGe 层,同时做硼掺杂,形成 P+区。凸起的源和漏有源区可以增加有源区的厚度,降低 PMOS 源和漏的接触电阻。

(3) 光刻并刻蚀移去硅栅 MOS 结构中的 Poly/氧化膜,淀积高 k 栅介质 HfO₂/SiON,淀积合适的 N 型或 P 型功函数金属(TaAlN 或 TaN 调节 NMOS 或 PMOS 的阈值电压),并用低阻金属膜(AlCu)填充栅沟槽,形成金属栅 MOS 结构。在硅衬底和 HfO₂ 之间引入 SiON,目的在于改善界面,提高载流子迁移率,但削弱了高 k 栅介质对栅极电容的贡献,这是不足的地方。

上述引入的基本工艺,使纳米 CMOS(A)芯片结构和制程都发生了明显的变化。工艺完成后,制得 NMOS[A]、PMOS[B] 及耗尽型 NMOS[C]₂ 并用纳米 CMOS(C)来表示。

纳米 CMOS(C)电路电气性能/合格率与制造各种参数密切相关,确定用于芯片制造的基本参数,如表 3-9 所示。芯片制造由各工步所组成的工序来实现,要制定出各工序具体的工艺条件,以保证下列所要求的各种参数都达到规范值。

(1) 工艺参数:各种杂质浓度及其分布,Xj_{NW}、Xj_{PW}、X_{jN+}、X_{jP+} 等结深,T_{STI}、T_{HfO_2}、T_{SiON} 等介质层厚度。

(2) 电学参数:U_{TN}、U_{TP}、U_{TND} 等阈值电压,R_{SNW}、R_{SPW}、R_{SN+SiC}、$R_{SP+SiGe}$、R_{SN+}、R_{SP+} 等薄层电阻,BU_{DSN}、BU_{DSP} 等源漏击穿电压。

(3) 选择性异质外延生长膜(SiC、SiGe)的质量及厚度等。

(4) 硅衬底材料电阻率(ρ)等。

芯片制造由各工步所组成的工序来实现,从制程的最初阶段就开始进行工艺检测,以获得芯片制程中各工序必要的关于材料质量和工艺参数与电学参数的数据。在芯片集成度不断增加的情况下,每道工序都有决定成功或失败的关键问题:沾污、结深、薄膜的质量。工艺检测对于描绘工艺硅片的特性与检查其成品率非常关键,要确保工艺参数和电学参数都达到规范值。

在制作掩模时,必须考虑各次光刻所用掩模的名称、图形黑白、正胶、有无划片槽及对准层次等。从制程剖面结构图(图 3-18)中可以看出,需要进行 12 次光刻。对于光刻,不但要求有高的图形分辨率,同时还要求具有良好的图形套准精度。

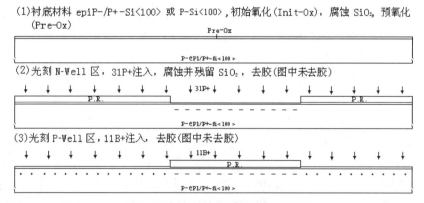

图 3-18 纳米 CMOS(C)制程剖面结构示意图(参阅附录 B-[2, 3, 4, 5, 6, 16])

(4) 注入退火，N/P-Well 区推进/氧化，腐蚀净 SiO₂，基底氧化(Pad-Ox)，Si₃N₄ 淀积

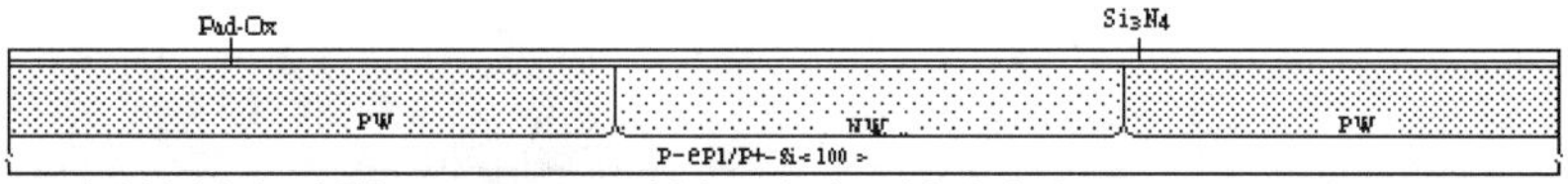

(5) 光刻有源区，刻蚀 Si₃N₄/SiO₂/Si 衬底，去胶（图中未去胶）

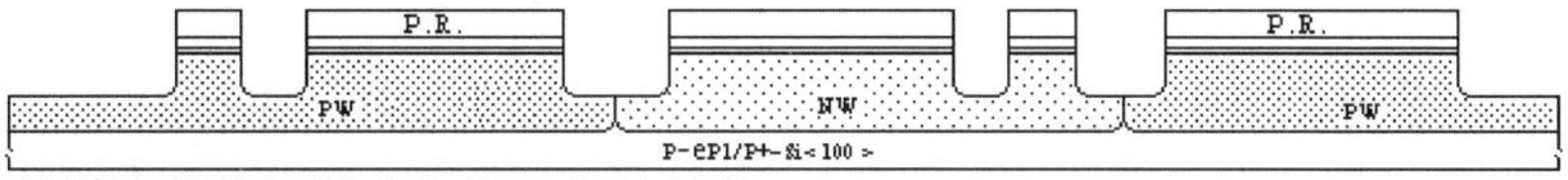

(6) 高密度等离子体 SiO₂（HDP SiO₂）淀积

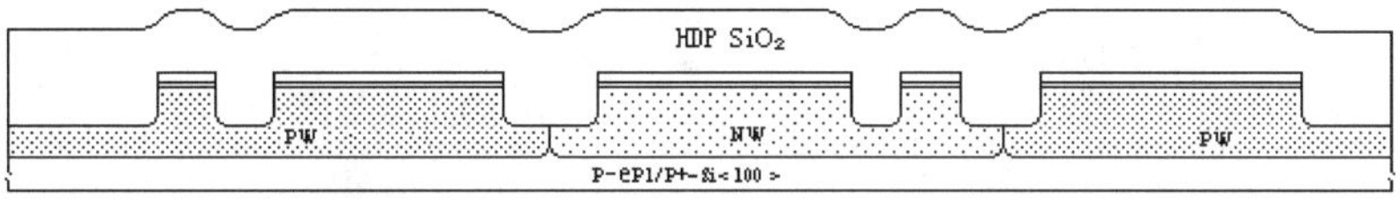

(7) 化学机械抛光(CMP)HDP SiO₂，形成 STI，腐蚀 Si₃N₄

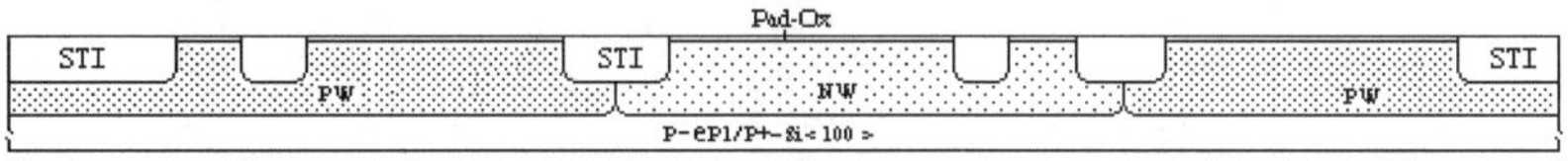

(8) 光刻 N 沟道耗尽区，75As+注入，去胶（图中未去胶）

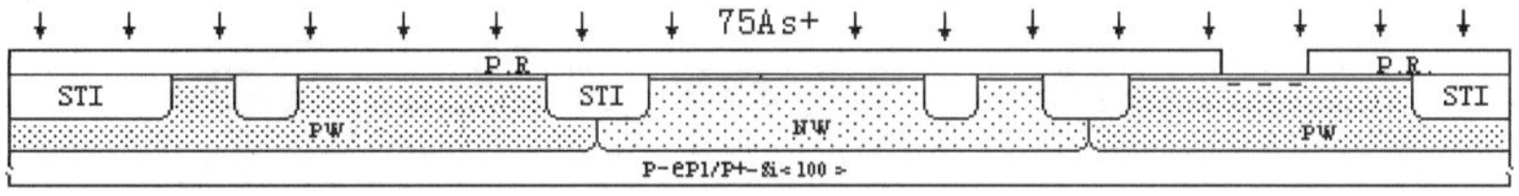

(9) Poly 淀积，光刻 Poly，刻蚀 Poly，去胶（图中未去胶）

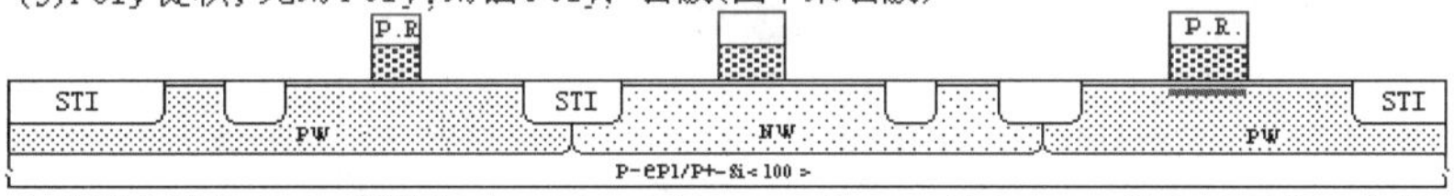

(10) 注入退火，Poly 氧化(Poly-Ox)，光刻 NLDD 区，75As+注入（Poly 注入未标出），去胶（图中未去胶）

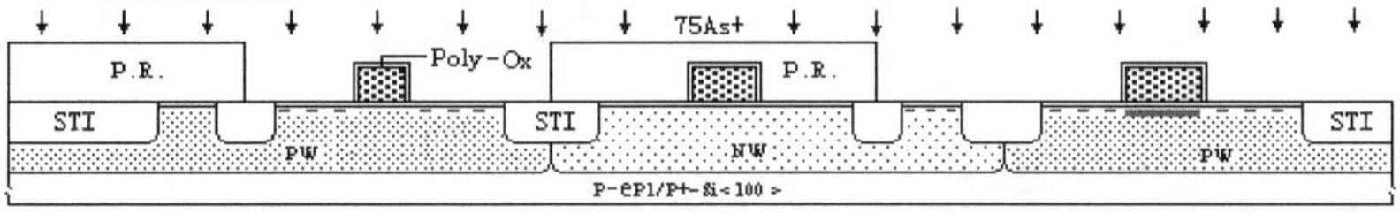

(11) 光刻 PLDD 区，49BF₂+注入（Poly 注入未标出），去胶（图中未去胶）

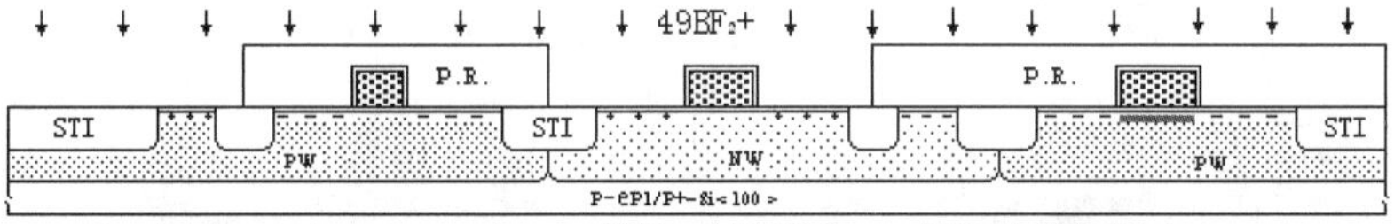

(12) 注入退火，形成 SN-/SP-区，LTO 淀积，刻蚀形成 LTO 侧墙，源漏氧化(S/D-Ox)

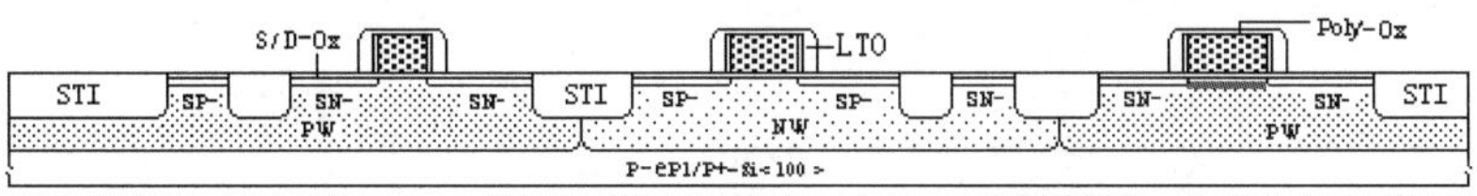

(13) 光刻 N+ 区，刻蚀 SiO₂，选择性刻蚀硅衬底，在 N+ 区形成凹槽，去胶（图中未去胶）

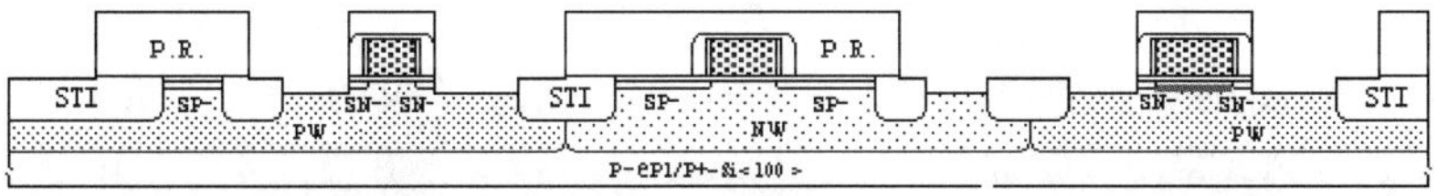

(14) N+ 区选择性淀积应变材料单晶 SiC 膜（循环多次 CVD 淀积和刻蚀得到），同时做磷掺杂，形成 N+ 区

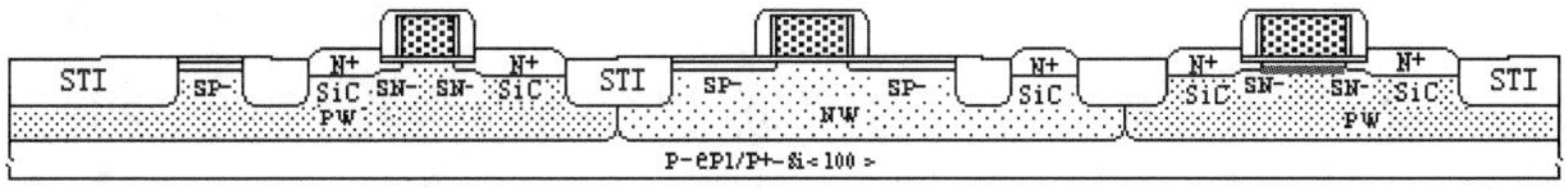

图 3-18　纳米 CMOS（C）制程剖面结构示意图（参阅附录 B-[2, 3, 4, 5, 6, 16]）（续）

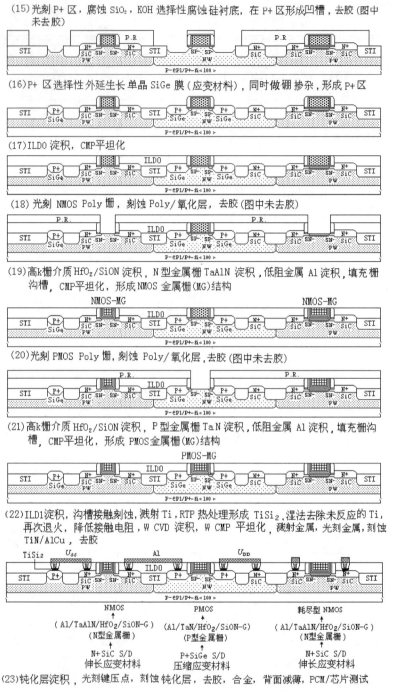

图 3-18 纳米 CMOS（C）制程剖面结构示意图（参阅附录 B-[2, 3, 4, 5, 6, 16]）（续）

3.9.3 工艺制程

由工艺规范确定的各个基本工序、相互关联及将其按一定顺序组合，构成图 3-17 所示纳米芯片结构的制程。为实现此制程，在纳米 CMOS（A）制程中，引入部分基本工艺，不仅增加了制造工艺，技术难度增大，使芯片结构发生了明显的变化，而且改变了其制程，从而实现了纳米 CMOS（C）制程。

由多次氧化、光刻、杂质扩散、离子注入、薄膜淀积及溅射金属等各个基本工序构成芯片制程，形成了以下元器件及杂质层、介质层和互连金属层。

（1）电路芯片中的各个元器件：NMOS、PMOS 及耗尽型 NMOS 等。

（2）这些电路元器件所需要的精确控制的硅中的杂质层：P-epi/P+-Si<100>或 P-Si<100>、N-Well、P-Well、沟道掺杂、SN-、SP-及异质外延生长膜 N+SiC、P+SiGe 等。

（3）集成电路所需要的介质层：STI、HfO_2/SiON、Si_3N_4、ILD 等。

（4）将这些电路元器件连接起来形成集成电路的金属层：TiN/AlCu、W Plug、$TiSi_2$。

应用计算机，依据纳米 CMOS（C）芯片制造工艺中各个工序的先后次序，把各个工序互相连接起来，可以得到制程。它由各个工序所组成，而工序由各个工步来实现。根据设计电路的电气特性要求，选择工艺序号和工艺规范号，以便得到所需要的工艺参数和电学参数。

根据芯片结构（图 3-17）和制造工艺的各个工序，使用芯片结构技术，利用计算机和相应的软件，描绘出对应的每道工序剖面，从而得到芯片制造的各个工序的结构。芯片制程由上述各个工序所组成，进而确定出纳米 CMOS（C）制程剖面结构，图 3-18 为其示意图。根据制程中的各个工序可以描绘出反映每次光刻显影或刻蚀的相对应的平面结构。每道工序平面/剖面结构或制程完成后的芯片结构都能直观地显示出制程中芯片表面、内部元器件及互连的形成过程和结构的变化。

纳米 CMOS（C）制程主要特点如下所述。

（1）使用应变硅沟道。随着 MOS 的栅长按比例缩小至 100nm 以下，由于迁移率的退化，要想保持高的驱动电流会变得很困难。制造工艺中使用应变硅结构提高了迁移率。这种结构可以在形成 CMOS 源漏工艺过程中实现，从而避免复杂的芯片制造工艺。

（2）使用选择性异质外延生长，在源漏区内生长单晶 SiC 薄膜的应变材料，同时做磷掺杂，生成 N+SiC 源漏区。这种结构生成 NMOS 器件，感生出可伸长应变硅沟道，从而增强 NMOS 沟道迁移率。

（3）使用选择性的异质外延生长，在源漏区内生长单晶 SiGe 薄膜的应变材料，同时做硼掺杂，生成 P+SiGe 源漏区。这种结构生成 PMOS 器件，在沟道中感生出大的压缩力形变。不仅 PMOS 沟道空穴迁移率有显著的提高，而且可以减小源和漏电极之间的寄生串联电阻，这两者都对提高驱动电流有贡献。

（4）使用金属栅电极高 k 栅介质 HfO_2/SiON 膜结构。

制程中使用 12 次掩模，各次光刻确定了纳米 CMOS（C）芯片各层平面结构与横向尺寸。工艺完成后确定了：

（1）芯片各层平面结构与横向尺寸；

（2）剖面结构与纵向尺寸；

（3）硅中的杂质浓度、分布及结深；

（4）电路功能和电气性能等。

芯片结构及尺寸和硅中杂质浓度及结深是制程的关键（参见附录 B-[20]）。它们与下列工艺参数有关：

（1）P-epi/P+-Si<100>硅外延衬底电阻率及厚度或 P-Si<100>衬底电阻率；

（2）Twin-Well 深度、掺杂浓度及其分布；

（3）浅槽隔离（STI）深度；

（4）各介质层和高 k 栅介质层厚度；

(5) 有效沟道长度；
(6) 选择性异质外延生长膜质量和厚度；
(7) N+SiC、P+SiGe 源漏结深度及薄层电阻；
(8) 应变硅沟道的伸长应变力和压缩应变力等；
(9) 器件的阈值电压、源漏击穿电压、IDSAT 及漏电流等。

3.10 纳米 CMOS（D）

随着集成电路制造技术的进一步发展，出现了垂直于衬底的鳍片结构，由此构成 FinFET。它不仅含有纳米 CMOS（C）工艺技术，而且由一直沿用的平面结构演变为三维立体结构，从而进一步提高了芯片的集成度和速度。它与本书前面已介绍的和后面章节将要介绍的各种制造技术都不一样，制造技术出现了深刻的变化。

电路采用 32～22nm 设计规则，使用 FinFET 结构的纳米 CMOS（D）技术。该电路典型元器件、制造技术及主要参数如表 3-10 所示。它以 FinFET 结构的制造技术为基础，并对以往的芯片结构和制造工艺进行了改变，最终在硅衬底上形成纳米 CMOS 芯片中的各种元器件，并使之互连，实现所设计电路。如果得到的各种参数都达到规范值，则芯片性能达到设计指标。

表 3-10 工艺技术和芯片中主要元器件

工 艺 技 术		芯片中主要元器件	
■ 技术	纳米 CMOS（D）	■ 电阻	—
■ 衬底	P-Si<100>	■ 电容	—
■ 阱	Twin-Well	■ 晶体管	NMOS $W/L>1$（表面沟道）（驱动管）
■ 隔离	STI		PMOS $W/L>1$（表面沟道）（负载管）
■ 栅结构 NMOS	Al/TaAlN/HfO$_2$/SiON（金属栅）		NMOS $W/L<1$（耗尽型）
PMOS	Al/TaN/HfO$_2$/SiON（金属栅）	■ 二极管	N+ SiC/P-Well（剖面图中未画出）
■ 源漏区	N+SiC		P+ SiGe/N-Well（剖面图中未画出）
	P+SiGe		
■ 栅特征尺寸	15～10nm		
■ CMOS 沟道	应变硅		
■ MOS 结构	鳍片（Fin）立体结构，垂直于衬底		
■ Poly	—		
■ 互连金属	1 层铝（剖面图中未画出）或多层金属**		
■ 电源（U_{DD}）	～0.75V		
工 艺 参 数*	数 值	电 学 参 数*	数 值
■ ρ	左边这些参数视工艺制程而定	■ $U_{TN}/U_{TP}/U_{TND}$	左边这些参数视电路特性而定
■ X_{jNW}/X_{jPW}		■ BU_{DSN}/BU_{DSP}	
■ $T_{STI}/T_{HfO_2}/T_{SiON}$		■ U_{TFN}/U_{TFP}	
■ T_{ILD0}		■ R_{SNW}/R_{SPW}	
■ $L_{effn}/L_{effp}/L_{effND}$		■ $R_{SN+SiC}/R_{SP+SiGe}$	
■ X_{jN+}/X_{jP+}，T_{AlCu}		■ g_n/g_p，I_{LPN}	
■ 设计规则	32～22nm	■ 电路 AC/DC 特性	视设计电路而定

*表中参数符号和第 2 章各表相同。
**该技术针对 32～22nm，栅介质为 HfO$_2$/SiON，可制造 7 层以上以金属 Cu 作为互连的芯片（这里不详述），层间介质材料为 SiOC，多层互连，请参阅 3.6 节。

3.10.1 芯片剖面结构

在电路中找出各种典型元器件——NMOS、PMOS 及耗尽型 NMOS，应用芯片结构技术（参见附录 B-[21]），对这些三维立体结构 MOS 管（形状类似鱼鳍，称为 FinFET，如图 3-19 所示）进行剖面结构设计（剖面方向如图 3-19 中的箭头所示），分别如图 3-20 中的 A、B、C 所示（不要把它们看作连接在一起）。由它们构成纳米 CMOS（D）芯片典型剖面结构，图 3-20（a）为其示意图。以该结构为基础，引入 N-Well 电阻，得到如图 3-20（b）所示的另一种结构。如果引入不同于图 3-20 中的单个或多个元器件结构，或消去其中单个或多个元器件结构，或对其中元器件结构进行改变，则可得到多种不同结构。选用其中与设计电路相联系的一种结构。对照剖面图（图 3-20）与三维立体结构图（图 3-19），剖面图中观察不到源漏区，因为该区方向为垂直于纸面。下面仅对图 3-20（a）所示结构进行说明。

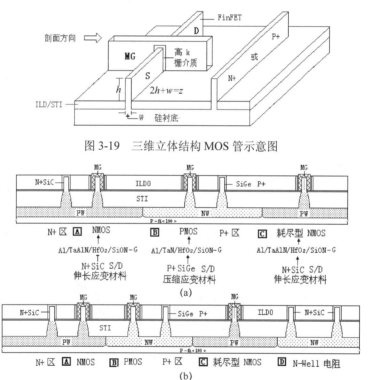

图 3-19　三维立体结构 MOS 管示意图

图 3-20　纳米 CMOS（D）芯片剖面结构示意图（参阅附录 B-[2]）

3.10.2 工艺技术

设计电路工艺技术概要如表 3-10 所示。三维立体型结构 FinFET 的制造技术与平面型 MOSFET 的制造技术大不一样，并且是不兼容的。为实现纳米 CMOS（D）技术，制程使用了鳍片（Fin）垂直于衬底的立体结构，其中应用了纳米 CMOS（C）工艺中的金属栅和沟道应变技术。

制造工艺的关键是形成鳍片（Fin）的形状及其尺寸。Fin 的尺寸是最小栅长的约 0.67 倍。对于 22nm 制造技术，Fin 的宽度是 14.67nm，它远小于最精密浸入式光刻机所能制造的最小尺寸。Fin 的有源区并不是通过光刻形成的，而是通过自对准双个图形工艺形成的［参阅图

3-21 中的（1）～（8）工序］，它只需要一次光刻步骤，然后通过类似 Poly 栅极侧墙的辅助工艺制造出 Fin 的形状。目前的制造工艺中，在单一方向晶圆上组成沟道的鳍片薄而长，宽度为 7～15nm，高度为 15～30nm，重复间距为 40～60nm。工艺完成后，制得 NMOS A、PMOS B 及耗尽型 NMOS C，并用纳米 CMOS（D）来表示。

根据纳米 CMOS（D）电路电气特性要求，确定用于芯片制造的基本参数，如表 3-10 所示。芯片制造工艺中，一是要确保工艺参数、电学参数都达到规范值，二是在批量生产中要确保芯片具有高成品率、高性能及高可靠性。根据电路电气特性的指标，对下列参数提出严格要求。

（1）工艺参数：如各种杂质浓度及分布、结深、高 k 栅介质层/介质层厚度等。
（2）电学参数：薄层电阻、源漏击穿电压、阈值电压等。
（3）鳍片几何尺寸和重复间距。
（4）硅衬底和选择性外延膜的质量及材料电阻率（ρ）等。

芯片制造由各工步所组成的工序来实现，要制定出各工序具体的工艺条件。从芯片制程的最初阶段开始，就对各工序进行严格的工艺监控与检测，并制定出该工序的材料质量和参数规范。如果该工序质量和参数未达到规范要求，偏离数值很大，则要进行返工，若不能返工，就要做报废处理。在工艺线上进行严格的工艺监控与检测，可使工艺参数和电学参数都达到规范值，生产出高质量芯片。

应用芯片结构及其制程剖面结构技术，不难确定出各次光刻工序。从制程剖面结构图（图 3-21）中可以看出，需要进行 13 次光刻。光刻中的对准曝光要严格对准、套准，并使之在确定的误差以内。

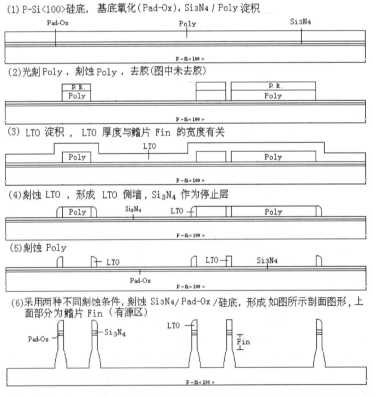

图 3-21　纳米 CMOS（D）制程剖面结构示意图（参阅附录 B-[2, 3, 4, 5, 6, 16]）

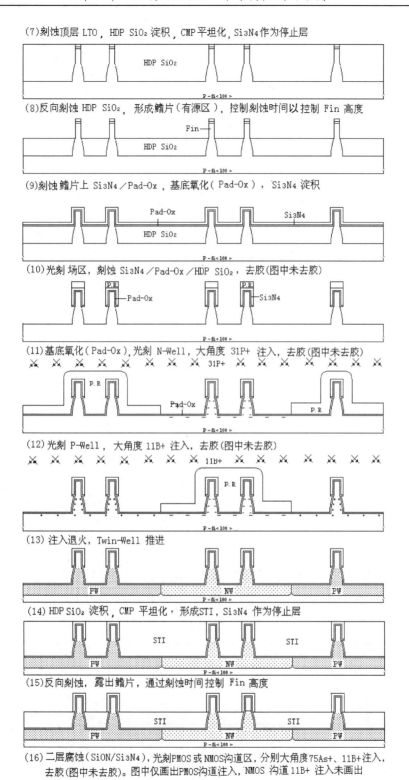

(7) 刻蚀顶层 LTO，HDP SiO₂ 淀积，CMP 平坦化，Si₃N₄ 作为停止层

(8) 反向刻蚀 HDP SiO₂，形成鳍片（有源区），控制刻蚀时间以控制 Fin 高度

(9) 刻蚀鳍片上 Si₃N₄/Pad-Ox，基底氧化（Pad-Ox），Si₃N₄ 淀积

(10) 光刻场区，刻蚀 Si₃N₄/Pad-Ox/HDP SiO₂，去胶（图中未去胶）

(11) 基底氧化（Pad-Ox），光刻 N-Well，大角度 31P+ 注入，去胶（图中未去胶）

(12) 光刻 P-Well，大角度 11B+ 注入，去胶（图中未去胶）

(13) 注入退火，Twin-Well 推进

(14) HDP SiO₂ 淀积，CMP 平坦化，形成 STI，Si₃N₄ 作为停止层

(15) 反向刻蚀，露出鳍片，通过刻蚀时间控制 Fin 高度

(16) 二层腐蚀（SiON/Si₃N₄），光刻 PMOS 或 NMOS 沟道区，分别大角度 75As+、11B+ 注入，去胶（图中未去胶）。图中仅画出 PMOS 沟道注入，NMOS 沟道 11B+ 注入未画出

图 3-21　纳米 CMOS（D）制程剖面结构示意图（参阅附录 B-[2, 3, 4, 5, 6, 16]）（续）

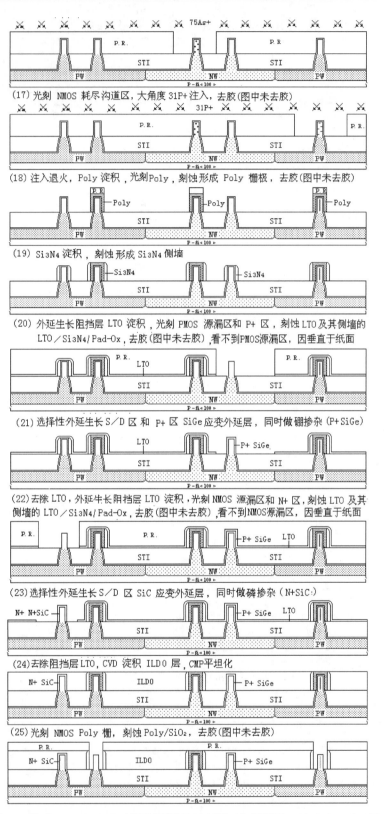

图 3-21 纳米 CMOS（D）制程剖面结构示意图（参阅附录 B-[2, 3, 4, 5, 6, 16]）（续）

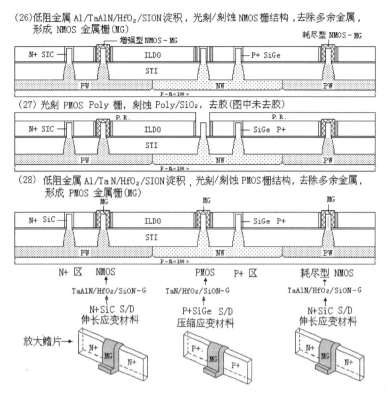

图 3-21 纳米 CMOS（D）制程剖面结构示意图（参阅附录 B-[2, 3, 4, 5, 6, 16]）（续）

3.10.3 工艺制程

图 3-20 所示的纳米 CMOS（D）芯片结构的制程由工艺规范确定的各个基本工序、相互关联及将其按一定顺序组合构成。为实现此制程，采用以下工艺：利用自对准双图形法、HDP SiO$_2$ 淀积、反向刻蚀，形成垂直于衬底的鳍片（Fin）；基底氧化、Si$_3$N$_4$ 淀积、刻蚀，形成有源区；大角度 31P+、11B+注入，形成 Twin-Well；HDP SiO$_2$ 淀积、反向刻蚀，露出有源区；大角度沟道调节注入；Poly 淀积并刻蚀，形成硅栅，Si$_3$N$_4$ 淀积并刻蚀，形成侧墙；光刻/刻蚀源漏区，外延生长并同时掺杂生成 N+ SiC、P+ GeSi 应变层，形成源漏区；光刻/刻蚀硅栅（Poly/SiO$_2$），淀积 SiON/HfO$_2$/TaAlN 或 TaN/低阻金属 Al，形成金属栅等。

由多次氧化、光刻、杂质扩散、离子注入、薄膜淀积及溅射金属等各个基本工序构成芯片制程，形成了以下元器件及杂质层、介质层和互连金属层。

（1）电路芯片中的各个元器件：NMOS、PMOS 及耗尽型 NMOS 等。

（2）这些电路元器件所需要的精确控制的硅中的杂质层：P-Si<100>、N-Well、P-Well、沟道掺杂、SN-、SP-及异质外延生长层 N+ SiC、P+ GeSi 等。

（3）集成电路所需要的介质层：STI、HfO$_2$/SiON、HDP SiO$_2$、LTO 等。

（4）将这些电路元器件连接起来形成集成电路的金属层：TiN/AlCu、TaAlN、TaN。

应用计算机，依据纳米 CMOS（D）芯片制造工艺中各个工序的先后次序，把各个工序互相连接起来，可以得到制程。它由各个工序所组成，而工序由各个工步来实现。根据设计电路的电气特性要求，选择工艺序号和工艺规范号，以便得到所需要的工艺参数和电学参数。

根据芯片结构（图 3-20）和制造工艺的各个工序，使用芯片结构技术，利用计算机和相应的软件，描绘出对应的每道工序剖面，从而得到芯片制造的各个工序的结构。芯片制程由上述各个工序所组成，从而确定出纳米 CMOS（D）制程剖面结构，图 3-21 为其示意图。该图直观地显示出纳米 CMOS（D）制程中芯片表面、内部元器件及互连的形成过程和结构的变化。

注意：图 3-21 为纳米 CMOS（D）制程剖面结构示意图，图中栅剖面结构的形成过程和结构的变化是能观察到的，但源漏剖面结构的形成过程和结构的变化是无法看到的，因为源漏的方向为垂直于纸面。为此，在剖面图中设计了 N+区和 P+区，它们在制程中是能观察到的，这同样可以说明源漏剖面结构及其形成过程。

纳米 CMOS（D）制程不仅具有纳米 CMOS（C）制程中的四个特点，而且还有下面一些特点。

（1）制造工艺由平面型结构演变为三维立体型结构，二者的主要区别是 MOSFET 的栅极位于沟道正上方，只能在栅极的一侧控制沟道，栅极、源极和漏极都在衬底的一个平面上，而 FinFET 的栅极是三面包围着沟道，能通过三面的栅极控制沟道，栅极类似鱼鳍的叉状 3D 架构，栅极、源极和漏极都不在衬底的一个平面上，而是垂直于衬底。

（2）FinFET 的沟道由衬底凸起的高而薄的鳍构成，源漏两极分别位于两端，沟道的三面紧贴栅极的侧壁，这种鳍型结构的沟道厚度很小，所以沟道内部与栅的距离也相应缩小，同时栅与沟道的接触面积增大，最终加强了栅对整个沟道的控制，有效地抑制了短沟道效应。

（3）采用选择性外延延长嵌入 SiC、SiGe 应变材料，并进行源漏掺杂，同时使有源区凸起，增加有源区的厚度和表面积，减小源漏的接触电阻。

（4）沟道应变技术可以提高 IC 的速度，改善 FinFET 的性能。

（5）三维立体型结构 FinFET 的制造技术与平面型 MOSFET 的制造技术是不一样的，也是不兼容的。

制程中使用了 13 次掩模，各次光刻确定了纳米 CMOS（D）芯片各层平面/立体结构及尺寸。工艺完成后确定了：

（1）芯片各层平面/立体结构及尺寸；
（2）硅中的杂质浓度、分布及结深；
（3）电路功能和电气性能等。

芯片结构及尺寸和硅中杂质浓度及结深是制程的关键（参见附录 B-[20]）。它们与下列工艺参数有关：

（1）P-Si<100>衬底电阻率；
（2）Twin-Well 深度、掺杂浓度及分布；
（3）槽隔离（STI）深度、各介质层和高 k 栅介质 HfO_2/SiON 厚度；
（4）鳍片的宽度、高度及重复间距；
（5）NW、PW、耗尽区、沟道及源漏等注入能量、剂量、角度；
（6）源漏结深度及薄层电阻；
（7）应变硅沟道的伸长应变力和压缩应变力等；
（8）器件的阈值电压、源漏击穿电压、IDSAT 及漏电流等。

制程完成后，先测试晶圆 PCM 数据，达到规范值后，才能测试芯片电气性能。如果主要的 PCM 数据未达到规范值，偏离数值很大，则要对该晶圆进行报废处理。

第4章 LV/HV 兼容 CMOS 芯片与制程剖面结构

在集成电路应用中，需要具有低压控制逻辑和高压输出兼容的集成电路。在《MOS 集成电路结构与制造技术》（见参考文献[13]）中介绍的 LV/HV 兼容技术中，高压是指 15~50V 范围，本章将介绍各种 LV/HV 兼容制造工艺，该技术能够实现低压 5V 与高压 100~700V（或更高）兼容的 CMOS 工艺。为了便于高低压 MOS 器件兼容集成，通常采用具有漂移区的偏置栅结构的 HV MOS 器件。改变漂移区的长度、宽度、结深度、掺杂浓度，以及施加场极板等可以得到 100~700V 的高电压或更高。

偏置栅 MOS 是指栅没有覆盖到漏区上，而是与其有一段距离，在这段距离内由离子注入（或扩散）形成一个深 N-区（DN-）或深 P-区（DP-），称为漂移区（或漏极延伸区）。漏源电压高时，此漂移区全部耗尽，承受了很高的电压，从而避免沟道区的穿通发生；漏源电压低而电流大时，此漂移区提供了电流通路，但它本身表现为一个电阻，引起压降与功耗。

源漏击穿电压与漂移区的依赖关系：漂移区越长，击穿电压越高。在漂移区长度和衬底掺杂浓度确定后，为了获得最高击穿电压，必须优化漂移区的注入剂量。漂移区长度对导通电阻有影响，漂移区长，导通电阻就大。因此，必须进行优化，以便得到合理的漂移区长度。

一次单独的栅氧化可以得到较厚的氧化层来制作 HV 器件，但是增加氧化层的厚度，LV 器件就减小了跨导。最好的解决办法是进行两次栅氧化。首先生长较厚的 HV 栅氧化膜，然后进行光刻，腐蚀时保留 HV 栅氧化膜区，最后在 HV 栅氧化膜外区再进行一次 LV 栅氧化，这时 HV 栅氧化膜厚度稍有增加。这样就得到了 HV 和 LV 不同厚度的栅氧化膜，而且只在产生最高场强的轻掺漏区的上面制作厚的场氧化层，HV 栅氧化层只生长在沟道上面，从而保证了高的跨导。

对于偏置栅高压 MOS 器件的导通电阻来说，其不仅取决于沟道区的导通电阻，还受到漂移区的影响，与沟道宽长比相同的 MOS 器件相比，偏置栅高压 MOS 器件的导通电阻更高。同时降低导通阻抗和提高击穿电压有矛盾。低的导通阻抗要求漂移区的掺杂浓度要高，而高的击穿电压要求漂移区的掺杂浓度要低，使漏结雪崩击穿之前，漂移区先夹断。因而在导通电阻和耐压两者之间要折中考虑。

为了便于高低压 MOS 器件兼容集成，通常采用具有漂移区的偏置栅结构的 HV MOS 器件。LV/HV 兼容 CMOS 集成电路采用 N 型或 P 型硅作为衬底。在该衬底中用硼离子或磷离子注入加再扩散方法形成 P-Well 或 DP-区、N-Well 或 DN-区，HV NMOS 管制作在 P-Well 中，N+/DN-区为 HV 漏区，沟道与漏间具有 DN-漂移区，形成 HV NMOS 器件；HV PMOS 管制作在 N-Well 中，P+/DP-区为 HV 漏区，沟道与漏间具有 DP-漂移区，形成 HV PMOS 器件。在硅衬底表面层几微米或更小的区域通过制程形成各种元器件并连接成集成电路，而衬底表面层以下厚的区域作为基体。本章将介绍各种 LV/HV 兼容 CMOS 集成电路的结构和制程。

注意：为了防止厚氧化层上面金属互连所产生的寄生沟道，在偏置栅 HV MOS 周围加了 N+或 P+隔离环；但在剖面结构图中，为了简化起见，在本章中都略去了 N+或 P+隔离环。在第 4、第 5、第 7 章的不同位置都作了标注。

4.1 LV/HV P-Well CMOS（A）

电路采用 3μm 设计规则，使用 LV/HV P-Well CMOS（A）制造技术。该电路典型元器件、制造技术及主要参数如表 4-1 所示。它以 LV P-Well CMOS（A）制程及所制得的元器件为基础，并用 HV MOS 器件结构和制造工艺对其进行改变，最终在硅衬底上形成 LV/HV CMOS 芯片中的各种元器件，并使之互连，实现所设计电路。该电路或各层版图已变换为缩小的各层平面和剖面结构图形的芯片。如果得到的工艺参数与电学参数都符合所设计电路的要求，则芯片功能和电气性能都能达到设计指标。

表 4-1 工艺技术和芯片中主要元器件

工 艺 技 术		芯片中主要元器件	
■ 技术	LV/HV CMOS（A）	■ 电阻	—
■ 衬底	N-Si<100>	■ 电容	—
■ 阱	P-Well	■ 晶体管	LV NMOS $W/L>1$（驱动管）
■ 隔离	LOCOS		LV PMOS $W/L>1$（负载管）
■ 栅结构	N+Poly/SiO$_2$		HV NMOS（偏置栅）
■ 源漏区	N+，P+（LV）		HV PMOS（偏置栅）
■ 栅特征尺寸	3μm（LV）	■ 二极管	P+/N-Sub（图中未画出）
■ 偏置栅沟道尺寸	≥5μm		N+/P-Well（图中未画出）
■ PW，DN-漂移区长度	视高压而定		
■ Poly	1 层（N+Poly）		
■ 互连金属	1 层（AlSi）		
■ 低压（U_{DD}）	5V（LV）		
■ 高压（100～700V）	视漂移区长度/掺杂浓度而定		
工艺参数*	数 值	电学参数*	数 值
■ ρ	左边这些参数视工艺而定	■ U_{LVTN}/U_{LVTP}	左边这些参数视电路特性而定
■ $X_{jPW}/X_{jDN\text{-}}$		■ BU_{LVDSN}/BU_{LVDSP}	
■ $T_{F\text{-}Ox}/T_{HV\text{-}Gox}/T_{LV\text{-}Gox}$		■ U_{TFN}/U_{TFP}	
■ $T_{Poly}/T_{BPSG}/T_{LTO}/T_{Poly\text{-}Ox}$		■ U_{HVTN}/U_{HVTP}	
■ L_{DHVN}/L_{DHVP}		■ BU_{HVDSN}/BU_{HVDSP}	
■ $L_{effN}/L_{effP}/L_{effHVN}/L_{effHVP}$		■ $R_{SPW}/R_{SDN\text{-}}/R_{SN+Poly}$，$R_{ON}$	
■ X_{jN+}/X_{jP+}，T_{Al}		■ R_{SN+}/R_{SP++}，g_n/g_p，I_{LPN}	
■ 设计规则	3μm（LV）	■ 电路 DC/AC 特性	视设计电路而定

*表中参数：高、低压栅氧化膜厚度为 $T_{HV\text{-}Gox}/T_{LV\text{-}Gox}$，深 N-漂移区（DN-）结深/薄层电阻为 $X_{jDN\text{-}}/R_{SDN\text{-}}$，偏置栅 HV NMOS/HV PMOS 漂移区长度为 L_{DHVN}/L_{DHVP}，导通电阻为 R_{ON}，其他参数符号与第 2 章各表相同。

4.1.1 芯片平面/剖面结构

应用芯片结构技术（参见附录 B-[21]），使用计算机和相应的软件，可以得到 LV/HV P-Well CMOS（A）芯片典型平面/剖面结构。首先在电路中找出各种典型元器件——LV NMOS、LV

PMOS、HV PMOS 及 HV NMOS，然后进行平面/剖面结构设计，选取结构各层统一适当的尺寸和不同的标识，表示制程中各工艺完成后的层次，设计得到可以互相拼接得很好的各元器件结构（或在元器件结构库中选取），分别如图 4-1 中的 A、B、C、D 所示（不要把它们看作连接在一起）。最后把各元器件结构按一定方式排列并拼接起来，构成芯片剖面结构，图 4-1（a）为其示意图。或者把第 2 章 2.1 节中的 P-Well CMOS（A）剖面结构与本节设计的 HV MOS C、D 进行集成，并去掉栅保护结构修改而得到。以该结构为基础，去除 HV PMOS，引入 Cs 衬底电容和 P-Well 电阻，得到如图 4-1（b）所示的另一种结构。如果引入不同于图 4-1 中的单个或多个元器件结构，或消去其中单个或多个元器件结构，或对其中元器件结构进行改变，则可得到多种不同结构。选用其中与设计电路相联系的一种结构。下面仅对图 4-1（a）所示结构进行说明。

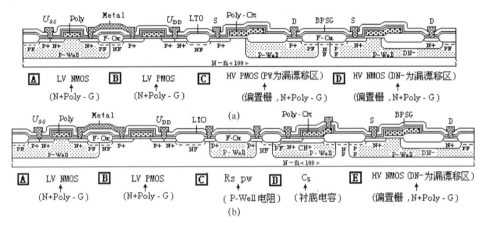

图 4-1　LV/HV P-Well CMOS（A）电路芯片剖面结构示意图（参阅附录 B-[2, 19]）

4.1.2　工艺技术

设计电路工艺技术概要如表 4-1 所示。为实现 LV/HV P-Well CMOS（A）技术，引入兼容偏置栅 HV MOS 器件工艺，对 LV P-Well CMOS（A）制造工艺做如下改变。

（1）P 场区注入后，引入 N 场区 31P+注入，消去与电阻/二极管组成的输入端栅保护结构有关的工艺及其结构。

（2）在 P-Well 推进之后，引入阱中 31P+注入并推进，生成位于场氧化层（F-Ox）下面的符合 HV 要求的低浓度的长的 DN-区为漂移区，源漏掺杂后形成 N+/DN-区为漏，P-Well 中 N+区为源；在另一阱区中位于场氧化层（F-Ox）下面的适合 HV 要求的 P-Well 为漂移区，源漏掺杂后形成 P+/P-Well 为漏，N-型硅衬底中 P+区为源。

（3）场区氧化后，在沟道与漏之间引入场氧化层，形成符合 HV 要求的厚度和长度。

（4）腐蚀预栅氧化层后，引入厚、薄栅氧化膜生长。

（5）Poly 淀积并掺杂，引入刻蚀形成偏置栅结构。

上述消去与引入这些基本工艺，使 LV P-Well CMOS 芯片结构和制程都发生了明显的变化。工艺完成后，制得 LV NMOS 与 LV PMOS A、B，偏置栅 HV PMOS 与 HV NMOS C、D（图 4-1）等，并用 LV/HV P-Well CMOS（A）来表示。

根据电路电气特性要求，确定用于芯片制造的基本参数，如表 4-1 所示。芯片制造工艺中，一是要确保工艺参数、电学参数都达到规范值，二是在批量生产中要确保芯片具有高成品率、高性能及高可靠性。根据电路电气特性的指标，提出对下列参数的严格要求。

（1）工艺参数：如各种杂质浓度及分布、结深、LV/HV 栅氧化层/介质层厚度等。

（2）电学参数：薄层电阻、LV/HV 源漏击穿电压、LV/HV 阈值电压等。

（3）硅衬底材料电阻率等。

芯片制造由各工步所组成的工序来实现，需要制定出各工序具体的工艺条件。从芯片制程的最初阶段开始，就对各工序进行严格的工艺监控与检测，并制定出该工序的材料质量和参数规范。如果该工序质量和参数未达到规范要求，偏离数值很大，则要返工，若不能返工，就要做报废处理。在工艺线上进行严格的工艺监控与检测，可以使工艺参数和电学参数都达到规范值，生产出高质量芯片。

从制程剖面结构图（图 4-2）中可以看出，制程中需要进行 15 次光刻。与 LV P-Well CMOS 相比，增加了 5 块掩模：DN- 漂移区、N 场区、HV N 沟道区、HV P 沟道区及 HV 栅氧化膜区。

（1）衬底材料 N-Si<100>，初始氧化（Init-Ox）

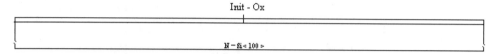

（2）光刻 P-Well，腐蚀 SiO$_2$，去胶（图中未去胶）

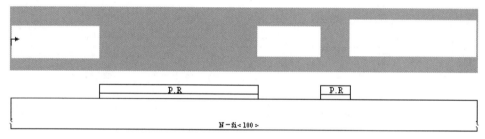

（3）阱区氧化（P-Well-Ox），11B+ 注入

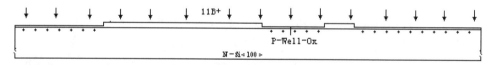

（4）注入退火，P-Well 推进/氧化，光刻 DN- 漂移区，腐蚀 SiO$_2$，去胶（图中未去胶）

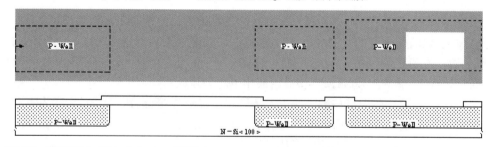

（5）DN- 漂移区氧化（DN--Ox），31P+ 离子注入

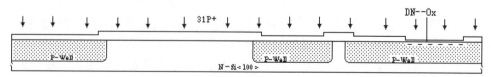

图 4-2　LV/HV P-Well CMOS（A）制程平面/剖面结构示意图（参阅附录 B-[2, 3, 6, 13, 17, 19]）

(6) DN- 漂移区推进，腐蚀净 SiO₂，基底氧化（Pad-Ox），Si₃N₄ 淀积

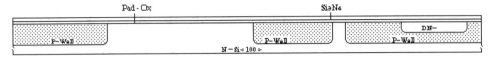

(7) 光刻有源区，刻蚀 Si₃N₄，去胶（图中未去胶）

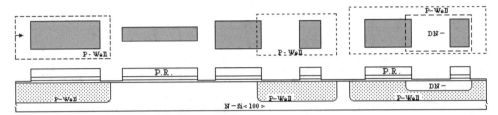

(8) 光刻 P 场区，11B+ 注入，去胶（图中未去胶）

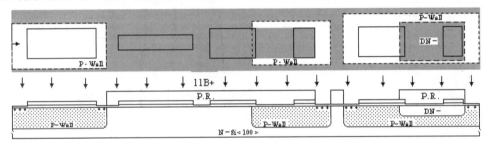

(9) 光刻 N 场区，31P+ 注入，去胶（图中未去胶）

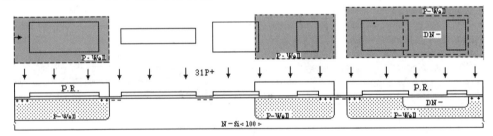

(10) 注入退火，场区氧化，形成 SiON/Si₃N₄/SiO₂ 三层结构

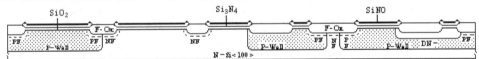

(11) 三层 SiON/Si₃N₄/SiO₂ 腐蚀，预栅氧化（Pre-Gox）。光刻 LV P 沟道区，11B+ 注入，去胶（图中未去胶）

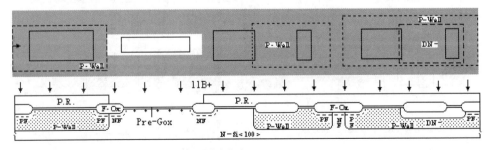

(12) 光刻 HV N 沟道区，11B+ 注入，去胶（图中未去胶）

图 4-2　LV/HV P-Well CMOS（A）制程平面/剖面结构示意图（参阅附录 B-[2, 3, 6, 13, 17, 19]）（续）

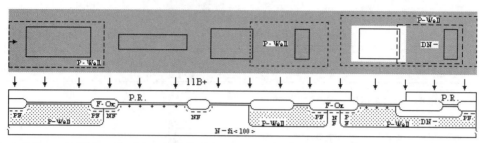

(13) 光刻 HV P 沟道区，11B+ 注入，去胶（图中未去胶）

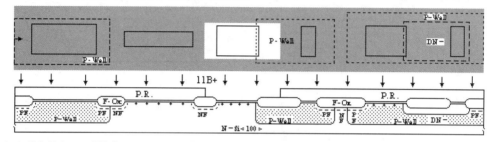

(14) 注入退火，HV 栅氧化（HV-Gox），光刻 HV 栅氧化区，腐蚀 SiO_2，去胶（图中未去胶）

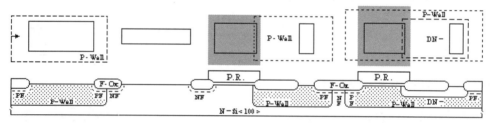

(15) LV 栅氧化（LV-Gox），Poly 淀积，$POCl_3$ 掺杂

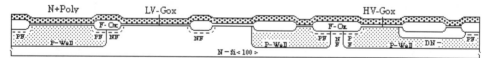

(16) 光刻 Poly，刻蚀 Poly/SiO_2，去胶（图中未去胶）

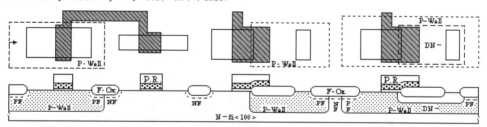

(17) 源漏氧化（S/D-Ox），光刻 N+区，75As+ 注入（Poly 注入未标出），去胶（图中未去胶）

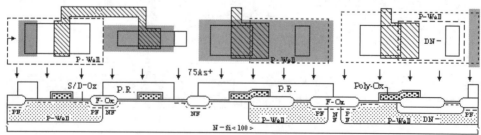

图 4-2　LV/HV P-Well CMOS（A）制程平面/剖面结构示意图（参阅附录 B-[2, 3, 6, 13, 17, 19]）（续）

(18) 光刻 P+区，49BF$_2$+ 注入（Poly 注入未标出），去胶（图中未去胶）

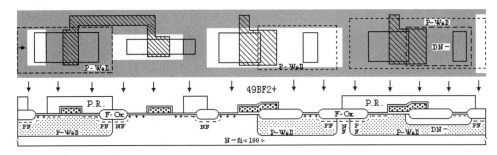

(19) LTO/BPSG 淀积，流动/注入退火，形成 N+、P+区

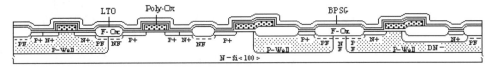

(20) 光刻接触孔，腐蚀，刻蚀 BPSG/LTO/SiO$_2$，去胶（图中未去胶）

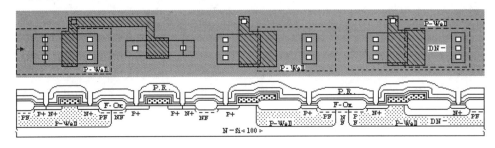

(21) 溅射金属（Metal），光刻金属，刻蚀 AlSi，去胶

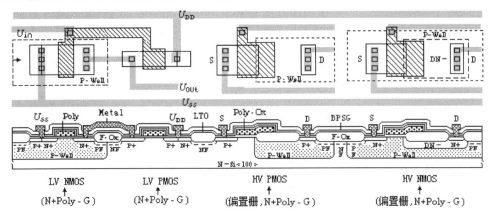

(22) 钝化层 PSG/PE CVD Si$_3$N$_4$ 淀积，光刻键压点，刻蚀 PE CVD Si$_3$N$_4$/PSG，去胶，合金，背面减薄
(23) 晶圆 PCM/芯片测试

图 4-2　LV/HV P-Well CMOS（A）制程平面/剖面结构示意图（参阅附录 B-[2, 3, 6, 13, 17, 19]）（续）

4.1.3　工艺制程

图 4-1 所示的 LV/HV P-Well CMOS（A）芯片结构的制程是由工艺规范确定的各个基本工序、相互关联及将其按一定顺序组合构成的。为实现此制程，在 LV P-Well CMOS（A）制程中，消去与引入部分基本工艺，不仅增加了制造工艺，技术难度增大，使芯片结构发生了

明显的变化，而且改变了其制程，从而实现了 LV/HV P-Well CMOS（A）制程。

由多次氧化、光刻、杂质扩散、离子注入、薄膜淀积及溅射金属等各个基本工序构成芯片制程，形成了以下元器件及其杂质层、介质层和互连金属层。

（1）电路芯片中的各个元器件：LV NMOS、LV PMOS、HV NMOS 及 HV PMOS 等。

（2）这些电路元器件所需要的精确控制的硅中的杂质层：P-Well、DN-、PF、NF、沟道掺杂、N+Poly、N+、P+。

（3）集成电路所需要的介质层：F-Ox、LV/HV G-Ox、Poly-Ox、BPSG/LTO。

（4）将这些电路元器件连接起来形成集成电路的金属层：AlSi。

应用计算机，依据 LV/HV P-Well CMOS（A）芯片制造工艺中各个工序的先后次序，把各个工序互相连接起来，可以得到制程。它由各个工序所组成，而工序则由各个工步来实现。根据设计电路的电气特性要求，选择工艺序号和工艺规范号，以便得到所需要的工艺参数和电学参数。

为了直观地显示出制程中芯片表面、内部元器件及互连的形成过程和结构的变化，借助图 4-1 芯片剖面结构和制造工艺的各个工序，利用芯片结构技术，使用计算机和相应的软件，可以描绘出芯片制程中各个工序平面/剖面结构，依照各个工序的先后次序互相连接起来，可以得到 LV/HV P-Well CMOS（A）芯片制程平面/剖面结构，图 4-2 为其示意图。注意：为了简化起见，本章各节都略去了 N+或 P+隔离环。

LV/HV P-Well CMOS（A）制程主要特点如下所述。

（1）LV NMOS 的 P-Well 与 HV NMOS 的 P-Well 及 HV PMOS 漏区的 P-Well 都是同时形成的，具有相同阱深和浓度。

（2）LV PMOS 源/漏 P+掺杂，同时在 N 型衬底和 P-Well 中分别形成源区和漏区，P-Well 作为漂移区，且在沟道和漏区之间具有场氧化层（F-Ox），以制得偏置栅 HV PMOS。

（3）LV NMOS 源/漏 N+掺杂，同时在 P-Well 和 DN-漂移区中分别形成源区和漏区，且在沟道和漏区之间具有场氧化层（F-Ox），以制得偏置栅 HV NMOS；而 DN-漂移区是在 P-Well 内做 31P+注入并推进，形成的位于场氧化层下面符合 HV 要求的低浓度掺杂区。

（4）LV CMOS 制程中的栅氧化改变为厚栅氧化膜生长，使用增加一次掩模并先进行腐蚀，得到高压栅氧化膜，然后接着氧化，以形成低压栅氧化膜。

制程中使用了 15 次掩模，LV/HV P-Well CMOS（A）芯片各层平面结构与横向尺寸由每次光刻来确定。工艺完成后确定了：

（1）芯片各层平面结构与横向尺寸；

（2）剖面结构与纵向尺寸；

（3）硅中的杂质浓度、分布及结深；

（4）电路功能和电气性能等。

芯片结构及尺寸和硅中杂质浓度及结深是制程的关键（参见附录 B-[20]）。它们不仅与下列参数有关：

（1）HV PMOS P-Well 漂移区的长度、宽度、结深度、掺杂浓度；

（2）HV NMOS DN- 漂移区的长度、宽度、结深度、掺杂浓度；

（3）HV MOS 沟道和漏极之间形成场氧化层（F-Ox）的厚度、长度；

（4）HV 栅氧化层厚度；

（5）器件承受的高压、低的导通电阻及阈值电压等。

而且与 LV CMOS 的下列参数密切相关：

（1）衬底电阻率；
（2）P-Well 深度及薄层电阻；
（3）各介质层和栅氧化层厚度；
（4）有效沟道长度；
（5）源漏结深度及薄层电阻、寄生效应，以及器件的阈值电压、源漏击穿电压、跨导等。

此外，电路承受的高压和低的导通电阻都要达到设计值。这就需要优化漂移区的长度、宽度、结深度、掺杂浓度，以及沟道和漏极之间形成场氧化层（F-Ox）的厚度、长度等。

4.2 LV/HV P-Well CMOS（B）

电路采用 1.2μm 设计规则，使用 LV/HV P-Well CMOS（B）制造技术。表 4-2 示出该电路的典型元器件、制造技术及主要参数。它以 LV P-Well CMOS（B）制程及所制得的元器件为基础，并用 HV MOS 器件结构和制造工艺对其进行改变，最终在硅衬底上形成 LV/HV CMOS 芯片中的各种元器件，并使之互连，实现所设计电路。如果得到的各种参数都达到规范值，则芯片功能和电气性能都能达到设计指标。

表 4-2 工艺技术和芯片中主要元器件

工 艺 技 术		芯片中主要元器件	
■ 技术	LV/HV CMOS（B）	■ 电阻	R_{SPW}
■ 衬底	N-Si<100>	■ 电容	$N+Poly/SiO_2/CN+$
■ 阱	P-Well	■ 晶体管	LV NLDD NMOS $W/L>1$（驱动管）
■ 隔离	LOCOS		LV PMOS $W/L>1$（负载管）
■ 栅结构	$N+Poly/SiO_2$		HV NMOS（偏置栅）
■ 源漏区	N+SN-，P+	■ 二极管	N+/P-Well（剖面图中未画出）
■ 栅特征尺寸	1.2μm（LV）		P+/N-Sub（剖面图中未画出）
■ 偏置栅沟道尺寸	≥5μm		
■ DN-漏漂移区长度	视高压而定		
■ Poly	1 层（N+Poly）		
■ 互连金属	1 层（AlSiCu）		
■ 低压（U_{DD}）	5V（LV）		
■ 高压（100~700V）	视漂移区长度/掺杂浓度而定		
工 艺 参 数*	数　值	电 学 参 数*	数　值
■ ρ		■ U_{LVTN}/U_{LVTP}	
■ $X_{jPW}/X_{jDN}/X_{jCN+}$		■ BU_{LVDSN}/BU_{LVDSP}	
■ $T_{F-Ox}/T_{HV-Gox}/T_{LV-Gox}/T_{Poly-Ox}$	左边这些参数视工艺制程而定	■ U_{HVTN}/BU_{HVDSN}	左边这些参数视工艺制程而定
■ $T_{Poly}/T_{BPSG}/T_{LTO}/T_{TEOS}$		■ U_{TFN}/U_{TFP}	
■ L_{DHVN}		■ $R_{SPW}/R_{SDN}/R_{SCN+}$, R_{ON}	
■ $L_{effN}/L_{effP}/L_{effHVN}$		■ $R_{SN+Poly}$, R_{SN+}/R_{SP+}	
■ X_{jN+}/X_{jP+}, T_{Al}		■ g_n/g_p, I_{LPN}	
■ 设计规则	1.2μm（LV）	■ 电路 DC/AC 特性	视设计电路而定

*表中各参数符号与第 2 章各表相同。

4.2.1 芯片剖面结构

首先在电路中找出 HV NMOS 器件，应用芯片结构技术（参见附录 B-[21]），进行剖面结构设计；然后把第 2 章 2.2 节中的 P-Well CMOS（B）剖面结构进行一些修改，在 LV/HV 制程中对 N 场区做 31P+注入，形成 N 场区，在结构中标出 NF 位置；最后与 HV NMOS 结构进行集成，得到 LV/HV P-Well CMOS（B）芯片剖面结构，图 4-3（a）为其示意图。以该结构为基础，消去耗尽型 NMOS，为了简明起见，做局部修改，得到如图 4-3（b）所示的另一种结构。如果引入不同于图 4-3 中的单个或多个元器件结构，或消去其中单个或多个元器件结构，或对其中元器件结构进行改变，则可得到多种不同结构。选用其中与设计电路相联系的一种结构。下面仅对图 4-3（b）所示芯片剖面结构进行说明。

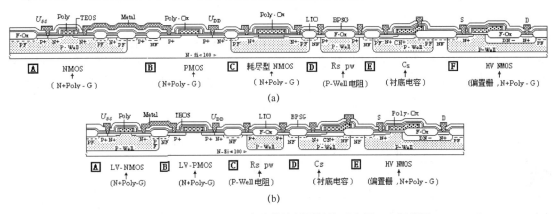

图 4-3 LV/HV P-Well CMOS（B）电路芯片剖面结构示意图（参阅附录 B-[2, 19]）

4.2.2 工艺技术

设计电路工艺技术概要如表 4-2 所示。为实现 LV/HV P-Well CMOS（B）技术，引入兼容偏置栅 HV MOS 器件工艺，对 LV P-Well CMOS（B）制造工艺做如下改变。

（1）P 场区注入后，引入 N 场区 31P+注入，消去与耗尽型 NMOS 有关的工艺及其结构。

（2）在 P-Well 推进之后，引入阱中 31P+注入并推进，生成位于场氧化层（F-Ox）下面的符合 HV 要求的低浓度的长的 DN-区为漂移区，形成 N+/DN-区为漏，P-Well 中 N+区为源。

（3）场区氧化后，在沟道与漏之间引入场氧化层，形成符合 HV 要求的厚度和长度。

（4）腐蚀预栅氧化层后，引入厚、薄栅氧化膜生长。

（5）Poly 淀积并掺杂，引入刻蚀形成偏置栅结构。

上述消去与引入这些基本工艺，使 LV P-Well CMOS 芯片结构和制程都发生了明显的变化。工艺完成后，制得 LV NMOS 和 LV PMOS A、B，P-Well 电阻和衬底电容 C、D，以及偏置栅 HV NMOS E（见图 4-3）等，并用 LV/HV P-Well CMOS（B）来表示。

LV/HV P-Well CMOS（B）电路电气性能指标与制造各种参数密切相关，确定用于芯片制造的基本参数，如表 4-2 所示。制造工艺中，对下列参数提出严格要求。

（1）工艺参数：各种掺杂浓度及分布，X_{jPW}、X_{jDN-}、X_{jN+}、X_{jP+} 等结深，T_{F-Ox}、T_{HV-Gox}、T_{LV-Gox}、$T_{Poly-Ox}$ 等氧化层厚度。

（2）电学参数：U_{TN}、U_{TP} 等 LV/HV 阈值电压，R_{SPW}、R_{SDN-}、R_{SN+}、R_{SP+} 等薄层电阻，BU_{DSN}、

BU$_{DSP}$ 等 LV/HV 源漏击穿电压。

(3) 硅衬底电阻率（ρ）等。

芯片制造由各工步所组成的工序来实现，需要制定出各工序具体的工艺条件，以保证所要求的各种参数都达到规范值。电路芯片批量生产时，保持各批次制程的均一性相当重要。不但要监控工艺参数和电学参数，使其在整个晶圆的范围内达到规范值，还要让生产的每一片晶圆都达到这个标准。从投片到产出包括许多步骤，必须使用制程控制各工序的质量，以便得到高合格率和高性能芯片。

从制程剖面结构图（图 4-4）中可以看出，制程中需要进行 16 次光刻。光刻对准曝光要严格对准、套准，并使之在确定的误差以内。与 LV P-Well CMOS 相比，增加了 4 块掩模：DN- 区、N 场区、HV N 沟道区及 HV 栅氧化膜区。

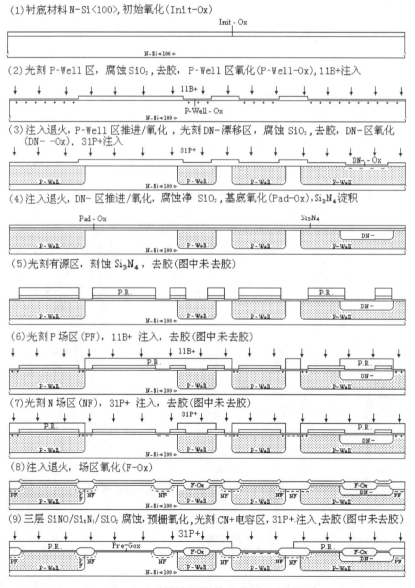

图 4-4 LV/HV P-Well CMOS（B）制程剖面结构示意图（参阅附录 B-[2, 3, 6, 13, 16, 19]）

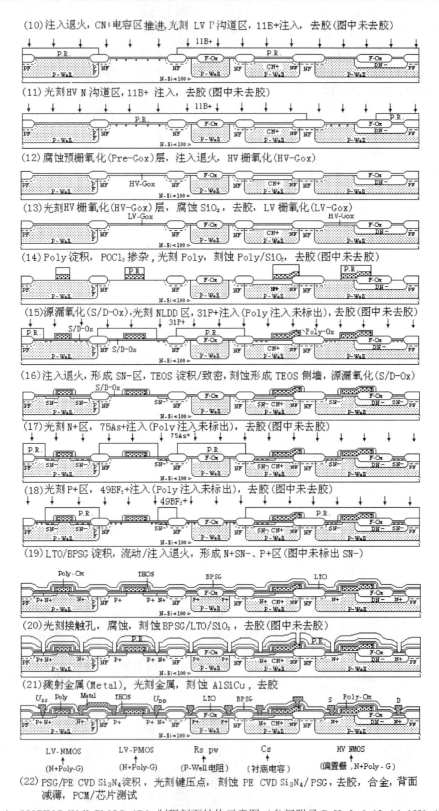

图 4-4 LV/HV P-Well CMOS（B）制程剖面结构示意图（参阅附录 B-[2, 3, 6, 13, 16, 19]）（续）

4.2.3 工艺制程

由工艺规范确定的各个基本工序、相互关联及将其按一定顺序组合，构成图 4-3 所示的 LV/HV P-Well CMOS（B）芯片结构的制程。为实现此制程，在 LV P-Well CMOS（B）制程中消去与引入部分基本工艺，不仅增加了制造工艺，技术难度增大，使芯片结构发生了明显的变化，而且改变了其制程，从而实现了 LV/HV P-Well CMOS（B）制程。

由多次氧化、光刻、杂质扩散、离子注入、薄膜淀积及溅射金属等各个基本工序构成芯片制程，形成了以下元器件及其杂质层、介质层和互连金属层。

（1）电路芯片中的各个元器件：LV NMOS、LV PMOS、P-Well 电阻、Cs 衬底电容及 HV NMOS 等。

（2）这些电路元器件所需要的精确控制的硅中的杂质层：P-Well、DN-、PF、NF、沟道掺杂、CN+、SN-、N+Poly、N+、P+等。

（3）集成电路所需要的介质层：F-Ox、LV/HV G-Ox、Poly-Ox、TEOS、BPSG/LTO 等。

（4）将这些电路元器件连接起来形成集成电路的金属层：AlSiCu。

应用计算机，依据 LV/HV P-Well CMOS（B）芯片制造工艺中各个工序的先后次序，把各个工序互相连接起来，可以得到制程。它由各个工序所组成，而工序由各个工步来实现。根据设计电路的电气特性要求，选择工艺序号和工艺规范号，以便得到所需要的工艺参数和电学参数。

根据图 4-3 电路芯片剖面结构和制造工艺的各个工序，使用芯片结构技术，利用计算机和相应的软件，可以描绘出芯片制程中各个工序的剖面结构，依据各个工序的先后次序将其连接起来，可以得到如图 4-4 所示的制程剖面结构示意图。该图直观地显示出 LV/HV P-Well CMOS（B）制程中芯片表面、内部元器件及互连的形成过程和结构的变化。

LV/HV P-Well CMOS（B）制程主要特点如下所述。

（1）LV NMOS 的 P-Well 与 HV NMOS 的 P-Well 是同时形成的，具有相同阱深和浓度。

（2）LV PMOS 源/漏区 P+掺杂，同时在 P-Well 电阻两端形成 P+接触区。

（3）LV NMOS 源/漏区 N+掺杂，同时在 P-Well 和 DN-漂移区中分别形成源区和漏区，且在沟道和漏区之间具有场氧化层（F-Ox），以制得偏置栅 HV NMOS；而 DN-漂移区是在 P-Well 内做 31P+注入并推进，形成的位于场氧化层下面符合 HV 要求的低浓度掺杂区。

（4）LV CMOS 制程中的栅氧化改变为厚栅氧化膜生长，使用增加一次掩模并先进行腐蚀，得到高压栅氧化膜，然后接着氧化，以形成低压栅氧化膜。

制程中使用了 16 次掩模，各次光刻确定了 LV/HV P-Well CMOS（B）芯片各层平面结构与横向尺寸。工艺完成后确定了：

（1）芯片各层平面结构与横向尺寸；

（2）剖面结构与纵向尺寸；

（3）硅中的杂质浓度、分布及结深；

（4）电路功能和电气性能等。

芯片结构及尺寸和硅中杂质浓度及结深是制程的关键（参见附录 B-[20]）。它们不仅与 HV 器件的下列参数有关：

(1) HV NMOS DN- 漂移区的长度、宽度、结深度、掺杂浓度；
(2) HV MOS 沟道和漏极之间形成场氧化层（F-Ox）的厚度、长度；
(3) HV 栅氧化层厚度；
(4) 器件承受的高压、低的导通电阻及阈值电压等。

而且与 LV CMOS 的下列参数密切相关：
(1) 硅衬底电阻率；
(2) P-Well 深度及薄层电阻；
(3) 各介质层和栅氧化层厚度；
(4) 有效沟道长度；
(5) 源漏结深度及薄层电阻、寄生效应，以及器件的阈值电压、源漏击穿电压、跨导等。

此外，要求电路承受的高压和低的导通电阻都要达到设计值。这就需要优化漂移区的长度、宽度、结深度、掺杂浓度，以及沟道和漏极之间形成场氧化层（F-Ox）的厚度、长度等。

制程完成后，先测试晶圆 PCM 数据，达到规范值后，才能测试芯片电气性能。如果主要的 PCM 数据未达到规范值，偏离数值很大，则要对该晶圆进行报废处理。

4.3 LV/HV P-Well CMOS（C）

电路采用 1.2μm 设计规则，使用 LV/HV P-Well CMOS（C）制造技术。该电路的典型元器件、制造技术及主要参数如表 4-3 所示。它以 LV P-Well CMOS（C）制程及所制得的元器件为基础，并用 HV MOS 器件结构和制造工艺对其进行改变，最终在硅衬底上形成 LV/HV CMOS 芯片中的各种元器件，并使之互连，实现所设计电路。如果得到的工艺参数与电学参数都符合所设计电路的要求，则芯片功能和电气性能都能达到设计指标。

表 4-3 工艺技术和芯片中主要元器件

工 艺 技 术		芯片中主要元器件	
■ 技术	LV/HV CMOS（C）	■ 电阻	$R_{S\,Poly}$
■ 衬底	N-Si<100>	■ 电容	$N+Poly2/Si_3N_4$-Poly-Ox/N+Poly1
■ 阱	P-Well	■ 晶体管	LV NLDD NMOS $W/L>1$（驱动管）
■ 隔离	LOCOS		LV PMOS $W/L>1$（负载管）
■ 栅结构	$N+Poly/SiO_2$		HV NMOS（偏置栅）
■ 源漏区	N+SN-，P+	■ 二极管	N+/P-Well（剖面图中未画出）
■ 栅特征尺寸	1.2μm（LV）		P+/N-Sub（剖面图中未画出）
■ 偏置栅沟道尺寸	≥5μm		
■ PW，DN-漂移区长度	视高压而定		
■ Poly	1 层（N+Poly）		
■ 互连金属	1 层（AlSiCu）		
■ 低压（U_{DD}）	5V（LV）		
■ 高压（100~700V）	视漂移区长度/掺杂浓度而定		

(续表)

工艺参数	数 值	电学参数	数 值
■ ρ, X_{jPW}/X_{jDN}-	左边这些参数视工艺制程而定	■ U_{LVTN}/U_{LVTP}	左边这些参数视电路特性而定
T_{F-Ox}/T_{HV-Gox}/T_{LV-Gox}		■ BU_{LVDSN}/BU_{LVDSP}	
T_{Poly1}/T_{Poly2}		■ U_{TFN}/U_{TFP}	
T_{BPSG}/T_{LTO}/$T_{TEOS(1)}$/$T_{Poly-Ox}$		■ U_{HVTN}/BU_{HVDSN}	
$T_{Si_3N_4}$/$T_{Poly-Ox}$/$T_{TEOS(2)}$		■ R_{SPW}/R_{SDN}-	
L_{DHVN}/L_{DHVP}		■ $R_{SN+Poly1}$/$R_{SN+Poly2}$	
L_{effn}/L_{effp}/L_{effHVN}/L_{effHVP}		■ R_{SN+}/R_{SP+}	
■ X_{jN+}/X_{jP+}, T_{Al}		■ R_{ON}, g_n/g_p, I_{LPN}	
■ 设计规则	1.2μm（LV）	■ 电路 DC/AC 特性	视设计电路而定

*表中参数符号与第 2 章各表相同。

4.3.1 芯片剖面结构

应用芯片结构技术（参见附录 B-[21]），可以得到 LV/HV P-Well CMOS（C）芯片典型剖面结构。首先在电路中找出各种典型元器件——LV NMOS、LV PMOS、Poly 电阻、Cf 场区电容，以及 HV NMOS，然后进行剖面结构设计，分别如图 4-7 中的 A、B、C、D 及 E 所示（不要把它们看作连接在一起）。最后由它们组成 LV/HV P-Well CMOS（C）芯片剖面结构，图 4-5（a）为其示意图。或者把第 2 章 2.3 节中的 P-Well CMOS（C）剖面结构与本节设计的 HV NMOS E 剖面结构进行集成，并去掉耗尽型 NMOS 修改而得到。以该结构为基础，引入 HV PMOS、P-Well 电阻，得到如图 4-5（b）所示的另一种结构。如果引入不同于图 4-5 中的单个或多个元器件结构，或消去其中单个或多个元器件结构，或对其中元器件结构进行改变，则可得到多种不同结构。选用其中与设计电路相联系的一种结构。下面仅对图 4-5（a）所示结构进行说明。

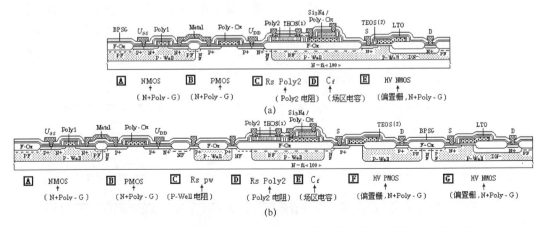

图 4-5　LV/HV P-Well CMOS（C）电路芯片剖面结构示意图（参阅附录 B-[2, 19]）

4.3.2 工艺技术

设计电路工艺技术概要如表 4-3 所示。为实现 LV/HV P-Well CMOS（C）技术，引入兼容偏置栅 HV MOS 器件工艺，对 LV P-Well CMOS（C）制造工艺做如下改变。

（1）P 场区注入后，引入 N 场区 31P+注入，消去与耗尽型 NMOS 有关的工艺及其结构。

（2）在 P-Well 推进之后，引入阱中 31P+注入并推进，生成位于场氧化层（F-Ox）下面的符合 HV 要求的低浓度的长的 DN-区为漂移区，源漏掺杂后形成 N+/DN-区为漏，P-Well 中 N+区为源。

（3）场区氧化后，在沟道与漏之间引入场氧化层，形成符合 HV 要求的厚度和长度。

（4）腐蚀预栅氧化层后，引入厚、薄栅氧化膜生长。

（5）Poly1 淀积并掺杂，引入刻蚀形成偏置栅结构。引入 Poly-ox/Si₃N₄ 淀积，Poly2 淀积并注入，刻蚀形成场区电容和 Poly2 电阻。

上述消去与引入这些基本工艺，使 LV P-Well CMOS 芯片结构和制程都发生了明显的变化。工艺完成后，制得 LV NMOS 和 LV PMOS A、B，Poly 电阻和场区电容 C、D，以及偏置栅 HV NMOS E 等，并用 LV/HV P-Well CMOS（C）来表示。

根据 LV/HV P-Well CMOS（C）电路电气特性要求，确定用于芯片制造的基本参数，如表 4-3 所示。芯片制造工艺中，一方面要确保工艺参数、电学参数都达到规范值，另一方面在批量生产中要确保各批次制程的均一性。根据电路电气特性的指标，提出对下列参数的严格要求。

（1）工艺参数：各种杂质浓度及分布、结深、LV/HV 栅氧化层/介质层厚度等。

（2）电学参数：薄层电阻、LV/HV 源漏击穿电压、LV/HV 阈值电压等。

（3）硅衬底材料电阻率等。

芯片制造由各工步所组成的工序来实现，需要制定出各工序具体的工艺条件，以保证所要求的各种参数达到规范值。从制程的最初阶段就开始进行工艺检测，以获得芯片制程中各工序必要的关于材料质量和工艺参数与电学参数的数据。在芯片集成度不断增加的情况下，每道工序都有决定成功或失败的关键问题：沾污、结深、薄膜的质量。工艺检测一是对于描绘工艺硅片的特性与检查其成品率非常关键，二是使工艺参数和电学参数都达到规范值。

对于光刻次数很多的情况，在制作掩模时，通常设计者与制造者一起来确定。如果应用芯片结构及其制程剖面结构技术，就不难确定出各次光刻工序。从制程剖面结构图（图 4-6）中可以看出，需要进行 17 次光刻。光刻对准曝光要严格对准、套准，并使之在确定的误差以内。

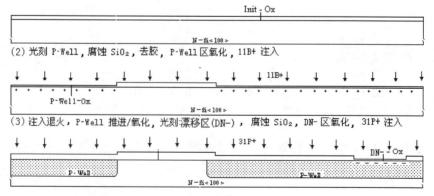

图 4-6　LV/HV P-Well CMOS（C）制程剖面结构示意图（参阅附录 B-[2, 3, 6, 13, 16, 17, 19]）

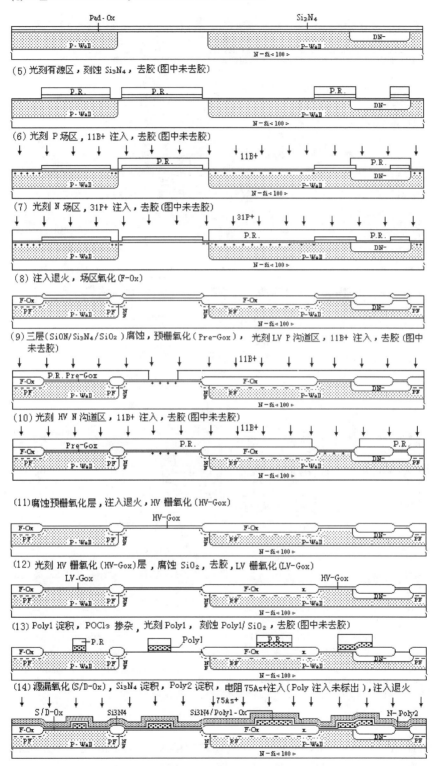

图 4-6 LV/HV P-Well CMOS（C）制程剖面结构示意图（参阅附录 B-[2, 3, 6, 13, 16, 17, 19]）（续）

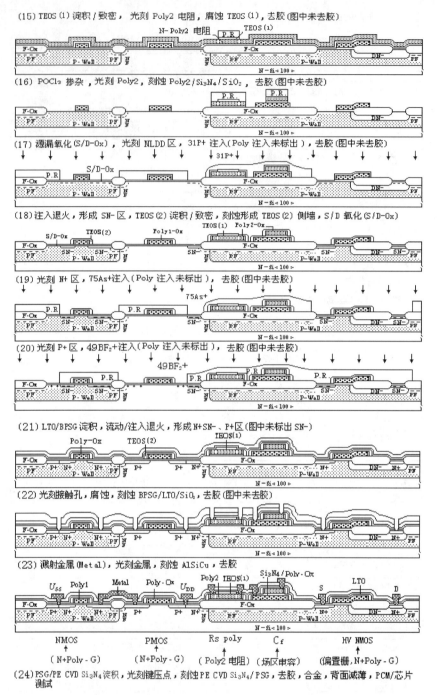

图 4-6 LV/HV P-Well CMOS（C）制程剖面结构示意图（参阅附录 B-[2, 3, 6, 13, 16, 17, 19]）（续）

4.3.3 工艺制程

图 4-5 所示的 LV/HV P-Well CMOS（C）芯片结构采用确定的制造技术来实现。它由工艺规范确定的各个基本工序、相互关联及将其按一定顺序组合而构成。为实现此制程，在 LV P-Well CMOS 制程中，消去与引入部分基本工艺，不仅增加了制造工艺，技术难度增大，使芯

片结构发生了明显的变化，而且改变了其制程，从而实现了 LV/HV P-Well CMOS（C）制程。

由多次氧化、光刻、杂质扩散、离子注入、薄膜淀积及溅射金属等各个基本工序构成芯片制程，形成了以下元器件及其杂质层、介质层和互连金属层。

(1) 电路芯片中的各个元器件：LV NMOS、LV PMOS、Poly 电阻、Cf 场区电容及 HV NMOS 等。

(2) 这些电路元器件所需要的精确控制的硅中的杂质层：P-Well、DN-、PF、NF、沟道掺杂、SN-、N-Poly、N+Poly、N+、P+等。

(3) 集成电路所需要的介质层：F-Ox、LV/HV G-Ox、Si_3N_4/Poly-Ox、BPSG/LTO 等。

(4) 将这些电路元器件连接起来形成集成电路的金属层：AlSiCu。

应用计算机，依据 LV/HV P-Well CMOS（C）芯片制造工艺中各个工序的先后次序，把各个工序连接起来，可以得到制程。它由各个工序所组成，而工序由各个工步来实现。根据设计电路的电气特性要求，选择工艺序号和工艺规范号，以便得到所需要的工艺参数和电学参数。

根据图 4-5 芯片结构和制造工艺的各个工序，使用芯片结构技术，利用计算机和相应的软件，描绘出对应的每一个工序剖面，从而得到芯片制造的各个工序的结构。芯片制程由上述各个工序所组成，从而确定出 LV/HV P-Well CMOS（C）制程剖面结构，图 4-6 为其示意图。根据制程中的各个工序可以描绘出能反映每次光刻显影或刻蚀的相对应的平面结构。每一道工序的平面/剖面结构或制程完成后的芯片结构都能直观地显示出制程中芯片表面、内部元器件及互连的形成过程和结构的变化。

LV/HV P-Well CMOS（C）制程主要特点如下所述。

(1) LV NMOS 的 P-Well 与 HV NMOS 的 P-Well 都是同时形成的，具有相同阱深和浓度。

(2) LV NMOS 源/漏区 N+掺杂，同时在 P-Well 和 DN-漂移区中分别形成源区和漏区，且在沟道和漏区之间具有场氧化层（F-Ox），以制得偏置栅 HV NMOS；而 DN-漂移区是在 P-Well 内做 31P+注入并推进，形成的位于场氧化层下面符合 HV 要求的低浓度掺杂区。

(3) LV CMOS 制程中的栅氧化改变为厚栅氧化膜生长，使用增加一次掩模并先进行腐蚀，得到高压栅氧化膜，然后接着氧化，以形成低压栅氧化膜。

(4) 采用双层 Poly 技术，形成硅栅和在场氧化层上生成 Poly 电阻和电容。

从制程剖面结构图中可以看出，使用了 17 次掩模，各次光刻确定了 LV/HV P-WellCMOS（C）各层平面结构与横向尺寸。芯片各层平面结构与横向尺寸和剖面结构与纵向尺寸，仅在制程完成后才能确定下来。光刻还精确控制了硅中的杂质浓度及分布和结深，从而确定了电路功能和电气性能。

芯片结构及尺寸和硅中杂质浓度及结深是制程的关键（参见附录 B-[20]）。它们不仅与 HV 器件的下列参数有关：

(1) P-Well 漂移区的长度、宽度、结深度、掺杂浓度；

(2) DN-漂移区的长度、宽度、结深度、掺杂浓度；

(3) 沟道和漏极之间形成场氧化层（F-Ox）的厚度、长度；

(4) HV 栅氧化层厚度；

(5) 器件承受的高压、低的导通电阻及阈值电压等。

而且与 LV CMOS 的下列参数有关：

（1）衬底电阻率；

（2）P-Well 深度及薄层电阻；

（3）各介质层和栅氧化层厚度；

（4）有效沟道长度；

（5）源漏结深度及薄层电阻、寄生效应等，以及器件的阈值电压、源漏击穿电压及跨导等。

此外，要求电路承受的高压和低的导通电阻都达到设计值。这就需要优化漂移区的长度、宽度、结深度、掺杂浓度及沟道和漏极之间形成场氧化层（F-Ox）的厚度、长度等。

制程完成后先测试晶圆 PCM 数据，达到规范值后，才能测试芯片电气性能。如果主要的 PCM 数据未达到规范值，偏离数值很大，则要对该晶圆进行报废处理。

4.4 LV/HV N-Well CMOS（A）

电路采用 3μm 设计规则，使用 LV/HV N-Well CMOS（A）制造技术。表 4-4 示出该电路的典型元器件、制造技术及主要参数。它以 LV N-Well CMOS（A）制程及所制得的元器件为基础，并用 HV MOS 器件结构和制造工艺对其进行改变，最终在硅衬底上形成 LV/HV CMOS 芯片中的各种元器件，并使之互连，实现所设计电路。如果制程完成后得到的各种参数都达到规范值，则芯片性能达到设计指标。

表 4-4 工艺技术和芯片中主要元器件

工 艺 技 术		芯片中主要元器件	
■ 技术	LV/HV CMOS（A）	■ 电阻	—
■ 衬底	P-Si<100>	■ 电容	—
■ 阱	N-Well	■ 晶体管	LV NMOS W/L>1（驱动管）
■ 隔离	LOCOS		LV PMOS W/L>1（负载管）
■ 栅结构	N+Poly/SiO$_2$		HV NMOS（偏置栅）
■ 源漏区	N+，P+（LV）		HV PMOS（偏置栅）
■ 栅特征尺寸	3μm（LV）	■ 二极管	P+/N-Well（剖面图中未画出）
■ 偏置栅沟道尺寸	≥5μm		N+/P-Sub（剖面图中未画出）
■ NW，DP-漂移区长度	视高压而定		
■ Poly	1 层（N+Poly）		
■ 互连金属	1 层（AlSi）		
■ 低压（U_{DD}）	5V（LV）		
■ 高压（100～700V）	视漂移区长度/掺杂浓度而定		
工 艺 参 数*	数 值	电 学 参 数*	数 值
■ ρ	左边这些参数视工艺制程而定	■ U_{LVTN}/U_{LVTP}	左边这些参数视电路特性而定
■ X_{jNW}/X_{jDP-}		■ BU_{LVDSN}/BU_{LVDSP}	
■ $T_{F-Ox}/T_{HV-Gox}/T_{LV-Gox}$		■ U_{TFN}/U_{TFP}，U_{HVTN}/U_{HVTP}	
■ $T_{Poly}/T_{BPSG}/T_{LTO}/T_{Poly-Ox}$		■ BU_{HVDSN}/BU_{HVDSP}	
■ L_{DHVN}/L_{DHVP}		■ R_{SNW}/R_{SDP}，$R_{SN+Poly}$，R_{ON}	
■ $L_{effN}/L_{effP}/L_{effHVN}/L_{effHVP}$		■ R_{SN+}/R_{SP+}	
■ X_{jN+}/X_{jP+}，T_{Al}		■ g_n/g_p，I_{LPN}	
■ 设计规则	3μm（LV）	■ 电路 DC/AC 特性	视设计电路而定

*表中参数：深 P-漂移区（DP-）结深/薄层电阻为 X_{jDP-}/R_{SDP-}，其他参数符号与第 2 章各表相同。

4.4.1 芯片剖面结构

首先在电路中找出 HV NMOS 和 HV PMOS 器件，应用芯片结构技术（参见附录 B-[21]），进行剖面结构设计。然后把第 2 章 2.5 节中的 N-Well CMOS（A）剖面结构进行一些修改，在 LV/HV 制程中对 N 场区做 31P+注入，形成 N 场区，在结构中标出 NF 位置。最后与 HV MOS 结构进行集成，得到 LV/HV N-Well CMOS（A）芯片剖面结构，图 4-7（a）为其示意图。以该结构为基础，消去输入端栅保护结构，为了简明起见，做局部修改，得到如图 4-7（b）所示的另一种结构。如果引入不同于图 4-7 中的单个或多个元器件结构，或消去其中单个或多个元器件结构，或对其中元器件结构进行改变，则可得到多种不同结构。选用其中与设计电路相联系的一种结构。下面仅对图 4-7（b）所示芯片剖面结构进行介绍。

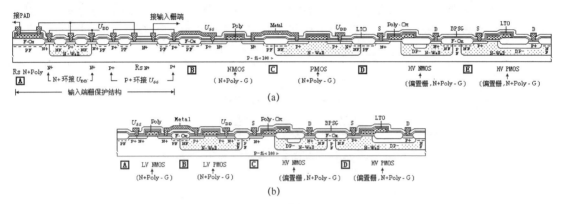

图 4-7　LV/HV N-Well CMOS（A）电路芯片剖面结构示意图（参阅附录 B-[2, 19]）

4.4.2 工艺技术

设计电路工艺技术概要如表 4-4 所示。为实现 LV/HV N-Well CMOS（A）技术，引入兼容偏置栅 HV MOS 器件工艺，对 LV N-Well CMOS（A）制造工艺做如下改变。

（1）P 场区注入后，引入 N 场区 31P+注入，消去与电阻/二极管组成的输入端栅保护结构有关的工艺及其结构。

（2）在 N-Well 推进之后，引入阱中 11B+注入并推进，生成位于场氧化层（F-Ox）下面的符合 HV 要求的低浓度的长的 DP-区为漂移区，源漏掺杂后形成 P+/DP-区为漏，N-Well 中 P+区为源；同时在另一阱中生成位于场氧化层（F-Ox）下面的降低 N-Well 为漂移区表面电场的 DP-区，而 N-Well 符合 HV 要求的低浓度的掺杂区，源漏掺杂后形成 N+/N-Well 为漏，P-型衬底中 N+区为源。

（3）场区氧化后，在沟道与漏之间引入场氧化层，形成符合 HV 要求的厚度和长度。

（4）腐蚀预栅氧化层后，引入厚、薄栅氧化膜生长。

（5）Poly 淀积并掺杂，引入刻蚀形成偏置栅结构。

上述消去与引入这些基本工艺，使 LV N-Well CMOS 芯片结构和制程都发生了变化。工艺完成后，分别制得 LV NMOS 与 LV PMOS A、B，偏置栅 HV PMOS 与 HV NMOS C、D 等，并用 LV/HV N-Well CMOS（A）来表示。

根据 LV/HV N-Well CMOS（A）电路电气性能/合格率与制造各参数的密切关系，确定用于芯片制造的基本参数，如表 4-4 所示。芯片制造工艺由各工步所组成的工序来实现，需要制定出各工序具体的工艺条件，以保证下列所要求的各种参数都达到规范值。

(1) 工艺参数：各种杂质浓度及分布，X_{jNW}、X_{jDP-}、X_{jN+}、X_{jP+} 等结深，T_{F-Ox}、T_{HV-Gox}、T_{LV-Gox}、$T_{Poly-Ox}$ 等氧化层厚度。

(2) 电学参数：U_{TN}、U_{TP} 等 LV、HV 阈值电压，R_{SNW}、R_{SDP-}、R_{SN+}、R_{SP+} 等薄层电阻，BU_{DSN}、BU_{DSP} 等 LV/HV 源漏击穿电压。

(3) 硅衬底材料电阻率（ρ）等。

电路芯片批量生产时，要确保各批次制程的均一性，这就要求工艺参数和电学参数都达到规范值。在工艺线上设立了检测环节，通过对某些特定项目进行定期或不定期的检测，以获得必要的关于材料质量和工艺参数与电学参数的数据。工艺过程检测的目的是通过检测数据的及时反馈，使整条工艺线的控制达到最佳化，以便得到高合格率和高性能芯片。同时，它也为寻找器件生产中发生问题的原因提供了重要的依据。

在制作掩模时，必须考虑各次光刻所用掩模的名称、图形黑白、正胶、有无划片槽及对准层次等。从制程剖面结构图（图 4-8）中可以看出，需要进行 15 次光刻。对于光刻，不但要求有高的图形分辨率，同时还要求具有良好的图形套准精度。

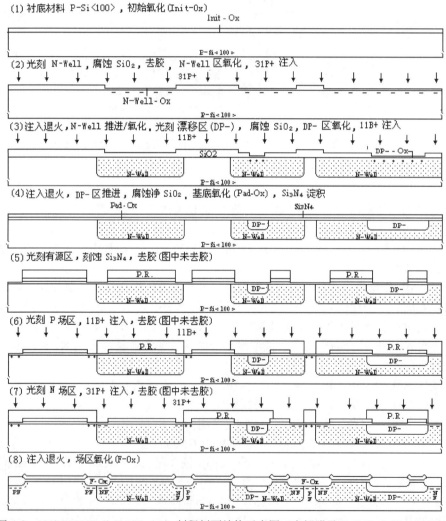

图 4-8　LV/HV N-Well CMOS（A）制程剖面结构示意图（参阅附录 B-[2, 3, 6, 13, 17, 19]）

第 4 章 LV/HV 兼容 CMOS 芯片与制程剖面结构

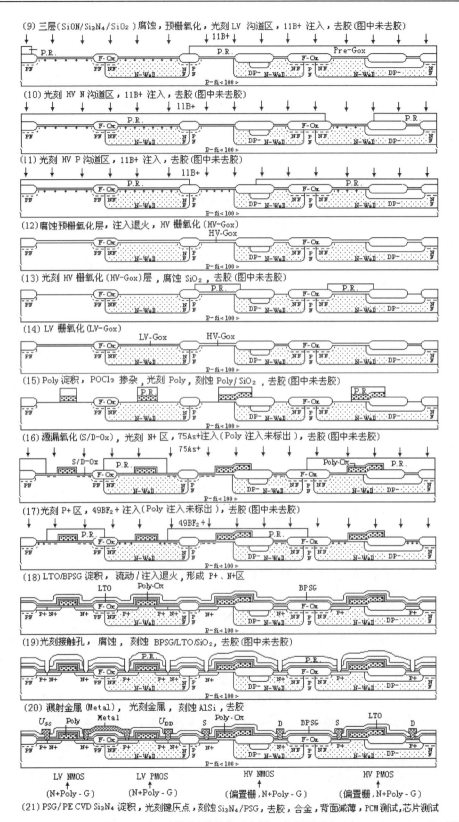

图 4-8 LV/HV N-Well CMOS（A）制程剖面结构示意图（参阅附录 B-[2, 3, 6, 13, 17, 19]）（续）

4.4.3 工艺制程

由工艺规范确定的各个基本工序、相互关联及将其按一定顺序组合，构成图 4-7 所示的 LV/HV N-Well CMOS（A）芯片结构的制程。为实现此制程，在 LV N-Well CMOS（A）制程中，消去与引入部分基本工艺，不仅增加了制造工艺，技术难度增大，使芯片结构发生了明显的变化，而且改变了其制程，从而实现了 LV/HV N-Well CMOS（A）制程。

由多次氧化、光刻、杂质扩散、离子注入、薄膜淀积及溅射金属等各个基本工序构成芯片制程，形成了以下元器件及其杂质层、介质层和互连金属层。

（1）电路芯片中的各个元器件：LV NMOS、LV PMOS、HV NMOS 及 HV PMOS 等。

（2）这些电路元器件所需要的精确控制的硅中的杂质层：N-Well、DP-、PF、NF、沟道掺杂、N+Poly、N+、P+等。

（3）集成电路所需要的介质层：F-Ox、LV/HV G-Ox、Poly-Ox、BPSG/LTO 等。

（4）将这些电路元器件连接起来形成集成电路的金属层：AlSi。

应用计算机，依据 LV/HV N-Well CMOS（A）芯片制造工艺中各个工序的先后次序，把各个工序连接起来，可以得到制程。它由各个工序所组成，而工序则由各个工步来实现。根据设计电路的电气特性要求，选择工艺序号和工艺规范号，以便得到所需要的工艺参数和电学参数。

依据图 4-7 芯片剖面结构和制造工艺的各个工序，应用芯片结构技术，利用计算机和相应的软件，可以描绘出芯片制程中各个工序的剖面结构，依照各个工序的先后次序互相连接起来，可以得到如图 4-8 所示的制程剖面结构示意图。该图直观地显示出 LV/HV N-Well CMOS（A）制程中芯片表面、内部元器件及互连的形成过程和结构的变化。

LV/HV N-Well CMOS（A）制程主要特点如下所述。

（1）LV PMOS 的 N-Well 与 HV PMOS 的 N-Well 及 HV NMOS 漏区的 N-Well 都是同时形成的，具有相同阱深和浓度。HV PMOS 的 DP-漂移区与降低 HV NMOS 的 N-Well 漂移区表面电场的 DP-区都是同时形成的，具有相同结深和浓度。

（2）LV PMOS 源/漏区 P+掺杂，同时在 N-Well 和 DP-漂移区中分别形成源区和漏区，且在沟道和漏区之间具有场氧化层（F-Ox），以制得偏置栅 HV PMOS；而 DP-漂移区是在 N-Well 内做 11B+注入并推进，形成的位于场氧化层下面符合 HV 要求的低浓度掺杂区。

（3）LV NMOS 源/漏区 N+掺杂，同时在 N 型衬底和 N-Well 中分别形成源区和漏区，阱作为漂移区，且在沟道和漏区之间具有场氧化层（F-Ox），以制得偏置栅 HV NMOS。

（4）LV CMOS 制程中的栅氧化改变为厚栅氧化膜生长，使用增加一次掩模并先进行腐蚀，得到高压栅氧化膜，然后接着氧化，以形成低压栅氧化膜。

制程中使用了 15 次掩模，各次光刻确定了 LV/HV N-Well CMOS（A）芯片各层平面结构与横向尺寸。工艺完成后确定了：

（1）芯片各层平面结构与横向尺寸；

（2）剖面结构与纵向尺寸；

（3）硅中的杂质浓度、分布及结深；

（4）电路功能和电气性能等。

芯片结构及尺寸和硅中杂质浓度及结深是制程的关键（参见附录 B-[20]）。它们不仅与

HV 器件的下列参数有关：
(1) HV PMOS N-Well 漂移区的长度、宽度、结深度、掺杂浓度；
(2) HV NMOS DP-漂移区的长度、宽度、结深度、掺杂浓度；
(3) HV MOS 沟道和漏极之间形成场氧化层（F-Ox）的厚度、长度；
(4) HV 栅氧化膜厚度；
(5) 器件承受的高压、低的导通电阻及阈值电压等。

而且与 LV CMOS 的下列参数密切相关：
(1) 衬底硅电阻率；
(2) N-Well 深度、掺杂浓度及分布；
(3) 场氧化层，各介质层和栅氧化层厚度；
(4) 有效沟道长度；
(5) 源漏结深度及薄层电阻；
(6) 阈值电压、源漏击穿电压及跨导等。

此外，要求电路承受的高压和低的导通电阻都达到设计值，这就需要优化漂移区的长度、宽度、结深度、掺杂浓度及沟道和漏极之间形成场氧化层（F-Ox）的厚度、长度等。

制程完成后，先测试晶圆 PCM 数据，达到规范值后才能测试芯片电气特性。如果主要的 PCM 数据未达到规范值，偏离数值很大，则要对该晶圆进行报废处理。

4.5　LV/HV N-Well CMOS（B）

电路采用 1.2μm 设计规则，使用 LV/HV N-Well CMOS（B）制造技术。该电路典型元器件、制造技术及主要参数如表 4-5 所示。它以 LV N-Well CMOS（B）制程及所制得的元器件为基础，并用 HV MOS 器件结构和制造工艺对其进行改变，最终在硅衬底上形成 LV/HV CMOS 芯片中的各种元器件，并使之互连，实现所设计电路。该电路或各层版图已变换为缩小的各层平面和剖面结构图形的芯片。如果得到的工艺参数与电学参数都符合所设计电路的要求，则芯片功能和电气性能都能达到设计指标。

表 4-5　工艺技术和芯片中主要元器件

工 艺 技 术		芯片中主要元器件	
■ 技术	LV/HV CMOS（B）	■ 电阻	R_{SNW}
■ 衬底	N-Si<100>	■ 电容	N+Poly/SiO_2/CN+
■ 阱	N-Well	■ 晶体管	LV NLDD NMOS $W/L>1$（驱动管）
■ 隔离	LOCOS		LV PMOS $W/L>1$（负载管）
■ 栅结构	N+Poly/SiO$_2$		HV NMOS（偏置栅）
■ 源漏区	N+SN-，P+	■ 二极管	N+/P-Well（剖面图中未画出）
■ 栅特征尺寸	1.2μm（LV）		P+/N-Sub（剖面图中未画出）
■ 偏置栅沟道尺寸	≥5μm		
■ NW 漏漂移区长度	视高压而定		

（续表）

工艺技术		IC 中主要元器件	
■ Poly	1 层（N+Poly）		
■ 互连金属	1 层（AlSiCu）		
■ 低压（U_{DD}）	5V（LV）		
■ 高压（100-700V）	视漂移区长度/掺杂浓度而定		
工艺参数*	数　　值	电学参数*	数　　值
■ ρ，X_{jNW}/X_{jCN+}/X_{jDP-}	左边这些参数视工艺制程而定	■ U_{LVTN}/U_{LVTP}	左边这些参数视电路特性而定
■ T_{F-Ox}/T_{HV-Gox}/T_{LV-Gox}/T_{TEOS}		■ BU_{LVDSN}/BU_{LVDSP}	
■ T_{Poly}/T_{BPSG}/T_{LTO}/$T_{Poly-Ox}$		■ U_{TFN}/U_{TFP}	
■ L_{DHVN}		■ U_{HVTN}/BU_{HVDSN}	
■ L_{effn}/L_{effp}/L_{effHVN}		■ R_{SNW}/R_{SCN+}/$R_{SN+Poly}$，R_{ON}	
■ X_{jN+}/X_{jP+}，T_{Al}		■ R_{SN+}/R_{SP+}，g_n/g_p，I_{LPN}	
■ 设计规则	1.2μm（LV）	■ 电路 DC/AC 特性	视设计电路而定

*表中参数符号与第 2 章各表相同。

4.5.1　芯片剖面结构

应用芯片结构技术（参见附录 B-[21]），使用计算机和相应的软件，可以得到芯片典型剖面结构。首先在电路中找出各种典型元器件——LV NMOS、LV PMOS、N-Well 电阻、Cs 衬底电容及 HV NMOS，然后进行剖面结构设计，选取剖面结构各层统一适当的尺寸和不同的标识，表示制程中各工艺完成后的层次，设计得到可以互相拼接得很好的各元器件结构（或在元器件结构库中选取），分别如图 4-9 中的 A、B、C、D 及 E 所示（不要把它们看作连接在一起）。最后把各元器件结构按一定方式排列并拼接起来，构成芯片剖面结构，图 4-9（a）为其示意图。或者把第 2 章 2.6 节中的 N-Well CMOS（B）剖面结构与本节设计的衬底电容和 HV NMOS E 进行集成，并去掉场区 Poly 电阻修改而得到。以该结构为基础，消去衬底电容，引入耗尽型 NMOS 和 HV PMOS，得到如图 4-9（b）所示的另一种结构。如果引入不同于图 4-9 中的单个或多个元器件结构，或消去其中单个或多个元器件结构，或对其中元器件结构进行改变，则可得到多种结构。选用其中与设计电路相联系的一种结构。下面仅对图 4-9（a）所示结构进行说明。

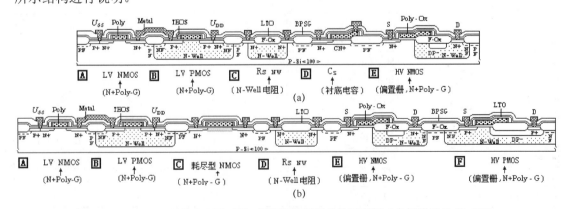

图 4-9　LV/HV N-Well CMOS（B）电路芯片剖面结构示意图（参阅附录 B-[2, 19]）

4.5.2 工艺技术

设计电路工艺技术概要如表 4-5 所示。为实现 LV/HV N-Well CMOS（B）技术，引入兼容偏置栅 HV MOS 器件工艺，对 LV N-Well CMOS（B）制造工艺做如下改变。

（1）P 场区注入后，引入 N 场区 31P+注入，消去与 75As+注入形成 Poly 电阻有关的工艺及其结构。

（2）在 N-Well 推进之后，引入阱中 11B+注入并推进，生成位于场氧化层（F-Ox）下面的降低 N-Well 为漂移区表面电场的 DP-区，而 N-Well 符合 HV 要求的低浓度的长的掺杂区，源漏掺杂后形成 N+/N-Well 区为漏，P-型硅衬底中 N+区为源。

（3）场区氧化后，在沟道与漏之间引入场氧化层，形成符合 HV 要求的厚度和长度。

（4）预栅氧化层后引入 31P+注入，形成 Cs 衬底电容的下电极，腐蚀预栅氧化层后，引入厚、薄栅氧化膜生长。

上述消去与引入这些基本工艺，使 LV N-Well CMOS 芯片结构和制程都发生了明显的变化。工艺完成后，制得 LV NMOS 和 LV PMOS A、B，N-Well 电阻和衬底电容 C、D，以及偏置栅 HV NMOS E 等，并用 LV/HV N-Well CMOS（B）来表示。

根据 LV/HV N-Well CMOS（B）电路电气特性要求，确定用于芯片制造的基本参数，如表 4-5 所示。芯片制造工艺中，一是要确保工艺参数、电学参数都要达到规范值，二是在批量生产中要确保芯片具有高成品率、高性能及高可靠性。根据电路电气特性的指标，对下列参数提出严格要求。

（1）工艺参数：如各种杂质浓度及分布、结深、LV/HV 栅氧化层/介质层厚度等。

（2）电学参数：薄层电阻、LV/HV 源漏击穿电压、LV/HV 阈值电压等。

（3）硅衬底材料电阻率等。

芯片制造由各工步所组成的工序来实现，需要制定出各工序具体的工艺条件。从芯片制程的最初阶段开始，就对各工序进行严格的工艺监控与检测，并制定出该工序的材料质量和参数规范。如果该工序质量和参数未达到规范要求，偏离数值很大，则要返工，若不能返工，就要做报废处理。工艺线上要进行严格的工艺监控与检测，以便使工艺参数和电学参数都达到规范值，生产出高质量芯片。

从制程剖面结构图（图 4-10）中可以看出，制程中需要进行 11 次光刻。光刻对准曝光要严格对准、套准，并使之在确定的误差以内。与 LV N-Well CMOS 相比，增加了 4 块掩模：DP-区、N 场区、HV N 沟道区及 HV 栅氧化膜区。

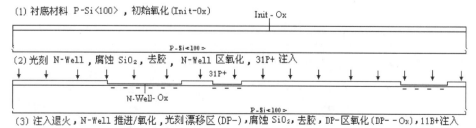

图 4-10 LV/HV N-Well CMOS（B）制程剖面结构示意图（参阅附录 B-[2, 3, 6, 13, 16, 17, 19]）

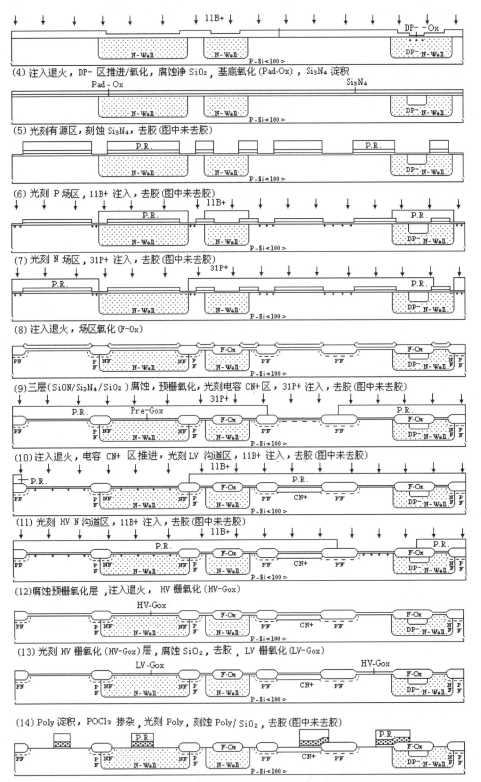

图 4-10　LV/HV N-Well CMOS（B）制程剖面结构示意图（参阅附录 B-[2, 3, 6, 13, 16, 17, 19]）（续）

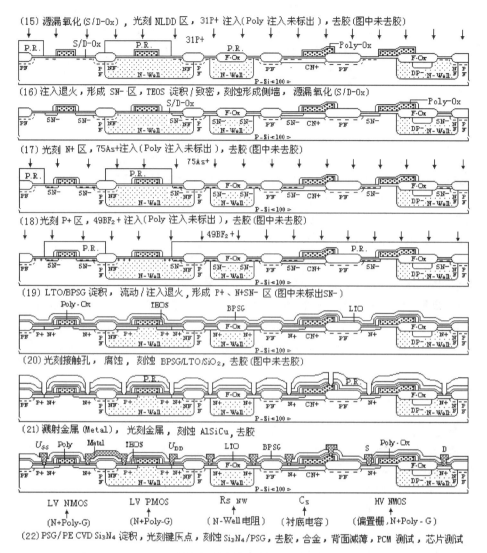

图 4-10 LV/HV N-Well CMOS（B）制程剖面结构示意图（参阅附录 B-[2, 3, 6, 13, 16, 17, 19]）（续）

4.5.3 工艺制程

图 4-9 所示的 LV/HV N-Well CMOS（B）芯片结构的制程由工艺规范确定的各个基本工序、相互关联及将其按一定顺序组合构成。为实现此制程，在 LV N-Well CMOS（B）制程中，消去与引入部分基本工艺，不仅增加了制造工艺，技术难度增大，使芯片结构发生了明显的变化，而且改变了其制程，从而实现了 LV/HV N-Well CMOS（B）制程。

由多次氧化、光刻、杂质扩散、离子注入、薄膜淀积及溅射金属等各个基本工序构成芯片制程，形成了以下元器件及其杂质层、介质层和互连金属层。

（1）电路芯片中的各个元器件：LV NMOS、LV PMOS、N-Well 电阻、Cs 衬底电容及 HV NMOS 等。

（2）这些电路元器件所需要的精确控制的硅中的杂质层：N-Well、DP-、PF、NF、沟道掺杂、CN+、SN-、N+Poly、N+、P+等。

（3）集成电路所需要的介质层：F-Ox、LV/HV G-Ox、Poly-Ox、BPSG/LTO等。

（4）将这些电路元器件连接起来形成集成电路的金属层：AlSiCu。

应用计算机，依据LV/HV N-Well CMOS（B）芯片制造工艺中各个工序的先后次序，把各个工序连接起来，可以得到制程。它由各个工序所组成，而工序则由各个工步来实现。根据设计电路的电气特性要求，选择工艺序号和工艺规范号，以便得到所需要的工艺参数和电学参数。

为了直观地显示出制程中芯片表面、内部元器件及互连的形成过程和结构的变化，借助图4-9电路芯片剖面结构和制造工艺的各个工序，利用剖面结构技术，使用计算机和相应的软件，可以描绘出芯片制程中各个工序的剖面结构，依照各个工序的先后次序连接起来，可以得到如图4-10所示的LV/HV N-Well CMOS（B）制程剖面结构示意图。

LV/HV N-Well CMOS（B）制程主要特点如下所述。

（1）LV PMOS的N-Well与HV NMOS的N-Well是同时形成的，具有相同阱深和浓度。

（2）LV PMOS源/漏区P+掺杂，同时在P型硅衬底形成P+接触区。

（3）LV NMOS源/漏区N+掺杂，同时在P型硅衬底和N-Well中分别形成源区和漏区，且在沟道和漏区之间具有场氧化层（F-Ox），以制得偏置栅HV NMOS；而DP-区是在N-Well内做11B+注入并推进，形成的位于场氧化层下面的降低N-Well漂移区表面电场的低浓度掺杂区。

（4）LV CMOS制程中的栅氧化改变为厚栅氧化膜生长，使用增加一次掩模并先进行腐蚀，得到高压栅氧化膜，然后接着氧化，以形成低压栅氧化膜。

制程中使用了16次掩模，LV/HV N-Well CMOS（B）芯片各层平面结构与横向尺寸由每次光刻来确定。制程完成后，不仅确定了芯片各层平面结构与横向尺寸，而且也确定了剖面结构与纵向尺寸，并精确控制了硅中的杂质浓度及分布和结深，从而确定了电路功能和电气性能。

芯片结构及尺寸和硅中杂质浓度及结深是制程的关键（参见附录B-[20]）。它们不仅与HV器件的下列参数有关：

（1）N-Well漂移区的长度、宽度、结深度、掺杂浓度；

（2）降低N-Well漂移区表面电场的DP-区的长度、宽度、结深度、掺杂浓度；

（3）沟道和漏极之间形成场氧化层（F-Ox）的厚度、长度；

（4）HV栅氧化层厚度；

（5）器件承受的高压、低的导通电阻及阈值电压等。

而且与LV CMOS的下列参数密切相关：

（1）衬底硅电阻率；

（2）N-Well深度、掺杂浓度及分布；

（3）场氧化层（F-Ox）、各介质层和栅氧化层厚度；

（4）有效沟道长度；

（5）源漏结深度及薄层电阻；

（6）器件的阈值电压、源漏击穿电压及跨导等。

此外,要求电路承受的高压和低的导通电阻都达到设计值,这就需要优化漂移区的长度、宽度、结深度、掺杂浓度,以及沟道和漏极之间形成场氧化层(F-Ox)的厚度、长度等。

制程完成后,先测试晶圆 PCM 数据,达到规范值后才能测试芯片电气特性。如果主要的 PCM 数据未达到规范值,偏离数值很大,则要对该晶圆进行报废处理。

4.6 LV/HV N-Well CMOS(C)

电路采用 1.2μm 设计规则,使用 LV/HV N-Well CMOS(C)制造技术。表 4-6 示出该电路的典型元器件、制造技术及主要参数。它以 LV N-Well CMOS(C)制程及所制得的元器件为基础,并用 HV MOS 器件结构和制造工艺对其进行改变,最终在硅衬底上形成 LV/HV CMOS 芯片中的各种元器件,并使之互连,实现所设计电路。如果得到的各种参数都符合所设计电路的要求,则芯片功能和电气性能都能达到设计指标。

表 4-6 工艺技术和芯片中主要元器件

工 艺 技 术		芯片中主要元器件	
■ 技术	LV/HV CMOS(C)	■ 电阻	$R_{S\ Poly}$
■ 衬底	P-Si<100>	■ 电容	N+Poly2/Si_3N_4-Poly-Ox/N+Poly1
■ 阱	N-Well	■ 晶体管	LV NLDD NMOS W/L>1(驱动管)
■ 隔离	LOCOS		
■ 栅结构	N+Poly/SiO_2		LV PMOS W/L>1(负载管)
■ 源漏区	N+SN-, P+ (LV)		HV NMOS(偏置栅)
■ 栅特征尺寸	1.2μm(LV)		HV PMOS(偏置栅)
■ 偏置栅沟道尺寸	≥5μm	■ 二极管	P+/N-Well(剖面图中未画出)
■ NW, DP-漏漂移区长度	视高压而定		N+/P-Sub(剖面图中未画出)
■ Poly	1 层(N+Poly)		
■ 互连金属	1 层(AlSiCu)		
■ 低压(U_{DD})	5V(LV)		
■ 高压(100~700V)	视漂移区长度/掺杂浓度而定		
工 艺 参 数*	数 值	电学参数*	数 值
■ ρ, X_{jNW}/X_{jDP-}	左边这些参数视工艺制程而定	■ U_{LVTN}/U_{LVTP}	左边这些参数视电路特性而定
$T_{F-Ox}/T_{HV-Gox}/T_{LV-Gox}$		BU_{LVDSN}/BU_{LVDSP}	
$T_{Poly1}/T_{Poly2}/T_{BPSG}/T_{LTO}$		U_{TFN}/U_{TFP}, U_{HVTN}/U_{HVTP}	
$T_{Si_3N_4}/T_{Poly-Ox}/T_{TEOS}$		BU_{HVDSN}/BU_{HVDSP}	
L_{DHVN}/L_{DHVP}		$R_{SNW}/R_{SDP}/R_{SN+Poly1}/R_{SN+Poly2}$	
$L_{effn}/L_{effp}/L_{effHVN}/L_{effHVP}$		$R_{SN-Poly2}/R_{SN+}/R_{SP+}$, R_{ON}	
$X_{jN+}/X_{jP+}/T_{Al}$		g_n/g_p, I_{LPN}	
■ 设计规则	1.2μm(LV)	■ 电路 DC/AC 特性	视设计电路而定

*表中参数符号与第 2 章各表相同。

4.6.1 芯片剖面结构

在电路中找出各种典型元器件——LV NMOS、LV PMOS、Poly 电阻、Cf 场区电容、HV NMOS 及 HV PMOS，应用芯片结构技术（参见附录 B-[21]），进行剖面结构设计，分别如图 4-11 中的 A、B、C、D、E 及 F 所示（不要把它们看作连接在一起）。由它们构成 LV/HV N-Well CMOS（C）芯片典型剖面结构，图 4-11（a）为其示意图。或者把第 2 章 2.7 节中的 N-Well CMOS（C）剖面结构与本节设计的 HV MOS E、F 进行集成，并去掉 N-Well 电阻和衬底电容修改而得到。以该结构为基础，消去 HV PMOS，引入 N-Well 电阻，得到如图 4-11（b）所示的另一种结构。如果引入不同于图 4-11 中的单个或多个元器件结构，或消去其中单个或多个元器件结构，或对其中元器件结构进行改变，则可得到多种不同结构。选用其中与设计电路相联系的一种结构。下面仅对图 4-11（a）所示结构进行说明。

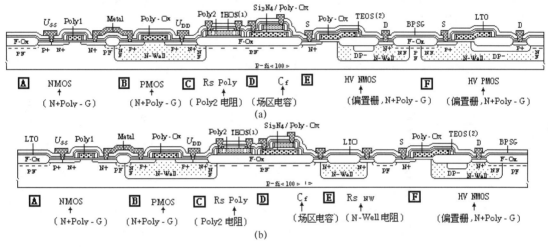

图 4-11　LV/HV N-Well CMOS（C）电路芯片剖面结构示意图（参阅附录 B-[2, 19]）

4.6.2 工艺技术

设计电路技术概要如表 4-6 所示。为实现 LV/HV N-Well CMOS（C）技术，引入兼容偏置栅 HV MOS 器件工艺，对 LV N-Well CMOS（C）制造工艺做如下改变。

（1）P 场区注入后，引入对 N 场区 31P+注入，消去与耗尽型 NMOS 有关的工艺及其结构。

（2）在 N-Well 推进之后，引入阱中 11B+注入并推进，生成位于场氧化层（F-Ox）下面的符合 HV 要求的低浓度的长的 DP-区为漂移区，源漏掺杂后形成 P+/DP-区为漏，N-Well 中 P+区为源；同时，在另一阱中生成位于场氧化层（F-Ox）下面的降低 N-Well 为漂移区表面电场的 DP-区，而 N-Well 符合 HV 要求的低浓度的长的掺杂区，源漏掺杂后形成 N+/N-Well 为漏，P-型硅衬底中 N+区为源。

（3）场区氧化后，在沟道与漏之间引入场氧化层，形成符合 HV 要求的厚度和长度。

（4）腐蚀预栅氧化层后，引入厚、薄栅氧化膜生长。

（5）Poly1 淀积并掺杂，引入刻蚀形成偏置栅结构。引入 Poly-Ox/Si₃N₄ 淀积，Poly2 淀积并注入，刻蚀形成场区电容和 Poly2 电阻。

上述消去与引入的基本工艺，使 LV N-Well CMOS（C）芯片结构和制程都发生了明显的

第 4 章 LV/HV 兼容 CMOS 芯片与制程剖面结构

变化。工艺完成后，制得 LV NMOS 和 LV PMOS A、B，Poly 电阻和场区电容 C、D，以及偏置栅 HV PMOS 和 HV NMOS E、F 等，并用 LV/HV N-Well CMOS（C）来表示。

LV/HV N-Well CMOS（C）电路电气性能指标与制造各种参数密切相关，确定用于芯片制造的基本参数，如表 4-6 所示。制造工艺中，对下列参数提出严格要求。

（1）工艺参数：各种掺杂浓度及分布，X_{jPW}、X_{jDP-}、X_{jN+}、X_{jP+} 等结深，T_{F-Ox}、T_{HV-Gox}、T_{LV-Gox} 等氧化层厚度，$T_{Si_3N_4}$、$T_{Poly-Ox}$ 电容介质层厚度。

（2）电学参数：U_{TN}、U_{TP} 等 LV/HV 阈值电压，R_{SPW}、R_{SDP-}、R_{SN+}、R_{SP+} 等薄层电阻，BU_{DSN}、BU_{DSP} 等 LV/HV 源漏击穿电压。

（3）硅衬底电阻率（ρ）等。

芯片制造由各工步所组成的工序来实现，需要定出各工序具体的工艺条件，以保证所要求的各种参数都达到规范值。芯片批量生产时，保持各批次制程的均一性相当重要。不但要监控工艺参数和电学参数，使其在整个晶圆的范围内达到规范值，还要让生产的每一片晶圆都达到这个标准。从投片到产出包括许多步骤，必须使用制程控制各工序的质量，以便得到高合格率和高性能芯片。

对于光刻次数很多的情况，制作掩模时，通常设计者与制造者一起来确定。如果应用芯片结构及制程剖面结构技术，就不难确定出各次光刻的工序。从制程剖面结构图（图 4-12）中可以看出，需要进行 18 次光刻。光刻对准曝光要严格对准、套准，并使之在确定的误差以内。与 LV N-Well CMOS 相比，增加了 5 块掩模：DP-区、N 场区、HV N 沟道区、HV P 沟道区及 HV 栅氧化膜区。

(1) 衬底材料 P-Si<100>，初始氧化(Init-Ox)

(2) 光刻 N-Well 区，腐蚀 SiO₂，去胶，N-Well 区氧化(N-Well-Ox)，31P+ 注入

(3) 注入退火，N-Well 区推进/氧化，光刻 DP-漂移区，腐蚀 SiO₂，去胶，DP-区氧化(DP- -Ox)，11B+ 注入

(4) 注入退火，DP-漂移区推进/氧化，腐蚀净 SiO₂，基底氧化(Pad-Ox)，Si₃N₄ 淀积

(5) 光刻有源区，刻蚀 Si₃N₄，去胶(图中未去胶)

(6) 光刻 P 场区(PF)，11B+ 注入，去胶(图中未去胶)

图 4-12 LV/HV N-Well CMOS（C）制程剖面结构示意图（参阅附录 B-[2, 3, 6, 13, 16, 17, 19]）

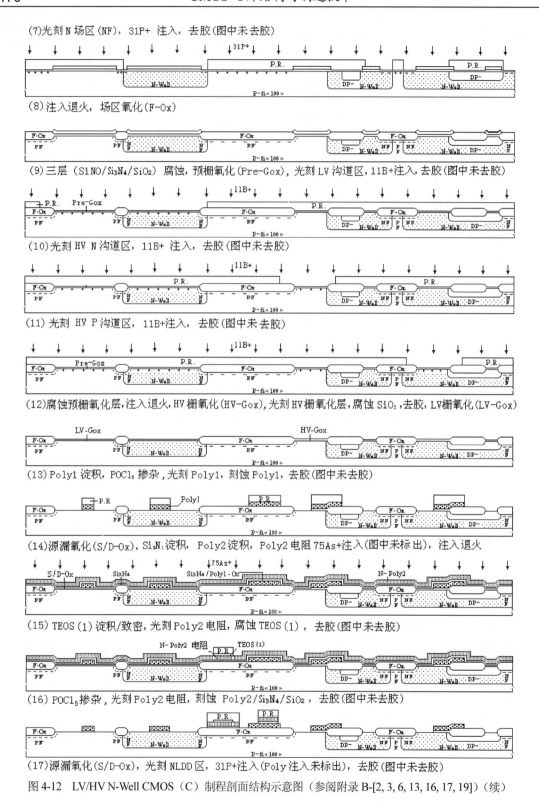

(7) 光刻 N 场区 (NF)，31P+ 注入，去胶（图中未去胶）

(8) 注入退火，场区氧化 (F-Ox)

(9) 三层 (SiNO/Si₃N₄/SiO₂) 腐蚀，预栅氧化 (Pre-Gox)，光刻 LV 沟道区，11B+ 注入，去胶（图中未去胶）

(10) 光刻 HV N 沟道区，11B+ 注入，去胶（图中未去胶）

(11) 光刻 HV P 沟道区，11B+注入，去胶（图中未去胶）

(12) 腐蚀预栅氧化层，注入退火，HV 栅氧化 (HV-Gox)，光刻 HV 栅氧化层，腐蚀 SiO₂，去胶，LV 栅氧化 (LV-Gox)

(13) Poly1 淀积，POCl₃ 掺杂，光刻 Poly1，刻蚀 Poly1，去胶（图中未去胶）

(14) 源漏氧化 (S/D-Ox)，Si₃N₄ 淀积，Poly2 淀积，Poly2 电阻 75As+注入（图中未标出），注入退火

(15) TEOS(1) 淀积/致密，光刻 Poly2 电阻，腐蚀 TEOS(1)，去胶（图中未去胶）

(16) POCl₅ 掺杂，光刻 Poly2 电阻，刻蚀 Poly2/Si₃N₄/SiO₂，去胶（图中未去胶）

(17) 源漏氧化 (S/D-Ox)，光刻 NLDD 区，31P+注入 (Poly 注入未标出)，去胶（图中未去胶）

图 4-12 LV/HV N-Well CMOS（C）制程剖面结构示意图（参阅附录 B-[2, 3, 6, 13, 16, 17, 19]）（续）

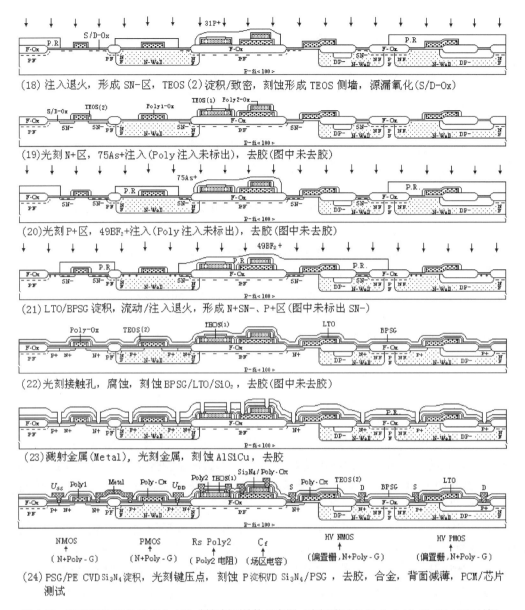

图 4-12 LV/HV N-Well CMOS（C）制程剖面结构示意图（参阅附录 B-[2, 3, 6, 13, 16, 17, 19]）（续）

4.6.3 工艺制程

由工艺规范确定的各个基本工序、相互关联及将其按一定顺序组合，构成图 4-11 所示的 LV/HV N-Well CMOS（C）芯片结构的制程。为实现此制程，在 LV N-Well CMOS（C）制程中，消去与引入部分基本工艺，不仅增加了制造工艺，技术难度增大，使芯片结构发生了明显的变化，而且改变了其制程，从而实现了 LV/HV N-Well CMOS（C）制程。

由多次氧化、光刻、杂质扩散、离子注入、薄膜淀积及溅射金属等各个基本工序构成芯片制程，形成了以下元器件及其杂质层、介质层和互连金属层。

（1）电路芯片中的各个元器件：LV NMOS、LV PMOS、Poly 电阻、Cf 场区电容、HV

NMOS 及 HV PMOS 等。

（2）这些电路元器件所需要的精确控制的硅中的杂质层：N-Well、DP-、PF、NF、沟道掺杂、SN-、N-Poly、N+Poly、N+、P+等。

（3）集成电路所需要的介质层：F-Ox、LV/HV G-Ox、Si_3N_4/Poly-Ox、TEOS、BPSG/LTO 等。

（4）将这些电路元器件连接起来形成集成电路的金属层：AlSiCu。

应用计算机，依据 LV/HV N-Well CMOS（C）芯片制造工艺中各个工序的先后次序，把各个工序互相连接起来，可以得到制程。它由各个工序所组成，而工序则由各个工步来实现。根据设计电路的电气特性要求，选择工艺序号和工艺规范号，以便得到所需要的工艺参数和电学参数。

根据图 4-11 芯片结构和制造工艺的各个工序，使用芯片结构技术，利用计算机和相应的软件，描绘出对应每一道工序的剖面，从而得到芯片制造的各个工序的结构。芯片制程由上述各个工序所组成，从而确定出 LV/HV N-WellCMOS（C）制程剖面结构，图 4-12 为其示意图。根据制程中的各个工序可以描绘出能反映每次光刻显影或刻蚀的相对应的平面结构。每一道工序的平面/剖面结构或制程完成后的芯片结构都能直观地显示出制程中芯片表面、内部元器件及互连的形成过程和结构的变化。

LV/HV N-Well CMOS（C）制程主要特点如下所述。

（1）LV PMOS 的 N-Well 与 HV NMOS 漏区的 N-Well 及 HV PMOS 的 N-Well 都是同时形成的，具有相同阱深和浓度。

（2）LV PMOS 源/漏区 P+掺杂，同时在 N-Well 和 DP-漂移区中分别形成源区和漏区，且在沟道和漏区之间具有场氧化层（F-Ox），以制得偏置栅 HV PMOS。

（3）LV NMOS 源/漏区 N+掺杂，同时在 P 型衬底和 N-Well 中分别形成源区和漏区，阱作为漂移区，且在沟道和漏区之间具有场氧化层（F-Ox），以制得偏置栅 HV NMOS；而 DP-区是在 N-Well 内做 11B+注入并推进，形成的位于场氧化层下面降低 N-Well 漂移区表面电场的低浓度掺杂区。

（4）LV CMOS 制程中的栅氧化改变为厚栅氧化膜生长，使用增加一次掩模并先进行腐蚀，得到高压栅氧化膜，然后接着氧化，以形成低压栅氧化膜。

芯片制程中使用了 18 次掩模，各次光刻确定了 LV/HV N-Well CMOS（C）芯片各层平面结构与横向尺寸。工艺完成后，不仅确定了芯片各层平面结构与横向尺寸，而且也确定了剖面结构与纵向尺寸，并精确控制了硅中的杂质浓度及分布和结深，从而确定了电路功能和电气性能。

芯片结构及尺寸和硅中杂质浓度及结深是制程的关键（参见附录 B-[20]）。它们不仅与 HV 器件的下列参数有关：

（1）N-Well 漂移区的长度、宽度、结深度、掺杂浓度；

（2）DP-漂移区的长度、宽度、结深度、掺杂浓度；

（3）沟道和漏极之间形成场氧化层（F-Ox）的厚度、长度；

（4）HV 栅氧化层厚度；

（5）器件承受的高压、低的导通电阻及阈值电压等。

而且与 LV CMOS 的下列参数密切相关：

（1）衬底电阻率；
（2）N-Well 深度及薄层电阻；
（3）各介质层和栅氧化层厚度；
（4）有效沟道长度；
（5）源漏结深度及薄层电阻；
（6）场区 Poly 电阻值和电容值；
（7）器件的阈值电压、源漏击穿电压及跨导等。

此外，要求电路承受的高压和低的导通电阻都要达到设计值，这就需要优化漂移区的长度、宽度、结深度、掺杂浓度，以及沟道和漏极之间形成场氧化层（F-Ox）的厚度、长度等。

制程完成后，结构中横向和纵向尺寸能否满足芯片要求，关键取决于各工序的工艺规范值。如果制程完成后电路芯片得到的结构参数不精确，则电路性能就达不到设计指标。所以电路芯片制造中要严格遵守工艺规范才能得到合格的电路。

制程完成后，先测试晶圆 PCM 数据，达到规范值后才能测试芯片电气特性。如果主要的 PCM 数据未达到规范值，偏离数值很大，则要对该晶圆进行报废处理。

4.7　LV/HV Twin-Well CMOS（A）

电路采用 3μm 设计规则，使用 LV/HV Twin-Well CMOS（A）制造技术。该电路的典型元器件、制造技术及主要参数如表 4-7 所示。它以 LV Twin-Well CMOS 制程及所制得的元器件为基础，并用 HV MOS 器件结构和制造工艺对其进行改变，最终在硅衬底上形成 LV/HV CMOS 芯片中的各种元器件，并使之互连，实现所设计电路。如果得到的各种参数都满足所设计电路的要求，则芯片功能和电气性能都能达到设计指标。

表 4-7　工艺技术和芯片中主要元器件

工 艺 技 术		芯片中主要元器件	
■ 技术	LV/HV CMOS（A）	■ 电阻	—
■ 衬底	P-Si<100>	■ 电容	—
■ 阱	Twin-Well	■ 晶体管	LV NMOS $W/L>1$（驱动管）
■ 隔离	LOCOS		LV PMOS $W/L>1$（负载管）
■ 栅结构	N+Poly/SiO$_2$		HV NMOS（偏置栅）
■ 源漏区	N+，P+		HV PMOS（偏置栅）
■ 栅特征尺寸	3μm（LV）	■ 二极管	N+/P-Well（剖面图中未画出）
■ 偏置栅沟道尺寸	≥5μm		P+/N-Well（剖面图中未画出）
■ DN-，DP- 漏漂移区长度	视高压而定		
■ Poly	1 层（N+Poly）		
■ 互连金属	1 层（AlSi）		
■ 低压（U_{DD}）	5V（LV）		
■ 高压（100～700V 或更高）	视漂移区长度/掺杂浓度而定		

（续表）

工艺参数*	数 值	电学参数*	数 值
■ ρ	左边这些参数视工艺制程而定	■ U_{LVTN}/U_{LVTP}	左边这些参数视电路特性而定
■ $X_{jDNW}/X_{jDN}/X_{jDP}/X_{jNW}/X_{jPW}$		■ BU_{LVDSN}/BU_{LVDSP}	
■ $T_{F-Ox}/T_{HV-Gox}/T_{LV-Gox}$		■ U_{TFN}/U_{TFP}	
■ $T_{Poly}/T_{BPSG}/T_{LTO}/T_{Poly-Ox}$		■ U_{HVTN}/U_{HVTP}	
■ L_{DHVN}/L_{DHVP}		■ BU_{HVDSN}/BU_{HVDSP}, $R_{SN+Poly}$	
■ $L_{effn}/L_{effp}/L_{effHVN}/L_{effHVP}$		■ $R_{SNW}/R_{SPW}/R_{SDP}/R_{SDN}/R_{sDNW}$	
■ X_{jN+}/X_{jP+}, T_{Al}		■ R_{ON}, R_{SN+}/R_{SP+}, g_n/g_p, I_{LPN}	
■ 设计规则	3μm （LV）	■ 电路 DC/AC 特性	视设计电路而定

*表中参数符号与第 2 章各表相同。

4.7.1 芯片剖面结构

应用芯片结构技术（参见附录 B-[21]），可以得到芯片典型剖面结构。首先在电路中找出各种典型元器件——LV NMOS、LV PMOS、HV NMOS 及 HV PMOS，然后进行剖面结构设计，分别如图 4-13 中的 Ⓐ、Ⓑ、Ⓒ 及 Ⓓ 所示（不要把它们看作连接在一起）。最后由它们组成 LV/HV Twin-Well CMOS（A）芯片剖面结构，图 4-13（a）为其示意图。以该结构为基础，消去 HV PMOS，引入耗尽型 NMOS 和 N-Well 电阻，得到如图 4-13（b）所示的另一种结构。如果引入不同于图 4-13 中的单个或多个元器件结构，或消去其中单个或多个元器件结构，或对其中元器件结构进行改变，则可得到多种不同结构。选用其中与设计电路相联系的一种结构。下面仅对图 4-13（a）所示结构进行说明。

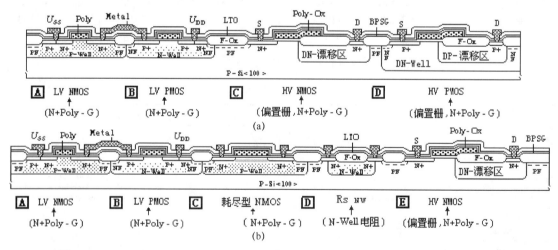

图 4-13　LV/HV Twin-Well CMOS（A）电路芯片剖面结构示意图（参阅附录 B-[2, 19]）

4.7.2 工艺技术

设计电路工艺技术概要如表 4-7 所示。为实现 LV/HV Twin-Well CMOS（A）技术，引入兼容偏置栅 HV MOS 器件工艺，对 LV Twin-Well CMOS 制造工艺做如下改变。

（1）在形成 Twin-Well 之前，引入 P-型硅衬底中 31P+ 深注入并推进，得到 DN-Well。在 P-型硅衬底和 DN-Well 中分别做 31P+ 和 11B+ 注入，并同时推进，分别生成位于场氧化层下面的符合 HV 要求的低浓度的长的 DN-漂移区和 DP-漂移区，它们的结深比 Twin-Well 深。

（2）P 场区注入后，引入 N 场区 31P+注入，场区氧化后，在沟道与漏之间引入场氧化层，形成符合 HV 要求的厚度和长度。

（3）腐蚀预栅氧化层后，引入厚、薄栅氧化膜生长。

（4）Poly 淀积并掺杂，引入刻蚀形成偏置栅结构，而 LV CMOS 栅尺寸为 3μm。源漏 75As+注入后，分别生成 N+、DN-区为漏，P-型硅衬底中的 N+区为源；源漏 49BF$_2$+注入后，分别生成 P+、DP-区为漏，DN-Well 中 P+区为源。

上述引入这些基本工艺，使 LV Twin-Well CMOS 芯片结构和制程都发生了明显的变化。工艺完成后，分别制得 LV NMOS 与 LV PMOS 器件 Ⓐ、Ⓑ，偏置栅 HV NMOS 与 HV PMOS 等，并用 LV/HV Twin-Well CMOS（A）来表示。

根据 LV/HV Twin-Well CMOS（A）电路电气特性要求，确定用于芯片制造的基本参数，如表 4-7 所示。芯片制程工艺中，一方面要确保工艺参数、电学参数都达到规范值，另一方面在批量生产中要确保各批次制程的均一性。根据电路电气特性的指标，对下列参数提出严格要求。

（1）工艺参数：各种杂质浓度及分布、结深、LV/HV 栅氧化层/介质层厚度等。

（2）电学参数：薄层电阻、LV/HV 源漏击穿电压、LV/HV 阈值电压等。

（3）硅衬底材料电阻率等。

芯片制造由各工步所组成的工序来实现，需要制定出各工序具体的工艺条件，以保证所要求的各种参数达到规范值。从制程的最初阶段就开始进行工艺检测，以获得芯片制程中各工序必要的关于材料质量和工艺参数与电学参数的数据。在芯片集成度不断增加的情况下，每一道工序都有决定成功或失败的关键问题：沾污、结深、薄膜的质量。工艺检测对于描绘工艺硅片的特性与检查其成品率非常关键，要确保工艺参数和电学参数都达到规范值。

在制作掩模时，必须考虑各次光刻所用掩模的名称、图形黑白、正胶、有无划片槽及对准层次等。从制程剖面结构图（图4-14）中可以看出，需要进行 18 次光刻。与 LV Twin-Well CMOS 相比，增加了 6 块掩模：DN-Well、DN-漂移区、DP-漂移区、HV N 沟道区、HV P 沟道区及 HV 栅氧化区。

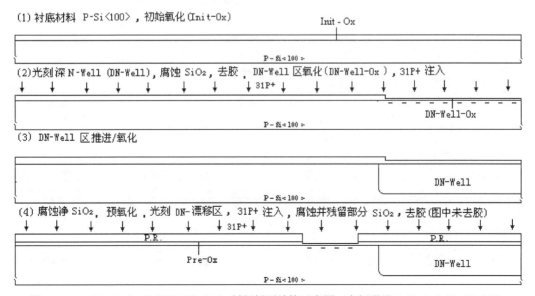

图 4-14 LV/HV Twin-Well CMOS（A）制程剖面结构示意图（参阅附录 B-[2, 3, 6, 13, 17, 19]）

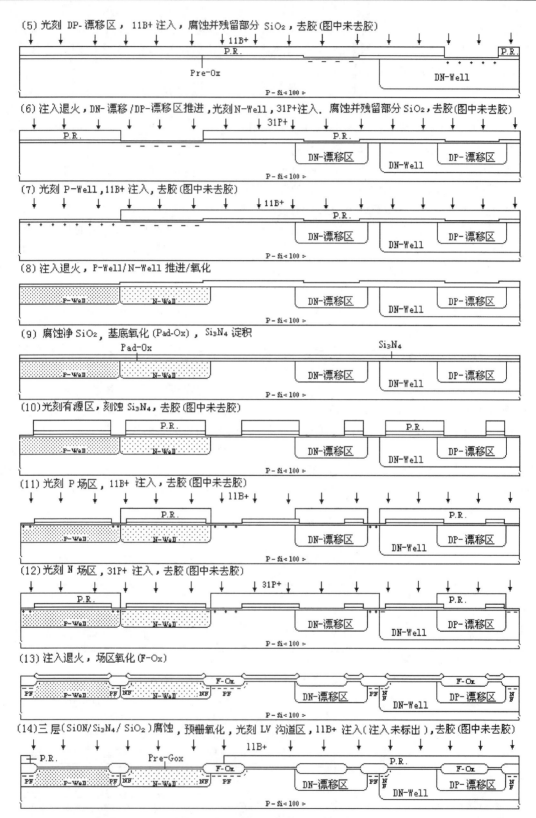

图4-14 LV/HV Twin-Well CMOS（A）制程剖面结构示意图（参阅附录 B-[2, 3, 6, 13, 17, 19]）（续）

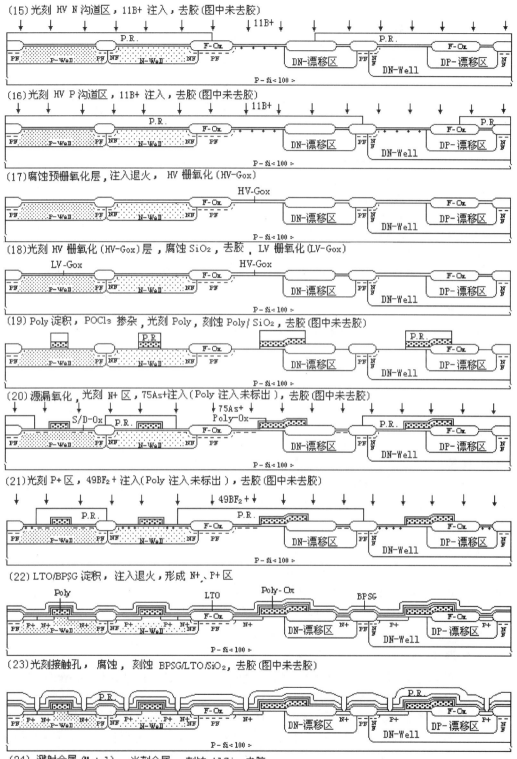

图 4-14 LV/HV Twin-Well CMOS（A）制程剖面结构示意图（参阅附录 B-[2, 3, 6, 13, 17, 19]）（续）

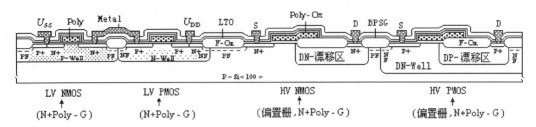

(25) PSG/PE CVD Si₃N₄ 淀积，光刻键压点，刻蚀 Si₃N₄/PSG，去胶，合金，背面减薄，PCM 测试，芯片测试

图 4-14　LV/HV Twin-Well CMOS（A）制程剖面结构示意图（参阅附录 B-[2, 3, 6, 13, 17, 19]）（续）

4.7.3　工艺制程

图 4-13 所示的 LV/HV Twin-Well CMOS（A）芯片结构采用确定的制造技术来实现。它是由工艺规范确定的各个基本工序、相互关联及将其按一定顺序组合构成的。为实现此制程，在 LV Twin-Well CMOS 制程中，引入部分基本工艺，不仅增加了制造工艺，技术难度增大，使芯片结构发生了明显的变化，而且改变了其制程，从而实现了 LV/HV Twin-Well CMOS（A）制程。

由多次氧化、光刻、杂质扩散、离子注入、薄膜淀积及溅射金属等各个基本工序构成芯片制程，形成了以下元器件及其杂质层、介质层和互连金属层。

（1）电路芯片中的各个元器件：LV NMOS、LV PMOS、HV NMOS 及 HV PMOS 等。

（2）这些电路元器件所需要的精确控制的硅中的杂质层：DN-Well、N-Well、P-Well、PF、NF、沟道掺杂、DN-、DP-、N+Poly、N+、P+。

（3）集成电路所需要的介质层：F-Ox、LV/HV G-Ox、Poly-Ox、BPSG/LTO。

（4）将这些电路元器件连接起来形成集成电路的金属层：AlSi。

应用计算机，依据 LV/HV Twin-Well CMOS（A）芯片制造工艺中各个工序的先后次序，把各个工序连接起来，可以得到制程。它由各个工序所组成，而工序则由各个工步来实现。根据设计电路的电气特性要求，选择工艺序号和工艺规范号，以便得到所需要的工艺参数和电学参数。

应用芯片结构技术，使用计算机和相应的软件，根据图 4-13 电路芯片剖面结构和制造工艺的各个工序，可以描绘出芯片制程中各个工序的剖面结构，依照各个工序的先后次序连接起来，可以得到如图 4-14 所示的制程剖面结构示意图。该图直观地显示出 LV/HV Twin-Well CMOS（A）制程中芯片表面、内部元器件及互连的形成过程和结构的变化。

LV/HV Twin-Well CMOS（A）制程主要特点如下所述。

（1）LV PMOS 的 N-Well 与 HV PMOS 的 DN-Well 不是同时形成的，N-Well、DN-漂移区及 DN-Well 具有不同的结深和浓度。

（2）LV PMOS 源/漏区 P+掺杂，同时在 DN-Well 和 DP-漂移区中分别形成源区和漏区，且在沟道和漏区之间具有场氧化层（F-Ox），以制得偏置栅 HV PMOS；而 DP-漂移区是在 DN-Well 内做 11B+注入并推进，形成的位于场氧化层下面的低浓度掺杂区。

（3）LV NMOS 源/漏区 N+掺杂，同时在 P 型衬底和 DN-漂移区中分别形成源区和漏区，且在沟道和漏区之间具有场氧化层（F-Ox），以制得偏置栅 HV NMOS，而 DN-漂移区是在 P

型硅衬底内做 31P+注入并推进，形成位于场氧化层下面的低浓度掺杂区。

（4）LV CMOS 制程中的栅氧化改变为厚栅氧化膜生长，使用增加一次掩模并先进行腐蚀，得到高压栅氧化膜，然后接着氧化，以形成低压栅氧化膜。

制程中使用了 18 次掩模，各次光刻确定了 LV/HV Twin-Well CMOS（A）各层平面结构与横向尺寸。芯片各层平面结构与横向尺寸和剖面结构与纵向尺寸，仅在制程完成后才能确定下来。光刻还精确控制了硅中的杂质浓度及分布和结深，从而确定了电路功能和电气性能。

芯片结构及尺寸和硅中杂质浓度及结深是制程的关键（参见附录 B-[20]）。它们不仅与 HV 器件的下列参数有关：

（1）DP-漂移区和 DN-漂移区的长度、宽度、结深度、掺杂浓度；
（2）HV MOS 沟道和漏极之间形成场氧化层（F-Ox）的厚度、长度；
（3）HV 栅氧化层厚度；
（4）器件承受的高压、低的导通电阻及阈值电压等。

而且与 LV CMOS 的下列参数密切相关：

（1）P-Well 和 N-Well 的深度、掺杂浓度及分布；
（2）场氧化层、各介质层和栅氧化层厚度；
（3）有效沟道长度；
（4）源漏结深度及薄层电阻；
（5）器件的阈值电压、源漏击穿电压及跨导等。

此外，要求电路承受的高压和低的导通电阻都达到设计值，这就需要优化漂移区的长度、宽度、结深度、掺杂浓度，以及沟道和漏极之间形成场氧化层（F-Ox）的厚度、长度等。

制程完成后，先测试晶圆 PCM 数据，达到规范值后才能测试芯片电气特性。如果主要的 PCM 数据未达到规范值，偏离数值很大，则要对该晶圆进行报废处理。

4.8 LV/HV Twin-Well CMOS（B）

电路采用 3μm 设计规则，使用 LV/HV Twin-Well CMOS（B）制造技术。表 4-8 示出该电路典型元器件、制造技术及主要参数。它以 LV Twin-Well CMOS 制程及所制得的元器件为基础，并用 HV MOS 器件结构和制造工艺对其进行改变，最终在硅衬底上形成 LV/HV CMOS 芯片中的各种元器件，并使之互连，实现所设计电路。如果制程完成后所得到的各种参数都达到规范值，则芯片性能达到设计指标。

表 4-8 工艺技术和芯片中主要元器件

工 艺 技 术		芯片中主要元器件	
■ 技术	LV/HV CMOS（B）	■ 电阻	R_{SNW}
■ 衬底	P-Si<100>	■ 电容	N+Poly/SiO$_2$/CN+
■ 阱	Twin-Well	■ 晶体管	LV NMOS W/L>1（驱动管）
■ 隔离	LOCOS		LV PMOS W/L>1（负载管）

(续表)

工 艺 技 术		IC 中主要元器件	
■ 栅结构	N+Poly/SiO$_2$	■ 晶体管	HV NMOS $W/L>1$（偏置栅）
■ 源漏区	N+，P+	■ 二极管	N+/P-Well（剖面图中未标出）
■ 栅特征尺寸	3μm（LV）		P+/N-Well（剖面图中未标出）
■ 偏置栅沟道尺寸	≥5μm		
■ DN-漏漂移区长度	视高压而定		
■ Poly	1层（N+Poly）		
■ 互连金属	1层（AlCu）		
■ 电源（U_{DD}）	5V（LV）		
■ 高压（100-700V）	视漂移区长度/掺杂浓度而定		
工 艺 参 数*	数 值	电学参数*	数 值
■ ρ, $X_{jNW}/X_{jPW}/X_{jDN}/X_{jCN+}$	左边这些参数视工艺制程而定	■ U_{LVTN}/U_{LVTP}	左边这些参数视电路特性而定
■ $T_{F-Ox}/T_{HV-Gox}/T_{LV-Gox}$		■ BU_{LVDSN}/BU_{LVDSP}	
■ $T_{Poly}/T_{BPSG}/T_{LTO}/T_{Poly-Ox}$		■ U_{TFN}/U_{TFP}	
■ L_{DHVN}		■ U_{HVTN}/BU_{HVDSN}, $R_{SN+Poly}$	
■ $L_{effn}/L_{effp}/L_{effHVN}$		■ $R_{SNW}/R_{SPW}/R_{SDN}/R_{SCN+}$, R_{ON}	
■ X_{jN+}/X_{jP+}, T_{Al}		■ R_{SN+}/R_{SP+}, g_n/g_p, I_{LPN}	
■ 设计规则	3μm（LV）	■ 电路DC/AC特性	视设计电路而定

*表中参数符号与第2章各表相同。

4.8.1 芯片剖面结构

应用芯片结构技术（参见附录 B-[21]），使用计算机和相应的软件，可以得到芯片剖面结构。首先在设计电路中找出各种典型元器件——LV NMOS、LV PMOS、Cs衬底电容、N-Well电阻及HV NMOS，然后对这些元器件进行剖面结构设计，分别如图4-15中的A、B、C、D及E所示(不要把它们看作连接在一起)。最后排列并拼接这些元器件，构成LV/HV Twin-Well CMOS（B）芯片剖面结构，图4-15（a）为其示意图。以该结构为基础，消去Cs衬底电容和N-Well电阻，引入Cf场区电容、Poly电阻及HV PMOS，得到如图4-15（b）所示的另一种结构。如果引入不同于图4-15中的单个或多个元器件结构，或消去其中单个或多个元器件结构，或对其中元器件结构进行改变，则可得到多种不同结构。选用其中与设计电路相联系的一种结构。下面仅对图4-15（a）所示结构进行说明。

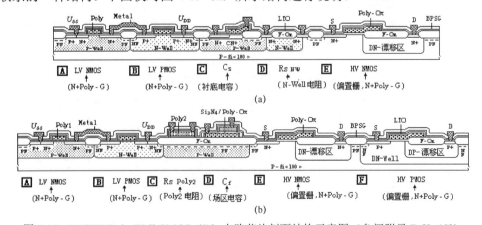

图 4-15　LV/HV Twin-Well CMOS（B）电路芯片剖面结构示意图（参阅附录 B-[2, 19]）

4.8.2 工艺技术

设计电路工艺技术概要如表 4-8 所示。为实现 LV/HV Twin-Well CMOS（B）技术，引入兼容偏置栅 HV MOS 器件工艺，对 LV Twin-Well CMOS 制造工艺做如下改变。

（1）在形成 Twin-Well 之前，引入 P-型衬底中 31P+注入并推进，生成位于场氧化层（F-Ox）下面的符合 HV 要求的低浓度的长的 DN-漂移区，其结深比 Twin-Well 深，源漏掺杂后形成 N+/DN-区为漏，P-型硅衬底中的 N+区为源。

（2）P 场区注入后，引入 N 场区 31P+注入，场区氧化后，在沟道与漏之间引入场氧化层，形成符合 HV 要求的厚度和长度。

（3）腐蚀预栅氧化层后，引入厚、薄栅氧化膜生长。

（4）Poly 淀积并掺杂，引入刻蚀形成偏置栅结构，而 LV CMOS 栅尺寸为 3μm。

上述引入这些基本工艺，使 LV Twin-Well CMOS 芯片结构和制程都发生了明显的变化。工艺完成后，分别制得 LV NMOS 与 LV PMOS 器件 Ⓐ、Ⓑ，N-Well 电阻与衬底电容 Ⓒ、Ⓓ，以及偏置栅 HV NMOS Ⓔ 等，并用 LV/HV Twin-Well CMOS（B）来表示。

LV/HV Twin-Well CMOS（B）电路电气性能/合格率与各制造参数密切相关，确定用于芯片制造的基本参数，如表 4-8 所示。芯片制造工艺由各工步所组成的工序来实现，需要制定出各工序具体的工艺条件，同时保证下列所要求的各种参数都达到规范值。

（1）工艺参数：各种杂质浓度及分布，X_{jPW}、X_{jNW}、X_{jCN+}、X_{jDN-}、X_{jN+}、X_{jP+} 等结深，T_{F-Ox}、T_{HV-Gox}、T_{LV-Gox}、$T_{Poly-Ox}$ 等氧化层厚度。

（2）电学参数：U_{TN}、U_{TP} 等 LV/HV 阈值电压，R_{SPW}、R_{SNW}、R_{SCN+}、R_{SDN-}、R_{SN+}、R_{SP+} 等薄层电阻，BU_{DSN}、BU_{DSP} 等 LV/HV 源漏击穿电压。

（3）硅衬底材料电阻率（ρ）等。

电路芯片批量生产时，要确保各批次制程的均一性。为了保证工艺参数和电学参数都达到规范值，在工艺线上设立了工艺检测环节。通过对某些特定项目进行定期或不定期的检测，获得必要的关于材料质量和工艺参数与电学参数的数据。工艺过程中检测的目的是通过检测数据的及时反馈，使整条工艺线的控制达到最佳化，以便得到高合格率和高性能芯片。另外，它也为寻找器件生产中发生问题的原因提供了重要的依据。

从制程剖面结构图（图 4-16）中可以看出，制程中需要进行 16 次光刻。光刻对准曝光要严格对准、套准，并使之在确定的误差以内。与 LV Twin-Well CMOS 相比，增加了 3 块掩模：DN-漂移区、HV N 沟道区及 HV 栅氧化区。

(1) 衬底材料P-Si<100>，初始氧化(Init-Ox)，腐蚀净SiO₂，预氧化(Pre-Ox)

(2) 光刻深N-漂移区(DN-)，31P+注入，腐蚀并残留部分SiO₂，去胶(图中未去胶)

(3) 注入退火，DN-漂移区推进，光刻P-Well，11B+注入，腐蚀并残留部分SiO₂，去胶(图中未去胶)

图 4-16 LV/HV Twin-Well CMOS（B）制程剖面结构示意图（参阅附录 B-[2, 3, 6, 13, 17, 19]）

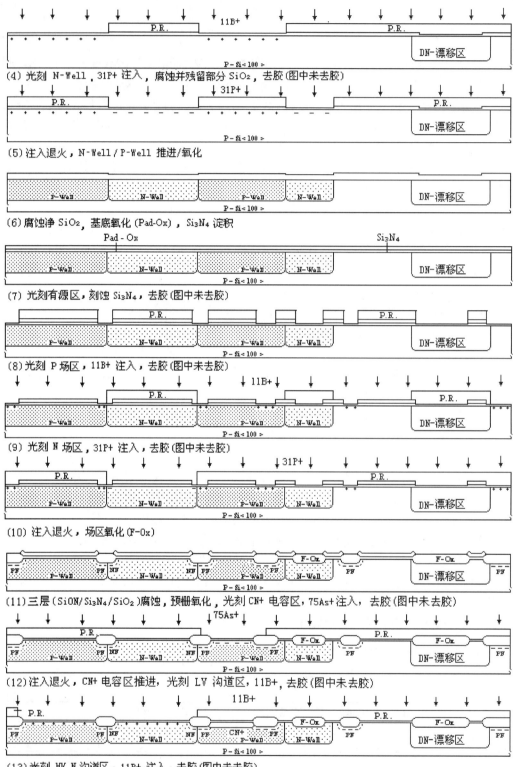

图 4-16　LV/HV Twin-Well CMOS（B）制程剖面结构示意图（参阅附录 B-[2, 3, 6, 13, 17, 19]）（续）

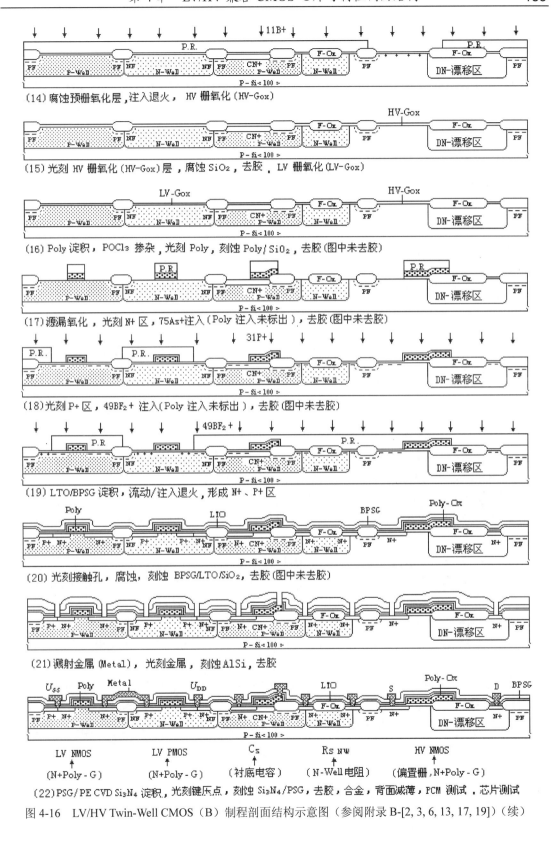

图 4-16 LV/HV Twin-Well CMOS（B）制程剖面结构示意图（参阅附录 B-[2, 3, 6, 13, 17, 19]）（续）

4.8.3 工艺制程

由工艺规范确定的各个基本工序、相互关联及将其按一定顺序组合，构成图 4-15 所示的 LV/HV Twin-Well CMOS（B）芯片结构的制程。为实现此制程，在 LV Twin-Well CMOS 制程中，引入部分基本工艺，不仅增加了制造工艺，技术难度增大，使芯片结构发生了明显的变化，而且改变了其制程，从而实现了 LV/HV Twin-Well CMOS（B）制程。

由多次氧化、光刻、杂质扩散、离子注入、薄膜淀积及溅射金属等各个基本工序构成芯片制程，形成了以下元器件及其杂质层、介质层和互连金属层。

（1）电路芯片中的各个元器件：LV NMOS、LV PMOS、Cs 衬底电容、N-Well 电阻及 HV NMOS 等。

（2）这些电路元器件所需要的精确控制的硅中的杂质层：N-Well、P-Well、DN-、PF、NF、CN+、沟道掺杂、N+Poly、N+、P+等。

（3）集成电路所需要的介质层：F-Ox、LV/HV G-Ox、Poly-Ox、BPSG/LTO 等。

（4）将这些电路元器件连接起来形成集成电路的金属层：AlSi。

应用计算机，依据 LV/HV Twin-Well CMOS（B）芯片制造工艺中各个工序的先后次序，把各个工序连接起来，可以得到制程。它由各个工序所组成，而工序则由各个工步来实现。根据设计电路的电气特性要求，选择工艺序号和工艺规范号，以便得到所需要的工艺参数和电学参数。

依据图 4-15 电路芯片剖面结构和制造工艺的各个工序，应用芯片结构技术，利用计算机和相应的软件，可以描绘出芯片制程中各个工序的剖面结构，依照各个工序的先后次序连接起来，可以得到如图 4-16 所示的制程剖面结构示意图。该图直观地显示出 LV/HV Twin-Well CMOS（B）制程中芯片表面、内部元器件及互连的形成过程和结构的变化。

LV/HV Twin-Well CMOS（B）制程主要特点如下所述。

（1）LV PMOS 的 N-Well 与 HV NMOS 的 DN-漂移区不是同时形成的，具有不同的结深和浓度。

（2）LV PMOS 源/漏区 P+掺杂，同时在 P 型硅衬底形成 P+接触区。

（3）LV NMOS 源/漏区 N+掺杂，同时在 P 型硅衬底和 DN-漂移区中分别形成源区和漏区，且在沟道和漏区之间具有场氧化层（F-Ox），以制得偏置栅 HV NMOS；而 DN-区是在 P-Well 内做 31P+注入并推进，形成的位于场氧化层下面的符合 HV 要求的低浓度掺杂区。

（4）LV CMOS 制程中的栅氧化改变为厚栅氧化膜生长，使用增加一次掩模并先进行腐蚀，得到高压栅氧化膜，然后接着氧化，以形成低压栅氧化膜。

制程中使用 16 次掩模，各次光刻确定了 LV/HV Twin-Well CMOS（B）芯片各层平面结构与横向尺寸。工艺完成后确定了：

（1）芯片各层平面结构与横向尺寸；

（2）剖面结构与纵向尺寸；

（3）硅中的杂质浓度、分布及结深；

（4）电路功能和电气性能等。

芯片结构及尺寸和硅中杂质浓度及结深是制程的关键（参见附录 B-[20]）。它们不仅与 HV 器件的下列参数有关：

(1) HV NMOS DN-漂移区的长度、宽度、结深度、掺杂浓度；

(2) HV MOS 沟道和漏极之间形成场氧化层（F-Ox）的厚度、长度；

(3) HV 栅氧化层厚度；

(4) 器件承受的高压、低的导通电阻及阈值电压等。

而且与 LV CMOS 的下列参数密切相关：

(1) P-Well 和 N-Well 的深度及薄层电阻；

(2) 场氧化层、各介质层和栅氧化层厚度；

(3) 有效沟道长度；

(4) 源漏结深度及薄层电阻；

(5) 硅衬底电容和 N-Well 电阻；

(6) 器件的阈值电压、源漏击穿电压及跨导等。

此外，要求电路承受的高压和低的导通电阻都达到设计值，这就需要优化漂移区的长度、宽度、结深度、掺杂浓度及沟道和漏极之间形成场氧化层（F-Ox）的厚度、长度等。制程完成后，能否达到芯片的要求，关键取决于各工序的工艺数值是否规范。如果制程完成后电路芯片得到的平面和剖面结构参数不精确，则电路性能就达不到设计指标。所以电路芯片制造中要严格遵守工艺规范才能得到合格的电路。

制程完成后，先测试晶圆 PCM 数据，达到规范值后才能测试芯片电气特性。如果主要的 PCM 数据未达到规范值，偏离数值很大，则要对该晶圆进行报废处理。

第 5 章 BiCMOS 芯片与制程剖面结构

双极型晶体管与 MOS 器件制造工艺是 LSI/VLSI 主要的有源器件和工艺手段。对于高性能专用集成电路的发展来说，仅靠一种器件结构，不论是双极型还是 CMOS，都有一定的困难。把双极型晶体管和 MOS 器件整合在一起的 BiCMOS 技术就克服了这种困难。

CMOS 集成电路具有优越的特性，但是，MOS 管工作电流小，负载电容 C_L 对其速度的影响特别敏感，驱动能力（或跨导 g_m）小。若要加大驱动电流，就要增大宽长比，这样就会占据相当大的芯片面积，影响电路的成品率。双极型器件工作电流大，负载电容对其速度的影响没有 MOS 器件敏感，因而在高速、强驱动能力、高精度方面较 CMOS 优越，一直在高性能电路领域占有重要地位。但是，它的功耗大，集成度较低，所以在高集成度、低功耗方面与 CMOS 相比就相形见绌了。为了提高速度优值 g_m/C_L，充分发挥两种器件的特点，即既有高输入阻抗，又有较大的电流驱动负载（这对提高驱动电流，提高电路速度，缩小芯片面积是有好处的），同时又能实现与 CMOS 工艺技术完全兼容，BiCMOS 成为一种重要的工艺技术。它就是将双极型和 CMOS 器件同时制作在同一芯片上，它综合了双极型器件高跨导、强负载驱动能力和 CMOS 高集成度、低功耗的优点，使二者取长补短，发挥各自的优势。它给高速、高集成度、高性能的 LSI/VLSI 的制造提供了一项十分有用的技术。

BiCMOS 集成技术在数字电路和模拟电路中都得到了应用，特别是在模拟电路中的应用更加广泛。BiCMOS 运算放大器既具备双极放大器的优点，如较高的增益、较大的输出电流及较高的转换频率等，同时也具备 CMOS 运算放大器的优点，如高的输入阻抗、大的输出电压摆幅、低的静态功耗等。在 LSI/VLSI 中，BiCMOS 电路除了可以用来作为驱动外部负载的输出驱动级外，还可以用在内部电路中，以改善整个电路的特性。在门阵列或采用标准单元的电路中，为了设计方便，一般单元都采用相同的几何尺寸。但 CMOS 电路可能和不同的电路连接，由于各种电路的输出阻抗不同，造成实际电路特性有很大差异。如果采用 BiCMOS 结构，整个电路将不受影响。在集成电路向系统集成方向发展的过程中，不可避免会在同一芯片上集成多种功能，BiCMOS 集成技术将会起到应有的作用。

在 CMOS 工艺中制造双极型器件的特殊工序中需要三种掩模：BLN+或 BLP+埋层、深 N+（DN）区及基区（Pb 或 Nb）。BLN+极大地减小了 NPN 集电极电阻——这个最主要的器件寄生参数。BLN+也提高了在薄的外延层上面的 NPN 的工作电压，因为它阻止了垂直方向击穿的可能。此外，BLN+还抑制了寄生衬底 PNP 的作用。因此，几乎所有实际的模拟 BiCMOS 工艺都包括 BLN+埋层。标准双极型工艺使用深的 N+（DN）区来减小 NPN 功率管的集电极电阻。尽管 MOS 功率管可以在很多领域替代 NPN 功率管，但仍然需要深的 N+区来生成有效的少数载流子注入保护环。进一步，根据阱的梯度性质，NPN 管经常在集电极接触区和 BLN+之间的垂直方向呈现过大的电阻。这使管子过早地饱和，限制了低电压工作状态，使得器件模型更加复杂，并且导致不受欢迎衬底注入发生。基区（Pb 或 Nb）扩散决定了 NPN 晶体管的增益、击穿电压和 Early 电压。

此外要指出，硅栅 CMOS 与标准双极型相比，关键的不同只在于衬底材料的选择上。标准双极型工艺使用<111>晶向硅衬底，通过增大表面态密度来增强厚场阈值，而硅栅 CMOS 采用<100>晶向硅衬底来减小表面态密度，从而改善对阈值电压的控制，需要对硅衬底场区进行离子注入，以提高厚场阈值。因此，在 BiCMOS 技术中，选用的硅衬底为<100>晶向，不仅对 CMOS 场区要做离子注入，而且对双极型场区也要做离子注入，以提高这两种厚场阈值。

BiCMOS 工艺有许多种，但归结起来可以分为两种类型：一种是以 CMOS 工艺为基础（无埋层，无隔离，无外延或有外延）的 BiCMOS 工艺，该工艺是在 CMOS 器件工艺的基础上引入适当的双极型器件工艺，以制得双极型器件，用 BiCMOS[C]来表示；另一种是以双极型工艺为基础（有埋层，有隔离，有外延）的 BiCMOS 工艺，该工艺是在双极型器件工艺的基础上引入适当的 CMOS 工艺，以制得 MOS 器件，用 BiCMOS[B]来表示。当然，以 CMOS 工艺为基础的 BiCMOS 工艺对保证器件中的 CMOS 器件的性能比较有利，而以双极工艺为基础的 BiCMOS 工艺，对提高器件中的双极型器件的性能有利。影响 BiCMOS 器件性能的主要是双极部分，因此以双极工艺为基础的 BiCMOS 工艺用得较多。

对 BiCMOS 工艺的基本要求是要将两种器件组合在同一芯片上，两种器件各自具有优点，由此得到的芯片具有良好的综合性能，而且相对双极和 CMOS 工艺来说，不增加过多的工艺步骤。

本章将介绍 BiCMOS 电路的各种制造技术。采用各工序及其剖面结构，可以得到各种 BiCMOS 制程及其剖面结构。

注意：元器件和芯片剖面结构示意图指的是上表面结构。为了简明起见，背面和侧面结构都不画出。本书在附录 B-[2]中做了说明。

P-Well BiCMOS 集成电路可以分成两类：一类是以 CMOS 工艺为基础（无埋层，无 P+隔离，无外延或有外延）、引入兼容双极型器件工艺的 BiCMOS，用 P-Well BiCMOS[C]来表示；另一类是以双极型工艺为基础（有埋层，有隔离，有外延）、引入兼容 MOS 器件工艺的 BiCMOS，用 P-Well BiCMOS[B]来表示。下面对这两类工艺制程分别加以介绍。

5.1　P-Well BiCMOS[C]

电路采用 1.2μm 设计规则，使用 P-Well BiCMOS[C]制造技术。该电路典型元器件、制造技术及主要参数如表 5-1 所示。它以 P-Well CMOS（B）制程及所制得的元器件为基础，并用双极型器件结构和制造工艺对其进行改变，最终在硅衬底上形成 BiCMOS[C]芯片中的各种元器件，并使之互连，实现所设计电路。该电路或各层版图已变换为缩小的各层平面和剖面结构图形的 BiCMOS[C]芯片。如果得到的工艺参数与电学参数都符合所设计电路的要求，则芯片功能和电气性能都能达到设计指标。

表 5-1 工艺技术和芯片中主要元器件

工艺技术		芯片中主要元器件	
■ 技术	BiCMOS[C]	■ 电阻	R_{SNB}（基区电阻）
■ 衬底	N-Si<100>	■ 电容	—
■ 阱	P-Well	■ 晶体管	NMOS $W/L>1$ 增强型（驱动管）
■ 隔离	LOCOS		PMOS $W/L>1$ 增强型（负载管）
■ 栅结构	N+Poly/SiO_2		NPN（纵向）
■ 源漏区	N+SN-, P+		PNP（横向）
■ E/B/C 区	N+/PW/N-subN+	■ 二极管	N+/P-Well（剖面图中未画出）
	P+/Nb/P+		P+/N-Sub（剖面图中未画出）
■ 栅特征尺寸	1.2μm/3μm, D/A**		
■ Poly	1 层（N+Poly）		
■ 互连金属	1 层（AlSiCu）		
■ 电源（U_{DD}）	5V 或 ±5V		
工艺参数*	数 值	电学参数*	数 值
■ ρ	左边这些参数视工艺制程而定	■ U_{TN}/U_{TP}, BU_{DSN}/BU_{DSP}	左边这些参数视电路特性而定
■ X_{jPW}		■ U_{TFN}/U_{TFP}	
■ X_{jNB}		■ $R_{SPW}/R_{SNB}/R_{SPB}$	
■ $T_{F-Ox}/T_{G-Ox}/T_{Poly-Ox}$		■ $R_{SN+Poly}/R_{SNB}/R_{SN+}/R_{SP+}$	
■ $T_{Poly}/T_{BPSG}/T_{LTO}/T_{TEOS}$		■ g_n/g_p, I_{LPN}	
■ L_{effn}/L_{effp}		■ BU_{CBON}/BU_{CEON}, β_{NPN}, f_{TN}	
■ X_{jN+}/X_{jP+}, T_{Al}		■ BU_{CBOP}/BU_{CEOP}, β_{PNP}, f_{TP}	
■ 设计规则	1.2μm/3μm（CMOS）, D/A	■ 电路 DC/AC 特性	视设计电路而定

*表中参数：P 型基区宽度/薄层电阻为 W_{Pb}/R_{SPB}，N 型基区宽度/薄层电阻为 W_{Nb}/R_{SNB}，集电极-发射极/集电极-基极间击穿电压为 BU_{CEO}/BU_{CBO}，双极型放大系数和截止频率分别为 β 和 f_T。其他参数符号与第 2 章各表相同。

**D/A 为数字/模拟。

5.1.1 芯片平面/剖面结构

应用芯片结构技术（参见附录 B-[21]），使用计算机和相应的软件，可以得到 P-Well BiCMOS[C]芯片典型平面/剖面结构。首先在电路中找出各种典型元器件——NMOS、PMOS、NPN（纵向）、PNP（横向）及 Nb 基区电阻。然后进行平面/剖面结构设计，选取平面/剖面结构各层统一适当的尺寸和不同的标识，表示制程中各工艺完成后的层次，设计得到可以互相拼接得很好的各元器件结构（或在元器件结构库中选取），分别如图 5-1 中的 A、B、C、D 及 E 所示（不要把它们看作连接在一起）。最后把各元器件结构按一定方式排列并拼接起来，构成芯片剖面结构，图 5-1（a）为其示意图，而平面/剖面结构如图 5-2 所示。或者把第 2 章 2.2 节中的 P-Well CMOS（B）剖面结构与本节设计的 NPN C、PNP D 及 Nb 电阻三种结构进行集成，并去掉耗尽型 NMOS、P-Well 电阻及衬底电容修改而得到。以该结构为基础，消去 PNP 和 Nb 基区电阻，引入耗尽型 NMOS、Cs 衬底电容及 P-Well 电阻，得到如图 5-1（b）所示的另一种结构。如果引入不同于图 5-1 中的单个或多个元器件，或消去其中单个或多个元器件结构，或对其中元器件结构进行改变，则可得到多种不同结构。选用其中与设计电路相联系的一种结构。下面仅对图 5-1（a）所示结构进行介绍。

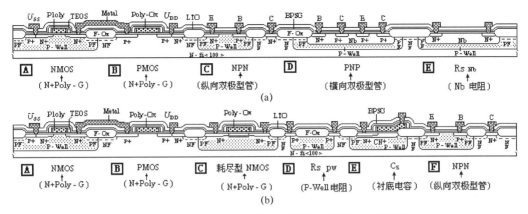

图 5-1 P-Well BiCMOS[C]电路芯片剖面结构示意图（参阅附录 B-[2]）

5.1.2 工艺技术

设计电路工艺技术概要如表 5-1 所示。为实现 P-Well BiCMOS[C]技术，引入兼容双极型器件工艺，对 P-Well CMOS（B）制造工艺做如下改变。

（1）P 场注入后，引入 N 场 75As+注入，消去与耗尽型 NMOS、P-Well 电阻、衬底电容有关的工艺及它们的结构。

（2）11B+注入形成 P-Well 的同时，引入生成 NPN 基区。

（3）在预栅氧化后，引入 P-Well 中 31P+注入并推进，生成轻掺杂 Nb 区，形成 PNP 基区（Nb）及其电阻。

（4）75As+注入生成 N+区为源漏掺杂区的同时，引入形成双极型 E/C 掺杂区和 Nb 基区及其电阻的 N+接触；49BF$_2$+注入生成 P+区为源漏掺杂区的同时，引入形成双极型 E/C 掺杂区。

上述消去与引入这些基本工艺，使 P-Well CMOS 结构和制程都发生了明显的变化。工艺完成后，制得 NMOS[A]与 PMOS[B]、NPN[C]与 PNP[D]及基区电阻等，并用 P-Well BiCMOS[C]来表示。

根据 P-Well BiCMOS[C]电路电气特性要求，确定用于芯片制造的基本参数，如表 5-1 所示。芯片制造工艺中，一是要确保工艺参数、电学参数都达到规范值，二是在批量生产中要确保芯片具有高成品率、高性能及高可靠性。根据电路电气特性的指标，对下列参数提出严格要求。

（1）工艺参数：如各种杂质浓度及分布、结深、栅氧化层/介质层厚度等。

（2）电学参数：薄层电阻、MOS 和双极型击穿电压、阈值电压等。

（3）硅衬底材料电阻率等。

芯片制造由各工步所组成的工序来实现，需要制定出各工序具体的工艺条件。从芯片制程的最初阶段开始，就对各工序进行严格的工艺监控与检测，并制定出该工序的材料质量和参数规范。如果该工序质量和参数未达到规范要求，偏离数值很大，则要返工，若不能返工，就要做报废处理。在工艺线上进行严格的工艺监控与检测，可使工艺参数和电学参数都达到规范值，生产出高质量芯片。

从制程剖面结构图（图 5-2）中可以看出，需要进行 13 次光刻。与 P-Well CMOS 相比，增加了 1 块掩模：基区（Nb）。

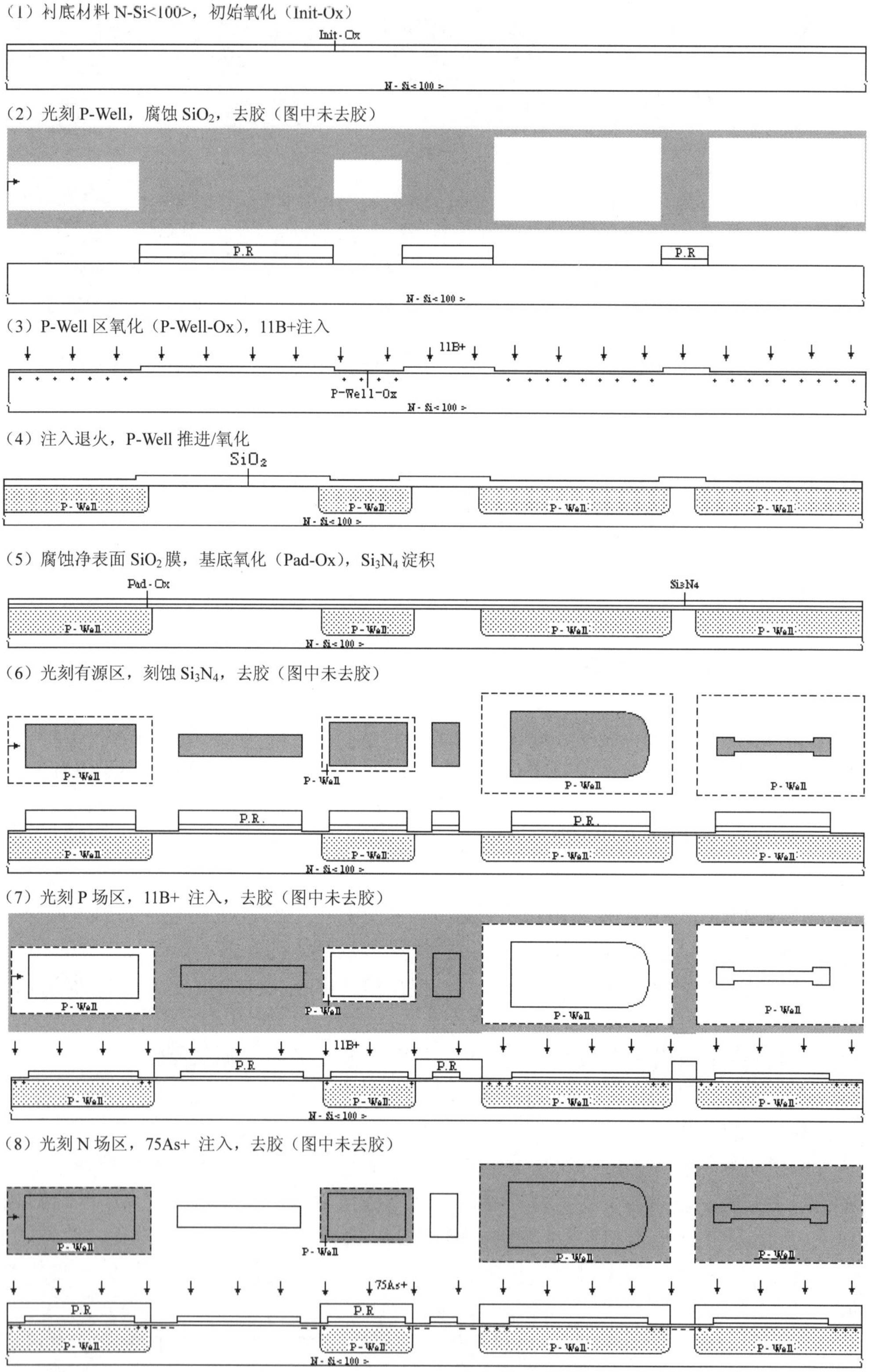
（1）衬底材料 N-Si<100>，初始氧化（Init-Ox）
Init-Ox
N-Si<100>
（2）光刻 P-Well，腐蚀 SiO₂，去胶（图中未去胶）
P.R
P.R
N-Si<100>
（3）P-Well 区氧化（P-Well-Ox），11B+注入
11B+
P-Well-Ox
N-Si<100>
（4）注入退火，P-Well 推进/氧化
SiO2
P-Well
N-Si<100>
（5）腐蚀净表面 SiO₂ 膜，基底氧化（Pad-Ox），Si₃N₄ 淀积
Pad-Ox
Si3N4
P-Well
N-Si<100>
（6）光刻有源区，刻蚀 Si₃N₄，去胶（图中未去胶）
P-Well
P.R.
N-Si<100>
（7）光刻 P 场区，11B+ 注入，去胶（图中未去胶）
P-Well
11B+
P.R
N-Si<100>
（8）光刻 N 场区，75As+ 注入，去胶（图中未去胶）
P-Well
75As+
P.R
N-Si<100>

图 5-2　P-Well BiCMOS[C]制程剖面结构示意图（参阅附录 B-[2, 3, 6, 14, 16]）

第 5 章 BiCMOS 芯片与制程剖面结构

(9) 场区氧化，形成 SiON/Si$_3$N$_4$/SiO$_2$ 三层结构

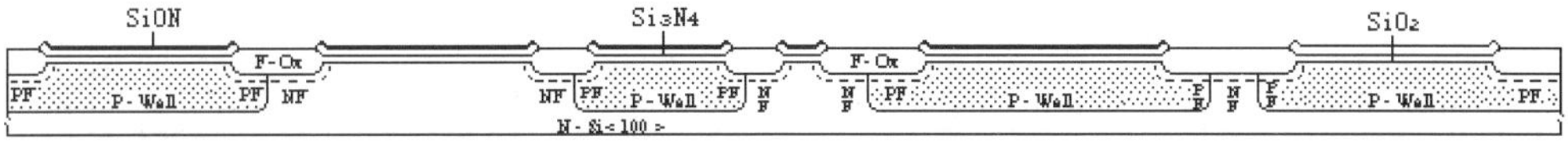

(10) 三层 SiON/Si$_3$N$_4$/SiO$_2$ 腐蚀，预栅氧化（Pre-Gox）

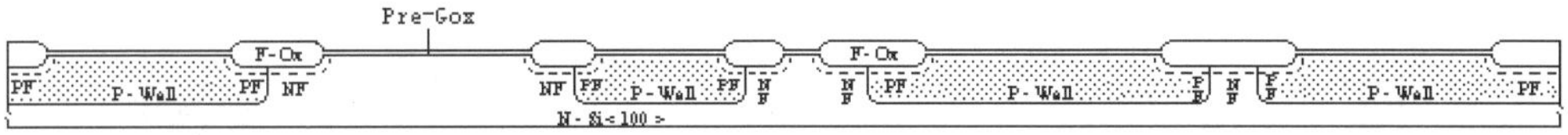

(11) 光刻 Nb 基区及其电阻，31P+ 注入，去胶（图中未去胶）

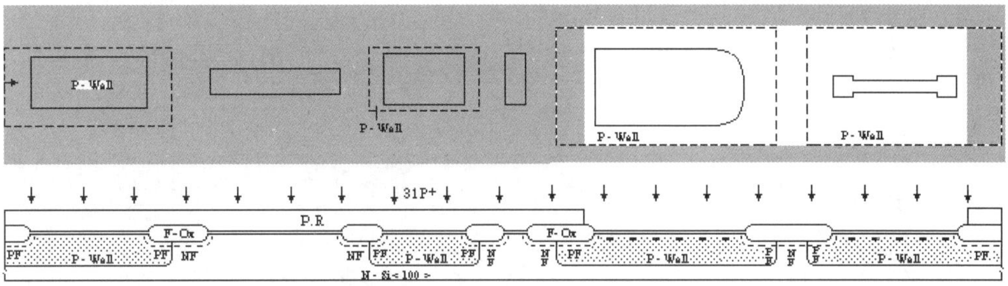

(12) 注入退火，基区推进。光刻 P 沟道区，11B+ 注入，去胶（图中未去胶）

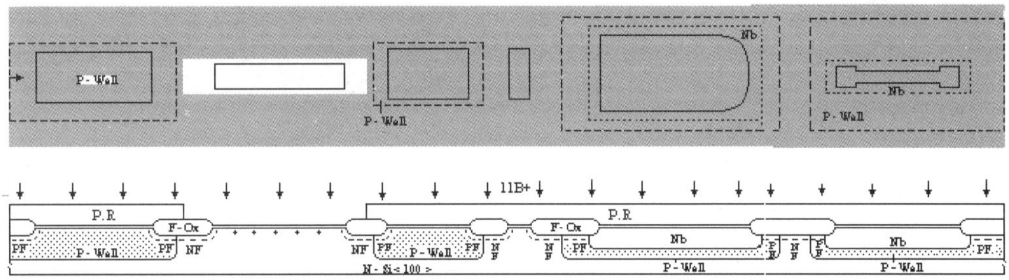

(13) 栅氧化（G-Ox），Poly 淀积，POCl$_3$ 掺杂

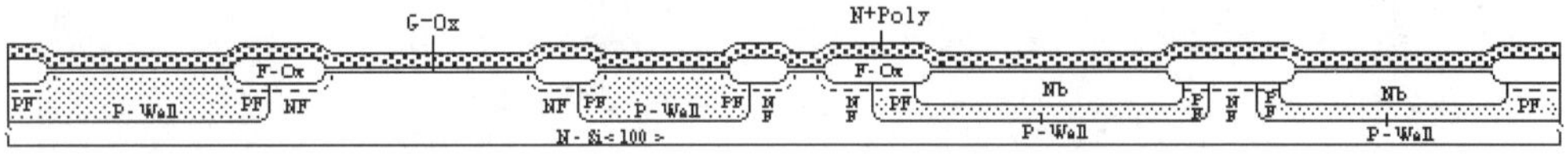

(14) 光刻 Poly，刻蚀 Poly，去胶（图中未去胶）

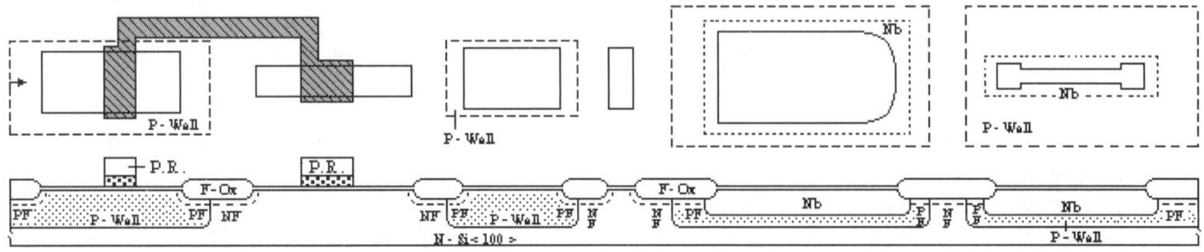

(15) Poly 氧化（Poly-Ox），光刻 NLDD 区，31P+ 注入，去胶（图中未去胶）

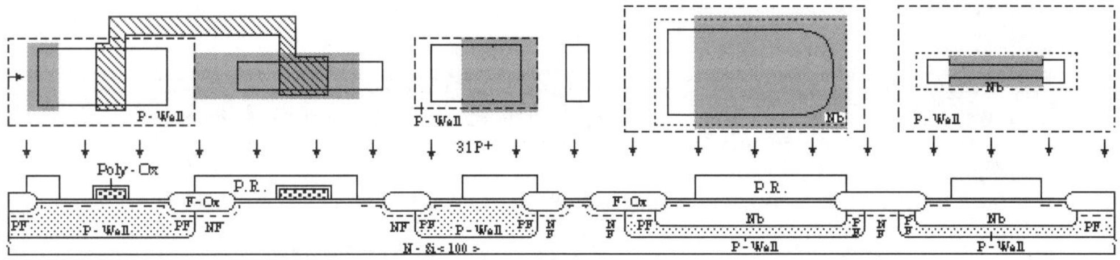

图 5-2　P-Well BiCMOS[C]制程剖面结构示意图（参阅附录 B-[2, 3, 6, 14, 16]）（续）

(16) 注入退火，形成 SN-区。TEOS 淀积/致密。刻蚀形成侧墙，源漏氧化（S/D-Ox），同时 Poly 也氧化

(17) 光刻 N+区，75As+ 注入（Poly 注入未标出），去胶（图中未去胶）

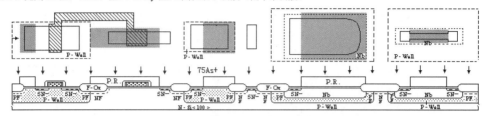

(18) 光刻 P+区，49BF$_2$+ 注入（Poly 注入未标出），去胶（图中未去胶）

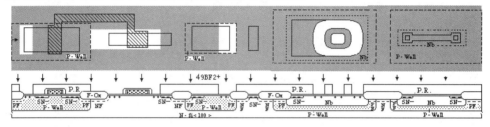

(19) LTO/BPSG 淀积，流动/注入退火，形成 N+SN-、P+区（图中未标出 SN-区）

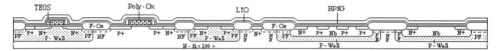

(20) 光刻接触孔，腐蚀，刻蚀剩余 BPSG/LTO/SiO$_2$，去胶（图中未去胶）

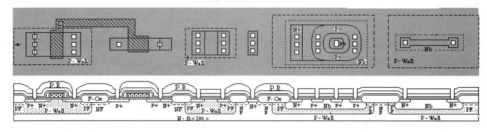

(21) 溅射金属（Metal），光刻金属，刻蚀 AlSiCu，干法去胶

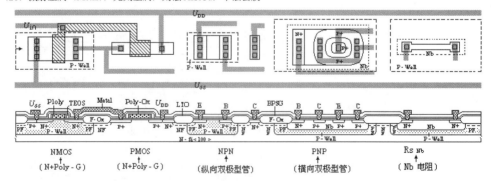

(22) 钝化层 PSG/PECVD Si$_3$N$_4$ 淀积，光刻键压点，刻蚀 PECVD Si$_3$N$_4$/PSG，干法去胶。合金，背面减薄
(23) 晶圆 PCM 测试，芯片测试

图 5-2　P-Well BiCMOS[C]制程剖面结构示意图（参阅附录 B-[2, 3, 6, 14, 16]）（续）

5.1.3 工艺制程

图 5-1 所示的 P-Well BiCMOS[C]芯片结构的制程是由工艺规范确定的各个基本工序、相互关联及将其按一定顺序组合构成的。为实现此制程，在 P-Well CMOS（B）制程中，消去部分与引入部分基本工艺，不仅增加了制造工艺，技术难度增大，使芯片结构发生了明显的变化，而且改变了其制程，从而实现了 P-Well BiCMOS[C]制程。

由多次氧化、光刻、杂质扩散、离子注入、薄膜淀积及溅射金属等各个基本工序构成芯片制程，形成了以下元器件及其杂质层、介质层和互连金属层。

（1）电路芯片中的各个元器件：NMOS、PMOS、NPN（纵向）、PNP（横向）及 Nb 基区电阻等。

（2）这些电路元器件所需要的精确控制的硅中的杂质层：P-Well、PF、NF、Nb、沟道掺杂、SN-、N+Poly、N+、P+。

（3）集成电路所需要的介质层：F-Ox、G-Ox、Poly-Ox、BPSG/LTO。

（4）将这些电路元器件连接起来形成集成电路的金属层：AlSiCu。

应用计算机，依据 P-Well BiCMOS[C]芯片制造工艺中各个工序的先后次序，把各个工序互相连接起来，可以得到制程。它由各个工序所组成，而工序则由各个工步来实现。根据设计电路的电气特性要求，选择工艺序号和工艺规范号，以便得到所需要的工艺参数和电学参数。

为了直观地显示出制程中芯片表面、内部元器件及互连的形成过程和结构的变化，借助图 5-1 芯片剖面结构和制造工艺的各个工序，利用芯片结构技术，使用计算机和相应的软件，可以描绘出芯片制程中各个工序平面/剖面结构，依照各个工序的先后次序互相连接起来，可以得到 P-Well BiCMOS[C]制程平面/剖面结构，图 5-2 为其示意图。

从 P-Well BiCMOS[C]制程和结构可以看出，阱区是由向 N 型衬底中扩散 P 型杂质形成的。PMOS 管在 N 型衬底中制作，NMOS 管和纵向 NPN 管都在 P-Well 中形成，横向 PNP 管在 Nb 基区中制成，而 Nb 基区是由向 P-Well 中扩散 N 型杂质形成的。

该制程的主要特点如下所述。

（1）NMOS 的 P-Well 与作为 NPN 基区的 P-Well 和生成 PNP 基区（Nb）的 P-Well 都是同时形成的，具有相同的阱深和浓度。

（2）P-Well CMOS 制程中增加了一次掩模，在 P-Well 中做 31P+注入，并推进达到一定结深度，以形成横向 PNP 的基区（Nb）。

（3）PMOS 源/漏区 P+掺杂：NPN 以 P-Well 作为基区，形成 P+接触区，同时在基区（Nb）中分别形成发射区和集电区，以制得 PNP。

（4）NMOS 源/漏区 N+掺杂：在 P-Well 中的 Nb 区形成 PNP 的基区 N+接触区，同时在 P-Well 区和 N 型硅衬底分别形成发射区和集电区，以制得 NPN。

P-Well BiCMOS[C]制程使用了 13 次掩模，芯片各层平面结构与横向尺寸由每次光刻来确定。制程完成后，不仅确定了芯片各层平面结构与横向尺寸，而且也确定了剖面结构与纵向尺寸，并精确控制了硅中的杂质浓度及分布和结深，从而确定了电路功能和电气性能。

芯片结构及尺寸和硅中杂质浓度及结深是制程的关键（参见附录 B-[20]）。它们不仅与双极型器件的下列参数有关：

（1）基区的结深度、掺杂浓度；

（2）发射区的结深度、掺杂浓度；

（3）集电极-发射极/集电极-基极间击穿电压 BU_{CEO}/BU_{CBO}；

（4）放大系数 β 和截止频率 f_T 等。

而且与 CMOS 器件的下列参数密切相关：

（1）衬底电阻率、P-Well 深度及薄层电阻；

（2）场氧化层/各介质层/栅氧化层厚度；

（3）有效沟道长度；

（4）源漏结深度及薄层电阻；

（5）器件的阈值电压、源漏击穿电压、跨导等。

此外，CMOS 与双极型器件在这些参数之间进行折中与优化，以达到互相匹配的目的。

制程的主要缺点：NPN 管的集电区串联电阻大；基区宽度太大，串联电阻也较大，从而影响了电路性能，特别是驱动能力；NPN 管的集电区和 PMOS 管共衬底，因此限制了 NPN 管的使用，使其仅能用于共集电极电路。为了克服上述这些缺点，可对该制程做如下改变：用 N/N+ 外延衬底代替 N 型硅衬底，以降低集电区串联电阻；增加一次掩模进行基区注入，降低基区宽度和串联电阻。

制程完成后，先测试晶圆 PCM 数据，达到规范值后，才能测试芯片电气性能。如果是工程研制，则制造者分析 PCM 数据，而设计者分析芯片功能和性能，两者共同分析讨论，确定下一次的研制方案；如果是批量生产，则分析 PCM 数据和芯片合格率的高低等。如果主要的 PCM 数据未达到规范值，偏离数值很大，则要对该晶圆进行报废处理。

5.2　P-Well BiCMOS[B]-（A）

电路采用 1.2μm 设计规则，使用 P-Well BiCMOS[B]-（A）制造技术。表 5-2 中示出该电路的典型元器件、制造技术及主要参数。它以双极型制程及所制得的元器件为基础，并用 CMOS 器件结构和制造工艺对其进行改变，最终在硅衬底上形成 BiCMOS[B]芯片中的各种元器件，并使之互连，实现所设计电路。如果制程完成后得到的各种参数都符合所设计电路的要求，则芯片功能和电气性能都能达到设计指标。

表 5-2　工艺技术和芯片中主要元器件

工 艺 技 术		芯片中主要元器件	
■ 技术	BiCMOS[B]-（A）	■ 电阻	—
■ 衬底	N-epi/P-Si<100>	■ 电容	—
■ 阱	P-Well	■ 晶体管	NMOS $W/L>1$ 增强型（驱动管）
■ 隔离	LOCOS/P-Well		PMOS $W/L>1$ 增强型（负载管）
■ 栅结构	N+Poly/SiO$_2$		NPN（纵向）
■ 源漏区	N+SN-, P+		PNP（横向）
■ 栅特征尺寸	1.2μm/3μm, D/A	■ 二极管	N+/P-Well（剖面图中未画出）
■ E/B/C 区	N+Poly/EN+/Pb/N-epi		P+/N-epi（剖面图中未画出）
	BLN+DNN+		
	P+/N-epi/P+		

(续表)

工艺技术		芯片中主要元器件	
■ Poly	1 层（N+Poly）		
■ 互连金属	1 层（AlSiCu）		
■ 电源（U_{DD}）	5V 或 ±5V		
工艺参数*	数 值	电学参数*	数 值
■ ρ, $T_{N\text{-}EPI}$	左边这些参数视工艺制程而定	■ U_{TN}/U_{TP}, BU_{DSN}/BU_{DSP}	左边这些参数视电路特性而定
■ $X_{jBLN+}/X_{jPW}/X_{jEN+}/X_{jDN}$		■ U_{TFN}/U_{TFP}	
■ $T_{F\text{-}Ox}/T_{G\text{-}Ox}/T_{Poly\text{-}Ox}$		■ $R_{SBLN+}/R_{SPW}/R_{SPB}/R_{SEN+}/R_{SDN}$	
■ X_{jPB}		■ $R_{SN+Poly1}/R_{SN+Poly2}/R_{SN+}/R_{SP}$	
■ $T_{Poly1}/T_{Poly2}/T_{BPSG}/T_{LTO}/T_{TEOS}$		■ g_n/g_p, I_{LPN}, $R_{SN\text{-}EPI}$	
■ L_{effn}/L_{effp}		■ BU_{CBON}/BU_{CEON}, β_{NPN}, f_{TN}	
■ X_{jN+}/X_{jP+}, T_{Al}		■ BU_{CBOP}/BU_{CEOP}, β_{PNP}, f_{TN}	
■ 设计规则	1.2μm/3μm（CMOS），D/A	■ 电路 DC/AC 特性	视设计电路而定

*表中参数：N-型外延层厚度为 $T_{N\text{-}EPI}$，深磷区（DN）结深/薄层电阻为 X_{jDN}/R_{SDN}，发射区结深/薄层电阻为 X_{jEN+}/R_{SEN+}，其他参数符号与第 2 章各表相同。

5.2.1 芯片剖面结构

首先在电路中找出 NPN（纵向）和 PNP（横向）器件，应用芯片结构技术（参见附录 B-[21]），进行剖面结构设计，然后把第 2 章 2.2 节中的 P-Well CMOS（B）芯片剖面结构进行一些修改：使用 N-EPI/P-Si<100>衬底，采用 P-Well 隔离，在 N 场区中做 75As+注入，形成 N 场区，在结构中标出 NF 位置等。最后与双极型结构进行集成，得到 P-Well BiCMOS[B]-（A）芯片剖面结构，图 5-3（a）为其示意图。以该结构为基础，消去耗尽型 NMOS、P-Well 电阻及衬底电容，为了简明起见，做局部修改，得到如图 5-3（b）所示的另一种结构。如果引入不同于图 5-3 中的单个或多个元器件结构，或消去其中单个或多个元器件结构，或对其中元器件结构进行改变，则可得到多种不同结构。选用其中与设计电路相联系的一种结构。下面仅对图 5-3（b）所示芯片剖面结构进行介绍。

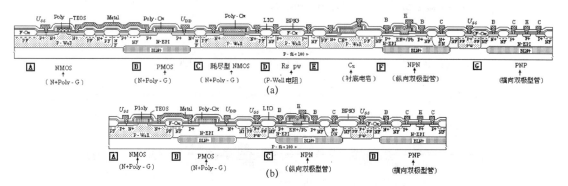

图 5-3 P-Well BiCMOS[B]-（A）电路芯片剖面结构示意图（两图比例不同）（参阅附录 B-[2]）

5.2.2 工艺技术

设计电路工艺技术概要如表 5-2 所示。为实现 P-Well BiCMOS[B]-（A）技术，引入兼容

P-Well CMOS（B）器件工艺，对制造工艺做如下改变。

（1）使用 N-EPI/P-Si<100>衬底，采用 P-Well 隔离，在 N 场区做 75As+注入，消去与耗尽型 NMOS、P-Well 电阻及衬底电容有关的工艺和它们的结构。

（2）在形成 BLN+埋层、N-型外延及 DN 推进后，引入 N-型外延层中 11B+注入并推进，生成 P-Well 的同时形成双极型隔离；引入场区注入、硅局部氧化，形成 CMOS 隔离。

（3）在基区推进后，引入沟道调节注入、栅氧化及 Poly 淀积并掺杂，刻蚀形成 CMOS 硅栅结构；进行 LDD 注入，TEOS 淀积并刻蚀形成侧墙，Poly 掺杂扩散的同时形成发射区（EN+）。

（4）75As+注入，生成 N+为双极型的 C 区和 N-EPI 层基区接触的同时，引入形成源漏掺杂区；49BF$_2$+注入，生成 P+为双极型的 E/C 区和 Pb 基区接触的同时，引入形成源漏掺杂区。

上述消去与引入这些基本工艺，使双极型芯片结构和制程都发生了明显的变化。工艺完成后，制得 NMOS$\boxed{A}$与 PMOS$\boxed{B}$、耗尽型 NMOS$\boxed{C}$、P-Well 电阻$\boxed{D}$、衬底电容 Cs$\boxed{E}$、纵向 NPN$\boxed{F}$与横向 PNP$\boxed{G}$等，并用 P-Well BiCMOS[B]-（A）来表示。

P-Well BiCMOS[B]-（A）电路电气性能指标与制造的各种参数密切相关，确定用于芯片制造的基本参数，如表 5-2 所示。制造工艺中，对下列参数提出严格要求。

（1）工艺参数：各种掺杂浓度及分布，X_{jBLN+}、X_{jPW}、X_{jPb}、X_{jEN+}、X_{jDN}、X_{jN+}、X_{jP+}等结深，$T_{F\text{-}Ox}$、$T_{G\text{-}Ox}$、$T_{Poly\text{-}Ox}$等氧化层厚度。

（2）电学参数：U_{TN}、U_{TP}等阈值电压，R_{SBLN+}、R_{SPW}、R_{SPb}、$R_{S\ EN+}$、R_{SDN}、R_{SN+}、R_{SP+}等薄层电阻，BU_{DSN}、BU_{DSP}、BU_{CBO}、BU_{CEO}等击穿电压。

（3）硅衬底电阻率/外延层厚度及电阻率等。

芯片制造由各工步所组成的工序来实现，需要制定出各工序具体的工艺条件。电路芯片批量生产时，保持各批次制程的均一性相当重要。不但要监控工艺参数和电学参数，使其在整个晶圆的范围内达到规范值，还要让每一片生产的晶圆都达到这个标准。从投片到产出包括许多步骤，必须使用制程控制各工序的质量，以便得到高合格率和高性能芯片。

从制程剖面结构图（图 5-4）中可以看出，制程中需要进行 16 次光刻。光刻对准曝光要严格对准、套准，并使之在确定的误差以内。与双极型工艺相比，增加了 6 块掩模：P-Well、P 场区、N 场区、P 沟道区、Poly 及 NLDD 区。

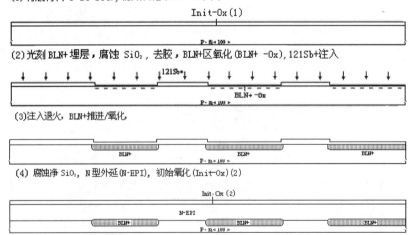

图 5-4 P-Well BiCMOS[B]-（A）制程剖面结构示意图（参阅附录 B-[2, 3, 6, 13, 16, 18]）

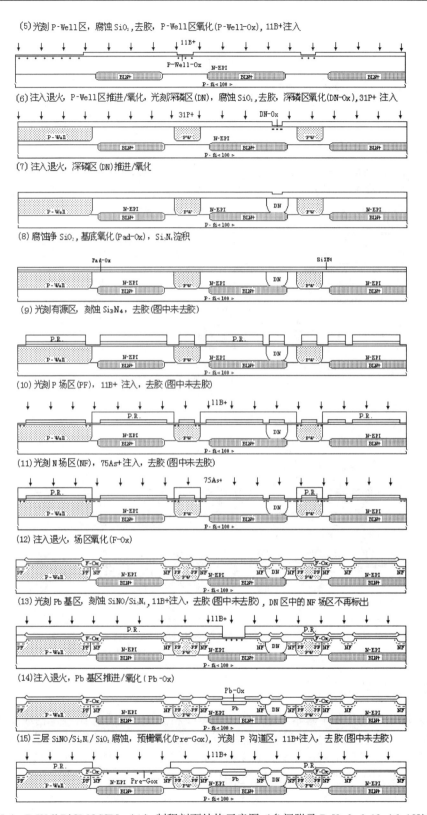

图 5-4　P-Well BiCMOS[B]-（A）制程剖面结构示意图（参阅附录 B-[2, 3, 6, 13, 16, 18]）（续）

图 5-4 P-Well BiCMOS[B]-（A）制程剖面结构示意图（参阅附录 B-[2, 3, 6, 13, 16, 18]）（续）

5.2.3 工艺制程

　　由工艺规范确定的各个基本工序、相互关联及将其按一定顺序组合，构成图 5-3 所示的 P-Well BiCMOS[B]-（A）芯片结构的制程。为实现此制程，在双极型制程中，消去与引入部分基本工艺，不仅增加了制造工艺，技术难度增大，使芯片结构发生了明显的变化，而且改变了其制程，从而实现了 P-Well BiCMOS[B]-（A）制程。

　　由多次氧化、光刻、杂质扩散、离子注入、薄膜淀积及溅射金属等各个基本工序构成芯片制程，形成了以下元器件及其杂质层、介质层和互连金属层。

(1) 电路芯片中的各个元器件：NMOS、PMOS、NPN（纵向）及 PNP（横向）等。

(2) 这些电路元器件所需要的精确控制的硅中的杂质层：BLN+、N-EPI、DN、P-Well、PF、NF、Pb、沟道掺杂、SN-、N+Poly、N+、EN+、P+等。

(3) 集成电路所需要的介质层：F-Ox、G-Ox、Poly-Ox、TEOS、BPSG/LTO 等。

(4) 将这些电路元器件连接起来形成集成电路的金属层：AlSiCu。

应用计算机，依据 P-Well BiCMOS[B]-（A）芯片制造工艺中各个工序的先后次序，把各个工序连接起来，可以得到制程。它由各个工序所组成，而工序则由各个工步来实现。根据设计电路的电气特性要求，选择工艺序号和工艺规范号，以便得到所需要的工艺参数和电学参数。

根据图 5-3 芯片剖面结构和制造工艺的各个工序，使用芯片结构技术，利用计算机和相应的软件，可以描绘出芯片制程中各个工序剖面结构，依据各个工序的先后次序连接起来，可以得到如图 5-4 所示的 P-Well BiCMOS[B]-（A）制程剖面结构示意图。该图直观地显示出制程中芯片表面、内部器件及互连的形成过程和结构的变化。

从 P-Well BiCMOS[B]-（A）制程和剖面结构可以看出，P-Well 区是由向 P 型衬底生长 N-型外延层中扩散 P 型杂质形成的，从而得到隔离区。NMOS 管在 P-Well 中形成，PMOS 管、纵向 NPN 及横向 PNP 管都在 N-型外延层中制成。该制程的主要特点如下所述。

(1) 双极型的隔离和 CMOS 的 P-Well 是同时形成的，具有相同的阱深和浓度。

(2) NPN 集电区和 PNP 基区 N+接触区掺杂，同时在 P-Well 中形成源区和漏区，以制得 NMOS。

(3) NPN 的基区（Pb）接触区和 PNP 的发射区/集电区 P+掺杂，同时在 N 型外延层中形成源区和漏区，以制得 PMOS。

(4) 利用 CMOS 工艺的 Poly 作为 NPN 器件的多晶硅发射极，不必增加工艺就可形成浅结和小尺寸发射区。浅 Pb 基区中 Poly 磷的掺杂外扩散形成 NPN 的发射区，可以得到双极型高截止频率。

(5) 为了获得大电流下的低饱和压降，采用高浓度的集电极深磷扩散，形成与 BLN+埋层相接的深磷区（DN）。

芯片制程中采用了 16 次掩模，各次光刻确定了 P-Well BiCMOS[B]-（A）芯片各层平面结构与横向尺寸。工艺完成后，不仅确定了芯片各层平面结构与横向尺寸，而且也确定了剖面结构与纵向尺寸，并精确控制了硅中的杂质浓度及分布和结深，从而确定了电路功能和电气性能。

芯片结构及尺寸和硅中杂质浓度及结深是制程的关键（参见附录 B-[20]）。它们不仅与双极型器件的下列参数有关：

(1) 埋层结深及薄层电阻；

(2) N 型外延层电阻率及厚度；

(3) 基区的宽度及薄层电阻；

(4) 发射区结深及薄层电阻；

(5) 双极型器件的 f_T、β、BU_{CEO} 和 BU_{CBO} 等。

而且与 CMOS 器件的下列参数密切相关：

(1) N 型外延层电阻率和厚度；

(2) P-Well 深度、掺杂浓度及分布；

(3) 场氧化层、各介质层和栅氧化层厚度；

(4) 有效沟道长度；

（5）源漏结深度及薄层电阻；

（6）MOS 器件的阈值电压、源漏击穿电压、跨导等。

此外，双极型与 CMOS 器件在这些参数之间必须进行折中与优化，以达到互相匹配的目的。

制程完成后，芯片结构中横向和纵向尺寸能否实现芯片要求，关键取决于各工序的工艺规范值。如果制程完成后芯片得到的结构参数不精确，则电路性能就达不到设计指标。所以电路芯片制造中要严格遵守工艺规范才能得到合格的电路。

制程完成后，先测试晶圆 PCM 数据，达到规范值后才能测试芯片电气特性。如果主要的 PCM 数据未达到规范值，偏离数值很大，则要对该晶圆进行报废处理。

5.3 P-Well BiCMOS[B]-（B）

电路采用 1.2μm 设计规则，使用 P-Well BiCMOS[B]-（B）制造技术。该电路典型元器件、制造技术及主要参数如表 5-3 所示。它以双极型制程及所制得的元器件为基础，并用 CMOS 器件结构和制造工艺对其进行改变，最终在硅衬底上形成 BiCMOS[B]芯片中的各种元器件，并使之互连，实现所设计电路。如果制程完成后得到的各种工艺参数与电学参数都符合所设计电路的要求，则芯片功能和电气性能都能达到设计指标。

表 5-3 工艺技术和芯片中主要元器件

工 艺 技 术		芯片中主要元器件	
■ 技术	BiCMOS[B]-（B）	■ 电阻	—
■ 衬底	N-epi/P-Si<100>	■ 电容	—
■ 阱	P-Well	■ 晶体管	NLDD NMOS $W/L>1$（驱动管）
■ 隔离	LOCOS，PW/BLP+		PMOS $W/L>1$（负载管）
■ 栅结构	N+Poly/SiO$_2$		NPN（纵向）
■ 源漏区	N+SN-，P+		PNP（纵向）
■ 栅特征尺寸	1.2μm/3μm，D/A	■ 二极管	N+/P-Well（剖面图中未画出）
■ E/B/C 区	N+/Pb/N-epiBLN+DNN+		P+/N-epi（剖面图中未画出）
	P+/Nb/PWP+		
■ Poly	1 层（N+Poly）		
■ 互连金属	1 层（AlSiCu）		
■ 电源（U_{DD}）	5V 或±5V		
工 艺 参 数*	数 值	电 学 参 数*	数 值
■ ρ，T_{N-EPI}	左边这些参数视工艺制程而定	■ U_{TN}/U_{TP}，BU_{DSN}/BU_{DSP}	左边这些参数视电路特性而定
■ $X_{jBLN+}/X_{jBLP+}/X_{jPW}/X_{jDN}$		■ U_{TFN}/U_{TFP}	
■ $T_{F-Ox}/T_{G-Ox}/T_{Poly-Ox}$		■ $R_{SBLN+}/R_{SBLP+}/R_{SPW}/R_{SPB}/R_{SN-EPI}$	
■ X_{jPB}/X_{jNB}		■ $R_{SNB}/R_{SDN}/R_{SN+Poly}/R_{SN+}/R_{SP+}$	
■ $T_{Poly}/T_{BPSG}/T_{LTO}/T_{TEOS}$		■ g_n/g_p，I_{LPN}	
■ L_{effn}/L_{effp}		■ BU_{CBON}/BU_{CEON}，β_{NPN}，f_{TN}	
■ X_{jN+}/X_{jP+}，T_{Al}		■ BU_{CBOP}/BU_{CEOP}，β_{PNP}，f_{TP}	
■ 设计规则	1.2μm/3μm（CMOS），D/A	■ 电路 DC/AC 特性	视设计电路而定

*表中参数：P+埋层/N+埋层结深和薄层电阻分别为 X_{jBLN+}/R_{SBLN+} 和 X_{jBLP+}/R_{SBLP+}，其他参数符号与第 2 章各表相同。

5.3.1 芯片剖面结构

应用芯片结构技术（参见附录 B-[21]），可以得到芯片典型剖面结构。首先在电路中找出各种典型元器件——NMOS、PMOS、NPN（纵向）及 PNP（纵向），然后进行剖面结构设计，分别如图 5-5 中的 A、B、C 及 D 所示（不要把它们看作连接在一起）。最后由它们组成 P-Well BiCMOS[B]-（B）芯片剖面结构，图 5-5（a）为其示意图。或者把第 2 章 2.3 节中的 P-Well CMOS（C）剖面结构与本节设计的对通隔离的 NPN C 和纵向 PNP D 进行集成，并去掉 Poly 电阻、场区电容及耗尽型 NMOS 修改而得到。以该结构为基础，PNP 结构从纵向改为横向，引入 Cf 场区电容和 Poly 电阻，得到如图 5-5（b）所示的另一种结构。如果引入不同于图 5-5 中的单个或多个元器件结构，或消去其中单个或多个元器件结构，或对其中元器件结构进行改变，则可得到多种不同结构。选用其中与设计电路相联系的一种结构。下面仅对图 5-5（a）所示结构进行介绍。

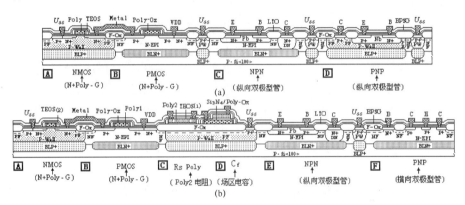

图 5-5 P-Well BiCMOS[B]-（B）电路芯片剖面结构示意图（参阅附录 B-[2]）

5.3.2 工艺技术

设计电路工艺技术概要如表 5-3 所示。为实现 P-Well BiCMOS[B]-（B）技术，引入兼容 P-Well CMOS 器件工艺，对双极型制造工艺做如下改变。

（1）P 场注入后，引入 N 场 75As+注入，消去与 Poly 电阻、场区电容及耗尽型 NMOS 有关的工艺和它们的结构。

（2）N-型外延层中生成 DN 区后，引入 11B+注入并推进，形成 P-Well 并与 BLP+相接，形成对通隔离；引入场区注入、硅局部氧化，形成 CMOS 隔离。

（3）在基区推进后，引入沟道调节注入、栅氧化及 Poly 淀积并掺杂，刻蚀形成 CMOS 硅栅结构。

（4）75As+注入，生成 N+为 E/C 掺杂区和 Nb 基区接触区的同时，引入形成源漏掺杂区；49BF$_2$+注入，生成 P+为 E/C 掺杂区和 Pb 基区接触区的同时，引入形成源漏掺杂区。

上述消去与引入这些基本工艺，使双极型芯片结构和制程都发生了明显的变化。工艺完成后，制得 NMOS A 与 PMOS B、NPN C 与 PNP D 等，并用 P-Well BiCMOS[B]-（B）来表示。

在轻掺杂 P-型硅衬底上形成 BLN+埋层和 BLP+埋层，并且由均匀掺杂的 N 型外延层覆盖于顶上。BLN+和 BLP+都是重掺杂区，位于所有双极型器件和 MOS 器件下面。埋层的杂质要选用在以后的扩散工序中难以再扩散的物质，从这方面来看，砷或锑比较合适。BLN+

的作用是：具有较低的 NPN 集电极串联电阻，特别是对于功率管。为避免闩锁效应，BLN+ 应位于 PMOS 管下面。

制程完成后芯片剖面结构如图 5-5 所示。与 P-Well BiCMOS[B]-（A）结构相比，主要不同的是：

（1）采用较厚的外延层，使用 P-Well 和 BLP+埋层形成对通隔离；

（2）采用 31P+注入并推进形成 Nb 基区，以制得 PNP 为纵向双极型；

（3）75As+注入，生成 N+发射区的同时，形成源漏掺杂区。

根据 P-Well BiCMOS[B]-（B）电路电气特性要求，确定用于芯片制造的基本参数，如表 5-3 所示。芯片制程工艺中，一方面要确保工艺参数、电学参数都达到规范值，另一方面在批量生产中要确保各批次制程的均一性。根据电路特性的指标，提出对下列参数的严格要求。

（1）工艺参数：如各种杂质浓度及分布、结深、栅氧化层/介质层厚度等。

（2）电学参数：如薄层电阻、MOS 和双极型击穿电压、阈值电压等。

（3）硅衬底电阻率、外延层厚度及电阻率等。

芯片制造由各工步所组成的工序来实现，需要制定出各工序具体的工艺条件，以保证所要求的各种参数达到规范值。从制程的最初阶段开始就进行工艺检测，以获得芯片制程中各工序必要的关于材料质量和工艺参数与电学参数的数据。在芯片集成度不断增加的情况下，每一道工序都有决定成功或失败的关键问题：沾污、结深、薄膜的质量。工艺检测对于描绘工艺硅片的特性与检查其成品率非常关键，要确保工艺参数和电学参数都达到规范值。

对于光刻次数很多的情况，在制作掩模时，通常设计者与制造者一起来确定。如果应用芯片结构及其制程剖面结构技术，就不难确定出各次光刻的工序。从制程剖面结构图（图 5-6）中可以看出，需要进行 17 次光刻。光刻对准曝光要严格对准、套准，并使之在确定的误差以内。与双极型工艺相比，增加了 6 块掩模：P-Well、P 场区、N 场区、P 沟道区、Poly 及 NLDD 区。

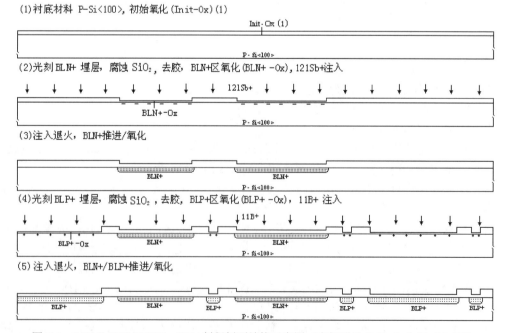

图 5-6　P-Well BiCMOS[B]-（B）制程剖面结构示意图（参阅附录 B-[2, 3, 6, 13, 16, 18]）

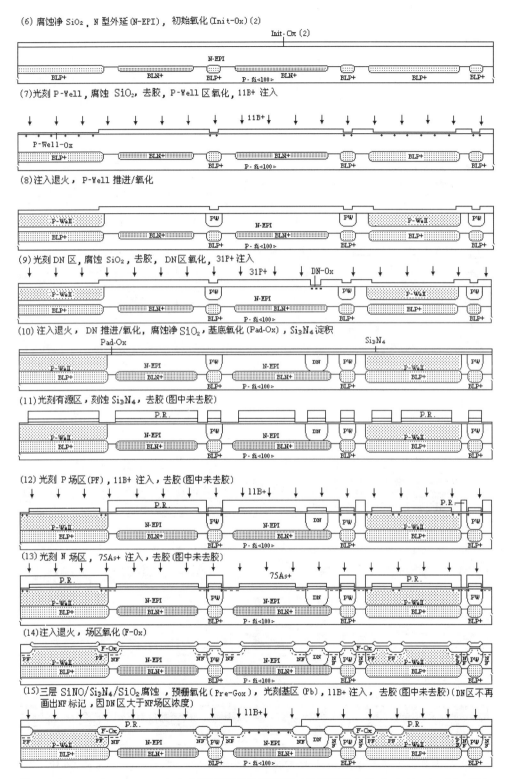

图 5-6 P-Well BiCMOS[B]-（B）制程剖面结构示意图（参阅附录 B-[2, 3, 6, 13, 16, 18]）（续）

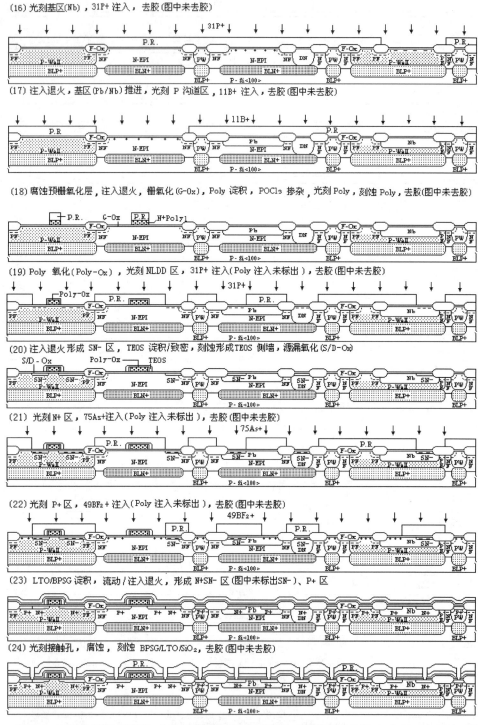

图 5-6　P-Well BiCMOS[B]-（B）制程剖面结构示意图（参阅附录 B-[2, 3, 6, 13, 16, 18]）（续）

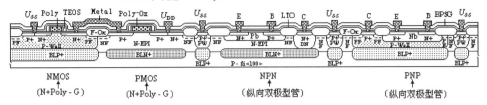

图 5-6 P-Well BiCMOS[B]-（B）制程剖面结构示意图（参阅附录 B-[2, 3, 6, 13, 16, 18]）（续）

5.3.3 工艺制程

图 5-5 所示的芯片结构采用确定的制造技术来实现。它是由工艺规范确定的各个基本工序、相互关联及将其按一定顺序组合构成的。为实现此制程，在双极型制程中，消去与引入部分基本工艺，不仅增加了制造工艺，技术难度增大，使芯片结构发生了明显的变化，而且改变了其制程，从而实现了 P-Well BiCMOS[B]-（B）制程。

由多次氧化、光刻、杂质扩散、离子注入、薄膜淀积及溅射金属等各个基本工序构成芯片制程，形成了以下元器件及其杂质层、介质层和互连金属层。

（1）电路芯片中的各个元器件：NMOS、PMOS、NPN（纵向）及 PNP（纵向）等。

（2）这些电路元器件所需要的精确控制的硅中的杂质层：BLN+、BLP+、N-EPI、DN、P-Well、PF、NF、Pb、Nb、沟道掺杂、SN-、N+Poly、N+、P+等。

（3）集成电路所需要的介质层：F-Ox、G-Ox、Poly-Ox、BPSG/LTO 等。

（4）将这些电路元器件连接起来形成集成电路的金属层：AlSiCu。

应用计算机，依据 P-Well BiCMOS[B]-（B）芯片制造工艺中各个工序的先后次序，把各个工序连接起来，可以得到制程。它由各个工序所组成，而工序则由各个工步来实现。根据设计电路的电气特性要求，选择工艺序号和工艺规范号，以便得到所需要的工艺参数和电学参数。

根据芯片结构图（图 5-5）和制造工艺的各个工序，使用芯片结构技术，利用计算机和相应的软件，描绘出对应每一道工序的剖面，从而得到芯片制程各个工序的结构，最终确定出 P-Well BiCMOS[B]-（B）制程剖面结构，图 5-6 为其示意图。每一道工序的平面/剖面结构或制程完成后的芯片结构都能直观地显示出制程中芯片表面、内部元器件及互连的形成过程和结构的变化。

从 P-Well BiCMOS[B]-（B）剖面结构可以看出，芯片结构具有双埋层、对通隔离、N 型外延。阱区是由向 P 型衬底生长 N-型外延层中扩散 P 型杂质而形成的。隔离区由 P-Well 与 BLP+埋层形成对通隔离，这样就形成了 NMOS 和 PNP 的 P-Well 与 BLP+埋层相接触。纵向 NPN 和 PMOS 在 N-型外延层中制作，NMOS 在 P-Well 中形成，纵向 PNP 在具有 Nb 区的 P-Well 中制成。该制程的主要特点如下所述。

（1）双极型的上隔离和 CMOS 的 P-Well 是同时形成的，具有相同的阱深和浓度，并与 BLP+埋层相接触，形成对通隔离。

（2）PNP 发射区/集电区和 NPN 基区接触区 P+掺杂，同时在 N-外延层中形成源区和漏区，以制得 PMOS。

（3）NPN 发射区/集电区和 PNP 基区（Nb）接触区 N+掺杂，同时在 P-Well 中形成源区和漏区，以制得 NMOS。

（4）为了获得大电流下的低饱和压降，采用高浓度的集电极深磷扩散，形成与 BLN+埋层相接的深磷区（DN）。

P-Well BiCMOS[B]-（B）制程中使用了 17 次掩模，各次光刻确定了芯片各层平面结构与横向尺寸。工艺完成后确定了：

（1）芯片各层平面结构与横向尺寸；
（2）剖面结构与纵向尺寸；
（3）硅中的杂质浓度、分布及结深；
（4）电路功能和电气性能等。

芯片结构及尺寸和硅中杂质浓度及结深是制程的关键（参见附录 B-[20]）。它们不仅与双极型器件的下列参数有关：

（1）埋层结深及薄层电阻；
（2）N 型外延层电阻率及厚度；
（3）基区的宽度及薄层电阻；
（4）发射区结深及薄层电阻；
（5）器件的 f_T、β、BU_{CBO}、BU_{CEO} 等。

而且与 CMOS 器件的下列参数密切相关：

（1）N 型外延层电阻率；
（2）P-Well 深度及薄层电阻；
（3）各介质层和栅氧化层厚度；
（4）有效沟道长度；
（5）源漏结深度及薄层电阻；
（6）器件阈值电压、源漏击穿电压、跨导等。

此外，双极型与 CMOS 器件在这些参数之间必须进行折中与优化，以达到互相匹配的目的。

制程完成后，能否实现芯片的要求，达到设计电路性能指标，关键取决于各工序的工艺规范值。所以芯片制造中要严格遵守各工序的工艺规范，才能得到合格的电路。

制程完成后，先测试晶圆 PCM 数据，达到规范值后才能测试芯片电气特性。如果主要的 PCM 数据未达到规范值，偏离数值很大，则要对该晶圆进行报废处理。

与 P-Well BiCMOS 技术一样，N-Well 技术也可以分成两类：N-Well BiCMOS[C]和 N-Well BiCMOS[B]。下面分别加以介绍。

5.4　N-Well BiCMOS[C]

电路采用 3μm 设计规则，使用 N-Well BiCMOS[C]制造技术。表 5-4 示出该电路典型元器件、制造技术及主要参数。它以 N-Well CMOS[C]制程及所制得的元器件为基础，并用双极型器件结构和制造工艺对其进行改变，最终在硅衬底上形成 BiCMOS[C]芯片中的各种元器件，并使之互连，实现所设计电路。如果制程完成后得到的各种参数都达到规范值，则芯片性能达到设计指标。

表 5-4 工艺技术和芯片中主要元器件

工 艺 技 术		芯片中主要元器件	
■ 技术	BiCMOS[C]	■ 电阻	R_{SNW}
■ 衬底	P-Si<100>	■ 电容	$N+Poly/SiO_2/CN+$
■ 阱	N-Well	■ 晶体管	NMOS $W/L>1$（驱动管）
■ 隔离	LOCOS		PMOS $W/L>1$（负载管）
■ 栅结构	$N+Poly/SiO_2$		NPN（纵向）
■ 源漏区	N+，P+		PNP（横向）
■ E/B/C 区	EN+/Pb/NWEN+	■ 二极管	N+/P-Sub（剖面图中未画出）
	P+/NW/P+		P+/N-Well（剖面图中未画出）
■ 栅特征尺寸	3μm/5μm，D/A		
■ Poly	1 层（N+Poly）		
■ 互连金属	1 层（AlSi）		
■ 电源（U_{DD}）	5V 或 ±5V		

工艺参数*	数　值	电学参数*	数　值
■ ρ	左边这些参数视工艺制程而定	■ U_{TN}/U_{TP}，BU_{DSN}/BU_{DSP}	左边这些参数视电路特性而定
■ $X_{jNW}/X_{jPB}/X_{jCN+}$		■ U_{TFN}/U_{TFP}	
■ $T_{F-Ox}/T_{G-Ox}/T_{Poly-Ox}$		■ $R_{SNW}/R_{SPB}/R_{SCN+}$	
■ T_{N-EPI}		■ $R_{SN+Poly}/R_{SN+}/R_{SP+}$	
■ $T_{Poly}/T_{BPSG}/T_{LTO}$		■ g_n/g_p，I_{LPN}	
■ L_{effn}/L_{effp}		■ BU_{CBON}/BU_{CEON}，β_{NPN}，f_{TN}	
■ X_{jN+}/X_{jp+}，T_{Al}		■ BU_{CBOP}/BU_{CEOP}，β_{PNP}，f_{TP}	
■ 设计规则	3μm/5μm（CMOS），D/A	■ 电路 DC/AC 特性	视设计电路而定

*表中参数符号与第 2 章各表相同。

5.4.1 芯片剖面结构

应用芯片结构技术（参见附录 B-[21]），使用计算机和相应的软件，可以得到芯片剖面结构。首先在设计电路中找出各种典型元器件——NMOS、PMOS、N-Well 电阻、Cs 衬底电容、NPN（纵向）及 PNP（横向），然后对这些元器件进行剖面结构设计，分别如图 5-7 中的 A 、B、C、D、E 及 F 所示（不要把它们看作连接在一起）。最后排列并拼接这些元器件，构成 N-Well BiCMOS[C]芯片剖面结构，图 5-7（a）为其示意图。或者把第 2 章 2.5 节中的 N-Well CMOS（A）剖面结构与本节设计的 N-Well 电阻 C 、衬底电容 D 、纵向 NPN E 和横向 PNP F 进行集成，并去掉输入端栅保护结构修改而得到。以该结构为基础，消去 N-Well 电阻和 Cs 衬底电容，引入耗尽型 NMOS，得到如图 5-7（b）所示的另一种结构。如果引入不同于图 5-7 中的单个或多个元器件结构，或消去其中单个或多个元器件结构，或对其中元器件结构进行改变，则可得到多种不同结构。选用其中与设计电路相联系的一种结构。下面仅对图 5-7（a）所示结构进行介绍。

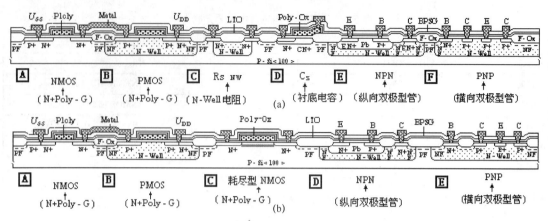

图 5-7 N-Well BiCMOS[C]电路芯片剖面结构示意图（参阅附录 B-[2]）

5.4.2 工艺技术

设计电路工艺技术概要如表 5-4 所示。为实现 N-Well BiCMOS[C]技术，引入兼容双极型器件工艺，对 N-Well CMOS 制造工艺做如下改变。

（1）P 场注入后，引入 N 场 75As+注入，消去与输入端栅保护结构有关的工艺及其结构。

（2）P-型硅衬底 31P+注入并推进，生成 N-Well 的同时，引入形成 N-Well 电阻、PNP 基区和 NPN 集电区。

（3）在预栅氧化后，引入 N-Well 中 1B+注入并推进，生成 Pb 区，形成 NPN 的基区。

（4）75As+注入，生成 N+为源漏掺杂区的同时，引入形成双极型 E/C 掺杂区和 N-Well 基区接触；49BF$_2$+注入，生成 P+为源漏掺杂区的同时，引入形成双极型 E/C 掺杂区和 Pb 基区接触。

上述消去与引入这些基本工艺，使 N-Well CMOS 芯片结构和制程都发生了明显的变化。工艺完成后，制得 NMOS[A]与 PMOS[B]、N-Well 电阻[C]与衬底电容[D]，以及 NPN[E]与 PNP[F]等，并用 N-Well BiCMOS[C]来表示。

N-Well BiCMOS[C]电路电气性能/合格率与各制造参数密切相关，确定用于芯片制造的基本参数，如表 5-4 所示。芯片制造工艺由各工步所组成的工序来实现，需要制定出各工序具体的工艺条件，同时要保证下列所要求的各种参数都达到规范值。

（1）工艺参数：各种掺杂浓度及分布，X_{jNW}、X_{jPb}、X_{jCN+}、X_{jN+}、X_{jP+} 等结深，$T_{F\text{-}Ox}$、$T_{G\text{-}Ox}$、$T_{Poly\text{-}Ox}$ 等氧化层厚度。

（2）电学参数：U_{TN}、U_{TP} 等阈值电压，R_{SNW}、R_{SPB}、R_{SCN+}、R_{SN+}、R_{SP+} 等薄层电阻，BU_{DSN}、BU_{DSP}、BU_{CBO}、BU_{CEO} 等击穿电压。

（3）硅衬底材料电阻率（ρ）等。

芯片批量生产时，要确保各批次制程的均一性。

在工艺线上设立了工艺检测环节。通过对某些特定项目进行定期或不定期的检测，以获得必要的关于材料质量和工艺参数与电学参数的数据。工艺过程检测的目的是通过检测数据的及时反馈，使整条工艺线的控制达到最佳化，以便得到高合格率和高性能芯片。同时，它也为寻找器件生产中发生问题的原因提供了重要的依据。

从制程剖面结构图（图 5-8）中可以看出，需要做 14 次光刻。光刻不但要求有高的图形分辨率，同时还要求具有良好的图形套准精度。与 N-Well CMOS 相比，增加了两块掩模：Pb 基区和双极型 E/C 区。

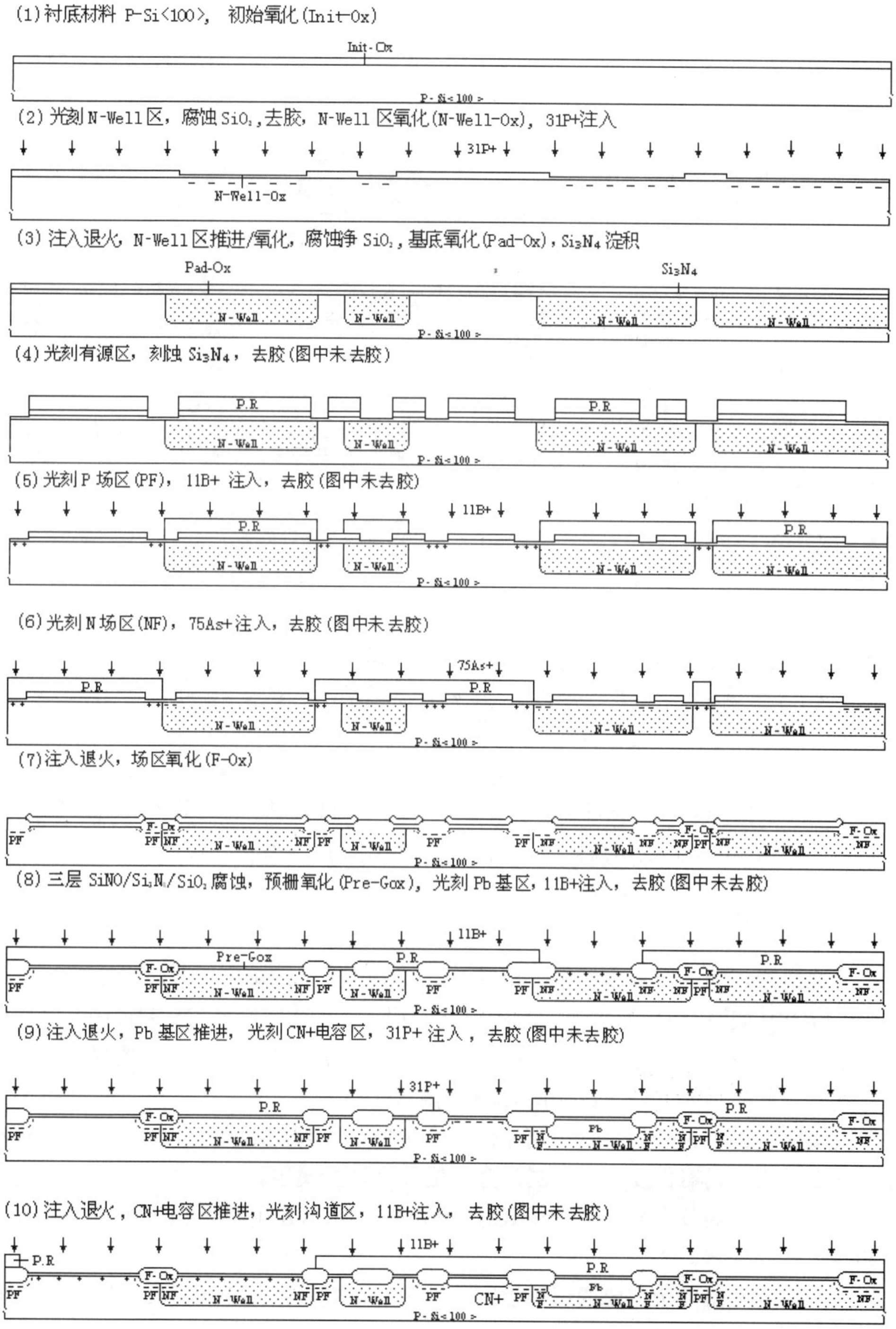

(1) 衬底材料 P-Si<100>，初始氧化 (Init-Ox)
Init-Ox
P-Si<100>
(2) 光刻 N-Well 区，腐蚀 SiO₂，去胶，N-Well 区氧化 (N-Well-Ox)，31P+注入
31P+
N-Well-Ox
(3) 注入退火，N-Well 区推进/氧化，腐蚀净 SiO₂，基底氧化 (Pad-Ox)，Si₃N₄ 淀积
Pad-Ox
Si₃N₄
N-Well
(4) 光刻有源区，刻蚀 Si₃N₄，去胶 (图中未去胶)
P.R
(5) 光刻 P 场区 (PF)，11B+ 注入，去胶 (图中未去胶)
11B+
(6) 光刻 N 场区 (NF)，75As+注入，去胶 (图中未去胶)
75As+
(7) 注入退火，场区氧化 (F-Ox)
F-Ox
PF
NF
(8) 三层 SiNO/Si₃N₄/SiO₂ 腐蚀，预栅氧化 (Pre-Gox)，光刻 Pb 基区，11B+注入，去胶 (图中未去胶)
Pre-Gox
(9) 注入退火，Pb 基区推进，光刻 CN+电容区，31P+ 注入，去胶 (图中未去胶)
Pb
(10) 注入退火，CN+电容区推进，光刻沟道区，11B+注入，去胶 (图中未去胶)
CN+

图 5-8　N-Well BiCMOS[C]制程剖面结构示意图（参阅附录 B-[2, 3, 6, 13, 15]）

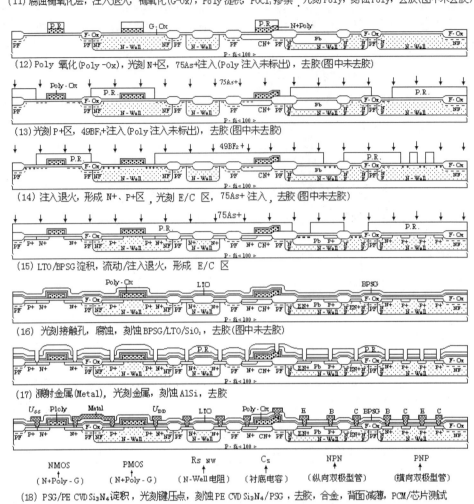

图 5-8 N-Well BiCMOS[C]制程剖面结构示意图（参阅附录 B-[2, 3, 6, 13, 15]）（续）

5.4.3 工艺制程

由工艺规范确定的各个基本工序、相互关联及将其按一定顺序组合，构成图 5-7 所示的 N-Well BiCMOS[C]芯片结构的制程。为实现此制程，在 N-Well CMOS 制程中，消去与引入部分基本工艺，不仅增加了制造工艺，技术难度增大，使芯片结构发生了明显的变化，而且改变了其制程，从而实现了 N-Well BiCMOS[C]制程。

由多次氧化、光刻、杂质扩散、离子注入、薄膜淀积及溅射金属等各个基本工序构成芯片制程，形成了以下元器件及其杂质层、介质层和互连金属层。

（1）电路芯片中的各个元器件：NMOS、PMOS、N-Well 电阻、Cs 衬底电容、NPN（纵向）及 PNP（横向）等。

（2）这些电路元器件所需要的精确控制的硅中的杂质层：N-Well、PF、NF、Pb、CN+、沟道掺杂、N+Poly、N+、EN+、P+等。

（3）集成电路所需要的介质层：F-Ox、G-Ox、Poly-Ox、BPSG、LTO 等。

（4）将这些电路元器件连接起来形成集成电路的金属层：AlSi。

应用计算机，依据 N-Well BiCMOS[C]芯片制造工艺中各个工序的先后次序，把各个工序连接起来，可以得到制程。它由各个工序所组成，而工序则由各个工步来实现。根据设计电路的电气特性要求，选择工艺序号和工艺规范号，以便得到所需要的工艺参数和电学参数。

应用芯片结构技术，依据图 5-7 芯片剖面结构和制造工艺的各个工序，利用计算机和相应的软件，可以描绘出芯片制程中各个工序剖面结构，依照各个工序的先后次序连接起来，可以得到如图 5-8 所示的制程剖面结构示意图。该图直观地显示出 N-Well BiCMOS[C]制程中芯片表面、内部元器件及互连的形成过程和结构的变化。

从 N-Well BiCMOS[C]制程和剖面结构可以看出，阱区是由向 P 型衬底中扩散 N 型杂质形成的。PMOS 和横向 PNP 管都是在 N-Well 中制作的，NMOS 管是在 P-型衬底中形成的，纵向 NPN 管是在具有 Pb 区的 N-Well 中制成的。该制程的主要特点如下所述。

（1）PMOS 的 N-Well 与形成 NPN 基区的 N-Well 和 PNP 的 N-Well 都是同时形成的，具有相同的阱深和浓度。

（2）N-Well CMOS 制程中，增加一次掩模，在 N-Well 中做 11B+注入，并推进达到一定的结深度，以形成 NPN 的基区（Pb）。

（3）PMOS 源/漏区 P+掺杂：在 N-Well 中形成 NPN 基区（Pb）的 P+接触区，同时在 N-Well 中形成发射区和集电区，以制得 PNP。

（4）NMOS 源/漏区 N+掺杂：在 N-Well 中形成 PNP 基区的 N+接触区，形成 N+、P+后，光刻 E/C 区，进行 75As+注入，在 N-Well 和基区（Pb）中分别形成浅发射区和集电区，以制得 NPN。

制程中使用 14 次掩模，各次光刻确定了 N-Well BiCMOS[C]芯片各层平面结构与横向尺寸。工艺完成后确定了：

（1）芯片各层平面结构与横向尺寸；
（2）剖面结构与纵向尺寸；
（3）硅中的杂质浓度、分布及结深；
（4）电路功能和电气性能等。

芯片结构及尺寸和硅中杂质浓度及结深是制程的关键（参见附录 B-[20]）。它们不仅与 CMOS 器件的下列参数有关：

（1）衬底电阻率；
（2）N-Well 深度及薄层电阻；
（3）各介质层和栅氧化层厚度；
（4）有效沟道长度；
（5）源漏结深度及薄层电阻；
（6）器件的阈值电压、源漏击穿电压、跨导等。

而且与双极型器件的下列参数密切相关：

（1）基区宽度及薄层电阻；
（2）发射区结深及薄层电阻；
（3）衬底电阻率；

（4）器件的 f_T、β、BU_{CEO}、BU_{CBO} 等。

此外，CMOS 与双极型器件在这些参数之间进行折中与优化，以达到互相匹配的目的。

制程完成后，先测试晶圆 PCM 数据，达到规范值后才能测试芯片电气特性。如果主要的 PCM 数据未达到规范值，偏离数值很大，则要对该晶圆进行报废处理。

5.5 N-Well BiCMOS[B]-（A）

电路采用 1.2μm 设计规则，使用 N-Well BiCMOS[B]-（A）制造技术。该电路典型元器件、制造技术及主要参数如表 5-5 所示。它以双极型制程及所制得的元器件为基础，并用 CMOS 器件结构和制造工艺对其进行改变，最终在硅衬底上形成 BiCMOS[B]芯片中的各种元器件，并使之互连，实现所设计电路。该电路或各层版图已变换为缩小的各层平面和剖面结构图形的芯片。如果得到的工艺参数与电学参数都符合所设计电路的要求，则芯片功能和电气性能都能达到设计指标。

表 5-5 工艺技术和芯片中主要元器件

工 艺 技 术		芯片中主要元器件	
■ 技术	BiCMOS[B]-（A）	■ 电阻	—
■ 衬底	P-epi/P-Si<100>	■ 电容	—
■ 阱	N-Well	■ 晶体管	NLDD NMOS $W/L>1$（驱动管）
■ 隔离	LOCOS		PMOS $W/L>1$（负载管）
■ 栅结构	N+Poly/SiO$_2$		NPN（纵向）
■ 源漏区	N+SN-，P+		PNP（纵向）
■ 栅特征尺寸	1.2μm/3μm，D/A		PNP（横向）
■ E/B/C 区	N+/Pb/NWBLN+DNN+	■ 二极管	P+/N-Well（剖面图中未画出）
	P+/NW/P-epiP+		N+/P-epi（剖面图中未画出）
	P+/NW/PbP+		
■ Poly	1 层（N+Poly）		
■ 互连金属	1 层（AlSiCu）		
■ 电源（U_{DD}）	5V，或 ±5V		
工艺参数*	数 值	电学参数*	数 值
■ ρ		■ U_{TN}/U_{TP}，BU_{DSN}/BU_{DSP}	
■ $T_{P\text{-}EPI}$		■ U_{TFN}/U_{TFP}	
■ $X_{jBLN+}/X_{jNW}/X_{jDN}$		■ $R_{SBLN+}/R_{SNW}/R_{SPB}/R_{SDN}/R_{SP\text{-}EPI}$	
■ $T_{F\text{-}Ox}/T_{G\text{-}Ox}/T_{Poly\text{-}Ox}$	左边这些参数视工艺制程而定	■ $R_{SN+Poly}/R_{SN+}/R_{SP+}$	左边这些参数视电路特性而定
■ X_{jPb}		■ g_n/g_p，I_{LPN}	
■ $T_{Poly}/T_{BPSG}/T_{LTO}/T_{TEOS}$		■ BU_{CBON}/BU_{CEON}，β_{NPN}（纵向），f_{TN}	
■ L_{effn}/L_{effp}		■ BU_{CBOP}/BU_{CEOP}，β_{PNP}（纵向），f_{TP}	
■ X_{jN+}/X_{jP+}，T_{Al}		■ BU_{CBOP}/BU_{CEOP}，β_{PNP}（横向），f_{TP}	
■ 设计规则	1.2μm/3μm（CMOS），D/A	■ 电路 DC/AC 特性	视设计电路而定

*表中参数符号与第 1 章各表相同。

5.5.1 芯片剖面结构

应用芯片结构技术（参见附录 B-[21]），使用计算机和相应的软件，可以得到 N-Well BiCMOS[B]-（A）芯片典型剖面结构。首先在电路中找出各种典型元器件——NMOS、PMOS、NPN（纵向）、PNP（纵向）及 PNP（横向），然后进行剖面结构设计，选取剖面结构各层统一适当的尺寸和不同的标识，表示制程中各工艺完成后的层次，设计得到可以互相拼接得很好的各元器件结构（或在元器件结构库中选取），分别如图 5-9 中的 A、B、C、D 及 E 所示（不要把它们看作连接在一起）。最后把各元器件结构按一定方式排列并拼接起来，构成芯片剖面结构，图 5-9（a）为其示意图。或者把第 2 章 2.6 节中的 N-Well CMOS（B）剖面结构与本节设计的纵向 NPN、纵向 PNP 及横向 PNP 进行集成，并去掉场区 Poly 电阻和 N-Well 电阻修改而得到。以该结构为基础，消去 PNP（纵向），改变 NPN 结构，引入耗尽型 NMOS，得到如图 5-9（b）所示的另一种结构。如果引入不同于图 5-9 中的单个或多个元器件结构，或消去其中单个或多个元器件结构，或对其中元器件结构进行改变，则可得到多种不同结构。选用其中与设计电路相联系的一种结构。下面仅对图 5-9（a）所示结构进行介绍。

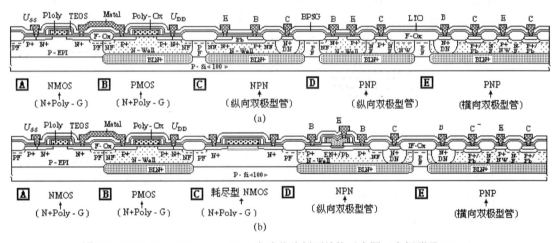

图 5-9 N-Well BiCMOS[B]-（A）电路芯片剖面结构示意图（参阅附录 B-[2]）

5.5.2 工艺技术

设计电路工艺技术概要如表 5-5 所示。为实现 N-Well BiCMOS[B]-（A）技术，引入兼容 N-Well CMOS 器件工艺，对双极型制造工艺做如下改变。

（1）P 场注入后，引入 N 场 75As+注入，消去与场区 Poly 电阻和 N-Well 电阻有关的工艺及它们的结构。

（2）在形成 BLN+埋层、P 型外延及 DN 推进后，引入外延层中 31P+注入并推进，生成与 BLN+埋层相接的 N-Well，同时形成双极型隔离；引入场区注入，硅局部氧化，形成 CMOS 隔离。

（3）在基区（Pb）推进后，引入沟道调节注入、栅氧化及 Poly 淀积并掺杂，刻蚀形成 CMOS 硅栅结构。

（4）75As+注入，生成 N+为 E/C 掺杂区和 N-Well 基区接触区的同时，引入形成源漏掺杂区；49BF$_2$+注入，生成 P+为 E/C 掺杂区和 Pb 基区接触区的同时，引入形成源漏掺杂区。

上述消去与引入这些基本工艺，使双极型芯片结构和制程都发生了明显的变化。工艺完成后，制得 NMOS[A]与 PMOS[B]、纵向 NPN[C]与纵向 PNP[D]及横向 PNP[E]等，并用 N-Well BiCMOS[B]-（A）来表示。

根据 N-Well BiCMOS[B]-（A）电路电气特性的要求，确定用于芯片制造的基本参数，如表 5-5 所示。芯片制造工艺中，一是要确保工艺参数、电学参数都要达到规范值，二是在批量生产中要确保芯片具有高成品率、高性能及高可靠性。根据电路电气特性的指标，对下列参数提出严格要求。

（1）工艺参数：如各种杂质浓度及分布、结深、栅氧化层/介质层厚度等。

（2）电学参数：薄层电阻、MOS 和双极型击穿电压、阈值电压等。

（3）硅衬底电阻率、外延层厚度及电阻率等。

芯片制造由各工步所组成的工序来实现，需要制定出各工序具体的工艺条件，以保证所要求的各种参数都达到规范值。从芯片制程的最初阶段开始，就对各工序进行严格的工艺监控与检测，并制定出该工序的材料质量和参数规范。如果该工序质量和参数未达到规范要求，偏离数值很大，则要返工，若不能返工，就要做报废处理。工艺线上进行严格的工艺监控与检测，是为了使工艺参数和电学参数都达到规范值，生产出高质量芯片。

在制作掩模时，必须考虑各次光刻所用掩模的名称、图形黑白、正胶、有无划片槽及对准层次等。从制程剖面结构图（图 5-10）中可以看出，需要进行 15 次光刻。与双极型工艺相比，增加了 6 块掩模：N-Well、P 场区、N 场区、N/P 沟道区、Poly 及 NLDD 区。

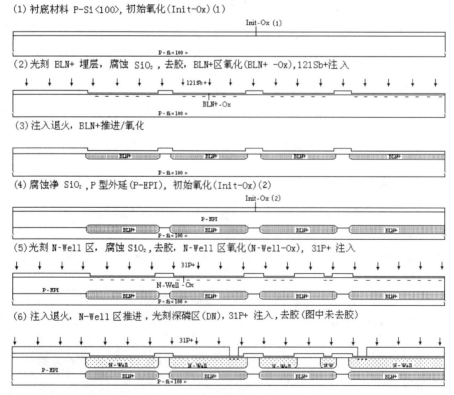

图 5-10 N-Well BiCMOS[B]-（A）制程剖面结构示意图（参阅附录 B-[2, 3, 6, 13, 16, 18]）

(7) 注入退火，深磷区(DN)推进/氧化

(8) 腐蚀净 SiO₂，基底氧化(Pad-Ox)，Si₃N₄淀积

(9) 光刻有源区，刻蚀 Si₃N₄，去胶(图中未去胶)

(10) 光刻P场区(PF)，11B+注入，去胶(图中未去胶)

(11) 光刻N场区(NF)，75As+注入，去胶(图中未去胶)

(12) 注入退火，场区氧化(F-Ox)

(13) 三层 SiNO/Si₃N₄/SiO₂ 腐蚀，预栅氧化(Pre-Gox)，光刻 Pb 区，11B+注入，去胶(图中未去胶)

(14) 注入退火，Pb 区推进，光刻沟道，11B+注入，去胶(图中未去胶)

(15) 腐蚀预栅氧化(Pre-Gox)层，注入退火，栅氧化(G-Ox)

(16) Poly 淀积，POCl₃掺杂，光刻 Poly，刻蚀 Poly，去胶(图中未去胶)
DN 区不再标出 NF 场区

(17) Poly 氧化(Poly-Ox)，光刻 NLDD 区，31P+注入(Poly 注入未标出)，去胶(图中未去胶)

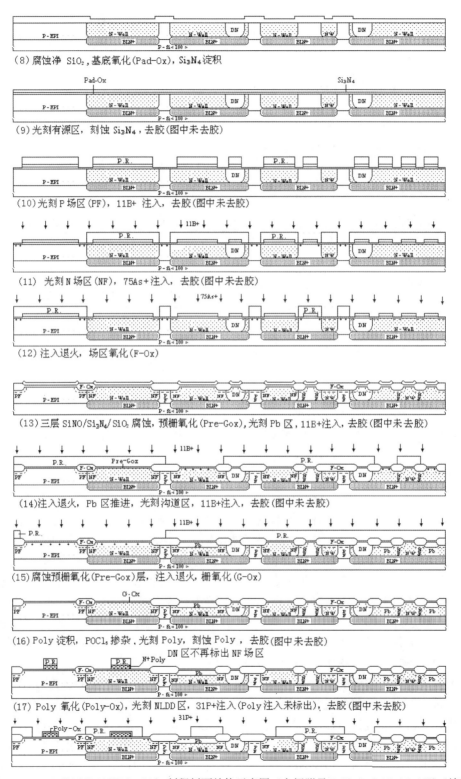

图 5-10　N-Well BiCMOS[B]-（A）制程剖面结构示意图（参阅附录 B-[2, 3, 6, 13, 16, 18]）（续）

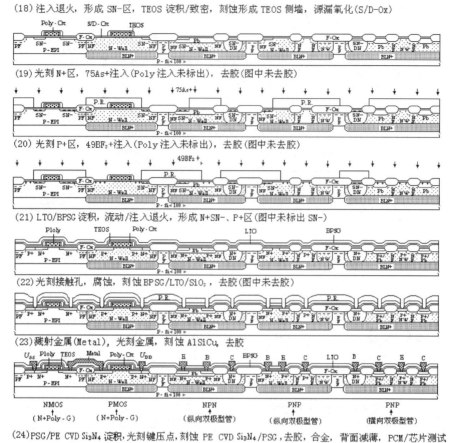

图 5-10 N-Well BiCMOS[B]-（A）制程剖面结构示意图（参阅附录 B-[2, 3, 6, 13, 16, 18]）（续）

5.5.3 工艺制程

图 5-9 所示的 N-Well BiCMOS[B]-（A）芯片结构的制程是由工艺规范确定的各个基本工序、相互关联及将其按一定顺序组合构成的。为实现此制程，在双极型制程中，消去与引入部分基本工艺，不仅增加了制造工艺，技术难度增大，使芯片结构发生了明显的变化，而且改变了其制程，从而实现了 N-Well BiCMOS[B]-（A）制程。

由多次氧化、光刻、杂质扩散、离子注入、薄膜淀积及溅射金属等各个基本工序构成芯片制程，形成了以下元器件及其杂质层、介质层和互连金属层。

（1）电路芯片中的各个元器件：NMOS、PMOS、纵向 NPN、纵向 PNP 及横向 PNP。

（2）这些电路元器件所需要的精确控制的硅中的杂质层：BLN+、P-EPI、DN、N-Well、PF、NF、Pb、沟道掺杂、SN-、N+Poly、N+、P+ 等。

（3）集成电路所需要的介质层：F-Ox、G-Ox、Poly-Ox、BPSG/LTO、TEOS 等。

（4）将这些电路元器件连接起来形成集成电路的金属层：AlSiCu。

应用计算机，依据 N-Well BiCMOS[B]-（A）芯片制造工艺中各个工序的先后次序，把各个工序连接起来，可以得到制程。它由各个工序所组成，而工序则由各个工步来实现。根据设计电路的电气特性要求，选择工艺序号和工艺规范号，以便得到所需要的工艺参数和电学参数。

为了直观地显示出制程中芯片表面、内部元器件及互连的形成过程和结构的变化，借助图 5-9 电路芯片剖面结构和制造工艺的各个工序，利用芯片结构技术，使用计算机和相应的软件，可以描绘出芯片制程中各个工序剖面结构，依照各个工序的先后次序连接起来，可以得到如图 5-10 所示的 N-Well BiCMOS[B]-（A）制程剖面结构示意图。

从 N-Well BiCMOS[B]-（A）制程和剖面结构可以看出，PMOS 管、纵向 NPN 管、纵向和横向 PNP 管都是在 N-Well 中制作的。该制程的主要特点如下所述。

（1）阱区是由向 P 型衬底生长 P-型外延层中扩散 N 型杂质而制成的，并形成器件隔离。NPN 基区和横向 PNP 集电区是同时形成的，具有相同的结深和浓度。

（2）PNP 发射区/集电区和 NPN 基区（Pb）接触区 P+掺杂，同时在 N-Well 中形成源区和漏区，以制得 PMOS。

（3）NPN 发射区/集电区和 PNP 基区接触区 N+掺杂，同时在 P 型外延层中形成源区和漏区，以制得 NMOS。

（4）为了获得大电流下的低饱和压降，采用高浓度的集电极深磷扩散，形成与 BLN+埋层相接的深磷区（DN）。

N-Well BiCMOS[B]-（A）制程中，要关注双极型基区的控制，因为基区的扩散决定了 NPN 管的增益、击穿电压及 Early 电压。基区宽度是双极型晶体管的交流性能的支配因素，所以为了得到窄的基区宽度和 NPN 高性能，通常对基区进行离子注入，并且使接下来的热循环最小。基区分布也必须最佳化，以避免集电极-发射极穿通或发射极-基极产生低击穿电压。对于 BiCMOS 工艺，基区接触通常由 P+源/漏注入来形成。

制程中使用 15 次掩模，N-Well BiCMOS[B]-（A）芯片各层平面结构与横向尺寸由每次光刻来确定。制程完成后，不仅确定了芯片各层平面结构与横向尺寸，而且也确定了剖面结构与纵向尺寸，并精确控制了硅中的杂质浓度及分布和结深，从而确定了电路功能和电气性能。

芯片结构及尺寸和硅中杂质浓度及结深是制程的关键（参见附录 B-[20]）。它们不仅与双极型器件的下列参数有关：

（1）埋层结深及薄层电阻；
（2）P 型外延层电阻率及厚度；
（3）基区宽度及薄层电阻；
（4）发射区结深及薄层电阻；
（5）与埋层相连的深磷区结深及薄层电阻；
（6）器件的 f_T、β、BU_{CEO}、BU_{CBO} 等。

而且与 CMOS 器件的下列参数密切相关：

（1）P 型外延层电阻率；
（2）N-Well 深度及薄层电阻；
（3）各介质层和栅氧化层厚度；
（4）有效沟道长度；
（5）源漏结深度及薄层电阻；
（6）器件的阈值电压、源漏击穿电压及跨导等。

此外，双极型与 CMOS 器件在这些参数之间必须进行折中与优化，以达到互相匹配的目的。

制程完成后，芯片结构中横向和纵向尺寸能否实现芯片要求，关键取决于各工序的工艺规范数值。如果制程完成后电路芯片得到的结构参数不精确，则电路性能就达不到设计指标。所以电路芯片制造中要严格遵守工艺规范才能得到合格的电路。

从双极型和 MOS 器件的要求来看，外延层厚度的选取要认真考虑。一般来说，BiCMOS 工艺有两种外延工艺：一种是厚外延工艺，它以牺牲速度而获得较高的电压；另一种是薄外延工艺，常用于高速、低电压（10V 以下）电路制造。至于选择何种工艺，可视具体电路的要求而定。在具有 BLN+ 埋层的硅衬底上淀积外延层，厚度由纵向 NPN 管埋层向上扩散所决定，该厚度决定硅表面与 BLN+ 埋层之间的距离。外延层厚度的变化直接反映了距离的变化。外延层厚度在有源器件参数要求发生矛盾时通过折中来决定：对于击穿电压，外延层厚度尽可能厚一些；对于 NPN 的集电极串联电阻，外延层厚度尽可能薄一些。下列器件参数受到外延层厚度的影响：双极型 BU_{CEO} 和 BU_{CES}；NPN 集电极串联电阻；NPN 的 Early 电压；NMOS 的快反响电压；NMOS 和 PMOS 的击穿电压 BU_{DS}，这些参数都随外延层厚度的增大而增大。外延层的掺杂浓度由横向器件所决定。掺杂浓度升高时，BU_{NPN}、BU_{PNP} 及 BU_{SDP} 都下降。因此，要选择合适的电阻率的外延层，其掺杂浓度要使双极、CMOS 的参数均达到电路的要求。

制程完成后，先测试晶圆 PCM 数据，达到规范值后才能测试芯片电气特性。如果是工程研制，则制造者分析 PCM 数据，而设计者分析芯片功能和性能，两者共同分析讨论，确定下一次的研制方案；如果是批量生产，则分析 PCM 数据和芯片合格率的高低等。如果主要的 PCM 数据未达到规范值，偏离数值很大，则要对该晶圆进行报废处理。

5.6　N-Well BiCMOS[B]-（B）

电路采用 1.2μm 设计规则，使用 N-Well BiCMOS[B]-（B）制造技术。表 5-6 中示出该电路典型元器件、制造技术及主要参数。它以双极型制程及所制得的元器件为基础，并用 CMOS 器件结构和制造工艺对其进行改变，最终在硅衬底上形成 BiCMOS[B]芯片中的各种元器件，并使之互连，实现所设计电路。如果制程完成后得到的各种参数都符合所设计电路的要求，则芯片功能和电气性能都能达到设计指标。

表 5-6　工艺技术和芯片中主要元器件

工艺技术		芯片中主要元器件	
■ 技术	BiCMOS[B]-（B）	■ 电阻	$R_{S\,Poly}$
■ 衬底	P-epi/P-Si<100>	■ 电容	$N+Poly2/Si_3N_4$-Poly-Ox/N+Poly1
■ 阱	N-Well	■ 晶体管	NLDD NMOS $W/L>1$（驱动管）
■ 隔离	LOCOS		PMOS $W/L>1$（负载管）
■ 栅结构	$N+Poly/SiO_2$		NPN（纵向）
■ 源漏区	N+SN-, P+		PNP（纵向）
■ 栅特征尺寸	1.2μm/3μm, D/A	■ 二极管	P+/N-Well（剖面图中未画出）
■ E/B/C 区	EN+/Pb/NWBLN+DNN+		N+/P-epi（剖面图中未画出）

(续表)

工艺技术		芯片中主要元器件	
	P+/NW/P-epiP+		
■ Poly	2层（N+Poly）		
■ 互连金属	1层（AlSiCu）		
■ 电源（U_{DD}）	5V 或 ±5V		
工艺参数*	数　值	电学参数*	数　值
■ ρ	左边这些参数视制程而定	■ U_{TN}/U_{TP}，BU_{DSN}/BU_{DSP}	左边这些参数视电路特性而定
■ $T_{P\text{-}EPI}$		■ U_{TFN}/U_{TFP}	
■ $X_{jBLN+}/X_{jNW}/X_{jPB}/X_{jDN}$		■ $R_{SBLN+}/R_{SNW}/R_{SPB}/R_{SDN}/R_{SN+Poly1}$	
■ $T_{F\text{-}Ox}/T_{G\text{-}Ox}/T_{Si_3N_4}/T_{Poly\text{-}Ox}$		■ $R_{SN+Poly2}/R_{SN\text{-}Poly2}/R_{SN+}/R_{SP+}$	
■ $T_{Poly1}/T_{Poly2}/T_{BPSG}/T_{LTO}/T_{TEOS}$		■ g_n/g_p，I_{LPN}	
■ $T_{TEOS(1)}/T_{TEOS(2)}$，L_{effn}/L_{effp}		■ BU_{CBON}/BU_{CEON}，β_{NPN}，f_{TN}	
■ X_{jN+}/X_{jP+}，T_{Al}		■ BU_{CBOP}/BU_{CEOP}，β_{PNP}，f_{TP}	
■ 设计规则	1.2μm/3μm（CMOS），D/A	■ 电路 DC/AC 特性	视设计电路而定

*表中参数符号与第2章各表相同。

5.6.1 芯片剖面结构

首先在电路中找出 NPN（纵向）和 PNP（纵向）器件，应用芯片结构技术（参见附录 B-[21]），进行剖面结构设计，然后把第 2 章 2.7 节中的 N-Well CMOS（C）芯片剖面结构进行一些修改：使用 P-EPI/P-Si<100>衬底，N 场区中做 75As+注入，形成 N 场区，在结构中标出 NF 位置等。最后与双极型器件结构进行集成，得到 N-Well BiCMOS[B]-（B）芯片剖面结构，图 5-11（a）为其示意图。以该结构为基础，为了简明起见，进行局部修改，消去 N-Well 电阻和衬底电容，得到如图 5-11（b）所示的另一种结构。如果引入不同于图 5-11 中的单个、多个元器件结构，或消去其中单个、多个元器件结构，或对其中元器件结构进行改变，则可得到多种不同结构。选用其中与设计电路相联系的一种结构。下面仅对图 5-11（b）所示芯片剖面结构进行介绍。

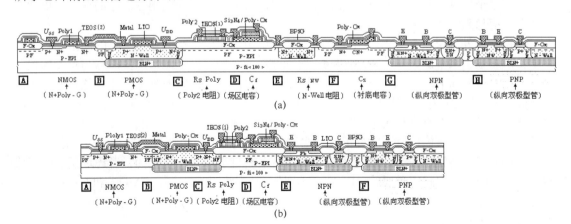

图 5-11　N-Well BiCMOS[B]-（B）电路芯片剖面结构示意图（参阅附录 B-[2]）

5.6.2 工艺技术

设计电路工艺技术概要如表 5-6 所示。为实现 N-Well BiCMOS[B]-（B）技术，引入兼容 N-Well CMOS（C）元器件工艺，对制造工艺做如下改变。

（1）使用 P-EPI/P-Si<100>衬底，N 场区做 75As+注入，消去与 N-Well 电阻和衬底电容有关的工艺和它们的结构。

（2）在形成 BLN+埋层、P 型外延及 DN 推进后，引入外延层中 31P+注入并推进，生成 N-Well，同时形成双极型隔离；引入场区注入、硅局部氧化，形成 CMOS 隔离。

（3）在基区推进后，引入沟道调节注入、栅氧化及 Poly 淀积并掺杂，刻蚀形成 CMOS 硅栅结构；LDD 注入，TEOS 淀积并刻蚀形成侧墙。

（4）75As+注入，生成 N+为 N-Well 基区接触区的同时，引入形成源漏掺杂区。通常生成 N+为 E/C 掺杂区，但为了形成 E/C 和源漏不同结深，可采用另一次光刻来实现。49BF$_2$+注入，生成 P+为 E/C 掺杂区和 Pb 基区接触区的同时，引入形成源漏掺杂区。

（5）引入第二层 Poly 淀积并分别做轻和重掺杂，刻蚀形成场区 Poly 电阻和电容。

上述消去与引入这些基本工艺，使双极型芯片结构和制程都发生了明显的变化。工艺完成后，制得 NMOS[A]、PMOS[B]、Poly 电阻[C]、Cf 场区电容[D]和纵向 NPN[E]及纵向 PNP[F]等，并用 N-Well BiCMOS[B]-（B）来表示。

N-Well BiCMOS[B]-（B）电路电气性能指标与各制造参数密切相关，确定用于芯片制造的基本参数，如表 5-6 所示。制造工艺中，对下列参数提出严格要求。

（1）工艺参数：各种掺杂浓度及分布，X_{jBLN+}、X_{jNW}、X_{jPB}、X_{jDN}、X_{jN+}、X_{jP+}等结深，$T_{Si_3N_4}$、$T_{Poly-Ox}$ 电容介质层，T_{F-Ox}、T_{G-Ox}、$T_{Poly-Ox}$ 等氧化层。

（2）电学参数：U_{TN}、U_{TP} 等阈值电压，R_{SBLN+}、R_{SNW}、R_{SPB}、R_{SDN}、R_{SN+}、R_{SP+} 等薄层电阻，BU_{DSN}、BU_{DSP}、BU_{CBO}、BU_{CEO} 等击穿电压。

（3）硅衬底电阻率/外延层厚度及电阻率等。

芯片制造由各工步所组成的工序来实现，制定出各工序具体的工艺条件，以保证所要求的各种参数都达到规范值。电路芯片批量生产时，保持各批次制程的均一性相当重要。不但要监控工艺参数和电学参数，使其在整个晶圆的范围内达到规范值，还要让每一片生产的晶圆都达到这个标准。从投片到产出包括许多步骤，必须使用制程控制各工序的质量，以便得到高合格率和高性能芯片。

理论上在外延层表面应重现出完全相同的埋层图形，但事实上外延层上的图形相对于原埋层图形发生了水平漂移和畸变。硅生长–腐蚀速率的各向异性是图形产生漂移与畸变的根本原因。在 BiCMOS[B] 制造工艺中，准确测量出相对漂移量比较困难，因此必须找到一个简单易行的方法。生产中常在埋层光刻板上制作一个对准记号，外延后对准记号发生一定漂移。为了使隔离光刻板对准埋层图形，不受图形漂移的影响，隔离光刻对准记号必须事先考虑漂移量，在制作隔离掩模板时，就要把这个漂移量在隔离掩模板上通过对准记号表示出来。

设计 BiCMOS[B]制程时，为了匹配器件隔离和性能要求及工艺能力，考虑埋层和阱形成的不同方法的优缺点是很重要的。BiCMOS[B]阱设计在很大程度上由 CMOS 和双极型器件的直流特性所确定，因为外延掺杂和厚度都必须特制，以便获得特定的击穿电压（双极型器件为 BU_{CBO}、MOS 管为 BU_{DS}）。

外延层电阻率和厚度的选择会影响双极型和 CMOS 器件的特性。选择电阻率与 CMOS 工艺中 P 型衬底的电阻率相同，并且保留相同的 N-Well 工艺，可以保持 CMOS 器件性能。

但是，确定需要的外延层厚度取决于下列因素：

（1）经过后续氧化除去 P-型外延层的量，BLN+埋层向上的扩散量；

（2）N-Well 结深度、掺杂浓度；

（3）最大可允许 NPN h_{FE}；

（4）最大工作电压。

对于光刻次数很多的情况，制作掩模时，通常设计者与制造者一起来确定。如果应用芯片结构及其制程剖面结构技术，就不难确定出各次光刻工序。从制程剖面结构图（图 5-12）中可以看出，需要进行 18 次光刻。光刻对准曝光要严格对准、套准，并使之在确定的误差以内。与双极型工艺相比，增加了 9 块掩模：N-Well、P 场区、N 场区、N/P 沟道区、Poly1 电阻、Poly2 电阻、Poly2、NLDD 区及 N+区。

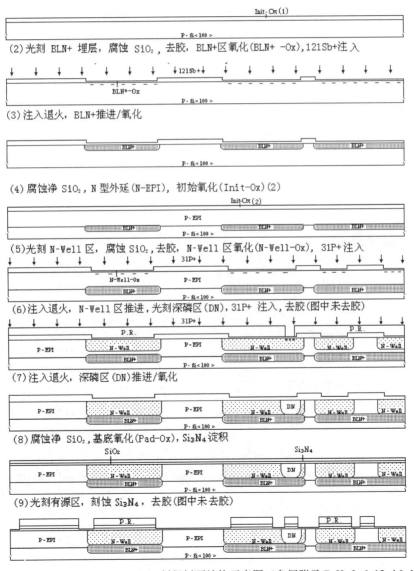

图 5-12　N-Well BiCMOS[B]-（B）制程剖面结构示意图（参阅附录 B-[2, 3, 6, 13, 16, 18]）

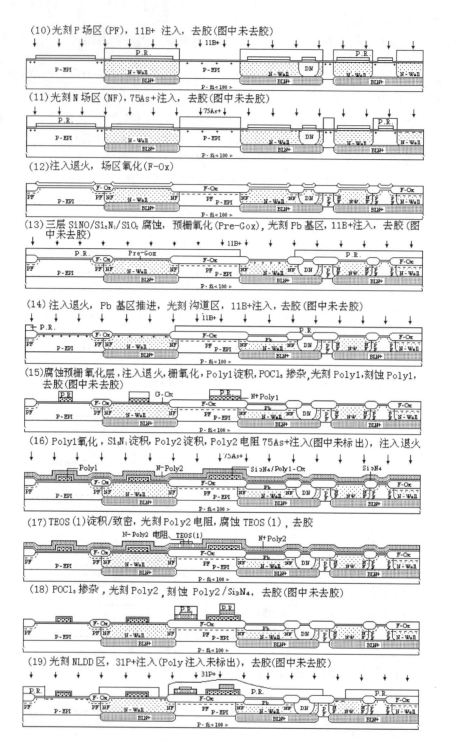

图 5-12 N-Well BiCMOS[B]-（B）制程剖面结构示意图（参阅附录 B-[2, 3, 6, 13, 16, 18]）（续）

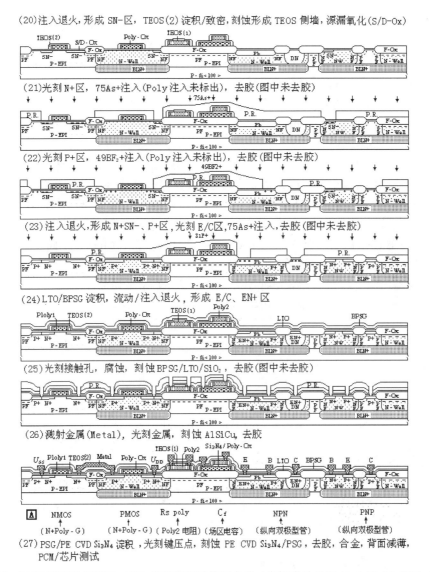

图 5-12　N-Well BiCMOS[B]-（B）制程剖面结构示意图（参阅附录 B-[2, 3, 6, 13, 16, 18]）（续）

5.6.3　工艺制程

由工艺规范确定的各个基本工序、相互关联及将其按一定顺序组合，构成图 5-11 所示的 N-Well BiCMOS[B]-（B）芯片结构的制程。为实现此制程，在双极型制程中，消去与引入部分基本工艺，不仅增加了制造工艺，技术难度增大，使芯片结构发生了明显的变化，而且改变了其制程，从而实现了 N-Well BiCMOS[B]-（B）制程。

由多次氧化、光刻、杂质扩散、离子注入、薄膜淀积及溅射金属等各个基本工序构成芯片制程，形成了以下元器件及其杂质层、介质层和互连金属层。

（1）电路芯片中的各个元器件：NMOS、PMOS、Poly 电阻、Cf 场区电容、NPN（纵向）及 PNP（纵向）。

（2）这些电路元器件所需要的精确控制的硅中的杂质层：BLN+、P-EPI、DN、N-Well、PF、NF、Pb、沟道掺杂、SN-、N-Poly、N+Poly、N+、EB+、P+等。

（3）集成电路所需要的介质层：F-Ox、G-Ox、Si_3N_4/Poly-Ox、TEOS、BPSG/LTO 等。
（4）将这些电路元器件连接起来形成集成电路的金属层：AlSiCu。

应用计算机，依据 N-Well BiCMOS[B]-（B）芯片制造工艺中各个工序的先后次序，把各个工序连接起来，可以得到制程。它由各个工序所组成，而工序则由各个工步来实现。根据设计电路的电气特性要求，选择工艺序号和工艺规范号，以便得到所需要的工艺参数和电学参数。

根据芯片结构（图 5-11）和制造工艺的各个工序，使用芯片结构技术，利用计算机和相应的软件，描绘出对应每一道工序的剖面，从而得到芯片制造的各个工序的结构。芯片制程由上述各个工序所组成，从而确定出 N-Well BiCMOS[B]-（B）制程剖面结构，图 5-12 为其示意图。根据制程中的各个工序可以描绘出能反映每次光刻显影或刻蚀的相对应的平面结构。每一道工序的平面/剖面结构或制程完成后的芯片结构都能直观地显示出制程中芯片表面、内部元器件及互连的形成过程和结构的变化。

从 N-Well BiCMOS[B]-（B）制程和剖面结构可以看出，PMOS、纵向 NPN、纵向 PNP 都是在 N-Well 中制作的。该制程的主要特点如下所述。

（1）阱区是由向 P 型衬底生长 P-型外延层中扩散 N 型杂质而制成的，并形成器件隔离。
（2）NPN 基区（Pb）接触区和 PNP 的发射区/集电区 P+掺杂，同时在 N-Well 中形成源区和漏区，以制得 PMOS。
（3）为了形成 E/C 区和源漏 N+区的不同结深，工艺上采用两次光刻并分别做不同的注入条件，以制得 NMOS 和浅 E/C 结的 NPN。
（4）为了获得大电流下的低饱和压降，采用高浓度的集电极深磷扩散，形成与 BLN+埋层相接的深磷区（DN）。
（5）采用双层 Poly 技术，在场区形成 Poly 高电阻和电容，高阻值 Poly 电阻器是优于受耗尽影响的硅电阻器。薄层电阻器通常适合高精度应用。Poly-Si_3N_4/Poly-Ox-Poly 电容用来减小与 Poly-SiO_2-Si 电容相连接的寄生效应。Poly 应该是重掺杂，以便使电容电极中耗尽效应最小。

制程中使用了 18 次掩模，各次光刻确定了 N-Well BiCMOS[B]-（B）芯片各层平面结构与横向尺寸。工艺完成后确定了：

（1）芯片各层平面结构与横向尺寸；
（2）剖面结构与纵向尺寸；
（3）硅中的杂质浓度、分布及结深；
（4）电路功能和电气性能等。

芯片结构及尺寸和硅中杂质浓度及结深是制程的关键（参考附录 B-[20]）。它们不仅与双极型器件的下列参数有关：

（1）埋层结深及薄层电阻；
（2）P 型外延层电阻率及厚度；
（3）基区的宽度及薄层电阻；
（4）发射区结深及薄层电阻；
（5）与埋层相连的深磷区结深及薄层电阻；
（6）器件的 f_T、β、BU_{CEO} 及 BU_{CBO} 等。

而且与 CMOS 器件的下列参数密切相关：

（1）P 型外延层电阻率；
（2）N-Well 深度及薄层电阻；
（3）各介质层和栅氧化层厚度；

（4）有效沟道长度；
（5）源漏结深度及薄层电阻；
（6）器件的阈值电压、源漏击穿电压、跨导、Poly 电阻、电容等。

此外，双极型与 CMOS 器件在这些参数之间必须进行折中与优化，以达到互相匹配的目的。

制程完成后，先测试晶圆 PCM 数据，达到规范值后才能测试芯片电气特性。如果主要的 PCM 数据未达到规范值，偏离数值很大，则要对该晶圆进行报废处理。

与 P-Well BiCMOS 一样，Twin-Well 技术也可以分为两类：Twin-Well BiCMOS[C]和 Twin-Well BiCMOS[B]。下面介绍 Twin-Well BiCMOS[B]。

5.7 Twin-Well BiCMOS[B]-（A）

电路采用 0.8μm 设计规则，使用 Twin-Well BiCMOS[B]-（A）制造技术。该电路典型元器件、制造技术及主要参数如表 5-7 所示。它以双极型制程及所制得的元器件为基础，并用亚微米 CMOS 器件结构和制造工艺对其进行改变，最终在硅衬底上形成 BiCMOS[B]芯片中的各种元器件，并使之互连，实现所设计电路。如果制程完成后所得到的各种工艺参数和电学参数都符合所设计电路的要求，则芯片功能和电气性能都能达到设计指标。

表 5-7 工艺技术和芯片中主要元器件

工艺技术		芯片中主要元器件	
■ 技术	BiCMOS[B]-（A）	■ 电阻	—
■ 衬底	P-epi/P-Si<100>	■ 电容	—
■ 阱	Twin-Well	■ 晶体管	NLDD NMOS $W/L>1$（驱动管）
■ 隔离	LOCOS		
■ 栅结构	N+Poly/SiO$_2$		PLDD PMOS $W/L>1$（负载管）
■ 源漏区	N+SN-，P+SP-		
■ E/B/C 区	N+/Pb/NWBLN+DNN+		NPN（纵向）
	P+/NW/P+		PNP（横向）
■ 栅特征尺寸	0.8μm/2～3μm，D/A	■ 二极管	N+/P-Well（剖面图中未画出）
■ Poly	1 层（N+Poly）		P+/N-Well（剖面图中未画出）
■ 互连金属	1 层（AlCu）		
■ 电源（U_{DD}）	5V		
工艺参数*	数　值	电学参数*	数　值
■ ρ，$T_{P\text{-}EPI}$	左边这些参数视制程而定	■ U_{TN}/U_{TP}，BU_{DSN}/BU_{DSP}	左边这些参数视电路特性而定
■ $X_{jBLN+}/X_{jBLP+}/X_{jNW}/X_{jPW}/X_{jDN}$		■ U_{TFN}/U_{TFP}	
■ $T_{F\text{-}Ox}/T_{G\text{-}Ox}/T_{Poly\text{-}Ox}$		■ $R_{SBLN+}/R_{SBLP+}/R_{SNW}/R_{SPW}/R_{SPB}/R_{SDN}$	
■ X_{jPB}		■ $R_{SN+Poly}/R_{SN+}/R_{SP+}$	
■ $T_{Poly}/T_{BPSG}/T_{LTO}/T_{TEOS}$		■ g_n/g_p，I_{LPN}	
■ L_{effn}/L_{effp}		■ BU_{CBON}/BU_{CEON}，β_{NPN}，f_{TN}	
■ X_{jN+}/X_{jP+}，T_{Al}		■ BU_{CBOP}/BU_{CEOP}，β_{PNP}，f_{TP}	
■ 设计规则	0.8μm/2～3μm（CMOS），D/A	■ 电路 DC/AC 特性	视设计电路而定

*表中参数符号与第 2 章各表相同。

5.7.1 芯片剖面结构

应用芯片结构技术（参见附录 B-[21]），可以得到芯片典型剖面结构。首先在电路中找出各种典型元器件——NMOS、PMOS、NPN（纵向）及 PNP（横向）管，然后进行剖面结构设计，分别如图 5-13 中的 A、B、C 及 D 所示（不要把它们看作连接在一起）。最后由它们组成 Twin-Well BiCMOS[B]-（A）芯片典型剖面结构，图 5-13（a）为其示意图。或者把第 3 章 3.1 节中的亚微米 CMOS（A）与本节设计的对通隔离的纵向 NPN C、横向 PNP D 进行集成，并去掉 N-Well 电阻和衬底电容修改而得到。以该结构为基础，改变 NPN 结构，引入耗尽型 NMOS，得到如图 5-13（b）所示的另一种结构。如果引入不同于图 5-13 中的单个或多个元器件结构，或消去其中单个或多个元器件结构，或对其中元器件结构进行改变，则可得到多种不同结构。选用其中与设计电路相联系的一种结构。下面仅对图 5-13（a）所示结构进行介绍。

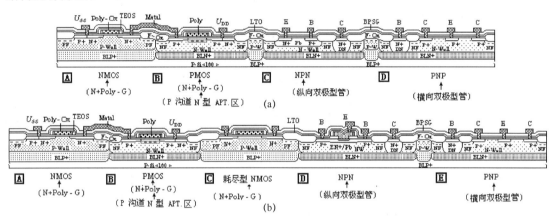

图 5-13　Twin-Well BiCMOS[B]-（A）电路芯片剖面结构示意图（参阅附录 B-[2]）

5.7.2 工艺技术

设计电路工艺技术概要如表 5-7 所示。为实现 Twin-Well BiCMOS[B]-（A）技术，引入兼容 Twin-Well CMOS 器件工艺，对双极型制造工艺做如下改变。

（1）P 场注入后，引入 N 场 75As+注入，消去与 N-Well 电阻、衬底电容有关的工艺及它们的结构。

（2）在自对准形成 BLN+埋层、BLP+埋层和 P 型薄层外延后，引入 11B+、31P+注入并推进，生成与埋层相接的 Twin-Well，同时形成双极型隔离；引入场区注入、硅局部氧化，形成 CMOS 隔离。

（3）在基区推进后，引入沟道防穿通注入和调节注入、栅氧化及 Poly 淀积并掺杂，刻蚀形成 CMOS 硅栅结构；进行 LDD 注入、TEOS 淀积并刻蚀形成侧墙。

（4）75As+或 49BF$_2$+注入，生成 N+或 P+为双极型的 E/C 掺杂区和 Pb 基区接触区的同时，引入形成源漏掺杂区。

上述消去与引入这些基本工艺，使双极型芯片结构和制程都发生了明显的变化。工艺完成后，制得 NMOS A 与 PMOS B、纵向 NPN C 与横向 PNP D，并用 Twin-Well BiCMOS[B]-(A)来表示。为了简化埋层和阱工艺，两次都使用 Si_3N_4，省去两次光刻，出现 P-Well 和 N-Well 界面场区氧化层台阶结构。

根据 Twin-Well BiCMOS[B]-(A) 电路电气特性要求，确定用于芯片制造的基本参数，如表 5-7 所示。芯片制程工艺中，一方面要确保工艺参数、电学参数都达到规范值，另一方面在批量生产中要确保各批次制程的均一性。根据电路电气特性的指标，对下列参数提出严格要求。

（1）工艺参数：各种杂质浓度及分布、结深、栅氧化层/介质层厚度等。
（2）电学参数：薄层电阻、MOS 和双极型击穿电压、阈值电压等。
（3）硅衬底电阻率/外延层厚度及电阻率等。

芯片制造由各工步所组成的工序来实现，并制定出各工序具体的工艺条件，以保证所要求的各种参数达到规范值。从制程的最初阶段就开始进行工艺检测，以获得芯片制程中各工序必要的关于材料质量和工艺参数与电学参数的数据。在芯片集成度不断增加的情况下，每一道工序都有决定成功或失败的关键问题：沾污、结深、薄膜的质量。工艺检测对于描绘工艺硅片的特性与检查其成品率非常关键，要确保工艺参数和电学参数都达到规范值。

在制作掩模时，必须考虑各次光刻所用掩模的名称、图形黑白、正胶、有无划片槽及对准层次等。从制程剖面结构图（图 5-14）中可以看出，需要进行 17 次光刻。对于光刻，不但要求有高的图形分辨率，同时还要求具有良好的图形套准精度。与双极型工艺相比，增加了 8 块掩模：N-Well、P 场区、N 场区、N 沟道区、P 沟道区、Poly、NLDD 区及 PLDD 区。

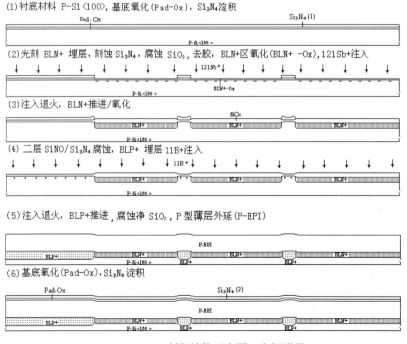

图 5-14　Twin-Well BiCMOS[B]-(A) 制程结构示意图（参阅附录 B-[2, 3, 5, 6, 13, 16, 18]）

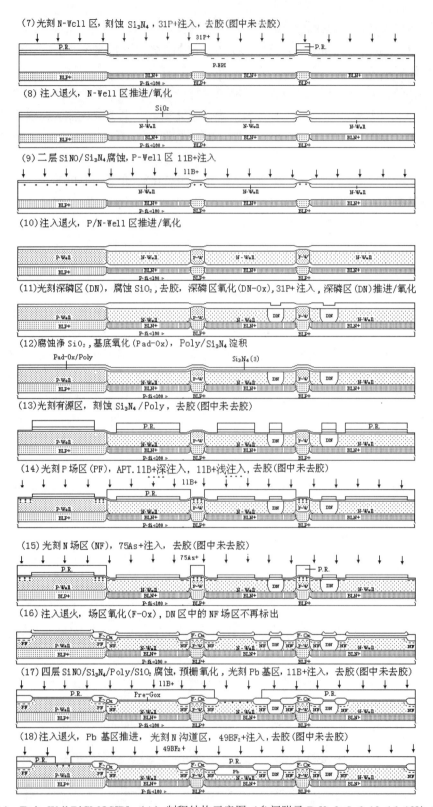

图 5-14 Twin-Well BiCMOS[B]-（A）制程结构示意图（参阅附录 B-[2, 3, 5, 6, 13, 16, 18]）（续）

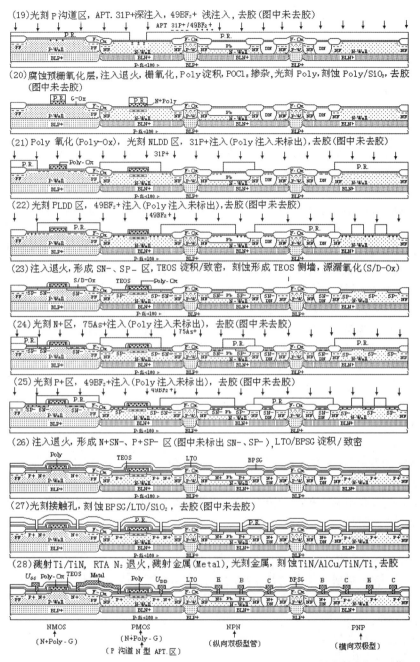

(19) 光刻 P 沟道区，APT.31P+深注入，49BF₂+ 浅注入，去胶（图中未去胶）

(20) 腐蚀预栅氧化层，注入退火，栅氧化，Poly 淀积，POCl₃掺杂，光刻 Poly，刻蚀 Poly/SiO₂，去胶（图中未去胶）

(21) Poly 氧化（Poly-Ox），光刻 NLDD 区，31P+注入（Poly 注入未标出），去胶（图中未去胶）

(22) 光刻 PLDD 区，49BF₂+注入（Poly 注入未标出），去胶（图中未去胶）

(23) 注入退火，形成 SN-、SP- 区，TEOS 淀积、致密，刻蚀形成 TEOS 侧墙，源漏氧化（S/D-Ox）

(24) 光刻 N+区，75As+注入（Poly 注入未标出），去胶（图中未去胶）

(25) 光刻 P+区，49BF₂+注入（Poly 注入未标出），去胶（图中未去胶）

(26) 注入退火，形成 N+SN-、P+SP- 区（图中未标出 SN-、SP-），LTO/BPSG 淀积/致密

(27) 光刻接触孔，刻蚀 BPSG/LTO/SiO₂，去胶（图中未去胶）

(28) 溅射 Ti/TiN，RTA N₂ 退火，溅射金属（Metal），光刻金属，刻蚀 TiN/AlCu/TiN/Ti，去胶

NMOS (N+Poly-G)　　PMOS (N+Poly-G)(P 沟道 N 型 APT.区)　　NPN (纵向双极型管)　　PNP (横向双极型)

(29) PSG/PE CVD Si₃N₄淀积，光刻键压点，刻蚀 PE CVD Si₃N₄/PSG，去胶，合金，背面减薄，PCM/芯片测试

图 5-14　Twin-Well BiCMOS[B]-（A）制程结构示意图（参阅附录 B-[2, 3, 5, 6, 13, 16, 18]）（续）

5.7.3　工艺制程

图 5-13 所示的 Twin-Well BiCMOS[B]-（A）芯片结构采用确定的制造技术来实现。它是由工艺规范确定的各个基本工序、相互关联及将其按一定顺序组合构成的。为实现此制程，在双极型制程中，消去与引入部分基本工艺，不仅增加了制造工艺，技术难度增大，使芯片

结构发生了明显的变化，而且改变了其制程，从而实现了 Twin-Well BiCMOS[B]-（A）制程。

由多次氧化、光刻、杂质扩散、离子注入、薄膜淀积及溅射金属等各个基本工序构成芯片制程，形成了以下元器件及其杂质层、介质层和互连金属层。

（1）电路芯片中的各个元器件：NMOS、PMOS、NPN（纵向）及 PNP（横向）等。

（2）这些电路元器件所需要的精确控制的硅中的杂质层：BLN+、BLP+、P-EPI、DN、N-Well、P-Well、PF、NF、Pb、沟道掺杂、SN-、SP-、N+Poly、N+、P+等。

（3）集成电路所需要的介质层：F-Ox、G-Ox、Poly-Ox、BPSG/LTO 等。

（4）将这些电路元器件连接起来形成集成电路所需要的金属层：AlCu。

应用计算机，依据 Twin-Well BiCMOS[B]-（A）芯片制造工艺中各个工序的先后次序，把各个工序连接起来，可以得到制程。它由各个工序所组成，而工序则由各个工步来实现。根据设计电路的电气特性要求，选择工艺序号和工艺规范号，以便得到所需要的工艺参数和电学参数。

应用芯片结构技术，使用计算机和相应的软件，根据图 5-13 电路芯片剖面结构和制造工艺的各个工序，可以描绘出芯片制程中各个工序剖面结构，按照各个工序的先后次序连接起来，可以得到如图 5-14 所示的制程剖面结构示意图。该图直观地显示出 Twin-Well BiCMOS[B]-（A）制程中芯片表面、内部元器件及互连的形成过程和结构的变化。

从 Twin-Well BiCMOS[B]-（A）制程和剖面结构可以看出，阱区是由向 P 型衬底生长 P-型外延层中扩散 N、P 型杂质而制成的。阱界面场区氧化表面具有台阶结构。PMOS、纵向 NPN、横向 PNP 都是在 N-Well 中制作的，NMOS 是在 P-Well 中形成。该制程的主要特点如下所述。

（1）器件隔离是由硅局部氧化（LOCOS）和对通隔离（P-Well/BLP+）构成的。

（2）形成双极型器件的基底与 PMOS 的 N-Well 深度和浓度相同。

（3）PNP 的发射区/集电区和基区（Pb）接触区 P+掺杂，同时在 N-Well 中形成源区和漏区，以制得 PMOS。

（4）NPN 的发射区/集电区和基区接触区 N+掺杂，同时在 P-Well 中形成源区和漏区，以制得 NMOS。

（5）为了获得大电流下的低饱和压降，采用高浓度的集电极深磷扩散，形成与 BLN+埋层相接的深磷区（DN）。

制程中使用了 17 次掩模，各次光刻确定了 Twin-Well BiCMOS[B]-（A）各层平面结构与横向尺寸。芯片各层平面结构与横向尺寸及剖面结构与纵向尺寸，只有在制程完成后才能确定下来。光刻还精确控制了硅中的杂质浓度及分布和结深，从而确定了电路功能和电气性能。

芯片结构及尺寸和硅中杂质浓度及结深是制程的关键（参见附录 B-[20]）。它们不仅与双极型器件的下列参数有关：

（1）埋层结深及薄层电阻；

（2）P 型外延层电阻率及厚度；

（3）基区宽度及薄层电阻；

（4）发射区结深及薄层电阻；

（5）与埋层相连的深磷区结深及薄层电阻；

（6）器件的 f_T、β、BU_{CEO} 及 BU_{CBO} 等。

而且与 CMOS 器件的下列参数密切相关：

（1）P 型外延层电阻率；

（2）阱深度及薄层电阻；

（3）各介质层和栅氧化层厚度；

（4）有效沟道长度；

（5）源漏结深度及薄层电阻；

（6）器件的阈值电压、源漏击穿电压及跨导等。

此外，双极型与CMOS器件在这些参数之间必须进行折中与优化，以达到互相匹配的目的。CMOS的P-Well深度十分重要，必须达到BLP+埋层，以便削弱CMOS中的"闩锁（latch up）效应"并形成双极的对通隔离。阱的深度与NMOS特性（U_{TN}——体效应因子及BU_{DS}等）密切相关。因此，必须选择合适的阱深和浓度，以便达到电路电气特性的要求。

由于双极和CMOS技术的要求相冲突，亚微米BiCMOS阱分布的最佳化是一个多方面的问题。因为N-Well提供双极NPN和PMOS的基础，所以大多数临界工艺都折中考虑涉及N-Well分布的问题。但是，关键要点如隔离、二极管电容及反掺杂P-Well中迁移率降低等都是必须要考虑的，特别是在CMOS加强电路中，NMOS性能起到支配作用。

制程完成后，能否实现芯片的要求，达到设计电路性能指标，关键取决于各工序的工艺规范值。所以芯片制造中要严格遵守各工序的工艺规范才能得到合格的电路。

制程完成后，先测试晶圆PCM数据，达到规范值后，才能测试芯片电气特性。

5.8　Twin-Well BiCMOS[B]-（B）

电路采用 0.25μm 设计规则，使用 Twin-Well BiCMOS[B]-（B）制造技术。表 5-8 示出该电路典型元器件、制造技术及主要参数。它以双极型制程及所制得的元器件为基础，并用深亚微米 CMOS 器件结构和制造工艺对其进行改变，最终在硅衬底上形成 BiCMOS[B]芯片中的各种元器件，并使之互连，实现所设计电路。如果制程完成后得到的各种参数都达到规范值，则芯片性能达到设计指标。

表 5-8　工艺技术和芯片中主要元器件

工 艺 技 术		芯片中主要元器件	
■ 技术	BiCMOS[B]-（B）	■ 电阻	$R_{S\,Poly}$
■ 衬底	P-epi/P+-Si<100>	■ 电容	
■ 阱	ret.Twin-Well（逆向阱）	■ 晶体管	NLDD NMOS W/L>1（驱动管）
■ 隔离	LOCOS/P-Well/BLP+		PLDD PMOS W/L>1（负载管）
■ 栅结构	TiSi$_2$/N+Poly/SiO$_2$		NPN（纵向）
	TiSi$_2$/P+Poly/SiO$_2$		PNP（纵向）
■ 源漏区	TiSi$_2$/N+SN-		PNP（横向）
	TiSi$_2$/P+SP-	■ 二极管	TiSi$_2$/P+/N-Well（剖面图中未画出）
■ 栅特征尺寸	0.25μm/1～2μm，D/A		TiSi$_2$/N+/P-Well（剖面图中未画出）
■ E/B/C 区	TiSi$_2$-N+Poly-EN+/Pb/NWBLN+DNN+		
	TiSi$_2$-P+Poly-EP+/Nb/PW/P+		
	TiSi$_2$-P+/NW/P+		

(续表)

工 艺 技 术		芯片中主要元器件	
■ Poly	1层(TiSi$_2$/N+Poly, TiSi$_2$/P+Poly)		
■ 互连金属	1层(AlCu, W Plug)		
■ 电源(U_{DD})	2.5V		
工艺参数*	数 值	电学参数*	数 值
■ ρ	左边这些参数视制程而定	■ U_{TN}/U_{TP}, BU$_{DSN}$/BU$_{DSP}$	左边这些参数视电路特性而定
■ $X_{jBLN+}/X_{jBLP+}/X_{jret.NW}/X_{jret.PW}$		■ U_{TFN}/U_{TFP}	
■ $X_{jDN}/X_{jEN+}/X_{jEP+}$		■ $R_{SBLN+}/R_{SBLP+}/R_{Sret.NW}/R_{Sret.PW}$	
■ $T_{F-Ox}/T_{G-Ox}/T_{P-EPI}$		■ $R_{SPt}/R_{SNb}/R_{SDN}/R_{SEN+}/R_{SEP+}$	
■ X_{jPt}/X_{jNb}		■ $R_{SN+Poly}/R_{SN+}/R_{SP+}$	
■ $T_{Poly}/T_{BPSG}/T_{Si_3N_4}/T_{TEOS}$		■ g_n/g_p, I_{LPN}	
■ L_{effn}/L_{effp}		■ BU$_{CBON}$/BU$_{CEON}$, β_{NPN}, f_{TN}	
■ X_{jN+}/X_{jP+}, T_{Al}		■ BU$_{CBOP}$/BU$_{CEOP}$, β_{PNP}, f_{TP}	
■ 设计规则	0.25μm/1~2μm(CMOS), D/A	■ 电路DC/AC特性	视设计电路而定

*表中参数符号与第2章各表相同。

5.8.1 芯片剖面结构

应用芯片结构技术(参见附录B-[21]),使用计算机和相应的软件,可以得到芯片典型剖面结构。首先在设计电路中找出各种典型元器件——PMOS、NMOS、NPN(纵向)、PNP(纵向)、Poly电阻及PNP(横向),然后对这些元器件进行剖面结构设计,分别如图5-15中的 A、B、C、D、E 及 F 所示(不要把它们看作连接在一起)。最后排列并拼接这些元器件,构成Twin-Well BiCMOS[B]-(B)芯片剖面结构,图5-15(a)为其示意图。或者把第3章3.5节中的深亚微米CMOS(B)与本节设计的纵向NPN C、纵向PNP D、横向PNP F 等进行集成,并去掉N-Well电阻和衬底电容修改而得到。以该结构为基础,引入Cf场区电容和Poly电阻,得到如图5-15(b)所示的另一种结构。如果引入不同于图5-15中的单个或多个元器件结构,或消去其中单个或多个元器件结构,或对其中元器件结构进行改变,则可得到多种不同结构。选用其中与设计电路相联系的一种结构。下面仅对图5-15(a)所示结构进行介绍。

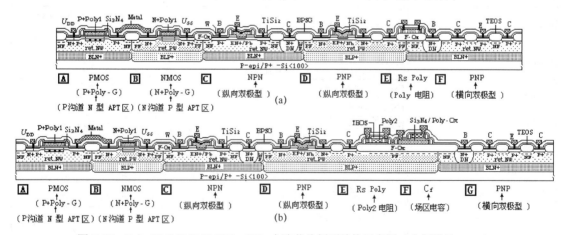

图5-15 Twin-Well BiCMOS[B]-(B)电路芯片剖面结构示意图(参阅附录B-[2])

5.8.2 工艺技术

设计电路工艺技术概要如表 5-8 所示。为实现 Twin-Well BiCMOS[B]-（B）技术，引入兼容深亚微米 Twin-Well CMOS 器件工艺，对双极型制造工艺做如下改变。

（1）P 场注入后，引入 N 场 75As+注入，消去与 N-Well 电阻、衬底电容有关的工艺及它们的结构。

（2）在形成 BLN+埋层、BLP+埋层和 P 型薄层外延后，引入 11B+、31P+注入并推进，分别生成与埋层相接的逆向 Twin-Well，形成双极型隔离；引入场区注入、硅局部氧化，形成 CMOS 隔离。

（3）在基区推进后，引入防穿通和沟道注入、栅氧化和腐蚀埋孔（形成双极型 E 区工艺之一），以及 Poly 淀积并轻掺杂，刻蚀形成深亚微米 CMOS 硅栅；进行 LDD 注入、Si_3N_4 淀积，刻蚀形成侧墙结构。

（4）75As+和低能量 11B+注入，分别生成 N+SN-和 P+SP-区，溅射 Ti 分别形成 $TiSi_2$/N+SN-区、$TiSi_2$/P+SP-区、E（N+Poly 或 P+Poly 扩散形成 EN+区或 EP+区）/C 掺杂区和基区接触区的同时，引入形成源漏掺杂区。

上述消去与引入这些基本工艺，使双极型芯片结构和制程都发生了明显的变化。工艺完成后，制得 PMOS[A]与 NMOS[B]、纵向 NPN[C]与纵向 PNP[D]，以及 Poly 电阻[E]与横向 PNP[F]等，并用 Twin-Well BiCMOS[B]-（B）来表示。

制程完成后电路芯片剖面结构示意图如图 5-15 所示。与 Twin-Well BiCMOS[B]-（A）相比，主要不同的是：

（1）采用 P-epi/P+ -Si<100>作为硅衬底；
（2）逆向双阱；
（3）栅特征尺寸为 0.25μm；
（4）使用 $TiSi_2$ 和钨塞；
（5）采用 N 型和 P 型掺杂 Poly 扩散形成发射区。

Twin-Well BiCMOS[B]-（B）电路电气性能/合格率与各制造参数密切相关，确定用于芯片制造的基本参数，如表 5-8 所示。芯片制造工艺由各工步所组成的工序来实现，需要制定出各工序具体的工艺条件，同时保证下列所要求的各种参数都达到规范值。

（1）工艺参数：各种掺杂浓度及分布，X_{jBLN+}、X_{jBLP+}、$X_{jret.NW}$、$X_{jret.PW}$、X_{jPb}、X_{jNb}、X_{jDN}、X_{jN+}、X_{jP+} 等结深，T_{F-Ox}、T_{G-Ox} 等氧化层厚度。

（2）电学参数：U_{TN}、U_{TP} 等阈值电压，R_{SBLN+}、R_{SBLP+}、R_{SNW}、R_{SPW}、R_{SPb}、R_{SNb}、R_{SDN}、R_{SN+}、R_{SP+} 等薄层电阻，BU_{DSN}、BU_{DSP}、BU_{CBO}、BU_{CEO} 等击穿电压。

（3）硅衬底电阻率、外延层厚度及电阻率等。

为了保证工艺参数和电学参数都达到规范值，在工艺线上设立了工艺检测环节。通过对某些特定项目进行定期或不定期的检测，以获得必要的关于材料质量和工艺参数与电学参数的数据。工艺过程检测的目的是通过检测数据的及时反馈，使整条工艺线的控制达到最佳化，以便得到高合格率和高性能芯片。同时，它也为寻找器件生产中发生问题的原因提供了重要的依据。

对于光刻次数很多的情况，在制作掩模时，通常设计者与制造者一起来确定。如果应用芯片结构及其制程剖面结构技术，就不难确定出各次光刻工序。从制程剖面结构图（图 5-16）中可以看出，需要进行 21 次光刻。光刻不但要求有高的图形分辨率，同时还要求具有良好的图形套准精度。光刻对准曝光要严格对准、套准，并使之在确定的误差以内。与双极型工艺相比，增加了 8 块掩模：逆向 N-Well、逆向 P-Well、P 场区、N 场区、P 沟道区、N 沟道区、NLDD 区及 PLDD 区。

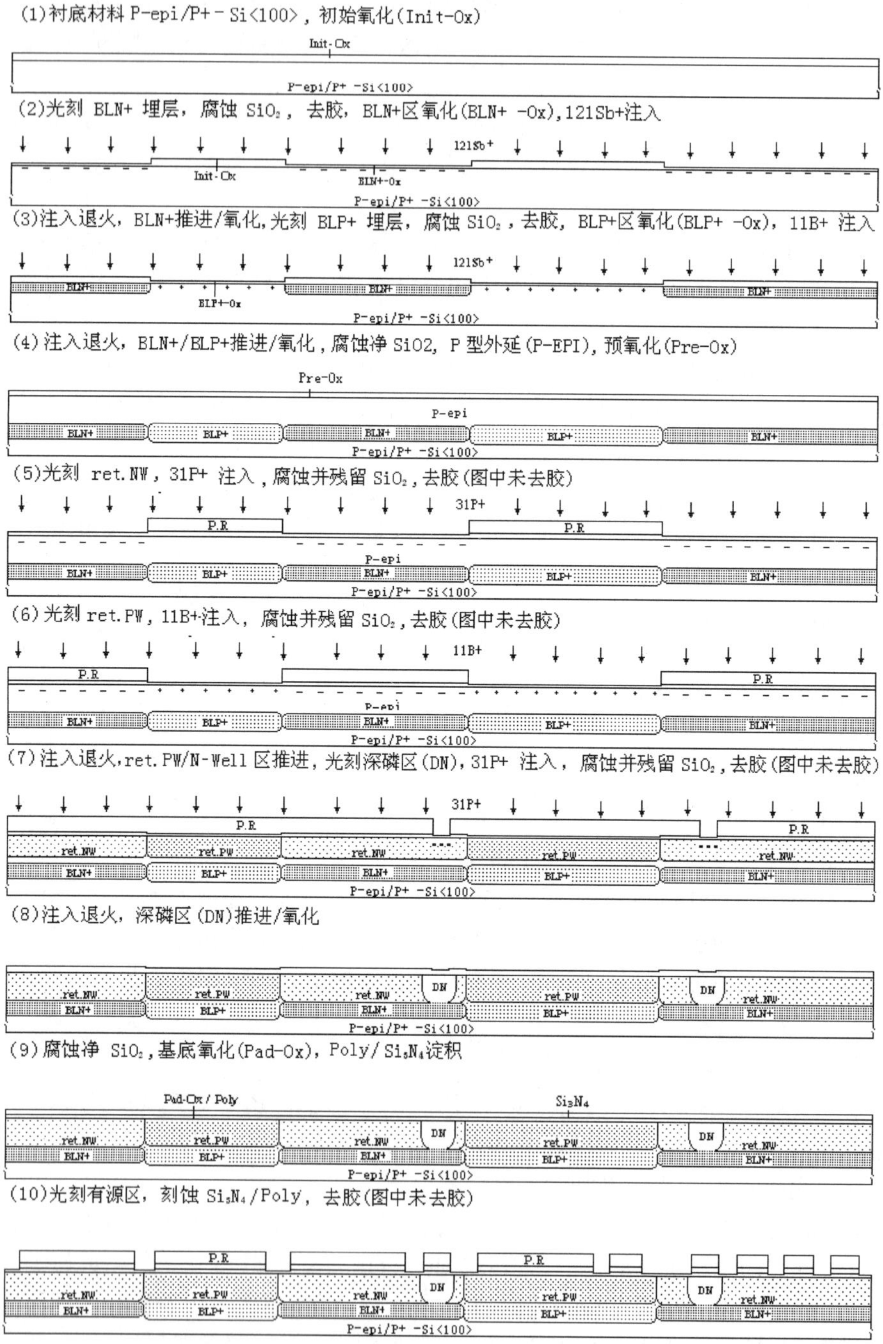

(1)衬底材料 P-epi/P+－Si<100>，初始氧化(Init-Ox)
Init-Ox
P-epi/P+ -Si<100>
(2)光刻 BLN+ 埋层，腐蚀 SiO_2，去胶，BLN+区氧化(BLN+ -Ox)，121Sb+注入
121Sb+
Init-Ox
BLN+-Ox
P-epi/P+ -Si<100>
(3)注入退火，BLN+推进/氧化，光刻 BLP+ 埋层，腐蚀 SiO_2，去胶，BLP+区氧化(BLP+ -Ox)，11B+ 注入
121Sb+
BLN+
BLP+-Ox
P-epi/P+ -Si<100>
(4)注入退火，BLN+/BLP+推进/氧化，腐蚀净 SiO2，P 型外延(P-EPI)，预氧化(Pre-Ox)
Pre-Ox
P-epi
BLN+
BLP+
P-epi/P+ -Si<100>
(5)光刻 ret.NW，31P+ 注入，腐蚀并残留 SiO_2，去胶(图中未去胶)
31P+
P.R
P-epi
BLN+
BLP+
P-epi/P+ -Si<100>
(6)光刻 ret.PW，11B+注入，腐蚀并残留 SiO_2，去胶(图中未去胶)
11B+
P.R
P-epi
BLN+
BLP+
P-epi/P+ -Si<100>
(7)注入退火，ret.PW/N-Well 区推进，光刻深磷区(DN)，31P+ 注入，腐蚀并残留 SiO_2，去胶(图中未去胶)
31P+
P.R
ret.NW
ret.PW
BLN+
BLP+
P-epi/P+ -Si<100>
(8)注入退火，深磷区(DN)推进/氧化
ret.NW
ret.PW
DN
BLN+
BLP+
P-epi/P+ -Si<100>
(9)腐蚀净 SiO_2，基底氧化(Pad-Ox)，Poly/ Si_3N_4淀积
Pad-Ox / Poly
Si_3N_4
ret.NW
ret.PW
DN
BLN+
BLP+
P-epi/P+ -Si<100>
(10)光刻有源区，刻蚀 Si_3N_4/Poly，去胶(图中未去胶)
P.R
ret.NW
ret.PW
DN
BLN+
BLP+
P-epi/P+ -Si<100>

图 5-16 Twin-Well BiCMOS[B]-（B）制程剖面结构示意图（参阅附录 B-[2, 3, 5, 6, 13, 16, 18]）

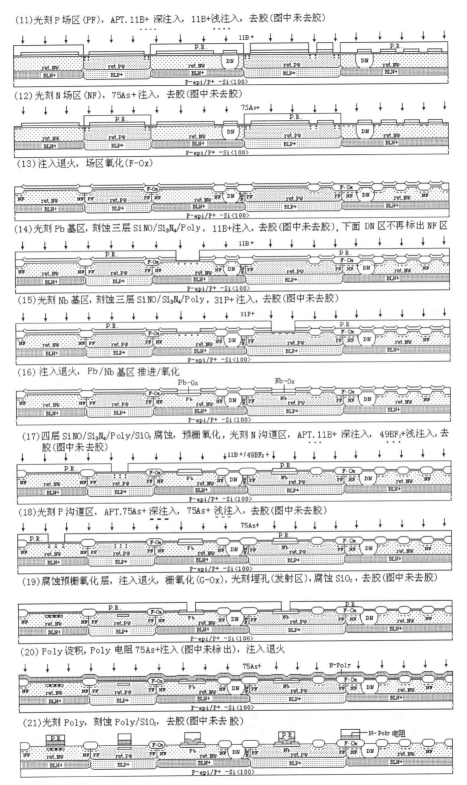

(11) 光刻 P 场区 (PF)，APT.11B+ 深注入，11B+ 浅注入，去胶 (图中未去胶)

(12) 光刻 N 场区 (NF)，75As+ 注入，去胶 (图中未去胶)

(13) 注入退火，场区氧化 (F-Ox)

(14) 光刻 Pb 基区，刻蚀三层 SiNO/Si₃N₄/Poly，11B+ 注入，去胶 (图中未去胶)，下面 DN 区不再标出 NF 区

(15) 光刻 Nb 基区，刻蚀三层 SiNO/Si₃N₄/Poly，31P+ 注入，去胶 (图中未去胶)

(16) 注入退火，Pb/Nb 基区推进/氧化

(17) 四层 SiNO/Si₃N₄/Poly/SiO₂ 腐蚀，预栅氧化，光刻 N 沟道区，APT.11B+ 深注入，49BF₂+ 浅注入，去胶 (图中未去胶)

(18) 光刻 P 沟道区，APT.75As+ 深注入，75As+ 浅注入，去胶 (图中未去胶)

(19) 腐蚀预栅氧化层，注入退火，栅氧化 (G-Ox)，光刻埋孔 (发射区)，腐蚀 SiO₂，去胶 (图中未去胶)

(20) Poly 淀积，Poly 电阻 75As+ 注入 (图中未标出)，注入退火

(21) 光刻 Poly，刻蚀 Poly/SiO₂，去胶 (图中未去胶)

图 5-16　Twin-Well BiCMOS[B]-(B) 制程剖面结构示意图 (参阅附录 B-[2, 3, 5, 6, 13, 16, 18]) (续)

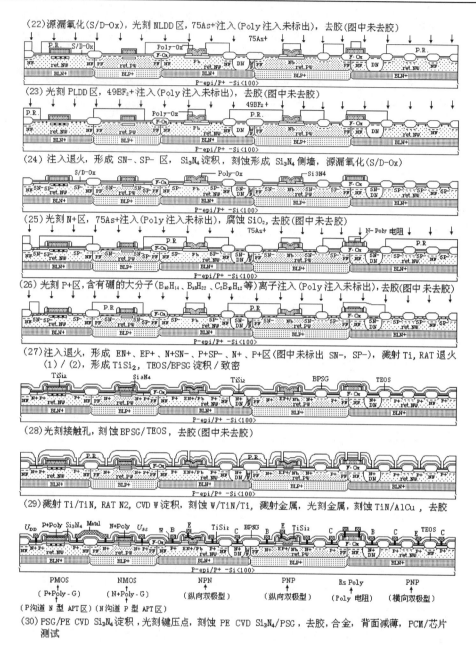

图 5-16 Twin-Well BiCMOS[B]-（B）制程剖面结构示意图（参阅附录 B-[2, 3, 5, 6, 13, 16, 18]）（续）

5.8.3 工艺制程

由工艺规范确定的各个基本工序、相互关联及将其按一定顺序组合，构成图 5-15 所示的 Twin-Well BiCMOS[B]-（B）芯片结构的制程。为实现此制程，在双极型制程中，消去与引入部分基本工艺，不仅增加了制造工艺，技术难度增大，使芯片结构发生了明显的变化，而且改变了其制程，从而实现了 Twin-Well BiCMOS[B]-（B）制程。

由多次氧化、光刻、杂质扩散、离子注入、薄膜淀积及溅射金属等各个基本工序构成芯片制程，形成了以下元器件及其杂质层、介质层和互连金属层。

(1)电路芯片中的各个元器件：NMOS、PMOS、Poly 电阻、NPN（纵向）、PNP（横向）及 PNP（纵向）等。

(2)这些电路元器件所需要的精确控制的硅中的杂质层：BLN+、BLP+、P-EPI、DN、ret.N-Well、ret. P-Well、PF、NF、Pb、Nb、沟道掺杂、$TiSi_2$、SN-、SP-、N+Poly、P+Poly、N+、P+、EN+、EP+等。

(3)集成电路所需要的介质层：F-Ox、G-Ox、TEOS、BPSG/LTO 等。

(4)将这些电路元器件连接起来形成集成电路所需要的金属层：AlCu、W Plug。

应用计算机，依据 Twin-Well BiCMOS[B]-（B）芯片制造工艺中各个工序的先后次序，把各个工序互相连接起来，可以得到制程。它由各个工序所组成，而工序则由各个工步来实现。根据设计电路的电气特性要求，选择工艺序号和工艺规范号，以便得到所需要的工艺参数和电学参数。

应用芯片结构技术，依据图 5-15 电路芯片剖面结构和制造工艺的各个工序，利用计算机和相应的软件，可以描绘出芯片制程中各个工序剖面结构，依照各个工序的先后次序连接起来，可以得到如图 5-16 所示的制程剖面结构示意图。该图直观地显示出 Twin-Well BiCMOS[B]-（B）中芯片表面、内部元器件及互连的形成过程和结构的变化。

从 Twin-Well BiCMOS[B]-（B）制程和剖面结构可以看出，PMOS、纵向 NPN、横向 PNP 都是在 N-Well 中制作的，NMOS 和纵向 PNP 都是在 P-Well 中形成的。该制程的主要特点如下所述。

(1)逆向双阱区是由向 P-epi/P+型衬底中分别扩散 N、P 型杂质而生成的，并形成隔离，即 Twin-Well 与 BLN+、BLP+相连。

(2)NPN 基区（Pb）接触区和 PNP 的发射区（横向双极型）P+掺杂，同时在 N-Well 中形成源区和漏区，以制得 PMOS。

(3)NPN 集电区和 PNP 基区（纵向双极型）接触区 N+掺杂，同时在 P-Well 中形成源区和漏区，以制得 NMOS。

(4)为了获得大电流下的低饱和压降，采用高浓度的集电极深磷扩散，形成与 BLN+埋层相接的深磷区（DN）。

(5)利用掺杂 N+Poly 作为 NPN 多晶硅发射极，形成 EN+浅结和小尺寸发射区。浅 Pb 基区中 Poly 砷的掺杂外扩散形成 NPN 的发射区，得到双极型高截止频率。同样，利用 P+Poly 作为 PNP 多晶硅发射极，形成 EP+浅结和小尺寸发射区。

制程中使用了 21 次掩模，各次光刻确定了 Twin-Well BiCMOS[B]-（B）芯片各层平面结构与横向尺寸。工艺完成后确定了：

(1)芯片各层平面结构与横向尺寸；

(2)剖面结构与纵向尺寸；

(3)硅中的杂质浓度、分布及结深；

(4)电路功能和电气性能等。

芯片结构及尺寸和硅中杂质浓度及结深是制程的关键（参见附录 B-[20]）。它们不仅与双极型器件的下列参数有关：

(1)埋层结深及薄层电阻；

(2)P 型外延层电阻率及厚度；

(3)基区宽度及薄层电阻；

（4）发射区结深及薄层电阻；

（5）与埋层相连的深磷区结深及薄层电阻；

（6）器件的 f_T、β、BU_{CEO} 及 BU_{CBO} 等。

而且与 CMOS 器件的下列参数密切相关：

（1）P 型外延层电阻率；

（2）阱深度及薄层电阻；

（3）各介质层和栅氧化层厚度；

（4）有效沟道长度；

（5）源漏结深度及薄层电阻；

（6）器件阈值电压、源漏击穿电压及跨导等。

此外，双极型与 CMOS 器件在这些参数之间必须进行折中与优化，以达到互相匹配的目的。

通常 CMOS 电路的闩锁现象，因为 CMOS 阱结构内在寄生的 PNP 和 NPN 双极晶体管形成的一个 PNPN 闸流管存在而发生。如果源/漏的任意一个结产生瞬时正向偏压（如杂散噪声、电压过冲、静电放电或在电源关闭之前施加信号电平输入等的触发），则引起正反馈，因为一个晶体管的集电极会馈送至另一晶体管的基极（反之亦然），这就在 U_{SS} 和 U_{DD} 之间引起了持续的高电流流动，导致闩锁条件生成。

为了抑制闩锁现象，除使用重掺杂衬底以外，可采用的方法还包括使用逆向阱，以降低阱电阻，并有效地减小纵向 PNP 和横向 NPN 器件增益。由高能离子注入形成逆向阱。

制程完成后，先测试晶圆 PCM 数据，达到规范值后，才能测试芯片电气性能。如果是工程研制，则制造者分析 PCM 数据，而设计者分析芯片功能和性能，两者共同分析讨论，确定下一次的研制方案；如果是批量生产，则分析 PCM 数据和芯片合格率的高低等。如果主要的 PCM 数据未达到规范值，偏离数值很大，则要对该晶圆进行报废处理。

第6章 LV/HV 兼容 BiCMOS 芯片与制程剖面结构

本章将介绍各种 LV/HV 兼容 BiCMOS 制造工艺，该技术能够实现低压 5V 与高压 100～700V 范围（或更高）兼容的工艺，即把第 4 章中介绍的 LV/HV CMOS 制造技术和第 5 章中介绍的 BiCMOS 制造技术整合在一起的 LV/HV BiCMOS 制造技术。该技术实现了在同一硅衬底上形成 LV NMOS、LV PMOS、LV 双极型器件，以及 HV MOS 和 HV 双极型器件等，并使之互连，实现所设计的电路。实际上，以 LV BiCMOS 基本工艺作为制造技术的基础，引入兼容偏置栅 HV MOS（100～700V 或更高）和 E/B/C 具有轻掺杂区结构的 HV 双极型（30～100V）器件工艺，就可以实现所设计的电路。LV/HV BiCMOS 分为 LV/HV BiCMOS[C] 和 LV/HV BiCMOS[B] 两类。

6.1 LV/HV P-Well BiCMOS[C]

电路采用 3μm 设计规则，使用 LV/HV P-Well BiCMOS[C] 制造技术。该电路典型元器件、制造技术及主要参数如表 6-1 所示。它以 LV P-Well BiCMOS[C] 制程及所制得的元器件为基础，并用 HV MOS 器件结构和制造工艺对其进行改变，最终在硅衬底上形成 LV/HV BiCMOS[C] 芯片中的各种元器件，并使之互连，实现所设计电路。该电路或各层版图已变换为缩小的各层平面和剖面结构图形的芯片。如果得到的工艺参数与电学参数都符合所设计电路的要求，则芯片功能和电气性能都能达到设计指标。

表 6-1 工艺技术和芯片中主要元器件

工艺技术		芯片中主要元器件	
■ 技术	LV/HV BiCMOS[C]	■ 电阻	—
■ 衬底	N-Si<100>	■ 电容	—
■ 阱	P-Well	■ 晶体管	LV NMOS W/L>1（驱动管）
■ 隔离	LOCOS		LV PMOS W/L>1（负载管）
■ 栅结构	N+Poly/SiO$_2$		LV NPN（纵向双极型）
■ 源漏区	N+，P+（LV）		HV NMOS（偏置栅）
■ 栅特征尺寸	3μm（LV）		HV PMOS（偏置栅）
■ E/B/C 区（LV）	N+/PW/N-SubN+	■ 二极管	P+/N-Sub（剖面图未画出）
■ 偏置栅沟道尺寸	≥5μm		N+/P-Well（剖面图未画出）
■ PW，DN-漂移区长度	视高压而定		
■ Poly	1 层（N+Poly）		
■ 互连金属	1 层（AlSi）		
■ 低压（U_{DD}）	5V（LV）		
■ 高压（100～700V）	视漂移区长度/掺杂浓度而定		

(续表)

工艺参数*	数 值	电学参数*	数 值
■ ρ	左边这些参数视工艺制程而定	■ U_{LVTN}/U_{LVTP}	左边这些参数视电路特性而定
■ X_{jPW}/X_{jDN-}		■ BU_{LVDSN}/BU_{LVDSP}	
■ $T_{F-ox}/T_{Poly-ox}$		■ U_{TFN}/U_{TFP}	
■ T_{HV-Gox}/T_{LV-Gox}		■ U_{HVTN}/U_{HVTP}	
■ $T_{Poly}/T_{BPSG}/T_{LTO}$		■ BU_{HVDSN}/BU_{HVDSP}	
■ L_{DHVP}/L_{DHVN}		■ $R_{SPW}/R_{SDN-}/R_{SN+Poly}, R_{ON}$	
■ $L_{effn}/L_{effp}/L_{effHVP}/L_{effHVN}$		■ $R_{SN+}/R_{SP+}, g_n/g_p, I_{LPN}$	
■ $X_{jN+}/X_{jP+}, T_{Al}$		■ $BU_{CBON}/BU_{CEON}, \beta_{NPN}, f_{TN}$	
■ 设计规则	3μm（LV）	■ 电路 DC/AC 特性	视设计电路而定

*表中参数：HV PMOS/HV NMOS 有效沟道长度为 L_{effHVP}/L_{effHVN}，其他参数符号与第2章各表相同。

6.1.1 芯片平面/剖面结构

应用芯片结构技术（参见附录 B-[21]），使用计算机和相应的软件，可以得到芯片平面/剖面结构。首先在电路中找出各种典型元器件——LV NMOS、LV PMOS、LV NPN（纵向）、HV PMOS 及 HV NMOS，然后进行平面/剖面结构设计，选取平面/剖面结构各层统一适当的尺寸和不同的标识，表示制程中各工艺完成后的层次，设计得到可以互相拼接得很好的各元器件结构（或在元器件结构库中选取），分别如图 6-1 中的 A、B、C、D 及 E 所示（不要把它们看作连接在一起）。最后把各元器件结构按一定方式排列并拼接起来，构成芯片剖面结构，图 6-1（a）为其示意图。或者把第 5 章 5.1 节中的 P-Well BiCMOS[C]结构与本节设计的 HV PMOS D 和 HV NMOS E 结构进行集成，更改设计规则，并去掉横向 PNP 和 Nb 基区电阻修改而得到。以该结构为基础，消去 HV PMOS，引入 PNP（横向），得到如图 6-1（b）所示的另一种结构。如果引入不同于图 6-1 中的单个或多个元器件结构，或消去其中单个或多个元器件结构，或对其中元器件结构进行改变，则可得到多种结构。选用其中与设计电路相联系的一种结构。下面仅对图 6-1（a）所示结构进行介绍。

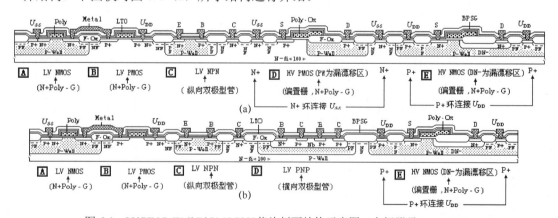

图 6-1　LV/HV P-Well BiCMOS[C]芯片剖面结构示意图（参阅附录 B-[2, 19]）

6.1.2　工艺技术

设计电路工艺技术概要如表 5-1 所示。为实现 LV/HV P-Well BiCMOS[C]技术，引入兼容偏置栅 HV MOS 器件工艺，对 LV BiCMOS[C]制造工艺做如下改变。

（1）消去与横向 PNP 和 Nb 基区电阻有关的工艺及它们的结构。

（2）在 P-Well 推进之后，引入阱中 31P+注入并推进，生成位于场氧化层（F-Ox）下面的符合 HV 要求的低浓度的长的 DN-区为漂移区，源漏掺杂后形成 N+/DN-区为漏，P-Well 中 N+区为源；同时在另一阱区形成位于场氧化层（F-Ox）下面的符合 HV 要求的长的 P-Well 为漂移区，源漏掺杂后形成 P+/P-Well 为漏，N-型硅衬底中 P+区为源。

（3）场区氧化后，在沟道与漏之间引入场氧化层，形成符合 HV 要求的厚度和长度。

（4）腐蚀预栅氧化层后，引入厚、薄栅氧化膜生长。

（5）Poly 淀积并掺杂，引入刻蚀形成偏置栅结构。

上述消去与引入这些基本工艺，使 LV P-Well BiCMOS[C]芯片结构和制程都发生了明显的变化。工艺完成后，制得 LV NMOS A 与 LV PMOS B、LV NPN C，以及偏置栅 HV PMOS D 与 HV NMOS E 等，并用 LV/HV P-Well BiCMOS C 来表示。

根据 LV/HV P-Well BiCMOS C 电路电气特性要求，确定用于芯片制造的基本参数，如表 6-1 所示。芯片制造工艺中，一是要确保工艺参数、电学参数都达到规范值，二是在批量生产中要确保芯片具有高成品率、高性能及高可靠性。根据电路电气特性的指标，对下列参数提出严格要求。

（1）工艺参数：各种杂质浓度及分布、结深、LV/HV 栅氧化层/介质层厚度等。

（2）电学参数：薄层电阻、LV/HV 源漏击穿电压、双极型击穿电压、LV/HV 阈值电压等。

（3）硅衬底材料电阻率等。

芯片制造由各工步所组成的工序来实现，需要制定出各工序具体的工艺条件，以保证所要求的各种参数都达到规范值。从芯片制程的最初阶段开始，就对各工序进行严格的工艺监控与检测，并制定出该工序的材料质量和参数规范。如果该工序质量和参数未达到规范要求，偏离数值很大，则要返工，若不能返工，就要做报废处理。在工艺线上进行严格的工艺监控与检测，可以使工艺参数和电学参数都达到规范值，生产出高质量芯片。

从制程剖面结构图（图 6-2）中可以看出，需要进行 15 次光刻。与 LV P-Well BiCMOS[C] 相比，增加了 4 块掩模：DN-区、HV N 沟道区、HV P 沟道区及 HV 栅氧化膜。

(1) 衬底材料 N-Si<100>，初始氧化（Init-Ox），光刻 P-Well，腐蚀 SiO$_2$，去胶（图中未去胶）

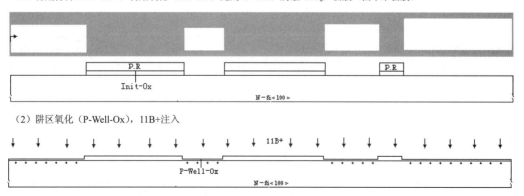

(2) 阱区氧化（P-Well-Ox），11B+注入

图 6-2　LV/HV P-Well BiCMOS[C]制程平面/剖面结构示意图（参阅附录 B-[2, 3, 6, 17, 19]）

(3) P-Well 推进/氧化，光刻漂移区（DN-），腐蚀 SiO₂，去胶（图中未去胶）

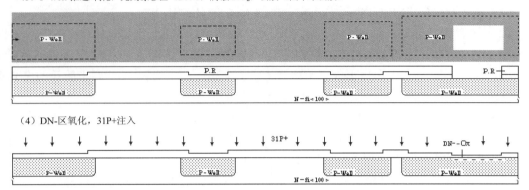

(4) DN-区氧化，31P+注入

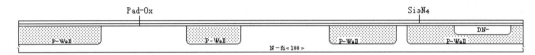

(5) 注入退火，DN-区推进。腐蚀净表面 SiO₂ 膜，基底氧化（Pad-Ox），Si₃N₄ 淀积

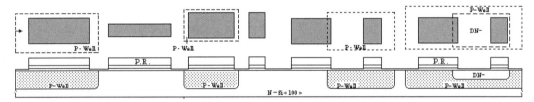

(6) 光刻有源区，刻蚀 Si₃N₄，去胶（图中未去胶）

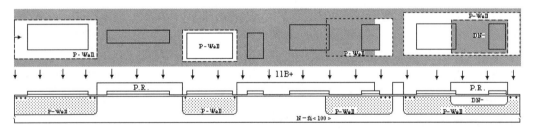

(7) 光刻 P 场区，11B+注入，去胶（图中未去胶）

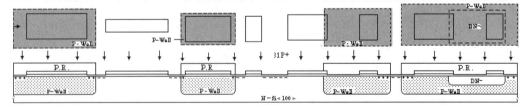

(8) 光刻 N 场区，31P+注入，去胶（图中未去胶）

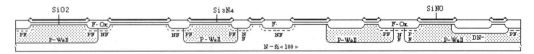

(9) 注入退火，场区氧化，形成 SiON/Si₃N₄/SiO₂ 三层结构

图 6-2　LV/HV P-Well BiCMOS[C]制程平面/剖面结构示意图（参阅附录 B-[2, 3, 6, 17, 19]）（续）

(10) 三层 SiON/Si₃N₄/SiO₂ 腐蚀，预栅氧化（Pre-Gox），光刻 LV P 沟道区，11B+注入，去胶（图中未去胶）

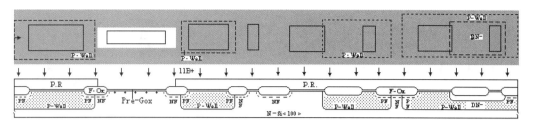

(11) 光刻 HV N 沟道区，11B+注入，去胶（图中未去胶）

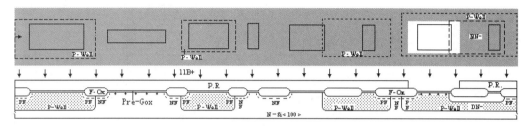

(12) 光刻 HV P 沟道区，11B+注入，去胶（图中未去胶）

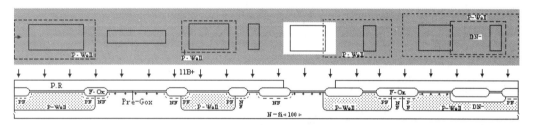

(13) 注入退火，HV 栅氧化（HV-Gox），光刻 HV 栅氧化层，腐蚀 SiO₂，去胶（图中未去胶）

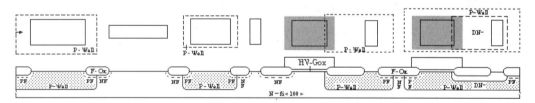

(14) LV 栅氧化（LV-Gox），Poly 淀积，POCl₃ 掺杂

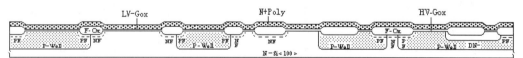

(15) 光刻 Poly，刻蚀 Poly/SiO₂，去胶（图中未去胶）

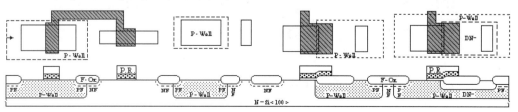

图 6-2　LV/HV P-Well BiCMOS[C]制程平面/剖面结构示意图（参阅附录 B-[2, 3, 6, 17, 19]）（续）

(16) 源漏区氧化（S/D-Ox），光刻 N+区，75As+注入（Poly 注入未标出），去胶（图中未去胶）

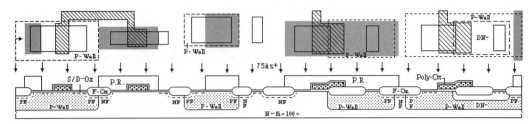

(17) 光刻 P+区，49BF$_2$+注入（Poly 注入未标出），去胶（图中未去胶）

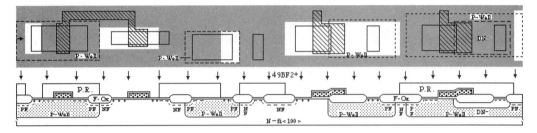

(18) LTO/BPSG 淀积，流动/注入退火，形成 N+、P+区

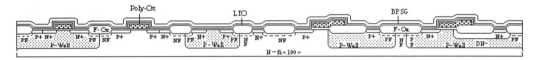

(19) 光刻接触孔，腐蚀，刻蚀 BPSG/LTO/SiO$_2$，去胶（图中未去胶）

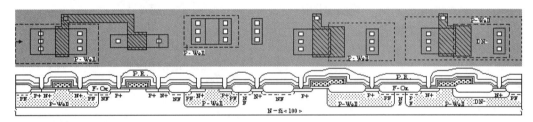

(20) 溅射金属（Metal），光刻金属，刻蚀 AlSi，去胶

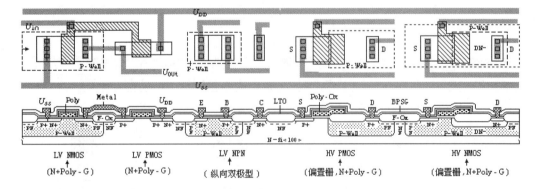

(21) 钝化层 PSG/PECVD Si$_3$N$_4$ 淀积，光刻键压点，刻蚀 PE CVD Si$_3$N$_4$/PSG，合金，背面减薄
(22) 晶圆 PCM/芯片测试

图 6-2　LV/HV P-Well BiCMOS[C]制程平面/剖面结构示意图（参阅附录 B-[2, 3, 6, 17, 19]）（续）

6.1.3 工艺制程

图 6-1 所示的 LV/HV P-Well BiCMOS[C]芯片结构的制程是由工艺规范确定的各个基本工序、相互关联及将其按一定顺序组合构成的。为实现此制程，在 LV P-Well BiCMOS[C]制程中，消去与引入部分基本工艺，不仅增加了制造工艺，技术难度增大，使芯片结构发生了明显的变化，而且改变了其制程，从而实现了 LV/HV P-Well BiCMOS[C]制程。

由多次氧化、光刻、杂质扩散、离子注入、薄膜淀积及溅射金属等各个基本工序构成芯片制程，形成了以下元器件及其杂质层、介质层和互连金属层。

（1）电路芯片中的各个元器件：LV NMOS、LV PMOS、LV NPN（纵向）、HV NMOS 及 HV PMOS 等。

（2）这些电路元器件所需要的精确控制的硅中的杂质层：P-Well、DN-、PF、NF、沟道掺杂、N+ Poly、N+、P+。

（3）集成电路所需要的介质层：F-Ox、LV/HV G-Ox、Poly-Ox、BPSG/LTO。

（4）将这些电路元器件连接起来形成集成电路的金属层：AlSi。

应用计算机，依据 LV/HV P-Well BiCMOS[C]芯片制造工艺中各个工序的先后次序，把各个工序互相连接起来，可以得到制程。它由各个工序所组成，而工序则由各个工步来实现。根据设计电路的电气特性要求，选择工艺序号和工艺规范号，以便得到所需要的工艺参数和电学参数。

为了直观地显示出制程中芯片表面、内部元器件及互连的形成过程和结构的变化，借助图 6-1 芯片剖面结构和制造工艺的各个工序，利用芯片结构技术，使用计算机和相应的软件，可以描绘出芯片制程中各个工序的平面/剖面结构。依照各个工序的先后次序连接起来，可以得到 LV/HV P-Well BiCMOS[C]制程平面/剖面结构示意图，如图 6-2 所示。在制程的平面/剖面结构图中，为了简化起见，本章各节都略去了 N+或 P+隔离环。

LV/HV P-Well BiCMOS[C]制程主要特点如下所述。

（1）LV NMOS 的 P-Well 与 HV NMOS 的 P-Well 及 HV PMOS 漏区的 P-Well 都是同时形成的，具有相同的阱深和浓度。

（2）LV PMOS 源/漏区 P+掺杂的同时：在 P-Well 区形成 LV NPN 的基区 P+接触区；在 N 型衬底和 P-Well 中分别形成源区和漏区，阱作为漂移区，且在沟道和漏区之间具有场氧化层（F-Ox），以制得偏置栅 HV PMOS。

（3）LV NMOS 源/漏区 N+掺杂的同时：在 P-Well 区和衬底分别形成发射区和集电区，以制得 LV NPN；在 P-Well 和 DN-漂移区中分别形成源区和漏区，且在沟道和漏区之间具有场氧化层（F-Ox），以制得偏置栅 HV NMOS，而 DN-漂移区是在阱内做 31P+注入形成的。

（4）LV BiCMOS[C]中的栅氧化改变为厚栅氧化膜生长，增加一次掩模并先进行腐蚀，得到高压栅氧化膜，然后接着氧化，以形成低压栅氧化膜。

制程中使用了 15 次掩模，各次光刻确定了 LV/HV P-Well BiCMOS[C]芯片各层平面结构与横向尺寸。工艺完成后确定了：

（1）芯片各层平面结构与横向尺寸；

（2）剖面结构与纵向尺寸；

（3）硅中的杂质浓度、分布及结深；

（4）电路功能和电气性能等。

芯片结构及尺寸和硅中杂质浓度及结深是制程的关键（参见附录 B-[20]）。它们不仅与 HV 器件的下列工艺参数有关：

（1）HV PMOS P-Well 漂移区的长度、宽度、结深度、掺杂浓度；

（2）HV NMOS N-漂移区的长度、宽度、结深度、掺杂浓度；

（3）HV MOS 沟道和漏极之间形成场氧化层（F-Ox）的厚度及长度；

（4）HV 栅氧化层厚度；

（5）器件承受的高压、低的导通电阻及阈值电压等。

而且与 LV 器件的下列参数密切相关：

（1）CMOS 工艺参数：衬底电阻率、P-Well 深度及薄层电阻、各介质层和栅氧化层厚度、有效沟道长度、源漏结深度及薄层电阻等，器件电学参数阈值电压、源漏击穿电压及跨导等。

（2）双极型工艺参数：基区的宽度及薄层电阻（与阱相同）、发射区结深及薄层电阻（与源漏相同）等，器件电学参数 f_T、β、BU_{ceo} 及 BU_{cbo} 等。

CMOS 与双极型器件在这些参数之间必须进行折中与优化，以达到互相匹配的目的。

此外，要求电路承受的高压和低的导通电阻都达到设计值，这就需要优化漂移区的长度、宽度、结深度、掺杂浓度，以及沟道和漏极之间形成场氧化层（F-Ox）的厚度与长度等。

6.2　LV/HV P-Well BiCMOS[B]-（A）

电路采用 1.2μm 设计规则，使用 LV/HV P-Well BiCMOS[B]-（A）制造技术。表 6-2 示出该电路典型元器件、制造技术及主要参数。它以 LV P-Well BiCMOS[B]制程及所制得的元器件为基础，并用 HV MOS 器件结构和制造工艺对其进行改变，最终在硅衬底上形成 LV/HV BiCMOS[B]芯片中的各种元器件，并使之互连，实现所设计电路。

表 6-2　工艺技术和芯片中主要元器件

工艺技术		芯片中主要元器件	
■ 技术	LV/HV BiCMOS[B]-（A）	■ 电阻	—
■ 衬底	P-Si<100>	■ 电容	—
■ 阱	P-Well	■ 晶体管	LV NLDD NMOS W/L>1（驱动管）
■ 隔离	LOCOS/IP+		LV PMOS W/L>1（负载管）
■ 栅结构	N+Poly/SiO$_2$		LV NPN（纵向双极型）
■ 源漏区	N+SN-、P+		HV NMOS（偏置栅）
■ 栅特征尺寸	1.2μm（LV）		HV PMOS（偏置栅）
■ E/B/C 区（LV）	N+/Pb/N-epiBLN+DNN+	■ 二极管	N+/P-Well（剖面图中未画出）
■ 偏置栅沟道尺寸	≥5μm		P+/N-Sub（剖面图中未画出）
■ PW, DN-漂移区长度	视高压而定		

(续表)

工艺技术		IC 中主要元器件	
■ Poly	1 层（N+Poly）		
■ 互连金属	1 层（AlSiCu）		
■ 低压（U_{DD}）	5V（LV）		
■ 高压（100~700V）	视漂移区长度/掺杂浓度而定		
工艺参数*	数 值	电学参数*	数 值
■ ρ, $T_{N\text{-}EPI}$	左边这些参数视工艺制程而定	■ U_{LVTN}/U_{LVTP}	左边这些参数视电路特性而定
$X_{jBLN+}/X_{jIP+}/X_{jPW}$		■ BU_{LVDSN}/BU_{LVDSP}	
$X_{jDN}/X_{jDN}/X_{jPb}$		■ U_{TFN}/U_{TFP}, U_{HVTN}/U_{HVTP}	
$T_{F\text{-}ox}/T_{HV\text{-}Gox}/T_{LV\text{-}Gox}/T_{Poly\text{-}Ox}$		■ BU_{HVDSN}/BU_{HVDSP}	
$T_{Poly}/T_{BPSG}/T_{LTO}/T_{TEOS}$		■ $R_{SBLN+}/R_{SIP+}/R_{SPW}/R_{SDN+}/R_{SDN}$	
L_{DHVN}/L_{DHVP}		■ $R_{SWPb}/R_{SN+Poly}/R_{SN+}/R_{SP+}$	
$L_{effn}/L_{effp}/L_{effHVN}/L_{effHVP}$		■ R_{ON}, g_n/g_p, I_{LPN}	
X_{jN+}/X_{jP+}, T_{Al}		■ BU_{CBON}/BU_{CEON}, β_{NPN}, f_{TN}	
■ 设计规则	1.2μm（LV）	■ 电路 DC/AC 特性	视设计电路而定

*表中参数符号与第 2 章各表相同。

6.2.1 芯片剖面结构

首先在电路中找出 HV PMOS 和 HV NMOS 器件，应用芯片结构技术（参见附录 B-[21]），进行剖面结构设计，然后把第 5 章 5.2 节中的 P-Well BiCMOS [B]-（A）剖面结构进行一些修改，采用 IP+代替 P-Well 隔离，消去耗尽型 NMOS、P-Well 电阻及衬底电容，改变 Poly 发射极 NPN 结构、发射区结深及基区浓度和宽度。最后与 HV PMOS 和 HV NMOS 结构进行集成，得到 LV/HV P-Well BiCMOS[B]-（A）芯片剖面结构，图 6-3（a）为其示意图。以该结构为基础，消去横向 PNP 结构，得到如图 6-3（b）所示的另一种结构。如果引入不同于图 6-3 中的单个或多个元器件结构，或消去其中单个或多个元器件结构，或对其中元器件结构进行改变，则可得到多种不同结构。选用其中与设计电路相联系的一种结构。下面仅对图 6-3（b）所示芯片剖面结构进行介绍。

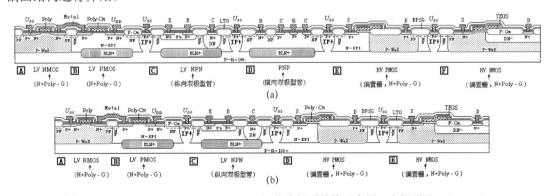

图 6-3　LV/HV P-Well BiCMOS[B]-（A）芯片剖面结构示意图（参阅附录 B-[2, 19]）

6.2.2 工艺技术

设计电路工艺技术概要如表 6-2 所示。为实现 LV/HV P-Well BiCMOS[B]-（A）技术，引入兼容偏置栅 HV MOS 器件工艺，对 LV P-Well BiCMOS[B]制造工艺做如下改变。

（1）采用 IP+隔离，消去与耗尽型 NMOS、P-Well 电阻、衬底电容及横向 PNP 有关的工艺与它们的结构；改变 Poly 发射极 NPN 结构及其工艺。

（2）在 P-Well 推进之后，引入阱中 31P+注入并推进，生成位于场氧化层（F-Ox）下面的符合 HV 要求的低浓度的长的 DN-区为漂移区，源漏掺杂后形成 N+/DN-区为漏，P-Well 中 N+区为源；在另一阱区形成位于场氧化层（F-Ox）下面的符合 HV 要求的 P-Well 区为漂移区，源漏掺杂后形成 P+/P-Well 为漏，N-型硅衬底中 P+区为源。

（3）场氧化后，在沟道与漏之间引入场氧化层，形成符号 HV 要求的厚度和长度。

（4）腐蚀预栅氧化层后，引入厚、薄栅氧化膜生长。

（5）Poly 淀积并掺杂，刻蚀形成偏置栅结构。

上述消去与引入这些基本工艺，使 LV P-Well BiCMOS[B]芯片结构和制程都发生了明显的变化。工艺完成后，制得 LV NMOS Ⓐ 和 LV PMOS Ⓑ、LV NPN Ⓒ，以及偏置栅 HV PMOS Ⓓ 和 HV NMOS Ⓔ 等，并用 LV/HV P-Well BiCMOS[B]-（A）来表示。

LV/HV P-Well BiCMOS[B]-（A）电路电气性能指标与各制造参数密切相关，确定用于芯片制造的基本参数，如表 6-2 所示。制造工艺中，对下列参数提出严格要求。

（1）工艺参数：各种掺杂浓度及分布，$X_{jBLN+}/X_{jIP+}/X_{jPW}/X_{jDN}/X_{jDN-}/X_{jPb}/X_{jN+}/X_{jP+}$ 等结深，$T_{F-Ox}/T_{HV-Gox}/T_{LV-Gox}/T_{Poly-Ox}$ 等氧化层厚度。

（2）电学参数：U_{TN}/U_{TP} 等 LV/HV 阈值电压，$R_{SBLN+}/R_{SIP+}/R_{SPW}/R_{SDN}/R_{SDN-}/R_{SPb}/R_{SN+}/R_{SP+}$ 等薄层电阻，BU_{DSN}/BU_{DSP} LV/HV 源漏击穿电压，BU_{CBO}/BU_{CEO} 双极型击穿电压。

（3）硅衬底电阻率、外延层厚度及电阻率等。

芯片制造由各工步所组成的工序来实现，需要制定出各工序具体的工艺条件，以保证所要求的各种参数都达到规范值。芯片批量生产时，保持各批次制程的均一性相当重要。不但要监控工艺参数和电学参数，使其在整个晶圆的范围内达到规范值，还要让每一片生产的晶圆都达到这个标准。从投片到产出包括许多步骤，必须使用制程控制各工序的质量，以便得到高合格率和高性能芯片。

从制程剖面结构图（图 6-4）中可以看出，制程中需要进行 20 次光刻。光刻对准曝光要严格对准、套准，并使之在确定的误差以内。与 LV P-Well BiCMOS[B]相比，增加了 4 块掩模：DN-区、HV N 沟道区、HV P 沟道区及 HV 栅氧化膜区。

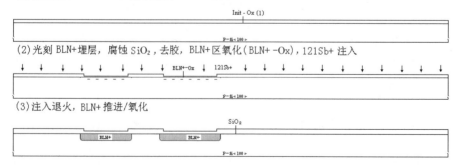

图 6-4　LV/HV P-Well BiCMOS[B]-（A）制程剖面结构示意图（参阅附录 B-[2, 3, 6, 13, 14, 16, 17, 19]）

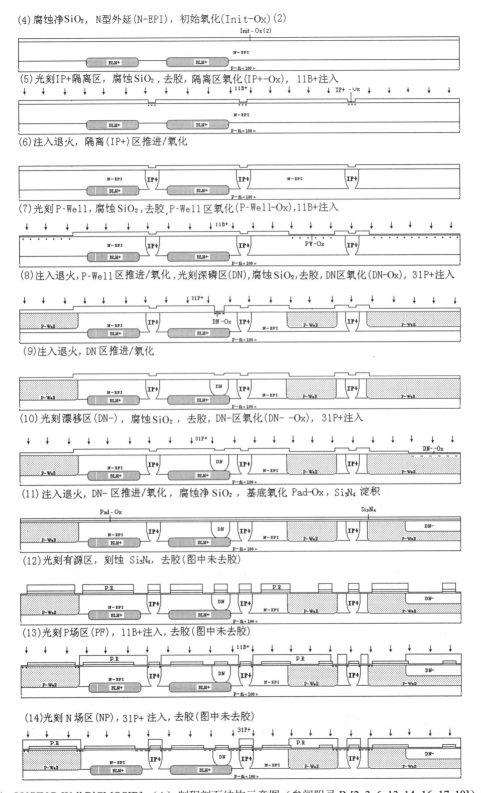

图 6-4 LV/HV P-Well BiCMOS[B]-（A）制程剖面结构示意图（参阅附录 B-[2, 3, 6, 13, 14, 16, 17, 19]）（续）

(15) 注入退火，场区氧化(F-Ox)

(16) 三层 SiNO/Si₃N₄/SiO₂腐蚀，预栅氧化(Pre-Gox)，光刻 Pb 基区，11B+注入，去胶(图中未去胶)
(不再画出 DN 区中的 NF 区)

(17) 注入退火，Pb 基区推进，光刻 LV P 沟道区，11B+注入，去胶(图中未去胶)

(18) 光刻 HV N 沟道区，11B+注入，去胶(图中未去胶)

(19) 光刻 HV P 沟道区，11B+注入，去胶(图中未去胶)

(20) 腐蚀预栅氧化(Pre-Gox)层，注入退火，HV 栅氧化，光刻 HV 栅氧化层，腐蚀 SiO₂，去胶，LV 栅氧化

(21) Poly 淀积，POCl₃掺杂，光刻 Poly，刻蚀 Poly/SiO₂，去胶(图中未去胶)

(22) 源漏氧化(S/D-Ox)，光刻 NLDD 区，31P+注入(Poly 注入未标出)，去胶(图中未去胶)

(23) 注入退火，形成 SN-区，TEOS 淀积/致密，刻蚀形成 TEOS 侧墙，源漏氧化(S/D-Ox)

(24) 光刻 N+区，75As+注入(Poly 注入未标出)，去胶(图中未去胶)

(25) 光刻 P+区，49BF₂+注入(Poly 注入未标出)，去胶(图中未去胶)

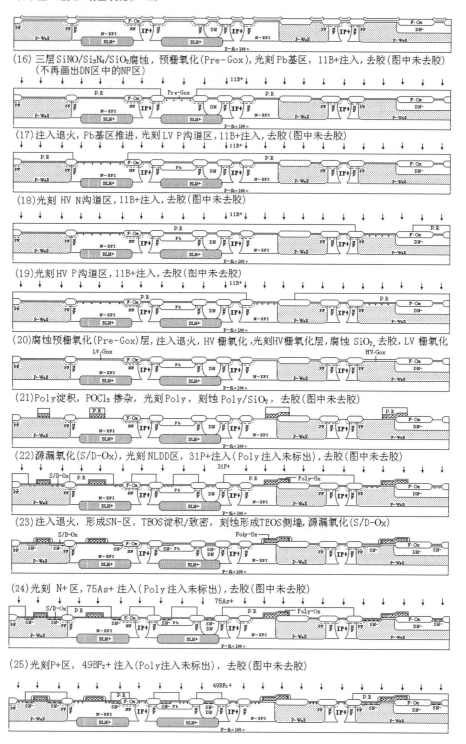

图 6-4　LV/HV P-Well BiCMOS[B]-（A）制程剖面结构示意图（参阅附录 B-[2, 3, 6, 13, 14, 16, 17, 19]）（续）

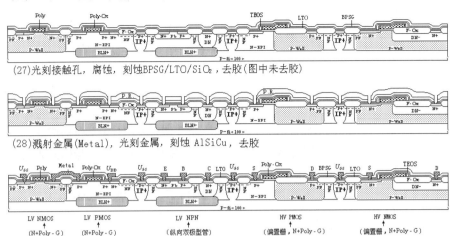

(26) LTO/BPSG淀积，流动/注入退火，形成N+SN-、P+区（图中未标出SN-）

(27) 光刻接触孔，腐蚀，刻蚀BPSG/LTO/SiO$_2$，去胶（图中未去胶）

(28) 溅射金属(Metal)，光刻金属，刻蚀AlSiCu，去胶

(29) PSG/PE CVD Si$_3$N$_4$淀积，光刻键压点，刻蚀PE CVD Si$_3$N$_4$/PSG，去胶，合金，背面减薄，PCM/芯片测试

图 6-4　LV/HV P-Well BiCMOS[B]-（A）制程剖面结构示意图（参阅附录 B-[2, 3, 6, 13, 14, 16, 17, 19]）（续）

6.2.3　工艺制程

由工艺规范确定的各个基本工序、相互关联及将其按一定顺序组合，构成图 6-3 所示的芯片结构的制程。为实现此制程，在 LV P-Well BiCMOS[B]制程中，消去与引入部分基本工艺，不仅增加了制造工艺，技术难度增大，使芯片结构发生了明显的变化，而且改变了其制程，从而实现了 LV/HV P-Well BiCMOS[B]-（A）制程。

由多次氧化、光刻、杂质扩散、离子注入、薄膜淀积及溅射金属等各个基本工序构成芯片制程，形成了以下元器件及其杂质层、介质层和互连金属层。

（1）电路芯片中的各个元器件：LV NMOS、LV PMOS、LV NPN（纵向）、HV NMOS 及 HV PMOS 等。

（2）这些电路元器件所需要的精确控制的硅中的杂质层：BLN+、N-EPI、IP+、DN、P-Well、DN-、PF、NF、Pb、沟道掺杂、SN-、N+Poly、N+、P+等。

（3）集成电路所需要的介质层：F-Ox、LV/HV G-Ox、Poly-Ox、TEOS、BPSG/LTO 等。

（4）将这些电路元器件连接起来形成集成电路的金属层：AlSiCu。

应用计算机，依据 LV/HV P-Well BiCMOS[B]-（A）芯片制造工艺中各个工序的先后次序，把各个工序连接起来，可以得到制程。它由各个工序所组成，而工序则由各个工步来实现。根据设计电路的电气特性要求，选择工艺序号和工艺规范号，以便得到所需要的工艺参数和电学参数。

根据图 6-3 芯片剖面结构和制造工艺的各个工序，使用芯片结构技术，利用计算机和相应的软件，可以描绘出芯片制程中各个工序剖面结构，依照各个工序的先后次序连接起来，可以得到如图 6-4 所示的制程剖面结构示意图。该图直观地显示出 LV/HV P-Well BiCMOS[B]-（A）制程中芯片表面、内部元器件及互连的形成过程和结构的变化。

LV/HV P-Well BiCMOS[B]-（A）制程主要特点如下所述。

（1）LV BiCMOS[B]中的 P-Well 与 HV NMOS 形成 DN-区的 P-Well 及 HV PMOS 的 P-Well 是同时形成的，具有相同的阱深和浓度。

（2）LV NPN 基区接触区 P+掺杂的同时：在 N-外延层中形成源区和漏区，以制得 LV PMOS；在 N-外延层和 P-Well 中分别形成源区和漏区，且在沟道和漏区之间具有场氧化层（F-Ox），以制得偏置栅 HV PMOS。

（3）LV NPN 的发射区/集电区 N+掺杂的同时：在 P-Well 形成源区和漏区，以制得 LV NMOS；在 P-Well 和 DN-漂移区分别形成源区和漏区，且在沟道和漏区之间具有场氧化层（F-Ox），以制得偏置栅 HV NMOS，而 DN-漂移区是在阱内做 31P+注入形成的。

（4）LV BiCMOS[B]中的栅氧化改变为厚栅氧化膜生长，增加一次掩模并先进行腐蚀，得到高压厚栅氧化膜，然后接着氧化，以形成低压栅氧化膜。

制程中使用了 20 次掩模，各次光刻确定了 LV/HV P-Well BiCMOS[B]-（A）芯片各层平面结构与横向尺寸。工艺完成后确定了：

（1）芯片各层平面结构与横向尺寸；
（2）剖面结构与纵向尺寸；
（3）硅中的杂质浓度、分布及结深；
（4）电路功能和电气性能等。

芯片结构及尺寸和硅中杂质浓度及结深是制程的关键（参见附录 B-[20]）。它们不仅与 HV 器件的下列参数有关：

（1）DN-漂移区的长度、宽度、结深度、掺杂浓度；
（2）P-Well 漂移区的长度、宽度、结深度、掺杂浓度；
（3）沟道和漏极之间形成场氧化层（F-Ox）的厚度和长度；
（4）HV 栅氧化膜厚度；
（5）器件承受的高压、低的导通电阻及阈值电压等。

而且与 LV 器件的下列参数密切相关：

（1）LV CMOS 器件的工艺参数和电学参数；
（2）LV 双极型器件的工艺参数和电学参数等。

CMOS 与双极型器件在这些参数之间必须进行折中与优化，以达到互相匹配的目的。

此外，在漂移区长度和衬底掺杂浓度确定后，为了获得最高击穿电压，必须优化漂移区的注入剂量。漂移区长度对导通电阻有影响，漂移区长，导通电阻就大。因此，必须进行优化，以便得到合理的漂移区长度。低的导通阻抗要求漂移区的掺杂浓度要高，而高的击穿电压要求漂移区的掺杂浓度要低，使漏结雪崩击穿之前，漂移区先夹断。因此，在导通电阻和耐压两者之间要进行折中考虑。

制程完成后，先测试晶圆 PCM 数据，达到规范值后才能测试芯片电气特性。如果主要的 PCM 数据未达到规范值，偏离数值很大，则要对该晶圆进行报废处理。

6.3　LV/HV P-Well BiCMOS[B]-（B）

电路采用 1.2μm 设计规则，使用 LV/HV P-Well BiCMOS[B]-（B）制造技术。该电路典型元器件、制造技术及主要参数如表 6-3 所示。它以 LV P-Well BiCMOS[B]制程及所制得的元器件为基础，并用 HV 器件结构和制造工艺对其进行改变，最终在硅衬底上形成 LV/HV BiCMOS[B]芯片中的各种元器件，并使之互连，实现所设计电路。如果制程完成后得到的各种参数都符合所设计电路的要求，则芯片性能达到设计指标。

表 6-3　工艺技术和芯片中主要元器件

工　艺　技　术		芯片中主要元器件	
■ 技术	LV/HV BiCMOS[B]-（B）	■ 电阻	—
■ 衬底	N-Si<100>	■ 电容	—
■ 阱	P-Well	■ 晶体管	LV NLDD NMOS $W/L>1$（驱动管）
■ 隔离	LOCOS/IP+		LV PMOS $W/L>1$（负载管）
■ 栅结构	N+Poly/SiO$_2$		LV NPN（纵向双极型）
■ 源漏区	N+SN-, P+		HV NPN（纵向双极型）
■ 栅特征尺寸	1.2μm（LV）		HV PNP（纵向双极型）
■ E/B/C 区（LV）	N+Pb/N-epiBLN+DNN+		HV NMOS（偏置栅）
■ 偏置栅沟道尺寸	≥5μm	■ 二极管	N+/P-Well（剖面图中未画出）
■ DN-漏漂移区长度	视高压而定		P+/N-Sub（剖面图中未画出）
■ Poly	1 层（N+Poly）		
■ 互连金属	1 层（AlSiCu）		
■ 低压（U_{DD}）	5V（LV）		
■ 高压 　双极型	30～100V		
■ 高压 （MOS）100～700V	视漂移区长度/掺杂浓度而定		
工艺参数*	数　值	电学参数*	数　值
■ ρ, T_{N-EPI}	左边这些参数视工艺制程而定	■ U_{LVTN}/U_{LVTP}	左边这些参数视电路特性而定
■ $X_{jBLN+}/X_{jIP+}/X_{jDN}$		■ BU_{LVDSN}/BU_{LVDSP}	
■ $X_{jPW}/X_{jDN}/X_{jPb}$		■ U_{TFN}/U_{TFP}, U_{HVTN}/BU_{HVDSN}	
■ $T_{F-ox}/T_{HV-Gox}/T_{LV-Gox}/T_{Poly-Ox}$		■ $R_{SBLN+}/R_{SIP+}/R_{SDN}/R_{SPW}/R_{SDN-}$	
■ $T_{Poly}/T_{BPSG}/T_{LTO}/T_{TEOS}$		■ $R_{SPb}/R_{SN+Poly}/R_{SN+}/R_{SP++}$, R_{ON}	
■ L_{DHVN}		■ g_n/g_p, I_{LPN}	
■ $L_{effn}/L_{effp}/L_{effHVN}$		■ $BU_{CBON}/BU_{CEON}/BU_{CBOP}/BU_{CEOP}$	
■ X_{jN+}/X_{jP+}, T_{Al}		■ β_{NPN}/β_{PNP}, f_{TN}/f_{TP}	
■ 设计规则	1.2μm（LV）	■ 电路 DC/AC 特性	视设计电路而定

* 表中参数：P+隔离结深/薄层电阻为 X_{jIP+}/R_{SIP+}，其他参数符号与第 2 章各表相同。

6.3.1　芯片剖面结构

应用芯片结构技术（参见附录 B-[21]），可以得到芯片典型剖面结构。首先在电路中找出各种典型元器件——LV NMOS、LV PMOS、LV NPN（纵向）、HV NPN（纵向）、HV PNP（纵向）及 HV NMOS，然后进行剖面结构设计，分别如图 6-5 中的 A、B、C、D、E 及 F 所示（不要把它们看作连接在一起）。最后由它们组成 LV/HV P-Well BiCMOS[B]-（B）芯片典型剖面结构，图 6-5（a）为其示意图。或者把第 5 章 5.3 节中的 P-Well BiCMOS [B]-（B）剖面结构与本节设计的 HV NPN D，HV PNP E 及 HV NMOS F 结构进行集成，采用 IP+隔离，去掉横向 PNP 修改而得到。以该结构为基础，消去 HV PNP，引入 Cs 衬底电容和 P-Well 电阻，得到如图 6-5（b）所示的另一种结构。如果引入不同于图 6-5 中的单个或多个元器件结构，或消去其中单个或多个元器件结构，或对其中元器件结构进行改变，则可得到不同结构。选用其中与设计电路相联系的一种结构。下面仅对图 6-5（a）所示结构进行介绍。

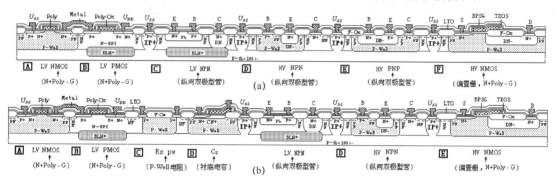

图 6-5　LV/HV P-Well BiCMOS[B]-（B）芯片剖面结构示意图（参阅附录 B-[2, 19]）

6.3.2　工艺技术

设计电路工艺技术概要如表 6-3 所示。为实现 LV/HV P-Well BiCMOS[B]-（B）技术，引入兼容偏置栅 HV MOS 和 HV 双极型器件工艺，对 LV P-Well BiCMOS[B]制造工艺做如下改变。

（1）采用 IP+隔离，消去与横向 PNP 有关的工艺及其结构。

（2）P-Well 推进后，引入阱中 31P+注入并推进，生成位于场氧化层下面的符合 HV 要求的低浓度的长的 DN-区为漂移区，源漏掺杂后形成 N+/DN-区为漏，P-Well 中 N+区为源。

（3）场区氧化后，在沟道与漏之间引入场氧化层，形成符合 HV 要求的厚度和长度。

（4）腐蚀预栅氧化层后，引入厚、薄栅氧化膜生长。

（5）Poly 淀积并掺杂，引入刻蚀形成偏置栅结构。

（6）引入 P-Well 中 31P+注入并推进，形成 DN-区的同时，在另外两个 P-Well 中各自得到 DN-区，分别生成 N+/DN-区为发射区和基区。

上述消去与引入这些基本工艺，使 LV P-Well BiCMOS[B]芯片结构和制程都发生了明显的变化。工艺完成后，制得 LV NMOS A 和 LV PMOS B、LV NPN C、HV NPN D 和 HV PNP E 及 HV NMOS F 等，并用 LV/HV P-Well BiCMOS[B]-（B）来表示。

根据 LV/HV P-Well BiCMOS[B]-（B）电路电气特性要求，确定用于芯片制造的基本参数，如表 6-3 所示。芯片制程工艺中，一方面要确保工艺参数、电学参数都达到规范值，另一方面在批量生产中要确保各批次制程的均一性。根据电路电气特性的指标，对下列参数提出严格要求。

（1）工艺参数：各种杂质浓度及分布、结深、LV/HV 栅氧化层/介质层厚度等。

（2）电学参数：薄层电阻、MOS 和双极型 LV/HV 击穿电压、LV/HV 阈值电压等。

（3）硅衬底电阻率、外延层厚度及电阻率等。

芯片制造由各工步所组成的工序来实现，需要制定出各工序具体的工艺条件，以保证所要求的各种参数达到规范值。从制程的最初阶段就开始进行工艺检测，以获得芯片制程中各工序必要的关于材料质量和工艺参数与电学参数的数据。在芯片集成度不断增加的情况下，每一道工序都有决定成功或失败的关键问题：沾污、结深、薄膜的质量。工艺检测对于描绘工艺硅片的特性与检查其成品率非常关键，要确保工艺参数和电学参数都达到规范值。

从制程剖面结构图（图6-6）中可以看出，需要做19次光刻。光刻要求有高的图形分辨率，同时还要求具有良好的图形套准精度。与 LV P-Well BiCMOS[B]相比，增加了3块掩模：DN-区、HV N 沟道区及 HV 栅氧化膜区。

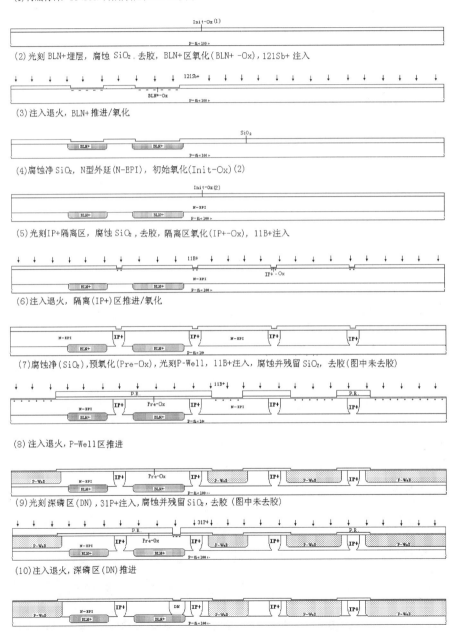

图 6-6　LV/HV P-Well BiCMOS[B]-（B）制程剖面结构示意图（参阅附录 B-[2, 3, 6, 13, 16, 17, 19]）

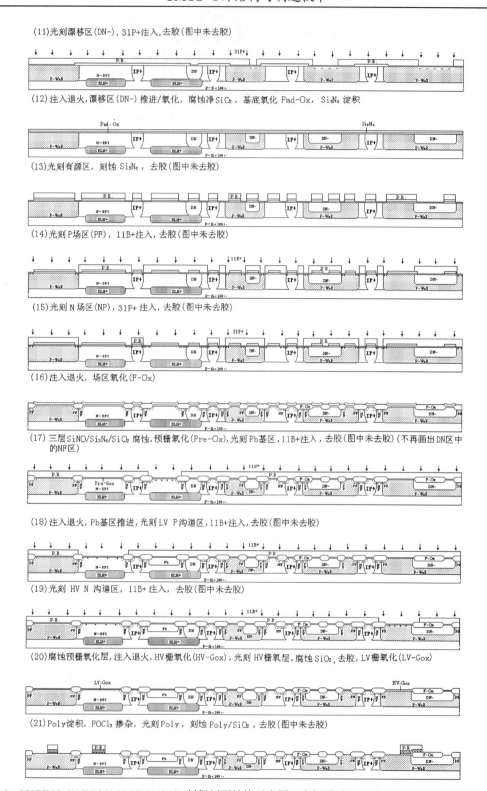

图 6-6　LV/HV P-Well BiCMOS[B]-（B）制程剖面结构示意图（参阅附录 B-[2, 3, 6, 13, 16, 17, 19]）（续）

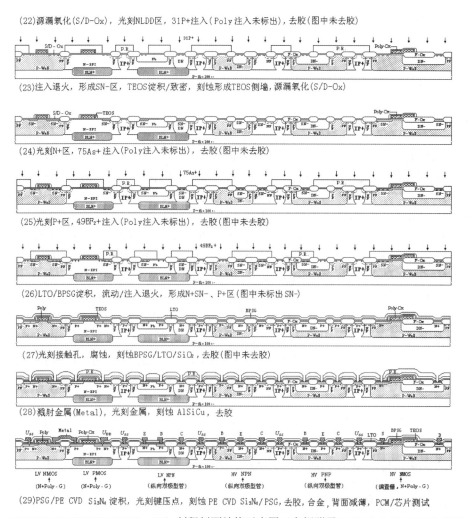

图 6-6　LV/HV P-Well BiCMOS[B]-（B）制程剖面结构示意图（参阅附录 B-[2, 3, 6, 13, 16, 17, 19]）（续）

6.3.3　工艺制程

图 6-5 所示的 LV/HV P-Well BiCMOS[B]-（B）芯片结构采用确定的制造技术来实现。它是由工艺规范确定的各个基本工序、相互关联及将其按一定顺序组合构成的。为实现此制程，在 LV P-Well BiCMOS[B]制程中，消去与引入部分基本工艺，不仅增加了制造工艺，技术难度增大，使芯片结构发生了明显的变化，而且改变了其制程，从而实现了 LV/HV P-Well BiCMOS[B]-（B）制程。

由多次氧化、光刻、杂质扩散、离子注入、薄膜淀积及溅射金属等各个基本工序构成芯片制程，形成了以下元器件及其杂质层、介质层和互连金属层。

（1）电路芯片中的各个元器件：LV NMOS、LV PMOS、LV NPN（纵向）、HV NMOS、HV NPN（纵向）及 HV PNP（纵向）等。

（2）这些电路元器件所需要的精确控制的硅中的杂质层：BLN+、N-EPI、IP+、DN、P-Well、DN-、PF、NP、Pb、沟道掺杂、SN-、N+Poly、N+、P+等。

（3）集成电路所需要的介质层：F-Ox、LV/HV G-Ox、Poly-Ox、BPSG/LTO 等。

（4）将这些电路元器件连接起来形成集成电路的金属层：AlSiCu。

应用计算机，依据 LV/HV P-Well BiCMOS[B]-（B）芯片制造工艺中各个工序的先后次序，把各个工序连接起来，可以得到制程。它由各个工序所组成，而工序则由各个工步来实现。根据设计电路的电气特性要求，选择工艺序号和工艺规范号，以便得到所需要的工艺参数和电学参数。

根据图 6-5 芯片结构和制造工艺的各个工序，使用芯片结构技术，利用计算机和相应的软件，描绘出对应的每一道工序剖面，从而得到芯片制造各个工序的结构，最终确定出 LV/HV P-Well BiCMOS[B]-（B）制程剖面结构，图 6-6 为其示意图。根据制程中的各个工序可以描绘出能反映每次光刻显影或刻蚀的相对应平面结构。每一道工序的平面/剖面结构或制程完成后的芯片结构都能直观地显示出制程中芯片表面、内部元器件及互连的形成过程和结构的变化。

LV/HV P-Well BiCMOS[B]-（B）制程主要特点如下所述。

（1）LV BiCMOS[B]中的 P-Well 与 HV NMOS 的 DN-区、HV NPN 及 HV PNP 的 P-Well 都是同时形成的，具有相同的阱深和浓度；HV NPN 和 HV PNP 的 DN-区与 HV NMOS 的 DN-区都是同时形成的，具有相同的结深和浓度。

（2）LV PNP 的发射区/集电区和 LV NPN 基区接触区 P+掺杂的同时：在 N-外延层分别形成源区和漏区，以制得 LV PMOS；在 P-Well 和 DN-区分别形成 E/C 区，以制得 HV PNP。

（3）LV NPN 的发射区/集电区和 LV PNP 基区接触区 N+掺杂的同时：在 P-Well 中形成源区和漏区，以制得 LV NMOS；在 P-Well 和 DN-漂移区分别形成源区和漏区，以制得偏置栅 HV NMOS；在 N 外延层和 DN-区分别形成 C/E 区，以制得 HV NPN，而 DN-区是在 P-Well 内做 31P+注入形成的。

（4）LV BiCMOS[B]中的栅氧化改变为厚栅氧化膜生长，增加一次掩模并先进行腐蚀，得到高压厚栅氧化膜，然后接着氧化，以形成低压栅氧化膜。

制程中使用了 19 次掩模，各次光刻确定了 LV/HV P-Well BiCMOS[B]-（B）芯片各层平面结构与横向尺寸。工艺完成后确定了：

（1）芯片各层平面结构与横向尺寸；

（2）剖面结构与纵向尺寸；

（3）硅中的杂质浓度、分布及结深；

（4）电路功能和电气性能等。

芯片结构及尺寸和硅中杂质浓度及结深是制程的关键（参见附录 B-[20]）。它们不仅与 HV 器件的下列参数有关：

（1）HV NMOS 中 DN-漂移区的长度、宽度、结深度、掺杂浓度；

（2）HV NPN 和 HV PNP 中 DN-区的结深度、掺杂浓度；

（3）沟道和漏极之间形成场氧化层（F-Ox）的厚度及长度；

（4）HV 栅氧化层厚度；

（5）器件承受的高压、低的导通电阻及阈值电压等。

而且与 LV 器件的下列参数密切相关：

（1）LV CMOS 器件参数：P-Well 深度及薄层电阻，各介质层和栅氧化层厚度，有效沟道长度，源漏结深度及薄层电阻，器件的阈值电压、源漏击穿电压及跨导等。

（2）LV 双极型器件参数：埋层/隔离/发射区的结深度及薄层电阻，基区宽度及薄层电阻，外延层电阻率及厚度等，器件的 f_T、β、BU_{CEO} 及 BU_{CBO} 等。

CMOS 与双极型器件在这些参数之间必须进行折中与优化,以达到互相匹配的目的。

制程完成后,先测试晶圆 PCM 数据,达到规范值后才能测试芯片电气特性。如果主要的 PCM 数据未达到规范值,偏离数值很大,则要对该晶圆进行报废处理。

6.4 LV/HV N-Well BiCMOS[C]

电路采用 3μm 设计规则,使用 LV/HV N-Well BiCMOS[C]制造技术。表 6-4 示出该电路典型元器件、制造技术及主要参数。它以 LV N-Well BiCMOS[C]制程及所制得的元器件为基础,并用 HV MOS 器件结构和制造工艺对其进行改变,最终在硅衬底上形成 LV/HV BiCMOS[C]芯片中的各种元器件,并使之互连,实现所设计电路。该电路或各层版图已变换为缩小的各层平面和剖面结构图形的芯片。如果制程完成后得到的各种参数都达到规范值,则芯片性能达到设计指标。

表 6-4 工艺技术和芯片中主要元器件

工艺技术		芯片中主要元器件	
■ 技术	LV/HV BiCMOS[C]	■ 电阻	—
■ 衬底	P-Si<100>	■ 电容	—
■ 阱	N-Well	■ 晶体管	LV NMOS $W/L>1$(驱动管)
■ 隔离	LOCOS		LV PMOS $W/L>1$(负载管)
■ 栅结构	N+Poly/SiO$_2$		LV NPN(纵向双极型)
■ 源漏区	N+,P+		HV PMOS(偏置栅)
■ 栅特征尺寸	3μm(LV)		HV NMOS(偏置栅)
■ E/B/C 区(LV)	N+/DP-/NWN+	■ 二极管	P+/N-Well(剖面图中未画出)
■ 偏置栅沟道尺寸	≥5μm		N+/P-Sub(剖面图中未画出)
■ NW,DP-漂移区长度	视高压而定		
■ Poly	1 层(N+Poly)		
■ 互连金属	1 层(AlSi)		
■ 低压(U_{DD})	5V(LV)		
■ 高压(100~700V)	视漂移区长度/掺杂浓度而定		
工艺参数*	数值	电学参数*	数值
■ ρ	左边这些参数视工艺制程而定	■ U_{LVTN}/U_{LVTP}	左边这些参数视电路特性而定
■ $T_{F\text{-}ox}/T_{HV\text{-}Gox}/T_{LV\text{-}Gox}$		■ BU_{LVDSN}/BU_{LVDSP}	
■ $T_{Poly}/T_{BPSG}/T_{LTO}/T_{Poly\text{-}Ox}$		■ U_{TFN}/U_{TFP},U_{HVTN}/U_{HVTN}	
■ $X_{jNW}/X_{jDP\text{-}}$		■ BU_{HVDSN}/BU_{HVDSP}	
■ L_{DHVN}/L_{DHVP}		■ $R_{SNW}/R_{SDP}/R_{SN+Poly}/R_{SN+}/R_{SP+}$	
■ $L_{effn}/L_{effp}/L_{effHVN}/L_{effHVP}$		■ R_{ON},g_n/g_p,I_{LPN}	
■ X_{jN+}/X_{jP+},T_{Al}		■ BU_{CBON}/BU_{CEON},β_{NPN},f_{TN}	
■ 设计规则	3μm(LV)	■ 电路 DC/AC 特性	视设计电路而定

*表中参数符号与第 2 章各表相同。

6.4.1 芯片剖面结构

应用芯片结构技术（参见附录 B-[21]），使用计算机和相应的软件，可以得到芯片剖面结构。首先在设计电路中找出各种典型元器件——LV NMOS 管、LV PMOS 管、LV NPN 管（纵向）、HV NMOS 管及 HV PMOS 管，然后对这些元器件进行剖面结构设计，分别如图 6-7 中的Ⓐ、Ⓑ、Ⓒ、Ⓓ及Ⓔ所示（不要把它们看作连接在一起）。最后排列并拼接这些元器件，构成 LV/HV N-Well BiCMOS[C]芯片剖面结构，图 6-7（a）为其示意图。或者把第 5 章 5.4 节中的 N-Well BiCMOS[C]剖面结构与本节设计的 HV NMOSⒹ和 HV PMOSⒺ结构进行集成，并去掉 N-Well 电阻、衬底电容及横向 PNP 修改而得到。以该结构为基础，消去 HV PMOS，引入 LV PNP，得到如图 6-7（b）所示的另一种结构。如果引入不同于图 6-7 中的单个或多个元器件结构，或消去其中单个或多个元器件结构，或对其中元器件结构进行改变，则可得到多种不同结构。选用其中与设计电路相联系的一种结构。下面仅对图 6-7（a）所示结构进行介绍。

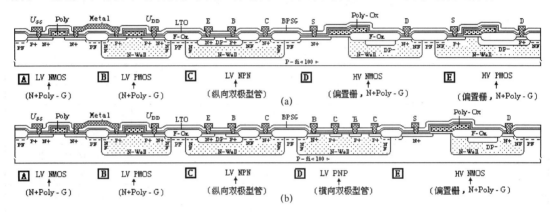

图 6-7　LV/HV N-Well BiCMOS[C]芯片剖面结构示意图（参阅附录 B-[2, 19]）

6.4.2　工艺技术

设计电路工艺技术概要如表 6-4 所示。为实现 LV/HV N-Well BiCMOS[C]技术，引入兼容偏置栅 HV MOS 器件工艺，对 LV N-Well BiCMOS[C]制造工艺做如下改变。

（1）消去与 N-Well 电阻、衬底电容及横向 PNP 有关的工艺和它们的结构。

（2）在 N-Well 推进之后，引入阱中 11B+注入并推进，生成位于场氧化层（F-Ox）下面的符合 HV 要求的低浓度的长的 DP-区为漂移区，源漏掺杂后形成 N+/DN-区为漏，N-Well 中 N+区为源；同时在另一阱区生成位于场氧化层（F-Ox）下面的降低 N-Well 为漂移区表面电场的 DP-区，而 N-Well 符合 HV 要求的低浓度的掺杂区，源漏掺杂后形成 N+/N-Well 为漏，P-型硅衬底中 N+区为源。

（3）场区氧化后，在沟道与漏之间引入场氧化层，形成符合 HV 要求的厚度和长度。

（4）腐蚀预栅氧化层后，引入厚、薄栅氧化膜生长。

（5）引入 Poly 淀积并掺杂，刻蚀形成偏置栅结构。

上述消去与引入这些基本工艺，使 LV N-Well BiCMOS[C]芯片结构和制程都发生了明显的变化。工艺完成后，制得 LV NMOSⒶ与 LV PMOSⒷ、LV NPNⒸ，以及偏置栅 HV NMOSⒹ与 HV PMOSⒺ等，并用 LV/HV N-Well BiCMOS[C]来表示。

LV/HV N-Well BiCMOS[C]电路电气性能/合格率与各制造参数密切相关，确定用于芯片制造的基本参数，如表 6-4 所示。芯片制造工艺由各工步所组成的工序来实现，需要制定出各工序具体的工艺条件，同时保证下列所要求的各种参数都达到规范值。

（1）工艺参数：各种掺杂浓度及分布，X_{jNW}、X_{jDP}、X_{jN+}、X_{jP+} 等结深，$T_{F\text{-}Ox}$、$T_{HV\text{-}Gox}$、$T_{LV\text{-}Gox}$、$T_{Poly\text{-}Ox}$ 等氧化层厚度。

（2）电学参数：U_{TN}、U_{TP} 等 LV/HV 阈值电压，R_{SNW}、R_{SDP}、R_{SN+}、R_{SP+} 等薄层电阻，BU_{DSN}、BU_{DSP} LV/HV 源漏击穿电压，BU_{CBO}、BU_{CEO} 双极型击穿电压。

（3）硅衬底材料电阻率（ρ）等。

为了保证各种参数都达到规范值，在工艺线上设立了工艺检测环节。通过对某些特定项目进行定期或不定期的检测，以获得必要的关于材料质量和工艺参数与电学参数的数据。工艺过程检测的目的是通过检测数据的及时反馈，使整条工艺线的控制达到最佳化，以便得到高合格率和高性能芯片。同时它也为寻找器件生产中发生问题的原因提供了重要的依据。

制作掩模时，必须考虑各次光刻所用掩模的名称、图形黑白、正胶、有无划片槽及对准层次等。从制程剖面结构图（图 6-8）中可以看出，需要进行 15 次光刻。与 LV N-Well BiCMOS[C] 相比，增加了 4 块掩模：DP-区、HV N 沟道区、HV P 沟道区及 HV 栅氧化膜区。

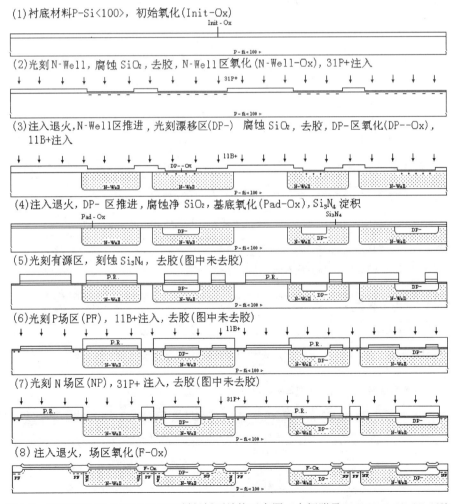

图 6-8　LV/HV N-Well BiCMOS[C] 制程剖面结构示意图（参阅附录 B-[2, 3, 6, 13, 17, 19]）

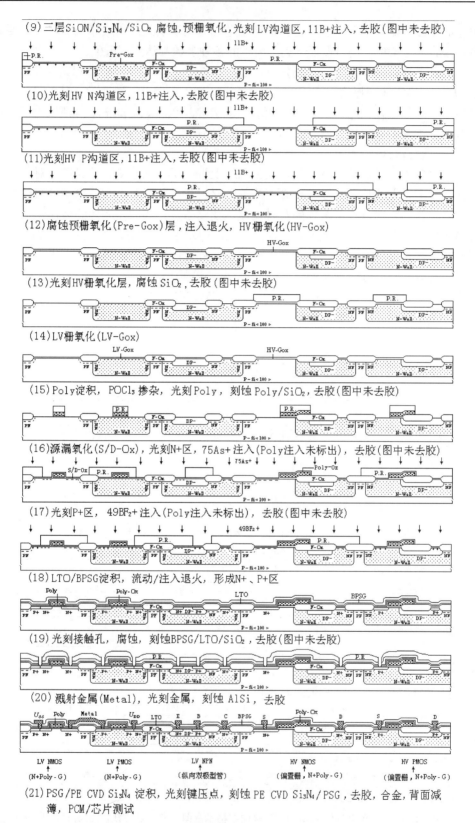

图 6-8 LV/HV N-Well BiCMOS[C]制程剖面结构示意图（参阅附录 B-[2, 3, 6, 13, 17, 19]）（续）

6.4.3 工艺制程

由工艺规范确定的各个基本工序、相互关联及将其按一定顺序组合，构成图 6-7 所示的 LV/HV N-Well BiCMOS[C]芯片结构的制程。为实现此制程，在 LV N-Well BiCMOS[C]制程中，消去与引入部分基本工艺，不仅增加了制造工艺，技术难度增大，使芯片结构发生了明显的变化，而且改变了其制程，从而实现了 LV/HV N-Well BiCMOS[C]制程。

由多次氧化、光刻、杂质扩散、离子注入、薄膜淀积及溅射金属等各个基本工序构成芯片制程，形成了以下元器件及其杂质层、介质层和互连金属层。

（1）电路芯片中的各个元器件：LV NMOS、LV PMOS、LV NPN（纵向）、HV NMOSi 及 HV PMOS 等。

（2）这些电路元器件所需要的精确控制的硅中的杂质层：N-Well、DP-、PF、NF、沟道掺杂、N+Poly、N+、P+等。

（3）集成电路所需要的介质层：F-Ox、LV/HV G-Ox、Poly-Ox、BPSG/LTO 等。

（4）将这些电路元器件连接起来形成集成电路所需要的金属层：AlSi。

应用计算机，依据 LV/HV N-Well BiCMOS[C]芯片制造工艺中各个工序的先后次序，把各个工序连接起来，可以得到制程。它由各个工序所组成，而工序则由各个工步来实现。根据设计电路的电气特性要求，选择工艺序号和工艺规范号，以便得到所需要的工艺参数和电学参数。

应用芯片结构技术，依据图 6-7 芯片剖面结构和制造工艺的各个工序，利用计算机和相应的软件，可以描绘出芯片制程中各个工序剖面结构，依照各个工序的先后次序连接起来，可以得到如图 6-8 所示的制程剖面结构示意图。该图直观地显示出 LV/HV N-Well BiCMOS[C]中芯片表面、内部元器件及互连的形成过程和结构的变化。

LV/HV N-Well BiCMOS[C]制程主要特点如下所述。

（1）LV PMOS 的 N-Well 与 LV NPN、HV NMOS 漏区、HV PMOS 形成 DP-区的 N-Well 都是同时形成的，具有相同的阱深和浓度；NPN 基区与 DP-漂移区、降低 HV NMOS 的 N-Well 漂移区表面电场的 DP-区都是同时形成的，具有相同的结深和浓度。

（2）LV PMOS 源/漏区 P+掺杂的同时：在 N-Well 区中形成 LV NPN 的基区 P+接触区；在 N-Well 和 DP-漂移区中分别形成源区和漏区，且在沟道和漏区之间具有场氧化层（F-Ox），以制得偏置栅 HV PMOS，而 DP-漂移区是在 N-Well 阱内做 11B+注入形成的。

（3）LV NMOS 源/漏区 N+掺杂的同时：在 N-Well 及其中的基区（DP-）分别形成集电区和发射区，以制得 LV NPN；在 P-型硅衬底和 N-Well 中分别形成源区和漏区，且在沟道和漏区之间具有场氧化层（F-Ox），以制得偏置栅 HV NMOS。

（4）LV BiCMOS[C]中的栅氧化改变为厚栅氧化膜生长，增加一次掩模并先进行腐蚀，得到高压栅氧化膜，然后接着氧化，以形成低压栅氧化膜。

制程中使用了 15 次掩模，各次光刻确定了 LV/HV N-Well BiCMOS[C]芯片各层平面结构与横向尺寸。工艺完成后确定了：

（1）芯片各层平面结构与横向尺寸；

（2）剖面结构与纵向尺寸；

（3）硅中的杂质浓度、分布及结深；

(4) 电路功能和电气性能等。

芯片结构及尺寸和硅中杂质浓度及结深是制程的关键（参见附录 B-[20]）。它们不仅与 HV 器件的下列参数有关：

(1) DP-漂移区和 N-Well 漂移区的长度、宽度、结深度、掺杂浓度；
(2) HV MOS 沟道和漏极之间场氧化层（F-Ox）的厚度及长度；
(3) HV 栅氧化层厚度；
(4) 器件承受的高压、低的导通电阻及阈值电压等。

而且与 LV 器件的下列参数密切相关：

(1) LV CMOS 的工艺参数和电学参数；
(2) LV 双极型的工艺参数和电学参数等。

CMOS 与双极型器件在这些参数之间必须进行折中与优化，以达到互相匹配的目的。

此外，要求电路承受的高压和低的导通电阻都达到设计值，这就需要优化漂移区的长度、宽度、结深度、掺杂浓度及沟道和漏极之间形成场氧化层（F-Ox）的厚度与长度等。

制程完成后，先测试晶圆 PCM 数据，达到规范值后才能测试芯片电气特性。如果主要的 PCM 数据未达到规范值，偏离数值很大，则要对该晶圆进行报废处理。

6.5 LV/HV N-Well BiCMOS[B]-（A）

电路采用 1.2μm 设计规则，使用 LV/HV N-Well BiCMOS[B]-（A）制造技术。该电路典型元器件、制造技术及主要参数如表 6-5 所示。它以 LV N-Well BiCMOS[B]制程及所制得的元器件为基础，并用 HV MOS 器件结构和制造工艺对其进行改变，最终在硅衬底上形成 LV/HV BiCMOS[B]芯片中的各种元器件，并使之互连，实现所设计电路。

表 6-5　工艺技术和芯片中主要元器件

工 艺 技 术		芯片中主要元器件	
■ 技术	LV/HV BiCMOS[B]-（A）	■ 电阻	$R_{S\,Poly}$
■ 衬底	P-Si<100>	■ 电容	N+Poly2/Si_3N_4-Poly-Ox/N+Poly1
■ 阱	N-Well	■ 晶体管	LV NLDD NMOS W/L>1（驱动管）
■ 隔离	LOCOS		LV PMOS W/L>1（负载管）
■ 栅结构	N+Poly/SiO_2		LV NPN（纵向）
■ 源漏区	N+SN-，P+		HV NMOS（偏置栅）
■ 栅特征尺寸	1.2μm（LV）	■ 二极管	P+/N-Well（剖面图中未画出）
■ E/B/C 区（LV）	N+/DP-/NWBLN+DNN+		N+/P-Sub（剖面图中未画出）
■ 偏置栅沟道尺寸	≥5μm		
■ NW 漂移区长度	视高压而定		
■ Poly	1 层（N+Poly）		
■ 互连金属	1 层（AlSiCu）		
■ 低压（U_{DD}）	5V（LV）		
■ 高压（100~700V）	视漂移区长度/掺杂浓度而定		

（续表）

工艺参数*	数 值	电学参数*	数 值
■ ρ, $T_{P\text{-}EPI}$		■ U_{LVTN}/U_{LVTP}	
■ $X_{jBLN+}/X_{jNW}/X_{jDN}$		BU_{LVDSN}/BU_{LVDSP}	
■ $X_{jDP\text{-}}$		U_{TFN}/U_{TFP}	
■ $T_{F\text{-}Ox}/T_{HV\text{-}Gox}/T_{LV\text{-}Gox}$	左边这些参数视工艺制程而定	U_{HVTN}/BU_{HVDSN}	左边这些参数视电路特性而定
$T_{Si_3N_4}/T_{Poly\text{-}Ox}$, L_{DHVN}		$R_{SBLN}/R_{SNW}/R_{SDP}/R_{SDN}$, R_{ON}	
$T_{Poly1}/T_{Poly2}/T_{BPSG}/T_{LTO}/T_{TEOS}$		$R_{SN+Poly1}/R_{SN+Poly2}/R_{SN\text{-}Poly2}$	
$L_{effn}/L_{effp}/L_{effHVN}$		R_{SN+}/R_{SP+}, g_n/g_p, I_{LPN}	
■ X_{jN+}/X_{jP+}, T_{Al}		■ BU_{CBON}/BU_{CEON}, β_{NPN}, f_{TN}	
■ 设计规则	1.2μm（LV）	■ 电路 DC/AC 特性	视设计电路而定

*表中参数符号与第 2 章各表相同。

6.5.1 芯片剖面结构

首先在电路中找出 HV NMOS 器件，应用芯片结构技术（参见附录 B-[21]），进行剖面结构设计，然后把第 5 章 5.6 节中的 N-Well BiCMOS [B]-（B）剖面结构进行一些修改：消去 N-Well 电阻和衬底电容，用 DP-代替 Pb，更改基区浓度及宽度。最后与 HV NMOS 结构进行集成，得到 LV/HV N-Well BiCMOS[B]-（A）芯片剖面结构，图 6-9（a）为其示意图。以该结构为基础，消去纵向 PNP 结构，得到如图 6-9（b）所示的另一种结构。如果引入不同于图 6-9 中的单个或多个元器件结构，或消去其中单个或多个元器件结构，或对其中元器件结构进行改变，则可得到多种结构。选用其中与设计电路相联系的一种结构。下面仅对图 6-9（b）所示芯片结构进行介绍。

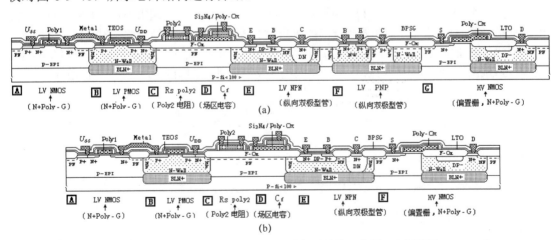

图 6-9　LV/HV N-Well BiCMOS[B]-（A）芯片剖面结构示意图（参阅附录 B-[2, 19]）

6.5.2 工艺技术

设计电路工艺技术概要如表 6-5 所示。为实现 LV/HV N-Well BiCMOS[B]-（A）技术，引入兼容偏置栅 HV MOS 器件工艺，对 LV N-Well BiCMOS[B]-（A）制造工艺做如下改变。

（1）消去与 N-Well 电阻、衬底电容及纵向 PNP 有关的工艺及它们的结构，用 DP-代替

Pb，更改基区浓度及宽度。

（2）在 N-Well 推进后，在其中做 11B+ 注入，推进形成基区的同时，引入生成位于场氧化层（F-Ox）下面的降低 N-Well 为漂移区表面电场的 DP-区，而 N-Well 符合 HV 要求的低浓度的长的掺杂区，源漏掺杂后形成 N+/N-Well 为漏，P-型衬底中 N+区为源。

（3）场区氧化后，在沟道与漏之间引入场氧化层，形成符合 HV 要求的厚度和长度。

（4）腐蚀预栅氧化层后，引入厚、薄栅氧化膜生长。

（5）引入 Poly1 淀积并掺杂，刻蚀形成偏置栅结构；引入第二层 Poly2 淀积并掺杂，刻蚀形成场区电容和 Poly2 电阻。

上述消去与引入这些基本工艺，使 LV N-Well BiCMOS[B]芯片结构和制程都发生了明显的变化。工艺完成后，制得 LV NMOS[A]与 LV PMOS[B]、场区 Poly 电阻和电容[C]、LV NPN[D]，以及偏置栅 HV NMOS[E]等，并用 LV/HV N-Well BiCMOS[B]-（A）来表示。

根据 LV/HV N-Well BiCMOS[B]-（A）电路电气特性要求，确定用于芯片制造的基本参数，如表 6-5 所示。芯片制造工艺中，一是要确保工艺参数、电学参数都达到规范值，二是在批量生产中要确保芯片具有高成品率、高性能及高可靠性。根据电路电气特性的指标，对下列参数提出严格要求。

（1）工艺参数：各种杂质浓度及分布、结深、LV/HV 栅氧化层/介质层厚度等。

（2）电学参数：薄层电阻、LV/HV 源漏击穿电压、双极型击穿电压、LV/HV 阈值电压等。

（3）硅衬底电阻率、外延层厚度及电阻率等。

芯片制造由各工步所组成的工序来实现，需要制定出各工序具体的工艺条件，以保证所要求的各种参数都达到规范值。从制程的最初阶段开始，就对各工序进行严格的工艺监控与检测，并制定出该工序的材料质量和参数规范。如果该工序质量和参数未达到规范要求，偏离数值很大，则要返工，若不能返工，就要做报废处理。工艺线上进行严格的工艺监控与检测，目的是使工艺参数和电学参数都达到规范值，生产出高质量芯片。

对于光刻次数很多的情况，制作掩模时，通常设计者与制造者一起来确定。如果应用芯片结构及其制程剖面结构技术，就不难确定出各次光刻工序。从制程剖面结构图（图 6-10）中可以看出，需要进行 19 次光刻。光刻对准曝光要严格对准、套准，并使之在确定的误差以内。与 LV N-Well BiCMOS[B]相比，增加了两块掩模：HV N 沟道区及 HV 栅氧化膜区。注意：DP-区兼作基区。

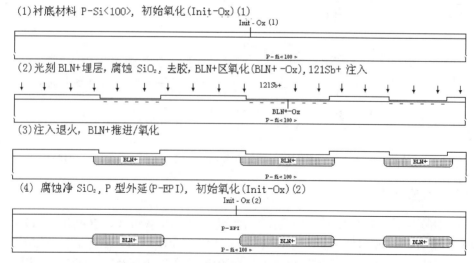

图 6-10　LV/HV N-Well BiCMOS[B]-（A）制程剖面结构示意图（参阅附录 B-[2, 3, 6, 13, 16, 17, 18, 19]）

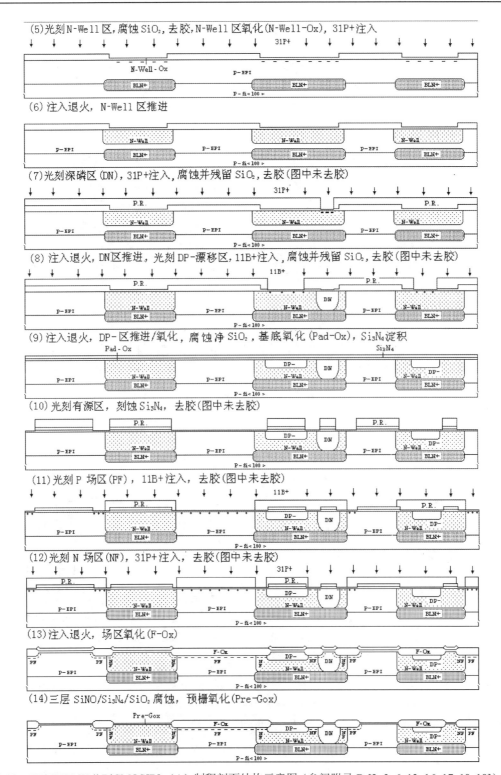

图 6-10　LV/HV N-Well BiCMOS[B]-（A）制程剖面结构示意图（参阅附录 B-[2, 3, 6, 13, 16, 17, 18, 19]）（续）

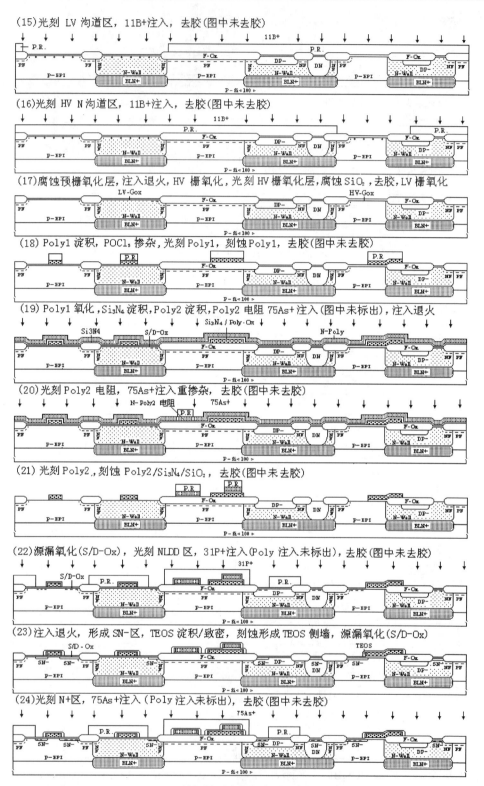

图 6-10 LV/HV N-Well BiCMOS[B]-（A）制程剖面结构示意图（参阅附录 B-[2, 3, 6, 13, 16, 17, 18, 19]）（续）

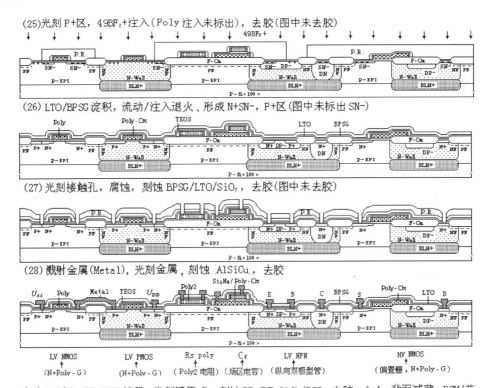

图 6-10 LV/HV N-Well BiCMOS[B]-（A）制程剖面结构示意图（参阅附录 B-[2, 3, 6, 13, 16, 17, 18, 19]）（续）

6.5.3 工艺制程

图 6-9 所示的芯片结构的制程是由工艺规范确定的各个基本工序、相互关联及将其按一定顺序组合构成的。为实现此制程，在 LV N-Well BiCMOS[B]制程中，消去与引入部分基本工艺，不仅增加了制造工艺，技术难度增大，使芯片结构发生了明显的变化，而且改变了其制程，从而实现了 LV/HV N-Well BiCMOS[B]-（A）制程。

由多次氧化、光刻、杂质扩散、离子注入、薄膜淀积及溅射金属等各个基本工序构成芯片制程，形成了以下元器件及其杂质层、介质层和互连金属层。

（1）电路芯片中的各个元器件：LV NMOS、LV PMOS、LV NPN（纵向）、Poly 电阻、Cf 场区电容及 HV NMOS 等。

（2）这些电路元器件所需要的精确控制的硅中的杂质层：BLN+、P-EPI、DN、N-Well、DP-、PF、NF、沟道掺杂、SN-、N-Poly、N+Poly、N+、P+等。

（3）集成电路所需要的介质层：F-Ox、LV/HV G-Ox、Si_3N_4/Poly-Ox、BPSG/LTO 等。

（4）将这些电路元器件连接起来形成集成电路的金属层：AlSiCu。

应用计算机，依据 LV/HV N-Well BiCMOS[B]-（A）芯片制造工艺中各个工序的先后次序，把各个工序连接起来，可以得到制程。它由各个工序所组成，而工序则由各个工步来实现。根据设计电路的电气特性要求，选择工艺序号和工艺规范号，以便得到所需要的工艺参数和电学参数。

为了直观地显示出制程中芯片表面、内部元器件及互连的形成过程和结构的变化，借助图 6-9 芯片剖面结构和制造工艺的各个工序，利用芯片结构技术，使用计算机和相应的软件，可以描绘出芯片制程中各个工序剖面结构，依照各个工序的先后次序连接起来，可以得到如图 6-10 所示的 LV/HV N-Well BiCMOS[B]-（A）制程剖面结构示意图。

LV/HV N-Well BiCMOS[B]-（A）制程主要特点如下所述。

（1）LV BiCMOS[B]中的 N-Well 与 HV NMOS 的漏区的 N-Well 是同时形成的，具有相同的阱深和浓度；LV NPN 基区与降低 HV NMOS 的 N-Well 漂移区表面电场的 DP-区都是同时形成的，具有相同的结深和浓度。

（2）LV NPN 基区接触区 P+掺杂，同时在 N-Well 中形成源区和漏区，以制得 LV PMOS。

（3）LV NPN 的发射区/集电区 N+掺杂的同时：在 P-外延层形成源区和漏区，以制得 LV NMOS；在衬底和 N-Well 中分别形成源区和漏区，且在沟道和漏区之间具有场氧化层（F-Ox），以制得偏置栅 HV NMOS。

（4）LV BiCMOS[B]中的栅氧化改变为厚栅氧化膜生长，增加一次掩模并先进行腐蚀，得到高压厚栅氧化膜，然后接着氧化，以形成低压栅氧化膜。

（5）LV NPN 的集电区采用深磷扩散，与 BLN+ 埋层相连，形成深磷区（DN），目的是获得大电流下的低饱和压降。

（6）采用双层 Poly 技术，在场区形成 Poly 高电阻和电容，高阻值 Poly 是优于受耗尽影响的硅电阻器。薄层电阻器通常适合高精度应用。Poly-SiO$_2$-Poly MOS 电容用来减小与 Poly-SiO$_2$-Si 电容相连接的寄生效应。Poly 是重掺杂，以便使电容电极中耗尽效应最小。

制程中使用了 19 次掩模，各次光刻确定了 LV/HV N-Well BiCMOS[B]-（A）芯片各层平面结构与横向尺寸。工艺完成后确定了：

（1）芯片各层平面结构与横向尺寸；

（2）剖面结构与纵向尺寸；

（3）硅中的杂质浓度、分布及结深；

（4）电路功能和电气性能等。

芯片结构及尺寸和硅中杂质浓度及结深是制程的关键（参见附录 B-[20]）。它们不仅与 HV 器件的下列工艺参数有关：

（1）N-Well 漂移区的长度、宽度、结深度、掺杂浓度；

（2）沟道和漏极之间形成场氧化层（F-Ox）的厚度及长度；

（3）HV 栅氧化层厚度；

（4）器件承受的高压、低的导通电阻及阈值电压等。

而且与 LV 器件的下列参数密切相关：

（1）CMOS 器件的工艺参数和电学参数；

（2）双极型器件的工艺参数和电学参数。

CMOS 与双极型器件在这些参数之间必须进行折中与优化，以达到互相匹配的目的。

此外，要求电路承受的高压和低的导通电阻都达到设计值，这就需要优化漂移区的长度、宽度、结深度、掺杂浓度，以及沟道和漏极之间形成场氧化层（F-Ox）的厚度和长度等。

制程完成后，先测试晶圆 PCM 数据，达到规范值后才能测试芯片电气特性。

6.6 LV/HV N-Well BiCMOS[B]-（B）

电路采用 1.2μm 设计规则，使用 LV/HV N-Well BiCMOS[B]-（B）制造技术。表 6-6 示出该电路典型元器件、制造技术及主要参数。它以 LV N-Well BiCMOS[B]制程及所制得的元器件为基础，并用 HV 器件结构和制造工艺对其进行改变，最终在硅衬底上形成 LV/HV BiCMOS[B]芯片中的各种元器件，并使之互连，实现所设计电路。如果得到的各种参数都符合所设计电路的要求，则芯片性能能达到设计指标。

表 6-6 工艺技术和芯片中主要元器件

工 艺 技 术		芯片中主要元器件	
■ 技术	LV/HV BiCMOS[B]-（B）	■ 电阻	—
■ 衬底	P-Si<100>	■ 电容	—
■ 阱	N-Well	■ 晶体管	LV NLDD NMOS $W/L>1$（驱动管）
■ 隔离	LOCOS		LV PMOS $W/L>1$（负载管）
■ 栅结构	N+Poly/SiO$_2$		LV NPN（纵向双极型）
■ 源漏区	N+SN-，P+		HV NPN（纵向双极型）
■ E/B/C 区（LV）	N+/Pb/NWBLN+DNN+		HV NMOS（偏置栅）
■ 栅特征尺寸	1.2μm（LV）	■ 二极管	N+/P-Sub（剖面图中未画出）
■ 偏置栅沟道尺寸	≥5μm		P+/N-Well（剖面图中未画出）
■ NW，DP-漂移区长度	视高压而定		
■ Poly	1 层（N+Poly）		
■ 互连金属	1 层（AlSiCu）		
■ 低压（U_{DD}）	5V（LV）		
■ 高压 双极型	30～100V		
（MOS）(100～700V)	视漂移区长度/掺杂浓度而定		
工艺参数*	数 值	电学参数*	数 值
■ ρ		■ U_{LVTN}/U_{LVTP}	
■ $X_{jBLN+}/X_{jNW}/X_{jDP}/X_{jPb}$		■ BU_{LVDSN}/BU_{LVDSP}	
■ $T_{F-OX}/T_{HV-Gox}/T_{LV-Gox}/T_{Poly-Ox}$		■ U_{TFN}/U_{TFP}	
■ $T_{BPSG}/T_{LTO}/T_{TEOS}$	左边这些参数视工艺制程而定	■ U_{HVTN}/BU_{HVDSN}	左边这些参数视电路特性而定
■ T_{Poly}/T_{P-EPI}		■ $R_{SBLN+}/R_{SNW}/R_{SDP}/R_{SDN}/R_{SPb}$	
■ L_{DHVN}		■ $R_{SN+Poly}/R_{SN+}/R_{SP+}$，$R_{ON}$	
■ $L_{effn}/L_{effp}/L_{effHVN}/L_{effHVP}$		■ g_m/g_p，I_{LPN}	
■ X_{jN+}/X_{jP+}，T_{Al}		■ BU_{CBON}/BU_{CEON}，$\beta_{NPN/PNP}$	
■ 设计规则	1.2μm（LV）	■ 电路 DC/AC 特性	视设计电路而定

*表中参数符号与第 2 章各表相同。

6.6.1 芯片剖面结构

在电路中找出各种典型元器件——LV NMOS、LV PMOS、LV NPN（纵向）、HV NPN（纵向）及 HV NMOS，应用芯片结构技术（参见附录 B-[21]），进行剖面结构设计，分别如图 6-11

中的Ⓐ、Ⓑ、Ⓒ、Ⓓ、Ⓔ所示（不要把它们看作连接在一起）。由它们构成 LV/HV N-Well BiCMOS[B]-（B）芯片典型剖面结构，图 6-11（a）为其示意图。或者把第 5 章 5.6 节中的 N-Well BiCMOS [B]-（B）剖面结构与本节设计的 HV NPNⒹ和 HV NMOSⒺ进行集成，并去掉场区电容、Poly 电阻及 LV PNP 修改而得到。以该结构为基础，改变 NPN 结构，引入 Cs 衬底电容和 N-Well 电阻，得到如图 6-11（b）所示的另一种结构。如果引入不同于图 6-11 中的单个或多个元器件结构，或消去其中单个或多个元器件结构，或对其中元器件结构进行改变，则可得到多种结构。选用其中与电路相联系的一种结构。下面仅对图 6-11（a）所示结构进行介绍。

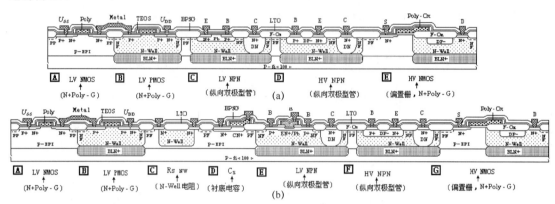

图 6-11　LV/HV N-Well BiCMOS[B]-（B）芯片剖面结构示意图（参阅附录 B-[2, 19]）

6.6.2　工艺技术

设计电路工艺技术概要如表 6-6 所示。为实现 LV/HV N-Well BiCMOS[B]-（B）技术，引入兼容偏置栅 HV MOS 和 HV NPN 器件工艺，对 LV N-Well BiCMOS[B]-（B）制造工艺做如下改变。

（1）消去与场区电容、Poly 电阻及 PNP 有关的工艺和它们的结构。

（2）在 N-Well 推进之后，引入阱中 11B+注入并推进，生成位于不同阱区的两个 DP-区，其中一个位于场氧化层（F-Ox）下面、降低 N-Well 为漂移区表面电场，而另一个形成深基区。75As+和 49BF$_2$+分别注入后，生成 N+/N-Well 为漏区和 P-EPI 中 N+为源区，P+/DP-为基区和 N+/DN 为集电区。

（3）场区氧化后，在沟道与漏之间引入场氧化层，形成符合 HV 要求的厚度和长度。

（4）腐蚀预栅氧化层后，引入厚、薄栅氧化膜生长。

（5）Poly 淀积并掺杂，引入刻蚀形成偏置栅结构。

上述消去与引入这些基本工艺，使 LV N-Well BiCMOS[B]芯片结构和制程都发生了明显的变化。工艺完成后，制得 LV NMOSⒶ和 LV PMOSⒷ、LV NPNⒸ、HV NPNⒹ、HV PNPⒺ，以及偏置栅 HV NMOSⒻ等，并用 LV/HV N-Well BiCMOS[B]-（B）来表示。

LV/HV N-Well BiCMOS[B]-（B）电路电气性能指标与各制造参数密切相关，确定用于芯片制造的基本参数，如表 6-6 所示。制造工艺中，对下列参数提出严格要求。

（1）工艺参数：各种掺杂浓度及分布，X_{jBLN+}、X_{jNW}、X_{jDN}、X_{jDP-}、X_{jPb}、X_{jN+}、X_{jP+}等结深，T_{F-Ox}、T_{HV-Gox}、T_{LV-Gox}、$T_{Poly-Ox}$等氧化层厚度。

（2）电学参数：U_{TN}、U_{TP}等 LV/HV 阈值电压，R_{SBLN+}、R_{SNW}、R_{SDN}、R_{SDP-}、R_{SPB}、R_{SN+}、

R_{SP+} 等薄层电阻，BU_{DSN}、BU_{DSP}、BU_{CBO}、BU_{CEO} 等 LV/HV 击穿电压。

(3) 硅衬底电阻率、外延层厚度及电阻率等。

芯片制造由各工步所组成的工序来实现，需要制定出各工序具体的工艺条件，以保证所要求的各种参数都达到规范值。电路芯片批量生产时，保持各批次制程的均一性相当重要。不但要监控工艺参数和电学参数，使其在整个晶圆的范围内达到规范值，还要让每一片生产的晶圆都达到这个标准。从投片到产出包括许多步骤，必须使用制程控制各工序的质量，以便得到高合格率和高性能芯片。

从制程剖面结构示意图（图 6-12）中可以看出，需要做 18 次光刻。光刻要求有高的图形分辨率，同时还要求具有良好的图形套准精度。与 LV N-Well BiCMOS[B]制程相比，增加了 3 块掩模：DP-区、HV N 沟道区及 HV 栅氧化膜区。

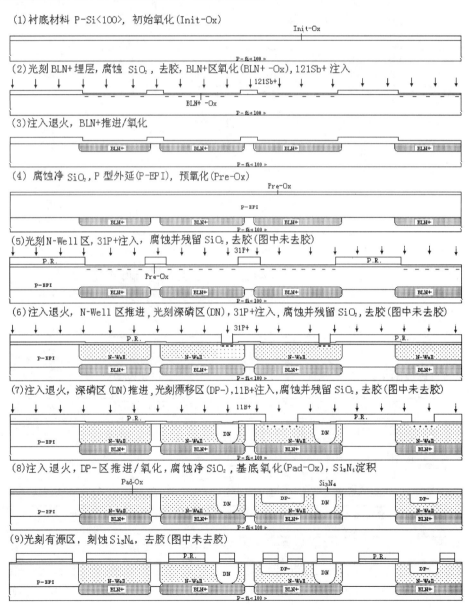

图 6-12 LV/HV N-Well BiCMOS[B]-（B）制程剖面结构示意图（参阅附录 B-[2, 3, 6, 13, 16, 18, 19]）

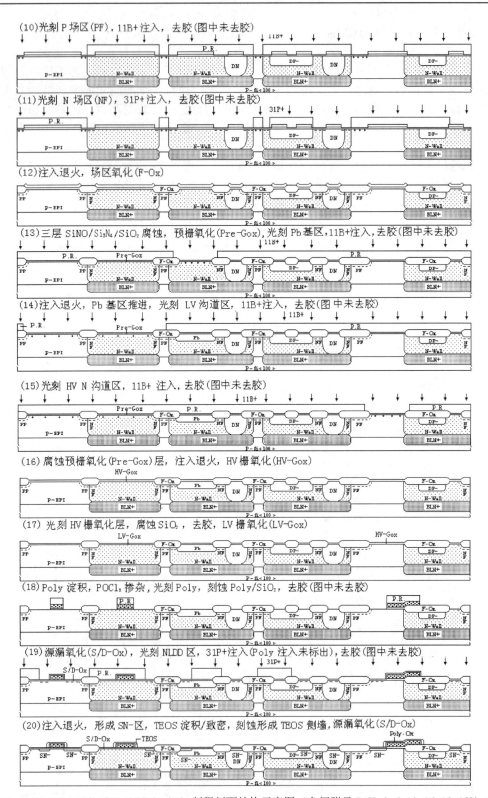

图 6-12 LV/HV N-Well BiCMOS[B]-（B）制程剖面结构示意图（参阅附录 B-[2, 3, 6, 13, 16, 18, 19]）（续）

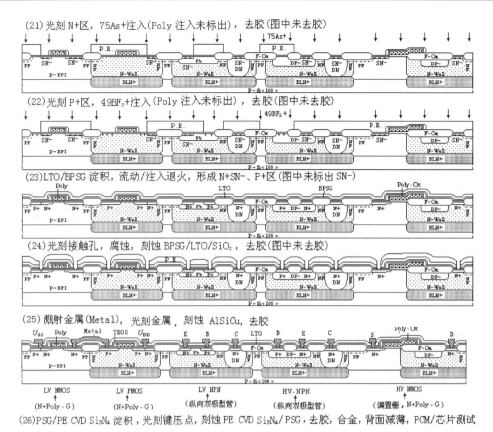

图 6-12　LV/HV N-Well BiCMOS[B]-（B）制程剖面结构示意图（参阅附录 B-[2, 3, 6, 13, 16, 18, 19]）（续）

6.6.3　工艺制程

由工艺规范确定的各个基本工序、相互关联及将其按一定顺序组合，构成图 6-11 所示芯片结构的制程。为实现此制程，在 LV N-Well BiCMOS[B]制程中，消去与引入部分基本工艺，不仅增加了制造工艺，技术难度增大，使芯片结构发生了明显的变化，而且改变了其制程，从而实现了 LV/HV N-Well BiCMOS[B]-（B）制程。

由多次氧化、光刻、杂质扩散、离子注入、薄膜淀积及溅射金属等各个基本工序构成芯片制程，形成了以下元器件及其杂质层、介质层和互连金属层。

（1）电路芯片中的各个元器件：LV NMOS、LV PMOS、LV NPN（纵向）、HV NPN 及 HV NMOS 等。

（2）这些电路元器件所需要的精确控制的硅中的杂质层：BLN+、P-EPI、DN、N-Well、PF、NF、Pb、DP-、沟道掺杂、SN-、N+Poly、N+、P+等。

（3）集成电路所需要的介质层：F-Ox、LV/HV G-Ox、Poly-Ox、TEOS、BPSG/LTO 等。

（4）将这些电路元器件连接起来形成集成电路的金属层：AlSiCu。

应用计算机，依据 LV/HV N-Well BiCMOS[B]-（B）芯片制造工艺中各个工序的先后次序，把各个工序连接起来，可以得到制程。它由各个工序所组成，而工序则由各个工步来实现。根据设计电路的电气特性要求，选择工艺序号和工艺规范号，以便得到所需要的工艺参数和电学参数。

根据芯片结构（图 6-11）和制造工艺的各个工序，使用芯片结构技术，利用计算机和相应的软件，描绘出对应每一道工序的剖面，从而得到芯片制造各个工序的结构，最终确定出 LV/HV N-Well BiCMOS[B]-（B）制程剖面结构，图 6-12 为其示意图。根据制程中的各个工序可以描绘出能反映每次光刻显影或刻蚀的相对应的平面结构。每一道工序的平面/剖面结构或制程完成后的芯片结构都能直观地显示出制程中芯片表面、内部元器件以及互连的形成过程和结构的变化。

LV/HV N-Well BiCMOS[B]-（B）制程主要特点如下所述。

（1）LV BiCMOS[B]中的 N-Well 与 HV NMOS 漏区的 N-Well 是同时形成的，具有相同的阱深和浓度；HV NPN 的 DP-区与降低 HV NMOS 的 N-Well 漂移区表面电场的 DP-区是同时形成的，具有相同的结深和浓度。

（2）LV NPN 基区接触区 P+掺杂的同时，在 N-Well 中形成源区和漏区，以制得 LV PMOS。

（3）LV NPN 的发射区/集电区 N+掺杂的同时：在 P-外延层中形成源区和漏区，以制得 LV NMOS；在 P-外延层和 N-Well 中分别形成源区和漏区，且在沟道和漏区之间具有场氧化层（F-Ox），以制得偏置栅 HV NMOS；在 DP-区和 N 外延层分别形成 E/C，以制得 HV NPN。上述 DP-区是在 N-Well 阱内做 11B+注入形成的。

（4）LV BiCMOS[B]中的栅氧化改变为厚栅氧化膜生长，增加一次掩模并先进行腐蚀，得到高压厚栅氧化膜，然后接着氧化，以形成低压栅氧化膜。

（5）LV NPN 的集电区采用深磷扩散，与 BLN+ 埋层相连，形成深磷区（DN），目的是获得大电流下的低饱和压降。

芯片制程中采用了 18 次掩模，各次光刻确定了 LV/HV N-Well BiCMOS[B]-（B）芯片各层平面结构与横向尺寸。工艺完成后，不仅确定了芯片各层平面结构与横向尺寸，而且也确定了剖面结构与纵向尺寸，并精确控制了硅中的杂质浓度及分布和结深，从而确定了电路功能和电气性能。

芯片结构及尺寸和硅中杂质浓度及结深是制程的关键（参见附录 B-[20]）。它们不仅与 HV 器件的下列参数有关：

（1）N-Well 漂移区的长度、宽度、结深度、掺杂浓度；

（2）HV PNP 和 HV NPN 的 DP-区的结深度、掺杂浓度；

（3）沟道和漏极之间形成场氧化层（F-Ox）的厚度及长度；

（4）HV 栅氧化层厚度；

（5）器件承受的高压、低的导通电阻及阈值电压等。

而且与 LV 器件的下列参数密切相关：

（1）CMOS 器件工艺参数：N-Well 深度及薄层电阻，各介质层和栅氧化层厚度，有效沟道长度，以及源漏结深度及薄层电阻等。

（2）CMOS 器件电学参数：阈值电压、源漏击穿电压及跨导等。

（3）双极型器件工艺参数：外延层电阻率及厚度，埋层/DN/发射区的结深度及薄层电阻，基区的宽度及薄层电阻等。

（4）双极型器件电学参数：f_T、β、BU_{CEO} 及 BU_{CBO} 等。

CMOS 与双极型器件在这些参数之间必须进行折中与优化，以达到互相匹配的目的。

此外，在漂移区长度和衬底掺杂浓度确定后，为了获得最高击穿电压，必须优化漂移区的注入剂量。漂移区长度对导通电阻有影响，漂移区长，导通电阻就大。因此，必须进行优化，以便得到合理的漂移区长度。低的导通电阻要求漂移区的掺杂浓度要高，而高的击穿电压要求漂移区的掺杂浓度要低，使漏结雪崩击穿之前，漂移区先夹断。因此，在导通电阻和耐压二者之间要进行折中考虑。

制程完成后，先测试晶圆 PCM 数据，达到规范值后才能测试芯片电气特性。

6.7 LV/HV Twin-Well BiCMOS[C]

电路采用 3μm 设计规则，使用 LV/HV Twin-Well BiCMOS[C]制造技术。该电路典型元器件、制造技术及主要参数如表 6-7 所示。它以浅 Twin-Well BiCMOS[C]制程及所制得的元器件为基础，并用 HV MOS 器件结构和制造工艺对其进行改变，最终在硅衬底上形成 LV/HV BiCMOS[C]芯片中的各种元器件，并使之互连，实现所设计电路。

表 6-7 工艺技术和芯片中主要元器件

工 艺 技 术		芯片中主要元器件	
■ 技术	LV/HV BiCMOS[C]	■ 电阻	—
■ 衬底	P-Si<100>	■ 电容	—
■ 阱	Twin-Well	■ 晶体管	LV NMOS $W/L>1$（驱动管）
■ 隔离	LOCOS		LV PMOS $W/L>1$（负载管）
■ 栅结构	N+Poly/SiO$_2$		LV NPN（纵向双极型）
■ 源漏区	N+，P+		HV NMOS（偏置栅）
■ 栅特征尺寸	3μm（LV）		HV PMOS（偏置栅）
■ E/B/C 区（LV）	N+/Pb/NWN+	■ 二极管	N+/P-Well（剖面图中未标出）
■ 偏置栅沟道尺寸	≥5μm		P+/N-Well（剖面图中未标出）
■ DN-，DP-漂移区长度	视高压而定		
■ Poly	1 层（N+Poly）		
■ 互连金属	1 层（AlSi）		
■ 电源（U_{DD}）	5V（LV）		
■ 高压（100~700V）	视漂移区长度/掺杂浓度而定		
工艺参数*	数 值	电学参数*	数 值
■ ρ	左边这些参数视工艺制程而定	■ U_{LVTN}/U_{LVTP}	左边这些参数视电路特性而定
■ $X_{jDNW}/X_{jDN-}/X_{jDP-}$		■ BU$_{LVDSN}$/BU$_{LVDSP}$	
■ $X_{jNW}/X_{jPW}/X_{jPb}$		■ U_{TFN}/U_{TFP}	
■ $T_{F-Ox}/T_{HV-Gox}/T_{LV-Gox}/T_{Poly-Ox}$		■ U_{HVTN}/U_{HVTP}，BU$_{HVDSN}$/BU$_{HVDSP}$	
■ $T_{Poly}/T_{BPSG}/T_{LTO}$		■ $R_{SDNW}/R_{SNW}/R_{SPW}$	
■ L_{DHVN}/L_{DHVP}		■ $R_{SDP}/R_{SDN}/R_{SPb}$，R_{ON}	
■ $L_{effN}/L_{effP}/L_{effHVN}/L_{effHVP}$		■ $R_{SN+Poly}/R_{SN+}/R_{SP+}$，$g_n/g_p$，$I_{LPN}$	
■ X_{jN+}/X_{jP+}，T_{Al}		■ BU$_{CBON}$/BU$_{CEON}$，β_{NPN}，f_{TN}	
■ 设计规则	3μm（LV）	■ 电路 DC/AC 特性	视设计电路而定

*表中参数：深 N-Well 结深/薄层电阻为 X_{jDNW}/R_{SDNW}，其他参数符号与第 2 章各表相同。

6.7.1 芯片剖面结构

应用芯片结构技术（参见附录 B-[21]），可以得到芯片典型剖面结构。首先在电路中找出各种典型元器件——LV NMOS、LV PMOS、LV NPN（纵向）、HV NMOS 及 HV PMOS，然后进行剖面结构设计，分别如图 6-13 中的 Ⓐ、Ⓑ、Ⓒ、Ⓓ 及 Ⓔ 所示（不要把它们看作连接在一起）。最后由它们组成 LV/HV Twin-Well BiCMOS[C]芯片典型剖面结构，图 6-13（a）为其示意图。以该结构为基础，引入场区电容和 Poly 电阻，得到如图 6-13（b）所示的另一种结构。如果引入不同于图 6-13 中的单个或多个元器件结构，或消去其中单个或多个元器件结构，或对其中元器件结构进行改变，则可得到多种不同结构。选用其中与设计电路相联系的一种结构。下面仅对图 6-13（a）所示结构进行介绍。

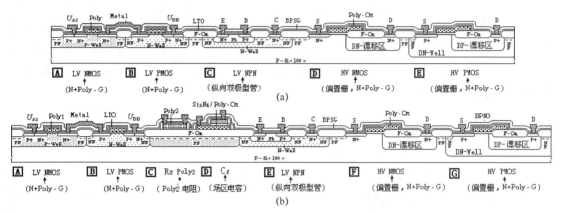

图 6-13　LV/HV Twin-Well BiCMOS[C]芯片剖面结构示意图（参阅附录 B-[2, 19]）

6.7.2　工艺技术

设计电路工艺技术概要如表 6-7 所示。为实现 LV/HV Twin-Well BiCMOS[C]技术，引入兼容偏置栅 HV MOS 器件工艺，对 LV Twin-Well BiCMOS[C]制造工艺做如下改变。

（1）在生成 Twin-Well 之前，引入 P-型硅衬底中 31P+注入并推进，得到的 DN-Well 比 Twin-Well 更深；在其中作 11B+注入并推进，生成位于场氧化层（F-Ox）下面的符合 HV 要求的低浓度的长的 DP-漂移区，源漏掺杂后形成 P+/DP-区为漏，DN-Well 中 P+区为源。P-型衬底中 31P+注入并推进，生成位于场氧化层（F-Ox）下面的符合 HV 要求的低浓度的长的 DN-漂移区，比浅 Twin-Well 更深。源漏掺杂后形成 N+/DN-区为漏，P-型衬底中的 N+区为源。

（2）场区氧化后，在沟道与漏之间引入场氧化层，形成符合 HV 要求的厚度和长度。

（3）腐蚀预栅氧化层后，引入厚、薄栅氧化膜生长。

（4）Poly 淀积并掺杂，引入刻蚀形成偏置栅结构。

上述引入这些基本工艺，使 LV Twin-Well BiCMOS[C]芯片结构和制程都发生了明显的变化。工艺完成后，制得 LV NMOSⒶ和 LV PMOSⒷ、LV NPNⒸ，以及偏置栅 HV NMOSⒹ和 HV PMOSⒺ等，并用 LV/HV Twin-Well BiCMOS[C]来表示。

根据 LV/HV Twin-Well BiCMOS[C]电路电气特性要求，确定用于芯片制造的基本参数，如表 6-7 所示。芯片制程工艺中，一方面要确保工艺参数、电学参数都达到规范值，另一方面在批量生产中要确保各批次制程的均一性。根据电路电气特性的指标，对下列参数提出的严格要求。

（1）工艺参数：各种杂质浓度及分布、结深、LV/HV 栅氧化层/介质层厚度等。

（2）电学参数：薄层电阻、LV/HV 源漏击穿电压、双极型击穿电压、LV/HV 阈值电压等。

（3）硅衬底材料电阻率等。

芯片制造由各工步所组成的工序来实现,需要制定出各工序具体的工艺条件,以保证所要求的各种参数达到规范值。从制程的最初阶段就开始进行工艺检测,以获得芯片制程中各工序必要的关于材料质量和工艺参数与电学参数的数据。在芯片集成度不断增加的情况下,每一道工序都有决定成功或失败的关键问题:沾污、结深、薄膜的质量。工艺检测对于描绘工艺硅片的特性与检查其成品率非常关键,要确保工艺参数和电学参数都达到规范值。

从制程剖面结构图(图 6-14)中可以看出,制程中需要进行 19 次光刻。光刻对准曝光要严格对准、套准,并使之在确定的误差以内。与 LV Twin-Well BiCMOS[C]相比,增加了 6 块掩模:DN-Well、DN-区、DP-区、HV N 沟道区、HV P 沟道区及 HV 栅氧化膜区。

图 6-14　LV/HV Twin-Well BiCMOS[C]制程剖面结构示意图(参阅附录 B-[2, 3, 6, 13, 17, 19])

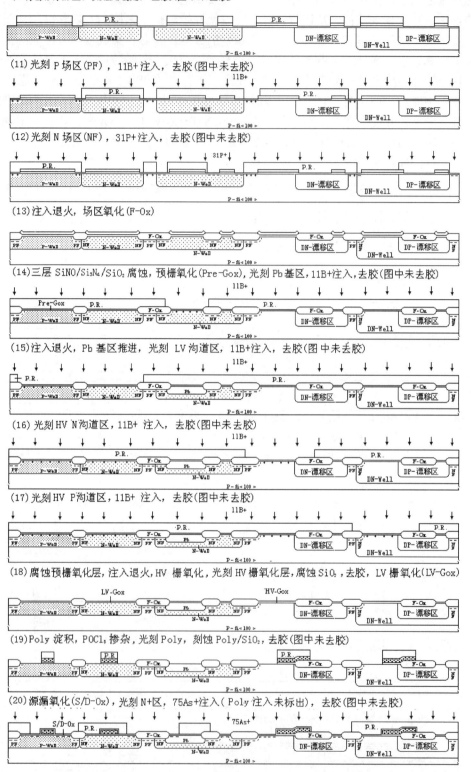

图 6-14　LV/HV Twin-Well BiCMOS[C]制程剖面结构示意图（参阅附录 B-[2, 3, 6, 13, 17, 19]）（续）

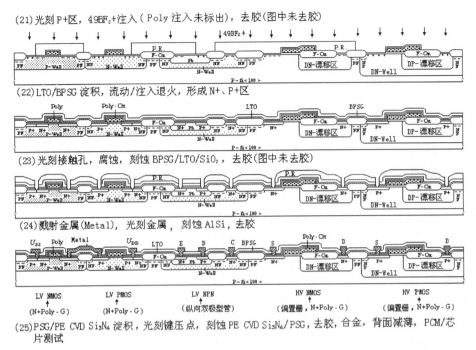

图 6-14 LV/HV Twin-Well BiCMOS[C]制程剖面结构示意图（参阅附录 B-[2, 3, 6, 13, 17, 19]）（续）

6.7.3 工艺制程

图 6-13 所示的 LV/HV Twin-Well BiCMOS[C]芯片结构采用确定的制造技术来实现。它是由工艺规范确定的各个基本工序、相互关联及将其按一定顺序组合构成的。为实现此制程，在 LV Twin-Well BiCMOS[C]制程中，引入部分基本工艺，不仅增加了制造工艺，技术难度增大，使芯片结构发生了明显的变化，而且改变了其制程，从而实现了 LV/HV Twin-Well BiCMOS[C]制程。

由多次氧化、光刻、杂质扩散、离子注入、薄膜淀积及溅射金属等各个基本工序构成芯片制程，形成了以下元器件及其杂质层、介质层和互连金属层。

（1）电路芯片中的各个元器件：LV NMOS、LV PMOS、LV NPN（纵向）、HV NMOS 及 HV PMOS 等。

（2）这些电路元器件所需要的精确控制的硅中的杂质层：DN-Well、DN-、DP-、N-Well、P-Well、PF、NF、Pb、沟道掺杂、N+Poly、N+、P+等。

（3）集成电路所需要的介质层：F-Ox、LV/HV G-Ox、Poly-Ox、BPSG/LTO 等。

（4）将这些电路元器件连接起来形成集成电路所需要的金属层：AlSi。

应用计算机，依据 LV/HV Twin-Well BiCMOS[C]芯片制造工艺中各个工序的先后次序，把各个工序连接起来，可以得到制程。它由各个工序所组成，而工序则由各个工步来实现。根据设计电路的电气特性要求，选择工艺序号和工艺规范号，以便得到所需要的工艺参数和电学参数。

应用芯片结构技术，使用计算机和相应的软件，根据图 6-13 电路芯片剖面结构和制造工艺的各个工序，可以描绘出芯片制程中各个工序剖面结构，依照各个工序的先后次序连接起来，可以得到如图 6-14 所示的制程剖面结构示意图。该图直观地显示出 LV/HV Twin-Well BiCMOS[C]制程中芯片表面、内部元器件及互连的形成过程和结构的变化。

LV/HV Tw-Well BiCMOS[C]制程主要特点如下所述。

（1）LV BiCMOS[C]中的 LV PMOS 的 N-Well 与 LV NPN 的 N-Well 是同时形成的，但与 HV PMOS 的 DN-Well 不是同时形成的，具有不同的阱深和浓度。

（2）LV PMOS 源/漏区 P+掺杂的同时：在 N-Well 区中形成 LV NPN 的基区 P+接触区；在 DN-Well 和 DP-漂移区中分别形成源区和漏区，且在沟道和漏区之间具有场氧化层（F-Ox），以制得偏置栅 HV PMOS，而 DP-漂移区是在 DN-Well 内做 11B+注入形成的。

（3）LV NMOS 的源/漏区 N+掺杂的同时：在基区（Pb）和 N-Well 中分别形成发射区和集电区，以制得 LV NPN；在衬底和 DN-漂移区中分别形成源区和漏区，且在沟道和漏区之间具有场氧化层（F-Ox），以制得偏置栅 HV NMOS。

（4）LV BiCMOS[C]制程中的栅氧化改变为厚栅氧化膜生长，增加一次掩模并先进行腐蚀，得到高压栅氧化膜，然后接着氧化，以形成低压栅氧化膜。

制程中使用了 19 次掩模，各次光刻确定了 LV/HV Twin-Well BiCMOS[C]各层平面结构与横向尺寸。芯片各层平面结构与横向尺寸和剖面结构与纵向尺寸，在制程完成后才能确定下来。光刻还精确控制了硅中的杂质浓度及分布和结深，从而确定了芯片功能和电气性能。

芯片结构及尺寸和硅中杂质浓度及结深是制程的关键（参见附录 B-[20]）。它们不仅与 HV 器件的下列参数有关：

（1）DP-漂移区和 DN-漂移区的长度、宽度、结深度、掺杂浓度；
（2）沟道和漏极之间场氧化层（F-Ox）的厚度及长度；
（3）HV 栅氧化层厚度；
（4）器件承受的高压、低的导通电阻及阈值电压等。

而且与 LV 器件的下列参数密切相关：

（1）CMOS 器件工艺参数：衬底电阻率，Twin-Well 深度及薄层电阻，各介质层和栅氧化层厚度，有效沟道长度，源漏结深度及薄层电阻等。
（2）CMOS 器件电学参数：阈值电压、源漏击穿电压及跨导等。
（3）双极型器件工艺参数：基区的宽度及薄层电阻，发射区结深及薄层电阻等。
（4）双极型器件电学参数：f_T、β、BU_{CEO} 及 BU_{CBO} 等。

CMOS 与双极型器件在这些参数之间必须进行折中与优化，以达到互相匹配的目的。

此外，要求电路承受的高压和低的导通电阻都达到设计值，这就需要优化漂移区的长度、宽度、结深度、掺杂浓度及沟道和漏极之间形成的场氧化层（F-Ox）等。

制程完成后，先测试晶圆 PCM 数据，达到规范值后，再测试芯片电气特性。如果主要的 PCM 数据未达到规范值，偏离数值很大，则要对该晶圆进行报废处理。

6.8 LV/HV Twin-Well BiCMOS[B]

电路采用 1.2μm 设计规则，使用 LV/HV Twin-Well BiCMOS[B]制造技术。表 6-8 示出该

电路典型元器件、制造技术及主要参数。它以深 Twin-Well BiCMOS[B]制程及所制得的元器件为基础,并用 HV MOS 器件结构和制造工艺对其进行改变,最终在硅衬底上形成 LV/HV BiCMOS[B]芯片中的各种元器件,并使之互连,实现所设计电路。如果制程完成后所得到的各种参数都达到规范值,则芯片性能达到设计指标。

表 6-8 工艺技术和芯片中主要元器件

工 艺 技 术		芯片中主要元器件	
■ 技术	LV/HV BiCMOS[B]	■ 电阻	—
■ 衬底	P-Si<100>	■ 电容	—
■ 阱	深 Twin-Well	■ 晶体管	LV NLDD NMOS $W/L>1$(驱动管)
■ 隔离	LOCOS/IP+		LV PMOS $W/L>1$(负载管)
■ 栅结构	N+Poly/SiO$_2$		LV NPN(纵向双极型)
■ 源漏区	N+SN-, P+		HV NMOS(偏置栅)
■ 栅特征尺寸	1.2μm(LV)	■ 二极管	N+/P-Well(剖面图中未标出)
■ E/B/C 区(LV)	N+/Pb/N-epiN+		P+/N-Well(剖面图中未标出)
■ 偏置栅沟道尺寸	≥5μm		
■ DN-漏漂移区长度	视高压而定		
■ Poly	1 层(N+Poly)		
■ 互连金属	1 层(AlSiCu)		
■ 电源(U_{DD})	5V(LV)		
■ 高压(100~700V)	视漂移区长度/掺杂浓度而定		
工艺参数*	数 值	电学参数*	数 值
■ ρ,T_{N-EPI}	左边这些参数视工艺制程而定	■ U_{LVTN}/U_{LVTP}	左边这些参数视电路特性而定
■ $X_{jNW}/X_{jPW}/X_{jIP+}/X_{jDN-}$		■ BU$_{LVDSN}$/BU$_{LVDSP}$	
■ $T_{F-Ox}/T_{HV-Gox}/T_{LV-Gox}/T_{Poly-Ox}$		■ U_{TFN}/U_{TFP},U_{HVTN}	
■ $T_{Poly}/T_{BPSG}/T_{LTO}/T_{TEOS}$		■ BU$_{HVDSN}$	
■ X_{jPb}		■ $R_{SNW}/R_{SPW}/R_{SIP+}/R_{SPb}/R_{SDN-}$	
■ L_{DHVN}		■ R_{ON},$R_{SN+Poly}/R_{SN+}/R_{SP+}$	
■ $L_{effn}/L_{effp}/L_{effHVN}$		■ g_n/g_p,I_{LPN}	
■ X_{jN+}/X_{jP+},T_{Al}		■ BU$_{CBON}$/BU$_{CEON}$,β_{NPN},f_{TN}	
■ 设计规则	1.2μm(LV)	■ 电路 DC/AC 特性	视设计电路而定

*表中参数符号与第 2 章各表相同。

6.8.1 芯片剖面结构

应用芯片结构技术(参见附录 B-[21]),使用计算机和相应的软件,可以得到芯片剖面结构。首先在设计电路中找出各种典型元器件——LV NMOS、LV PMOS、LV NPN(纵向)及 HV NMOS,然后对这些元器件进行剖面结构设计,分别如图 6-15 中的 A、B、C 及 D 所示(不要把它们看作连接在一起)。最后排列并拼接这些元器件,构成 LV/HV Twin-Well BiCMOS[B]芯片典型剖面结构,图 6-15(a)为其示意图。以该结构为基础,改变 LV PMOS 和 LV NPN 结构,引入 Cf 场区电容和 Poly 电阻,得到如图 6-15(b)所示的另一种结构。如果引入不同于图 6-15 中的单个或多个元器件结构,或消去其中单个或多个元器件结构,或对其中元器件结构进行改变,则可得到多种结构。选用其中与电路相联系的一种结构。下面仅对图 5-15(a)所示结构进行介绍。

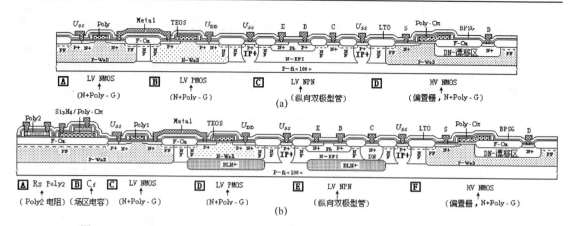

图 6-15　LV/HV Twin-Well BiCMOS[B]芯片剖面结构示意图（参阅附录 B-[2, 19]）

6.8.2　工艺技术

设计电路工艺技术概要如表 6-8 所示。为实现 LV/HV Twin-Well BiCMOS[B]技术，引入兼容偏置栅 HV MOS 器件工艺，对 LV Twin-Well BiCMOS[B]制造工艺做如下改变。

（1）在 Twin-Well 推进之后，引入 P-Well 中 31P+注入并推进，生成位于场氧化层（F-Ox）下面的符合 HV 要求的低浓度的长的 DN-区为漂移区，源漏掺杂后形成 N+/DN-区为漏，P-Well 中 N+区为源。

（2）场区氧化后，在沟道与漏之间引入场氧化层，形成符合 HV 要求的厚度和长度。

（3）腐蚀预栅氧化层后，引入厚、薄栅氧化膜生长。

（4）Poly 淀积并掺杂，引入刻蚀形成偏置栅结构。

上述引入这些基本工艺，使 LV Twin-Well BiCMOS[B]芯片结构和制程都发生了明显的变化。工艺完成后，制得 LV NMOS[A]、LV PMOS[B]、LV NPN[C]，以及偏置栅 HV NMOS[D]等，并用 LV/HV Twin-Well BiCMOS[B]来表示。

LV/HV Twin-Well BiCMOS[B]电路电气性能/合格率与各制造参数密切相关，确定用于芯片制造的基本参数，如表 6-8 所示。芯片制造工艺由各工步所组成的工序来实现，需要制定出各工序具体的工艺条件，还要保证下列所要求的各种参数都达到规范值。

（1）工艺参数：各种掺杂浓度及分布，X_{jNW}、X_{jPW}、X_{jIP+}、X_{jDN-}、X_{jPb}、X_{jN+}、X_{jP+}等结深，T_{F-Ox}、T_{HV-Gox}、T_{LV-Gox}、$T_{Poly-Ox}$ 等氧化层厚度。

（2）电学参数：U_{TN}、U_{TP} 等 LV/HV 阈值电压，R_{SNW}、R_{SPW}、R_{SIP+}、R_{SDN-}、R_{SPB}、R_{SN+}、R_{SP+}等薄层电阻，BU_{DSN}、BU_{DSP} 等 LV/HV 源漏击穿电压，BU_{CBO}、BU_{CEO} 等双极型击穿电压。

（3）硅衬底电阻率、外延层厚度及电阻率等。

为了保证参数都达到规范值，在工艺线上设立了工艺检测环节。通过对某些特定项目进行定期或不定期的检测，以获得必要的关于材料质量和工艺参数与电学参数的数据。设置工艺过程检测的目的是通过检测数据的及时反馈，使整条工艺线的控制达到最佳化，以便得到高合格率和高性能芯片。同时，它也为寻找器件生产中发生问题的原因提供了重要的依据。

从制程剖面结构图（图 6-16）中可以看出，需要做 18 次光刻。光刻要求有高的图形分辨率，同时还要求具有良好的图形套准精度。与 Twin-Well BiCMOS[B]相比，增加了 3 块掩模：DN-区、HV N 沟道区及 HV 栅氧化膜区。

第 6 章 LV/HV 兼容 BiCMOS 芯片与制程剖面结构

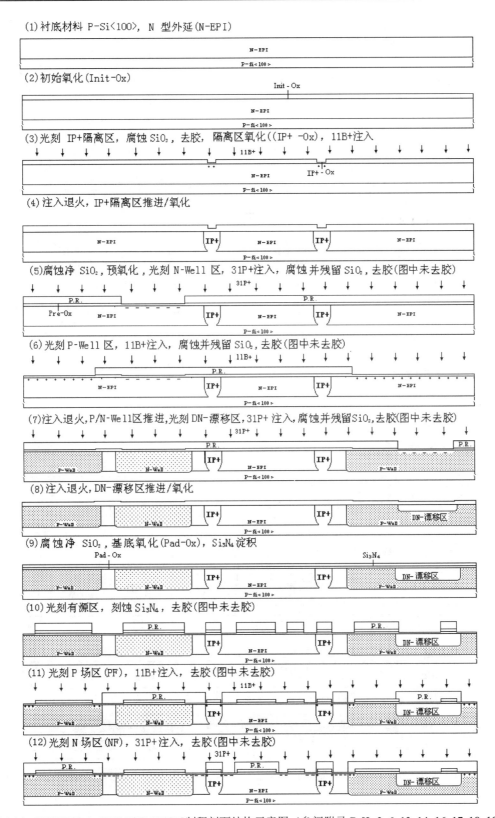

图 6-16　LV/HV Twin-Well BiCMOS[B]制程剖面结构示意图（参阅附录 B-[2, 3, 6, 13, 14, 16, 17, 18, 19]）

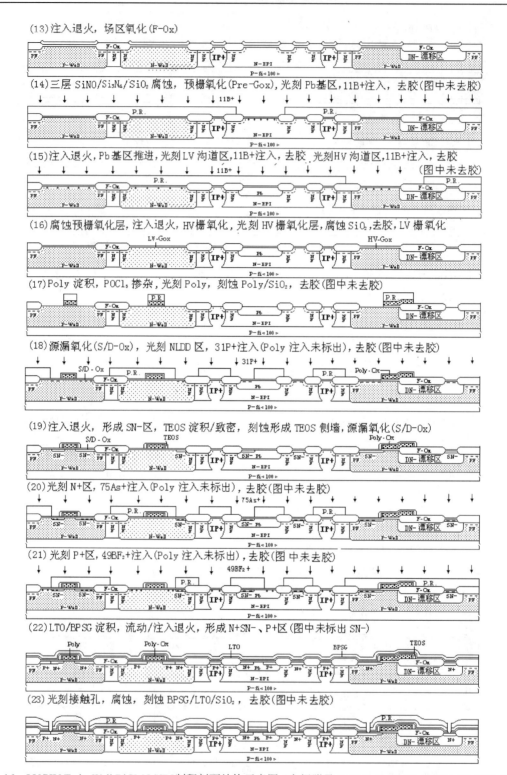

图 6-16 LV/HV Twin-Well BiCMOS[B]制程剖面结构示意图（参阅附录 B-[2, 3, 6, 13, 14, 16, 17, 18, 19]）（续）

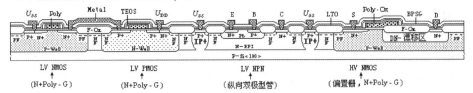

图 6-16　LV/HV Twin-Well BiCMOS[B]制程剖面结构示意图（参阅附录 B-[2, 3, 6, 13, 14, 16, 17, 18, 19]）（续）

6.8.3　工艺制程

由工艺规范确定的各个基本工序、相互关联及将其按一定顺序组合，构成图 6-15 所示的 LV/HV Twin-Well BiCMOS[B]芯片结构的制程。为实现此制程，在 LV Twin-Well BiCMOS[B]制程中，引入部分基本工艺，不仅增加了制造工艺，技术难度增大，使芯片结构发生了明显的变化，而且改变了其制程，从而实现了 LV/HV Twin-Well BiCMOS[B]制程。

由多次氧化、光刻、杂质扩散、离子注入、薄膜淀积及溅射金属等各个基本工序构成芯片制程，形成了以下元器件及其杂质层、介质层和互连金属层。

（1）电路芯片中的各个元器件：LV NMOS、LV PMOS、LV NPN（纵向）及 HV NMOS 等。

（2）这些电路元器件所需要的精确控制的硅中的杂质层：N-EPI、IP+、N-Well、P-Well、DN-、PF、NP、Pb、沟道掺杂、SN-、N+Poly、N+、P+等。

（3）集成电路所需要的介质层：F-Ox、LV/HV G-Ox、Poly-Ox、TEOS、BPSG/LTO 等。

（4）将这些电路元器件连接起来形成集成电路所需要的金属层：AlSiCu。

应用计算机，依据 LV/HV Twin-Well BiCMOS[B]芯片制造工艺中各个工序的先后次序，把各个工序连接起来，可以得到制程。它由各个工序所组成，而工序则由各个工步来实现。根据设计电路的电气特性要求，选择工艺序号和工艺规范号，以便得到所需要的工艺参数和电学参数。

应用芯片结构技术，依据图 6-15 剖面结构和制造工艺的各个工序，利用计算机和相应的软件，可以描绘出芯片制程中各个工序剖面结构，依照各个工序的先后次序连接起来，可以得到如图 6-16 所示的制程剖面结构示意图。该图直观地显示出 LV/HV Twin-Well BiCMOS[B]制程中芯片表面、内部元器件及互连的形成过程和结构的变化。

LV/HV Twin-Well BiCMOS[B]制程主要特点如下所述。

（1）LV BiCMOS[B]中的 P-Well 与 HV NMOS 的 P-Well 是同时形成的，具有相同的阱深和浓度。

（2）LV NPN 基区接触区 P+掺杂的同时，在 N-Well 中形成源区和漏区，以制得 LV PMOS。

（3）LV NPN 的发射区/集电区 N+掺杂的同时：在 P-Well 中形成源区和漏区，以制得 LV NMOS；在 P-Well 和 DN-漂移区中分别形成源区和漏区，且在沟道和漏区之间具有场氧化层（F-Ox），以制得偏置栅 HV NMOS，而 DN-漂移区是在 P-Well 内做 31P+注入形成的。

（4）LV BiCMOS[B]中的栅氧化改变为厚栅氧化膜生长，增加一次掩模并先进行腐蚀，得到高压厚栅氧化膜，然后接着氧化，以形成低压栅氧化膜。

制程中使用了 18 次掩模，各次光刻确定了 LV/HV Twin-Well BiCMOS[B]芯片各层平面结构与横向尺寸。工艺完成后确定了：

（1）芯片各层平面结构与横向尺寸；
（2）剖面结构与纵向尺寸；
（3）硅中的杂质浓度、分布及结深；
（4）电路功能和电气性能等。

芯片结构及尺寸和硅中杂质浓度及结深是制程的关键（参见附录 B-[20]）。它们不仅与 HV 器件的下列参数有关：

（1）HV NMOS N-Well 漂移区的长度、宽度、结深度、掺杂浓度；
（2）HV MOS 沟道和漏极之间场氧化层（F-Ox）的厚度及长度；
（3）HV 栅氧化层厚度；
（4）器件承受的高压、低的导通电阻及阈值电压等。

而且与 LV 器件的下列参数密切相关：

（1）CMOS 器件的工艺参数和电学参数；
（2）双极型器件的工艺参数和电学参数等。

制程完成后，先测试晶圆 PCM 数据，达到规范值后，再测试芯片电气特性。如果主要的 PCM 数据未达到规范值，偏离数值很大，则要对该晶圆进行报废处理。

第7章 LV/HV 兼容 BCD 芯片与制程剖面结构

本章将介绍各种 LV/HV 兼容制造技术，该技术能够实现低压 5V 与高压 100~700V 范围（或更高）兼容的 BCD 工艺。

为了便于 MOS 器件 LV/HV 兼容集成，通常在 MOS 器件的源区采用硼磷双扩散形成沟道，同时在沟道和漏之间增加一个长度较长、低浓度的 N 或 P 型漂移区，形成横向 HV LDMOS 器件。LV/HV 兼容 LDMOS 集成电路采用 N 型或 P 型硅作为衬底。在该衬底中用硼/磷离子注入加再扩散的方法形成 P-Well 或 DP-区、N-Well 或 DN-区。在 N-Well 中的 DP-区做 75As+注入，形成双扩散，源区为 N+/DP-、漏区为 N+，且栅漏间漂移区较长，形成 HV LDNMOS 器件；在 P-Well 中的 DN-区做 11B+注入，形成双扩散，源区为 P+/DN-、漏区为 P+，且栅漏间漂移区较长，形成 HV LDPMOS 器件。还有一种 VDMOS 器件，它的源、栅两个电极在硅衬底的表面，而漏电极一般在硅衬底的背面，不易与集成电路中的其他器件集成。因此，若对制造技术进行改变，把背面的漏电极移到表面引出或者增加隔离从衬底引出，这会增加工艺的复杂性。当需要很大的电流驱动能力时，由于 VDMOS 的导通优势，工艺的复杂性增大还是可以接受的。对于双极型器件，通常在 E/B/C 区采用同型轻掺杂区结构形成 HV 器件。在硅衬底表面层区域通过制程形成各种元器件并连接，进而形成 LV/HV 兼容电路，而衬底表面层以下厚的区域则作为基体。

LDMOS 的两个主要技术指标是耐压和导通电阻，合理选择器件尺寸和掺杂浓度，可使耐压和导通电阻都达到最佳。要使击穿电压大，可选择外延层掺杂浓度（如 $1\times10^{15}\text{cm}^{-3}$）远远小于衬底掺杂浓度（如 $1\times10^{14}\text{cm}^{-3}$），最大击穿电压主要取决于衬底掺杂浓度。在外延层厚度、掺杂浓度及衬底掺杂浓度确定后，耐压还与漂移区的长度、场板长度等有关。导通电阻与外延层电阻率、外延层厚度、漂移区长度及场板长度都有关。当外延层电阻率和厚度、场板长度一定时，导通电阻随漂移区长度的增大而增大；当外延层厚度小于一定数值时，在其他条件一定的情况下，导通电阻随外延层厚度的增大而减小。RESURF 技术能提高击穿电压和降低导通电阻。

耐压和导通电阻也是 VDMOS 器件的两个技术指标，合理选择外延层掺杂浓度和厚度、器件尺寸，可使耐压和导通电阻都为最佳。

BCD 电路包括 LV CMOS、LV 双极型器件、HV DMOS 和 HV 双极型器件。要实现 LV 和 HV 使这几种器件集成在一块硅衬底上，一方面必须使高低压器件在电路结构、电性能参数上兼容，另一方面必须在制造技术上相互兼容，这是实现 LV/HV 兼容 BCD 技术的基本条件。

LV/HV 兼容 BCD 工艺有许多种，但归结起来可以分为两种类型：一类是以 LV BiCMOS[C]工艺为基础，引入兼容 HV DMOS 器件工艺，并对其中的电路芯片结构和制造工艺进行改变，以制得 LV/HV 兼容 BCD 电路，用 LV/HV BCD[C]来表示；另一类是以 LV BiCMOS[B]工艺为基础，引入兼容 HV DMOS 器件工艺，并对其中的电路芯片结构和制造工艺进行改变，以制得 LV/HV 兼容 BCD 电路，用 LV/HV BCD[B]来表示。下面对这两种工艺制程分别加以介绍。

7.1 LV/HV P-Well BCD[C]

电路采用 3μm 设计规则，使用 LV/HV P-Well BCD[C]制造技术。该电路典型元器件、制造技术及主要参数如表 7-1 所示。它以 LV P-Well BiCMOS[C]制程及所制得的元器件为基础，并用 HV LDMOS 器件结构和制造工艺对其进行改变，最终在硅衬底上形成 LV/HV BCD[C] 芯片中的主要元器件，并使之互连，实现所设计电路。该电路或各层版图已变换为缩小的各层平面和剖面结构图形的芯片。

表 7-1 工艺技术和芯片中主要元器件

工 艺 技 术		芯片中主要元器件	
■ 技术	LV/HV BCD[C]	■ 电阻	—
■ 衬底	N-Si<100>	■ 电容	—
■ 阱	P-Well	■ 晶体管	LV NMOS $W/L>1$（驱动管）
■ 隔离	LOCOS		LV PMOS $W/L>1$（负载管）
■ 栅结构	N+Poly/SiO$_2$		LV NPN（纵向双极型）
■ 源漏区	N+，P+（LV）		HV NMOS（偏置栅）
■ 栅特征尺寸	3μm（LV）		HV LDPMOS
■ E/B/C 区（LV）	N+/PW/N-SubN+	■ 二极管	P+/N- Sub（剖面图未画出）
■ 偏置栅沟道尺寸	≥5μm		N+/P-Well（剖面图未画出）
■ DN-漏漂移区长度	视高压而定		
■ DMOS 栅特征尺寸	≥5μm		
■ 沟道尺寸	≥2μm		
■ 沟道和漏极间距	视高压而定		
■ Poly	1 层（N+Poly）		
■ 互连金属	1 层（AlSi）		
■ 低压（U_{DD}）	5V（LV）		
■ 高压（100~700V）	视漂移区长度/掺杂浓度而定		
工 艺 参 数*	数 值	电学参数*	数 值
■ ρ	左边这些参数视工艺制程而定	■ U_{LVTN}/U_{LVTP}	左边这些参数视电路特性而定
■ X_{jPW}/X_{jDN-}		■ BU$_{LVDSN}$/BU$_{LVDSP}$	
■ $T_{F-Ox}/T_{Poly-Ox}$		■ U_{TFN}/U_{TFP}	
■ T_{HV-Gox}/T_{LV-Gox}		■ U_{HVTN}/U_{HVTP}	
■ $T_{Poly}/T_{BPSG}/T_{LTO}$		■ BU$_{HVDSN}$/BU$_{HVDSP}$	
■ L_{DLDP}/L_{DHVN}		■ R_{SPW}/R_{DN-}, $R_{SN+Poly}/R_{SN+}/R_{SP+}$	
■ $L_{effn}/L_{effp}/L_{effLDP}/L_{effHVN}$		■ R_{ON}, g_n/g_p, I_{LPN}	
■ X_{jN+}/X_{jP+}, T_{Al}		■ BU$_{CBON}$/BU$_{CEON}$, β_{NPN}, f_{TN}	
■ 设计规则	3μm（LV CMOS）	■ 电路 DC/AC 特性	视设计电路而定

*表中参数：HV NMOS、LDPMOS 有效沟道长度和漂移区长度分别为 L_{effHVN}/L_{DHVN} 和 L_{effLDP}/L_{DLDP}。其他参数符号与第 2 章各表相同。

7.1.1 芯片平面/剖面结构

应用芯片结构技术（参见附录 B-[21]），使用计算机和相应的软件，可以得到芯片典型平面/剖面结构。首先在电路中找出各种典型元器件——LV NMOS、LV PMOS、LV NPN（纵向）、HV LDPMOS 及 HV NMOS。然后进行平面/剖面结构设计，选取平面/剖面结构各层统一适当的尺寸和不同的标识，表示制程中各工艺完成后的层次，设计得到可以互相拼接得很好的各元器件结构（或在元器件结构库中选取），分别如图 7-1 中的 A、B、C、D 及 E 所示（不要把它们看作连接在一起）。最后把各元器件结构按一定方式排列并拼接起来，构成芯片剖面结构，图 7-1（a）为其示意图。或者把第 5 章 5.1 节中的 P-Well BiCMOS[C]剖面结构与本节设计的 HV LDNMOS D 和 HV NMOS E 结构进行集成，并去掉横向 PNP 和 Nb 基区电阻等修改而得到。以该结构为基础，引入 P-Well 电阻和 Cs 衬底电容，得到如图 7-1（b）所示的另一种结构。如果引入不同于图 7-1 中的单个或多个元器件结构，或消去其中单个或多个元器件结构，或对其中元器件结构进行改变，则可得到多种不同结构。选用其中与设计电路相联系的一种结构。下面仅对图 7-1（a）结构进行介绍。

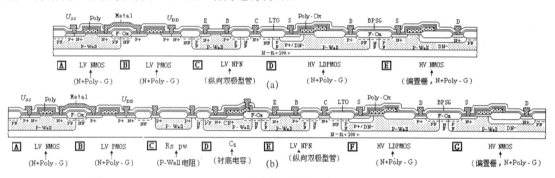

图 7-1　LV/HV P-Well BCD[C]芯片剖面结构示意图（参阅附录 B-[2, 19]）

7.1.2 工艺技术

设计电路工艺技术概要如表 7-1 所示。为实现 LV/HV P-Well BCD[C]技术，引入兼容 HV LDMOS 和偏置栅 HV MOS 工艺，对 LV P-Well BiCMOS[C]制造工艺做如下改变。

（1）消去与横向 PNP 和 Nb 基区电阻有关的工艺及它们的结构。

（2）P-Well 推进之后，引入阱中 31P+注入并推进，生成低浓度 DN-区，源漏掺杂后形成 P+/DN-区为双扩散源，在沟道和漏之间符合 HV 要求的低浓度的长的 P-Well 为漂移区，阱中 P+区为漏；同时，在另一 P-Well 中生成位于场氧化层（F-Ox）下面的符合 HV 要求的低浓度的长的 DN-区为漂移区，源漏掺杂后形成 N+/DN-区为漏，P-Well 中 N+区为源。

（3）场区氧化后，在沟道与漏之间引入场氧化层，形成符合 HV 要求的厚度和长度。

（4）腐蚀预栅氧化层后，引入厚、薄栅氧化膜生长。

（5）Poly 淀积并掺杂，引入刻蚀形成偏置栅结构。

上述消去与引入这些基本工艺，使 LV P-Well BiCMOS[C]芯片结构和制程都发生了变化。工艺完成后，制得 LV NMOS A 与 LV PMOS B、LV NPN C，以及 HV LDPMOS D 与偏置栅 HV NMOS E 等，并用 LV/HV P-Well BCD[C]来表示。

根据 LV/HV P-Well BCD[C]电路电气特性要求，确定用于芯片制造的基本参数，如表 7-1 所示。芯片制造工艺中，一是要确保工艺参数、电学参数都达到规范值，二是在批量生产中要确保芯片具有高成品率、高性能及高可靠性。根据电路电气特性的指标，提出对下列参数的严格要求。

（1）工艺参数：各种杂质浓度及分布、结深、LV/HV 栅氧化层/介质层厚度等。

（2）电学参数：薄层电阻、LV/HV 源漏击穿电压、双极型击穿电压、LV/HV 阈值电压等。

（3）硅衬底材料电阻率等。

芯片制造由各工步所组成的工序来实现，需要制定出各工序具体的工艺条件。从芯片制程的最初阶段开始，就对各工序进行严格的工艺监控与检测，并制定出该工序的材料质量和参数规范。如果该工序质量和参数未达到规范要求，偏离数值很大，则要返工，若不能返工，就要做报废处理。工艺线上进行严格的工艺监控与检测，可使工艺参数和电学参数都达到规范值，生产出高质量芯片。

从制程剖面结构图（图 7-2）中可以看出，需要进行 14 次光刻。与 LV P-Well BiCMOS[C] 相比，增加了 3 块掩模：DN-区、HV N 沟道区及 HV 栅氧化膜区。

（1）衬底材料 N-Si<100>，初始氧化（Init-Ox）

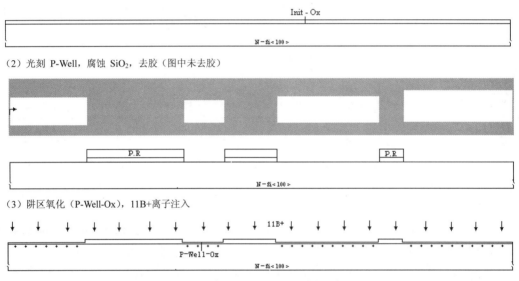

（2）光刻 P-Well，腐蚀 SiO₂，去胶（图中未去胶）

（3）阱区氧化（P-Well-Ox），11B+离子注入

（4）注入退火，P-Well 推进/氧化，光刻 DN-区，腐蚀 SiO₂，去胶（图中未去胶）

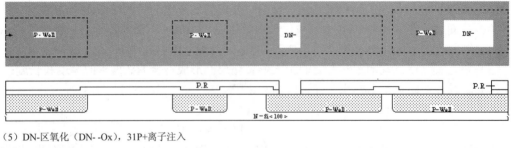

（5）DN-区氧化（DN--Ox），31P+离子注入

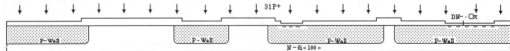

图 7-2 LV/HV P-Well BCD[C]制程剖面结构示意图（参阅附录 B-[2, 3, 6, 17, 19]）

(6) 注入退火，DN-区推进，腐蚀净表面 SiO$_2$ 膜，基底氧化（Pad-Ox），Si$_3$N$_4$ 淀积

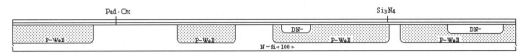

(7) 光刻有源区，刻蚀 Si$_3$N$_4$，去胶（图中未去胶）

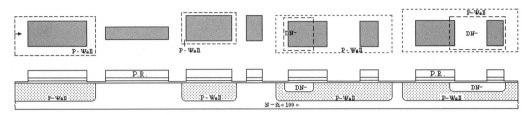

(8) 光刻 P 场区，11B+ 注入，去胶（图中未去胶）

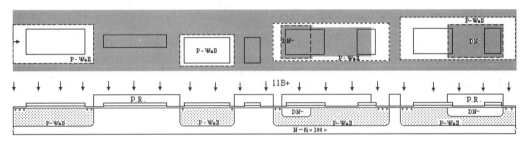

(9) 光刻 N 场区，31P+ 注入，去胶（图中未去胶）

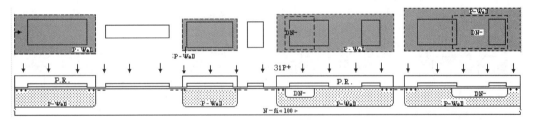

(10) 注入退火，场区氧化，形成 SiON/Si$_3$N$_4$/SiO$_2$ 三层结构

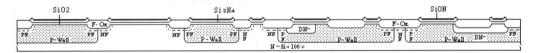

(11) 三层 SiON/Si$_3$N$_4$/SiO$_2$ 腐蚀，预栅氧化（Pre-Gox），光刻 LV P 沟道区，11B+ 注入，去胶（图中未去胶）

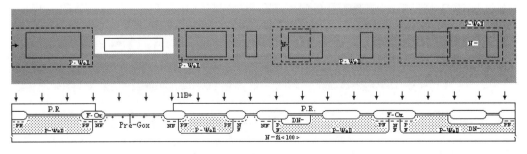

图 7-2　LV/HV P-Well BCD[C]制程剖面结构示意图（参阅附录 B-[2, 3, 6, 17, 19]）（续）

(12) 光刻 HV N 沟道区，11B+ 注入，去胶（图中未去胶）

(13) 注入退火，HV 栅氧化，光刻 HV 栅氧化区，腐蚀 SiO_2，去胶（图中未去胶）

(14) LV 栅氧化，Poly 淀积，$POCl_3$ 掺杂

(15) 光刻 Poly，刻蚀 Poly/SiO_2，去胶（图中未去胶）

(16) 源漏氧化（S/D-Ox），光刻 N+区，75As+ 注入（Poly 注入未标出），去胶（图中未去胶）

(17) 光刻 P+区，49BF_2+ 注入（Poly 注入未标出），去胶（图中未去胶）

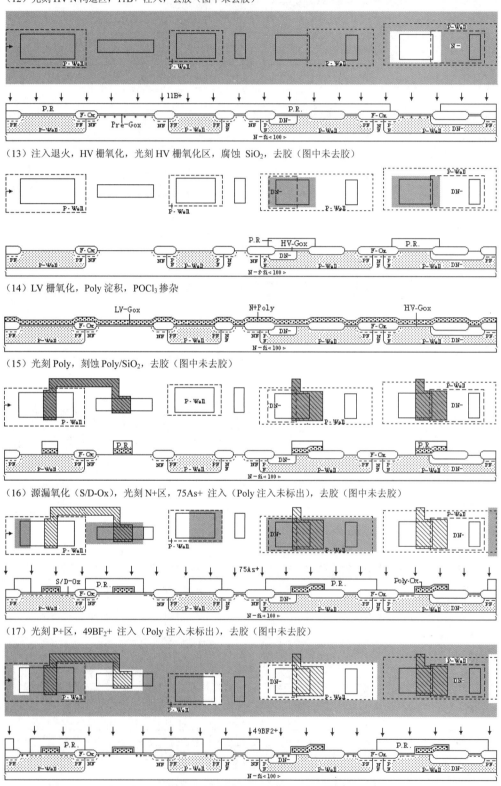

图 7-2　LV/HV P-Well BCD[C]制程剖面结构示意图（参阅附录 B-[2, 3, 6, 17, 19]）（续）

（18）LTO/BPSG 淀积，流动/注入退火，形成 N+、P+区

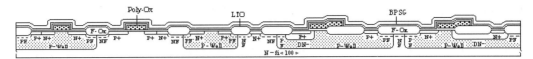

（19）光刻接触孔，腐蚀，刻蚀 BPSG/LTO/SiO$_2$，去胶（图中未去胶）

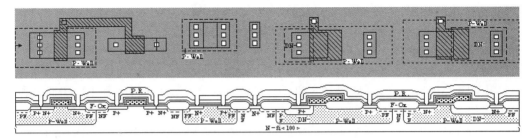

（20）溅射金属，光刻金属（Metal），刻蚀 AlSi，干法去胶

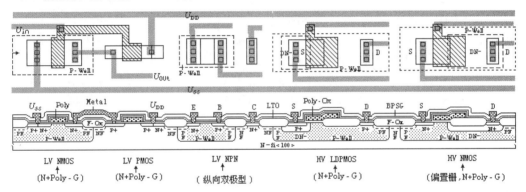

（21）PSG/PE CVD Si$_3$N$_4$ 淀积，光刻键压点，刻蚀 PE CVD Si$_3$N$_4$/PSG，合金，背面减薄
（22）晶圆 PCM 测试，芯片测试

图 7-2　LV/HV P-Well BCD[C]制程剖面结构示意图（参阅附录 B-[2, 3, 6, 17, 19]）（续）

7.1.3　工艺制程

图 7-1 所示的 LV/HV P-Well BCD[C]芯片结构的制程是由工艺规范确定的各个基本工序、相互关联及将其按一定顺序组合构成的。为实现此制程，在 LV P-Well BiCMOS[C]制程中，消去与引入部分基本工艺，不仅增加了制造工艺，技术难度增大，使芯片结构发生了明显的变化，而且改变了其制程，从而实现了 LV/HV P-Well BCD[C]制程。

由多次氧化、光刻、杂质扩散、离子注入、薄膜淀积及溅射金属等各个基本工序构成芯片制程，形成了以下元器件及其杂质层、介质层和互连金属层。

（1）电路芯片中的各个元器件：LV NMOS、LV PMOS、LV NPN（纵向）、HV NMOS 及 HV LDPMOS 等。

（2）这些电路元器件所需要的精确控制的硅中的杂质层：P-Well、DN-、PF、NF、沟道掺杂、N+Poly、N+、P+等。

（3）集成电路所需要的介质层：F-Ox、LV/HV G-Ox、Poly-Ox、BPSG、LTO 等。

（4）将这些电路元器件连接起来形成集成电路的金属层：AlSi。

应用计算机，依据 LV/HV P-Well BCD[C]芯片制造工艺中各个工序的先后次序，把各个

工序连接起来，可以得到制程。它由各个工序所组成，而工序则由各个工步来实现。根据设计电路的电气特性要求，选择工艺序号和工艺规范号，以便得到所需要的工艺参数和电学参数。

为了直观地显示出 LV/HV P-Well BCD[C]制程中芯片表面、内部元器件及互连的形成过程和结构的变化，借助图 7-1 芯片剖面结构和制造工艺的各个工序，利用芯片结构技术，使用计算机和相应的软件，可以描绘出芯片制程中各个工序的剖面结构，依照各个工序的先后次序连接起来，可以得到制程剖面结构，图 7-2 为其示意图。

注意：为了简化起见，本章各节都略去了 N+或 P+隔离环。

LV/HV P-Well BCD[C]制程主要特点如下所述。

（1）LV BiCMOS[C]中的 LV NMOS 和 LV NPN 基区的 P-Well 与偏置栅 HV NMOS 和 HV LDPMOS 的 P-Well 都是同时形成的，具有相同的阱深和浓度。

（2）HV LDPMOS 源双扩散中的 DN-区与偏置栅 HV NMOS 漏漂移区的 DN-是同时形成的，具有相同的结深和浓度。

（3）LV PMOS 的源/漏区 P+掺杂的同时：在 P-Well 中形成 LV NPN 的基区 P+接触区；在 P-Well 中形成双扩散源区和漏区，在偏置栅结构中引入场氧化层（F-Ox），以制得 HV LDPMOS，而双扩散源区中的 DN-区是在阱内做 31P+注入形成的。

（4）LV NMOS 的源/漏区 N+掺杂的同时：在 P-Well 区和衬底分别形成发射区和集电区，以制得 LV NPN；在 P-Well 和 DN-漂移区中分别形成源区和漏区，在沟道和漏区之间具有场氧化层（F-Ox），以制得偏置栅 HV NMOS。

（5）LV BiCMOS[C]中的栅氧化改变为厚栅氧化膜生长，增加一次掩模并先进行腐蚀，得到高压栅氧化膜，然后接着氧化，以形成低压栅氧化膜。

制程中使用了 14 次掩模，芯片各层平面结构与横向尺寸由每次光刻来确定。制程完成后，不仅确定了芯片各层平面结构与横向尺寸，而且也确定了剖面结构与纵向尺寸，并精确控制了硅中的杂质浓度及分布和结深，从而确定了 IC 功能和电气性能。

芯片结构及尺寸和硅中杂质浓度及结深是制程的关键（参见附录 B-[20]）。它们不仅与 HV 器件的下列参数有关：

（1）HV LDPMOS 源双扩散 P+/DN-结深、掺杂浓度和 P-Well 漂移区的长度、宽度、结深度、掺杂浓度；

（2）HV NMOS DN-漂移区的长度、宽度、结深度、掺杂浓度；

（3）HV MOS 沟道和漏极之间场氧化层（F-Ox）的厚度及其长度；

（4）HV 栅氧化层厚度；

（5）器件承受的高压、低的导通电阻及阈值电压等。

而且与 LV 器件的下列参数密切相关：

（1）CMOS 器件的工艺参数：衬底电阻率、P-Well 深度及薄层电阻、各介质层和栅氧化层厚度、有效沟道长度、源漏结深度及薄层电阻等；

（2）CMOS 器件的电学参数：阈值电压、源漏击穿电压及跨导等；

（3）双极型器件的工艺参数：基区的宽度及薄层电阻（与阱相同）、发射区结深及薄层电阻（与源漏相同）等；

（4）双极型器件的电学参数：f_T、β、BU_{CEO} 及 BU_{CBO} 等。

CMOS 与双极型器件在这些参数之间必须进行折中与优化，以达到互相匹配的目的。

此外，要求电路承受的高压和低的导通电阻都达到设计值，这就需要优化漂移区的长度、宽度、结深度、掺杂浓度，以及沟道和漏极之间形成场氧化层（F-Ox）的厚度及长度等。

制程完成后，先测试晶圆 PCM 数据，达到规范值后，才能测试芯片电气性能。如果主要的 PCM 数据未达到规范值，偏离数值很大，则要对该晶圆进行报废处理。

7.2　LV/HV P-Well BCD[B]-（A）

电路采用 1.2μm 设计规则，使用 LV/HV P-Well BCD[B]-（A）制造技术。表 7-2 示出该电路典型元器件、制造技术及主要参数。它以 LV P-Well BiCMOS[B]制程及所制得的元器件为基础，并用 HV LDMOS 器件结构和制造工艺对其进行改变，最终在硅衬底上形成 LV/HV BCD[B]芯片中的各种元器件，并使之互连，实现所设计电路。

表 7-2　工艺技术和芯片中主要元器件

工艺技术		芯片中主要元器件	
■ 技术	LV/HV BCD[B]-（A）	■ 电阻	—
■ 衬底	P-Si<100>	■ 电容	—
■ 阱	P-Well	■ 晶体管	LV NLDD NMOS W/L>1（驱动管）
■ 隔离	LOCOS/IP+		
■ 栅结构	N+Poly/SiO$_2$		LV PMOS W/L>1（负载管）
■ 源漏区	N+SN-，P+		LV NPN（纵向双极型）
■ E/B/C 区（LV）	N+/DP-/N-epiBLN+DNN+		LV PNP（横向双极型）
	P+/N-epi/DP-P+		HV LDNMOS
■ 栅特征尺寸	1.2μm（LV）	■ 二极管	N+/P-Well（剖面图中未画出）
■ DMOS 栅特征尺寸	≥5μm		P+/N-Sub（剖面图中未画出）
■ 沟道尺寸	≥2μm		
■ 沟道和漏极间距	视高压而定		
■ Poly	1 层（N+Poly）		
■ 互连金属	1 层（AlSiCu）		
■ 低压（U_{DD}）	5V（LV）		
■ 高压（100~700V）	视漂移区长度/掺杂浓度而定		
工艺参数*	数　值	电学参数*	数　值
■ ρ	左边这些参数视工艺制程而定	■ U_{LVTN}/U_{LVTP}	左边这些参数视电路特性而定
■ T_{N-EPI}		■ BU_{LVDSN}/BU_{LVDSP}	
■ X_{jBLN+}/X_{jIP+}/X_{jDN}/X_{jPW}/X_{jDP-}		■ U_{TFN}/U_{TFP}	
■ T_{F-Ox}/T_{HV-Gox}/T_{LV-Gox}/$T_{Poly-Ox}$		■ U_{HVTN}/BU_{HVDSN}	
■ T_{Poly}/T_{BPSG}/T_{LTO}/T_{TEOS}		■ R_{SBLN+}/R_{SIP+}/R_{SDN}/R_{SPW}/R_{SDP-}，R_{ON}	
■ L_{DLDN}		■ $R_{SN+Poly}$/R_{SN+}/R_{SP+}，g_n/g_p，I_{LPN}	
■ L_{effn}/L_{effp}/L_{effLDN}		■ BU_{CBON}/BU_{CEON}，β_{NPN}，f_{TN}	
■ X_{jN}/X_{jP+}，T_{Al}		■ BU_{CBOP}/BU_{CEOP}，β_{PNP}，f_{TP}	
■ 设计规则	1.2μm（LV CMOS）	■ 电路 DC/AC 特性	视设计电路而定

*表中参数：LDNMOS 的有效沟道长度/漂移区长度为 L_{effLDN}/L_{DLDN}。其他参数符号与第 2 章各表相同。

7.2.1 芯片剖面结构

首先在电路中找出 HV LDNMOS 器件,应用芯片结构技术(参见附录 B-[21]),进行剖面结构设计。然后把第 5 章 5.2 节中的 P-Well BiCMOS [B]-(A)剖面结构进行一些修改,采用 IP+代替 P-Well 隔离,改变 Poly 发射极 NPN 结构、发射区结深及基区浓度和宽度,修改 LV PNP 结构等,最后与 HV LD NMOS 结构进行集成,得到 LV/HV P-Well BCD[B]-(A)芯片剖面结构,图 7-3(a)为其示意图。以该结构为基础,消去耗尽型 NMOS、P-Well 电阻及衬底电容,得到如图 7-3(b)所示的另一种结构。如果引入不同于图 7-3 中的单个或多个元器件结构,或消去其中单个或多个元器件结构,或对其中元器件结构进行改变,则可得到多种不同结构。选用其中与设计电路相联系的一种结构。下面仅对图 7-3(b)所示芯片剖面结构进行介绍。

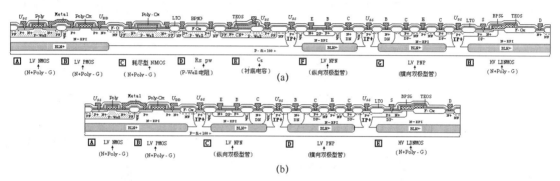

图 7-3 LV/HV P-Well BCD[B]-(A)芯片剖面结构示意图(参阅附录 B-[2])

7.2.2 工艺技术

设计电路工艺技术概要如表 7-2 所示。为实现 LV/HV P-Well BCD[B]-(A)技术,引入兼容 HV LDMOS 工艺,对 LV P-Well BiCMOS[B]-(A)制造工艺做如下改变。

(1)采用 IP+隔离,消去与耗尽型 NMOS、电阻及衬底电容有关的工艺和它们的结构,改变 NPN 和 PNP 结构。

(2)N-型外延层中 P-Well 推进之后,引入 11B+注入并推进,生成 DP-区,源漏掺杂后形成 N+/DP-区为双扩散源,N+区为漏,沟道和漏之间符合 HV 要求的长的低浓度的 N-型外延层为漂移区。

(3)场区氧化后,在沟道和漏之间引入场氧化层,形成符合 HV 要求的厚度和长度。

(4)腐蚀预栅氧化层后,引入厚、薄栅氧化膜生长。

(5)Poly 淀积并掺杂,引入刻蚀形成偏置栅结构。

上述消去与引入这些基本工艺,使 LV P-Well BiCMOS[B]芯片结构和制程都发生了明显的变化。工艺完成后,制得 LV NMOS[A]与 LV PMOS[B]、LV NPN[C]和 LV PNP[D],以及 HV LDNMOS[E],并用 LV/HV P-Well BCD[B]-(A)来表示。

P-Well BCD[B]-(A)电路电气性能指标与各制造参数密切相关,确定用于芯片制造的基本参数,如表 7-2 所示。制造工艺中,对下列参数提出严格要求。

(1)工艺参数:各种掺杂浓度及分布,X_{jBLN+}、X_{jIP+}、X_{jDN}、X_{jPW}、X_{jDP-}、X_{jN+}、X_{jP+} 等结深,$T_{F\text{-}Ox}$、$T_{HV\text{-}Gox}$、$T_{LV\text{-}Gox}$、$T_{Poly\text{-}Ox}$ 等氧化层厚度。

(2)电学参数：U_{TN}、U_{TP} 等 LV/HV 阈值电压，R_{SBLN+}、R_{SIP+}、R_{SDN}、R_{SPW}、R_{SDP-}、R_{SN+}、R_{SP+} 等薄层电阻，BU_{DSN}、BU_{DSP} 等 LV/HV 源漏击穿电压，BU_{CBO}、BU_{CEO} 等双极型击穿电压。

(3)硅衬底电阻率、外延层厚度及电阻率等。

芯片制造由各工步所组成的工序来实现，需要制定出各工序具体的工艺条件。芯片批量生产时，保持各批次制程的均一性相当重要。不但要监控工艺参数和电学参数，使其在整个晶圆的范围内达到规范值，还要让每一片生产的晶圆都达到这个标准。从投片到产出包括许多步骤，必须使用制程控制各工序的质量，以便得到高合格率和高性能芯片。

从制程剖面结构图（图 7-4）中可以看出，制程中需要进行 17 次光刻。光刻对准曝光要严格对准、套准，并使之在确定的误差以内。与 LV P-Well BiCMOS[B]相比，增加了 1 块掩模：HV 栅氧化膜区。注意：DP-区是基区并兼作 PNP 集电极轻掺杂区及双扩散源区。

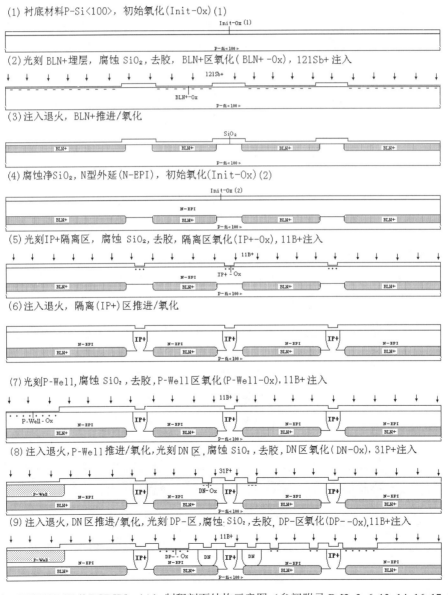

图 7-4　LV/HV P-Well BCD[B]-（A）制程剖面结构示意图（参阅附录 B-[2, 3, 6, 13, 14, 16, 17, 18]）

(10) 注入退火，DP 区推进/氧化，腐蚀净 SiO₂，基底氧化 Pad-Ox，Si₃N₄ 淀积

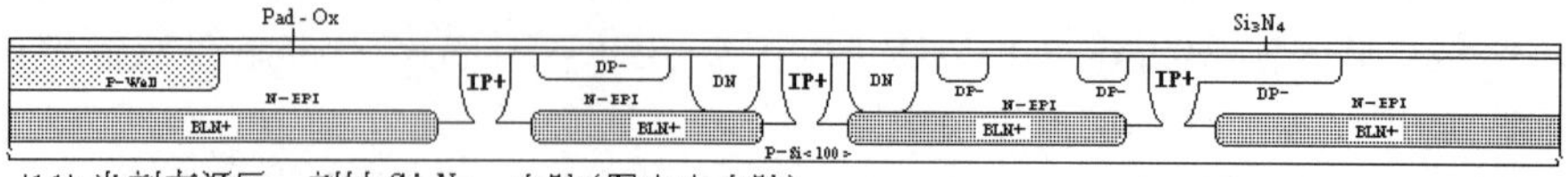

(11) 光刻有源区，刻蚀 Si₃N₄，去胶（图中未去胶）

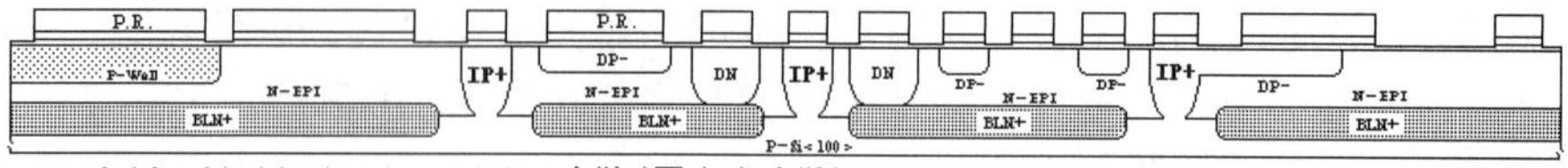

(12) 光刻 P 场区(PF)，11B+ 注入，去胶（图中未去胶）

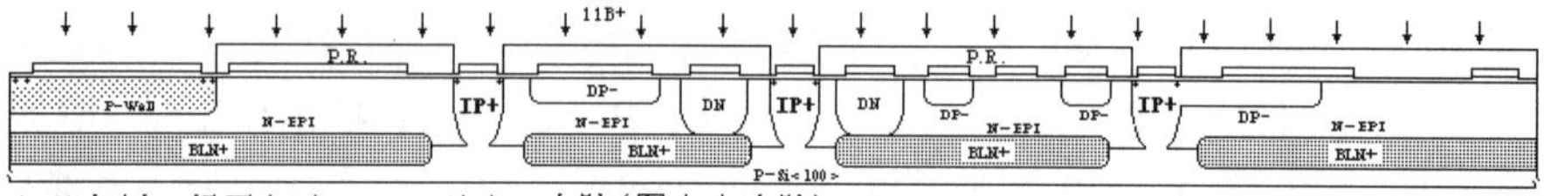

(13) 光刻 N 场区(NP)，31P+ 注入，去胶（图中未去胶）

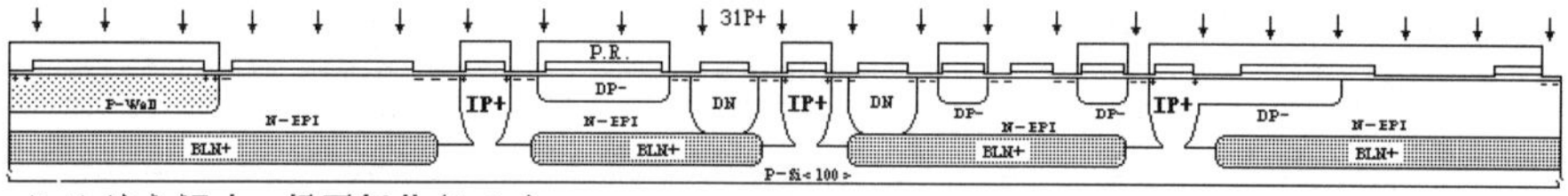

(14) 注入退火，场区氧化(F-Ox)

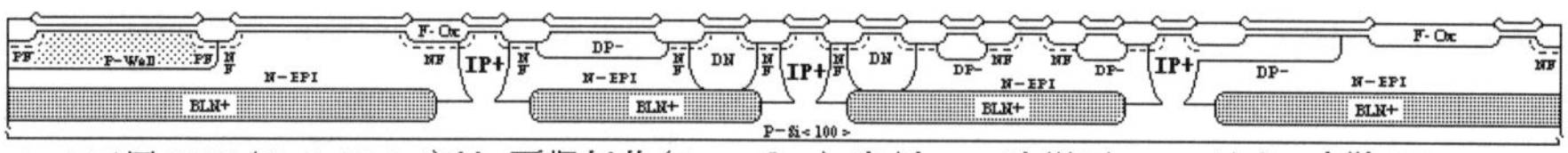

(15) 三层 SiNO/Si₃N₄/SiO₂ 腐蚀，预栅氧化(Pre-Gox)，光刻 LV P 沟道区，11B+ 注入，去胶（图中未去胶）(DN 区不再画出 NF)

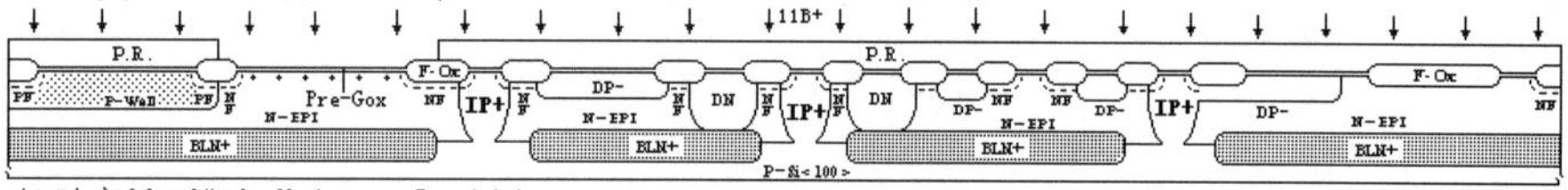

(16) 腐蚀预栅氧化(Pre-Gox)层，注入退火，HV 栅氧化(HV-Gox)，光刻 HV 栅氧化层，腐蚀 SiO₂，去胶，LV 栅氧化(LV-Gox)

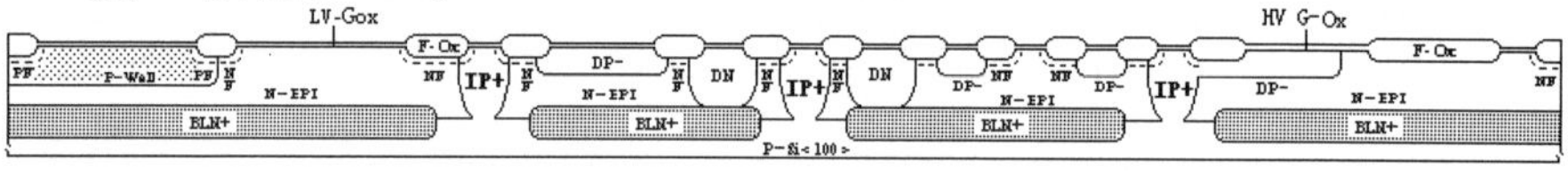

(17) Poly 淀积，POCl₃ 掺杂，光刻 Poly，刻蚀 Poly/SiO₂，去胶（图中未去胶）

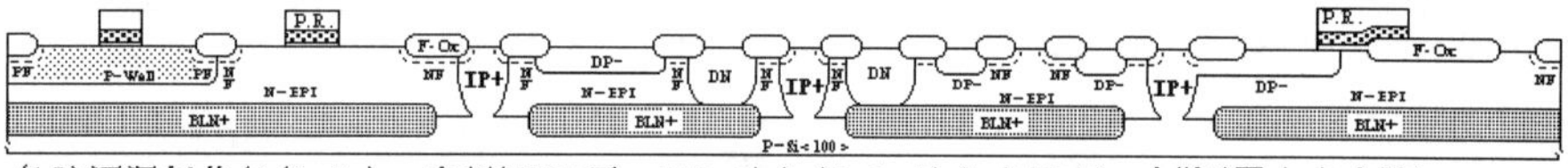

(18) 源漏氧化(S/D-Ox)，光刻 NLDD 区，31P+ 注入(Poly 注入未标出)，去胶（图中未去胶）

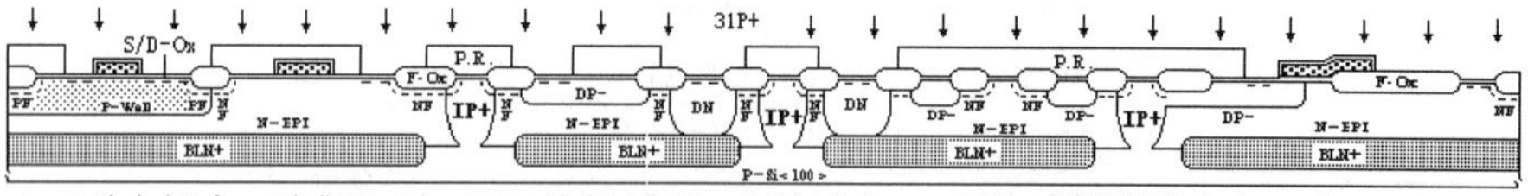

(19) 注入退火，形成 SN-区，TEOS 淀积/致密，刻蚀形成 TEOS 侧墙，源漏氧化(S/D-Ox)

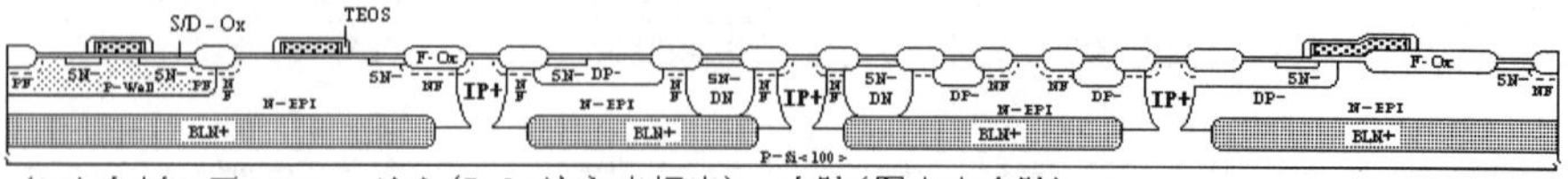

(20) 光刻 N+ 区，75As+ 注入(Poly 注入未标出)，去胶（图中未去胶）

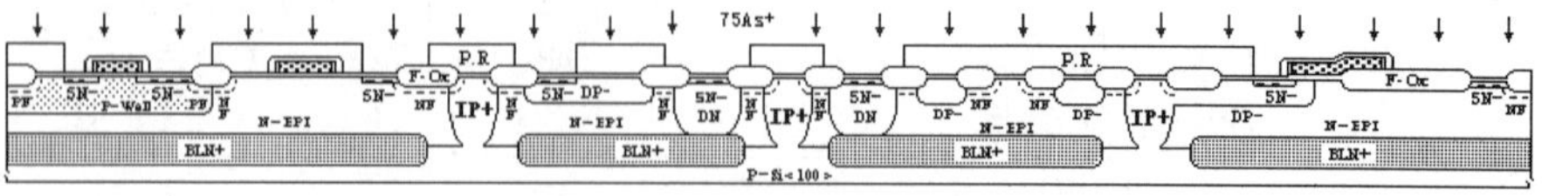

图 7-4　LV/HV P-Well BCD[B]-（A）制程剖面结构示意图（参阅附录 B-[2, 3, 6, 13, 14, 16, 17, 18]）（续）

(21) 光刻P+区，49BF₂+注入(Poly注入未标出)，去胶(图中未去胶)

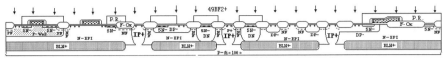

(22) LTO/BPSG淀积，流动/注入退火，形成N+SN-、P+区(图中未标出SN-)

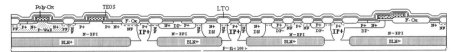

(23) 光刻接触孔，腐蚀，刻蚀BPSG/LTO/SiO₂，去胶(图中未去胶)

(24) 溅射金属(Metal)，光刻金属，刻蚀AlSiCu，去胶

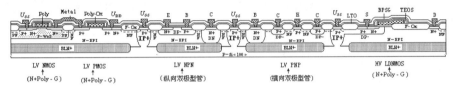

(25) PSG/PE CVD Si₃N₄淀积，光刻键压点，刻蚀PE CVD Si₃N₄/PSG，去胶，合金，背面减薄，PCM/芯片测试

图 7-4 LV/HV P-Well BCD[B]-（A）制程剖面结构示意图（参阅附录 B-[2, 3, 6, 13, 14, 16, 17, 18]）（续）

7.2.3 工艺制程

由工艺规范确定的各个基本工序、相互关联及将其按一定顺序组合，构成图 7-3 所示的 LV/HV P-Well BCD[B]-（A）芯片结构的制程。为实现此制程，在 LV P-Well BiCMOS[B]-（A）制程中，消去与引入部分基本工艺，不仅增加了制造工艺，技术难度增大，使芯片结构发生了明显的变化，而且改变了其制程，从而实现了 LV/HV P-Well BCD[B]-（A）制程。

由多次氧化、光刻、杂质扩散、离子注入、薄膜淀积及溅射金属等各个基本工序构成芯片制程，形成了以下元器件及其杂质层、介质层和互连金属层。

（1）电路芯片中的各个元器件：LV NMOS、LV PMOS、LV NPN（纵向）、LV PNP（横向）及 HV LDNMOS 等。

（2）这些电路元器件所需要的精确控制的硅中的杂质层：BLN+、N-EPI、IP+、DN、P-Well、DP-、PF、NF、沟道掺杂、SN-、N+Poly、N+、P+等。

（3）集成电路所需要的介质层：F-Ox、LV/HV G-Ox、Poly-Ox、TEOS、BPSG/LTO 等。

（4）将这些电路元器件连接起来形成集成电路的金属层：AlSiCu。

应用计算机，依据 LV/HV P-Well BCD[B]-（A）芯片制造工艺中各个工序的先后次序，把各个工序连接起来，可以得到制程。它由各个工序所组成，而工序则由各个工步来实现。根据设计电路的电气特性要求，选择工艺序号和工艺规范号，以便得到所需要的工艺参数和电学参数。

根据图 7-3 芯片剖面结构和制造工艺的各个工序，使用芯片结构技术，利用计算机和相应的软件，可以描绘出芯片制程中各个工序剖面结构，依照各个工序的先后次序连接起来，可以得到如图 7-4 所示的制程剖面结构示意图。该图直观地显示出 LV/HV P-Well BCD[B]-(A)

制程中芯片表面、内部元器件及互连的形成过程和结构的变化。

LV/HV P-Well BCD[B]-（A）制程主要特点如下所述。

（1）LV BiCMOS[B]中的 LV NPN 基区和 LV PNP 集电区的轻掺杂区与 HV LDNMOS 双扩散源区中的 DP-区都是同时形成的，具有相同的结深和浓度。

（2）LV PNP 的发射区/集电区和 LV NPN 的基区接触区 P+掺杂，同时在 N-外延层中形成源区和漏区，以制得 LV PMOS。

（3）LV NPN 的发射区/集电区和 LV PNP 的基区接触区 N+掺杂的同时：在 P-Well 中形成源区和漏区，以制得 LV NMOS；在 N-外延层中形成双扩散源区和漏区，在偏置栅结构中引入场氧化层（F-Ox），以制得 HV LDNMOS，而双扩散源区中的 DP-区是在 N-外延层中做 11B+注入形成的。

（4）LV BiCMOS[B]中的栅氧化改变为厚栅氧化膜生长，增加一次掩模并先进行腐蚀，得到高压厚栅氧化膜，然后接着氧化，以形成低压栅氧化膜。

制程中使用了 17 次掩模，各次光刻确定了 LV/HV P-Well BCD[B]-（A）芯片各层平面结构与横向尺寸。工艺完成后确定了：

（1）芯片各层平面结构与横向尺寸；

（2）剖面结构与纵向尺寸；

（3）硅中的杂质浓度、分布及结深；

（4）电路功能和电气性能等。

芯片结构及尺寸和硅中杂质浓度及结深是制程的关键（参见附录 B-[20]）。它们不仅与 HV 器件的下列参数有关：

（1）HV LDNMOS N+/DP-结深度、掺杂浓度和 N-EPI 漂移区的长度、结深度、掺杂浓度；

（2）HV DMOS 沟道和漏极之间形成场氧化层（F-Ox）的厚度及长度；

（3）HV 栅氧化层厚度；

（4）器件承受的高压、低的导通电阻及阈值电压等。

而且与 LV 器件的下列参数密切相关：

（1）CMOS 器件参数：P-Well 深度及薄层电阻、各介质层和栅氧化层厚度、有效沟道长度、源漏结深度及薄层电阻等；电学参数如阈值电压、源漏击穿电压、跨导等；

（2）双极型器件参数：埋层/隔离/发射区的结深度及薄层电阻、基区宽度及薄层电阻、外延层电阻率及厚度等；电学参数 f_T、β、BU_{CEO}、BU_{CBO} 等。

CMOS 与双极型器件的这些参数之间必须进行折中与优化，以达到互相匹配的目的。

制程完成后，先测试晶圆 PCM 数据，达到规范值后，才能测试芯片电气性能。如果主要的 PCM 数据未达到规范值，偏离数值很大，则要对该晶圆进行报废处理。

7.3　LV/HV P-Well BCD[B]-（B）

电路采用 3μm 设计规则，使用 LV/HV P-Well BCD[B]-（B）制造技术。该电路典型元器件、制造技术及主要参数如表 7-3 所示。它以 LV P-Well BiCMOS[B]制程及所制得的元器件为基础，并用 HV VDNMOS 结构和制造工艺对其进行改变，最终在硅衬底上形成 LV/HV BCD[B]芯片中的各种元器件，并使之互连，实现所设计电路。如果得到的参数都符合所设计电路的要求，则芯片性能达到设计指标。

表 7-3 工艺技术和芯片中主要元器件

工 艺 技 术		芯片中主要元器件	
■ 技术	LV/HV BCD[B]-（B）	■ 电阻	—
■ 衬底	N+ -Si<100>/P-Si<100>	■ 电容	—
■ 阱	P-Well	■ 晶体管	LV NMOS $W/L>1$（驱动管）
■ 隔离	LOCOS/IP+		LV PMOS $W/L>1$（负载管）
■ 栅结构	N+Poly/SiO$_2$		LV NPN（纵向双极型）
■ 源漏区	N+, P+		LV PNP（纵向双极型）
■ 栅特征尺寸	3μm（LV）		HV VDNMOS
■ E/B/C 区（LV）	N+/DP/N-epiBLN+DNN+	■ 二极管	N+/ P-Well（剖面图中未画出）
	P+/DN/PWP+		P+/N-Sub（剖面图中未画出）
■ VDNMOS 栅特征尺寸	≥10μm		
■ 沟道尺寸	≥2μm		
■ 沟道和漏极间距或外延层厚度	视高压而定		
■ Poly	1 层（N+Poly）		
■ 互连金属	1 层（AlSi）		
■ 低压（U_{DD}）	5V（LV）		
■ 高压	视漂移区长度/掺杂浓度而定		
■ ρ	左边这些参数视工艺制程而定	■ U_{LVTN}/U_{LVTP}	左边这些参数视电路特性而定
■ $T_{P\text{-}EPI}/T_{N\text{-}EPI}$		■ BU_{LVDSN}/BU_{LVDSP}	
■ $X_{jBLN+(上)}/X_{jBLN+(下)}/X_{jBLP+}$		■ U_{TFN}/U_{TFP}, U_{HVTN}/BU_{HVDSN}	
■ $X_{jIP}/X_{jDN}/X_{jPW}/X_{jDP}/X_{jDN-}$		■ $R_{SBLN+}/R_{SBLP+}/R_{SIP}/R_{SDN}$	
■ $T_{F\text{-}Ox}/T_{HV\text{-}Gox}/T_{LV\text{-}Gox}$		■ $R_{SPW}/R_{SDP}/R_{SDN}/R_{SN+Poly}$	
■ $T_{Poly}/T_{BPSG}/T_{LTO}/T_{Poly\text{-}Ox}$		■ R_{ON}, R_{SN+}/R_{SP+}, g_n/g_p, I_{LPN}	
■ L_{DVDN}, $L_{effn}/L_{effp}/L_{effVDN}$		■ BU_{CBON}/BU_{CEON}, β_{NPN}, f_{TN}	
■ X_{jN+}/X_{jp+}, T_{Al}		■ BU_{CBOP}/BU_{CEOP}, β_{PNP}, f_{TP}	
■ 设计规则	3μm（LV CMOS）	■ 电路 DC/AC 特性	视设计电路而定

*表中参数：VDNMOS 的有效沟道长度/漂移区长度为 L_{effVDN}/L_{DVDN}。其他参数符号与第 2 章各表相同。

7.3.1 芯片剖面结构

应用芯片结构技术（参见附录 B-[21]），可以得到芯片典型剖面结构。首先在电路中找出各种典型元器件——LV NMOS、LV PMOS、LV NPN（纵向）、LV PNP（纵向）及 HV VDNMOS，然后进行剖面结构设计，分别如图 7-5 中的 Ⓐ、Ⓑ、Ⓒ、Ⓓ以及Ⓔ所示（不要把它们看作连接在一起）。最后由它们组成 LV/HV P-Well BCD[B]-（B）芯片典型剖面结构，图 7-5（a）为其示意图。或者把第 5 章 5.3 节中的 P-Well BiCMOS [B]-（B）剖面结构与本节设计的 HV VDNMOSⒺ结构进行集成，采用 P-Si/N+-Si<100>衬底修改而得到。以该结构为基础，引入 P-Well 电阻和 Cs 衬底电容，得到如图 7-5（b）所示的另一种结构。如果引入不同于图 7-5 中的单个或多个元器件结构，或消去其中单个或多个元器件结构，或对其中元器件结构进行改变，则可得到多种不同结构。选用其中与设计电路相联系的一种结构。下面仅对图 7-5（a）所示结构进行介绍。

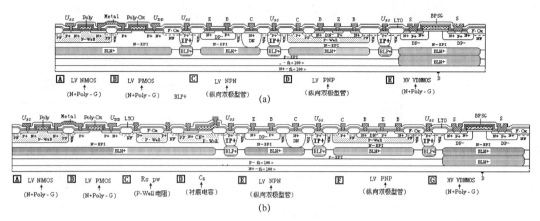

图 7-5　LV/HV P-Well BCD[B]-（B）芯片剖面结构示意图（参阅附录 B-[2]）

7.3.2　工艺技术

设计电路工艺技术概要如表 7-3 所示。为实现 LV/HV P-Well BCD[B]-（B）技术，引入兼容 HV VDMOS 器件工艺，对 LV P-Well BiCMOS[B]-（B）制造工艺做如下改变。

（1）采用 P-Si/N+ -Si<100>衬底。

（2）在衬底上做 BLN+下埋层，扩散后穿透 P-Si 层，与 N+-Si 层相接；接着进行 P-型外延，在其上做 BLN+上埋层和 BLP+埋层，扩散后形成 BLN+上、下埋层相接；最后做 N-型外延、IP+隔离，扩散后与 BLP+埋层相接，形成对通隔离。

（3）N-型硅外延层中 P-Well 推进之后，引入 11B+注入并推进，形成 DP-区，源漏掺杂后形成 N+P+N+/DP-区为双扩散源，在沟道和漏之间符合 HV 要求的低浓度 N-型外延层为漂移区，上、下 BLN+埋层/N+硅衬底为漏。

（4）腐蚀预栅氧化层后，引入厚、薄栅氧化膜生长。

（5）Poly 淀积并掺杂，引入刻蚀形成纵向结构。

上述引入这些基本工艺，使 LV P-Well BiCMOS[B]芯片结构和制程都发生了明显的变化。工艺完成后，制得 LV NMOS<u>A</u>与 LV PMOS<u>B</u>、LV NPN<u>C</u>和 LV PNP<u>D</u>，以及 HV VDNMOS<u>E</u>等，并用 LV/HV P-Well BCD[B]-（B）来表示。

根据 LV/HV P-Well BCD[B]-（B）电路电气特性要求，确定用于芯片制造的基本参数，如表 7-3 所示。芯片制程工艺中，一方面要确保工艺参数、电学参数都达到规范值，另一方面在批量生产中要确保各批次制程的均一性。根据电路电气特性的指标，对下列参数提出严格要求。

（1）工艺参数：各种杂质浓度及分布、结深、LV/HV 栅氧化层/介质层厚度等。

（2）电学参数：薄层电阻、LV/HV 源漏击穿电压、双极型击穿电压、LV/HV 阈值电压等。

（3）硅衬底电阻率、外延层厚度及电阻率等。

芯片制造由各工步所组成的工序来实现，需要制定出各工序具体的工艺条件，以保证所要求的各种参数达到规范值。从制程的最初阶段就开始进行工艺检测，以获得芯片制程中各工序必要的关于材料质量和工艺参数与电学参数的数据。在芯片集成度不断增加的情况下，每一道工序都有决定成功或失败的关键问题：沾污、结深、薄膜的质量。工艺检测对于描绘工艺硅片的特性与检查其成品率非常关键，要确保工艺参数和电学参数都达到规范值。

对于光刻次数很多的情况，制作掩模时，通常设计者与制造者一起来确定。如果应用芯片结构及其制程剖面结构技术，就不难确定出各次光刻工序。从制程剖面结构图（图7-6）中可以看出，需要进行19次光刻。光刻对准曝光要严格对准、套准，并使之在确定的误差以内。与LV P-Well BiCMOS[B]相比，增加了2块掩模：BLN+下埋层区、HV栅氧化膜区。

注意：DP-区兼作基区。

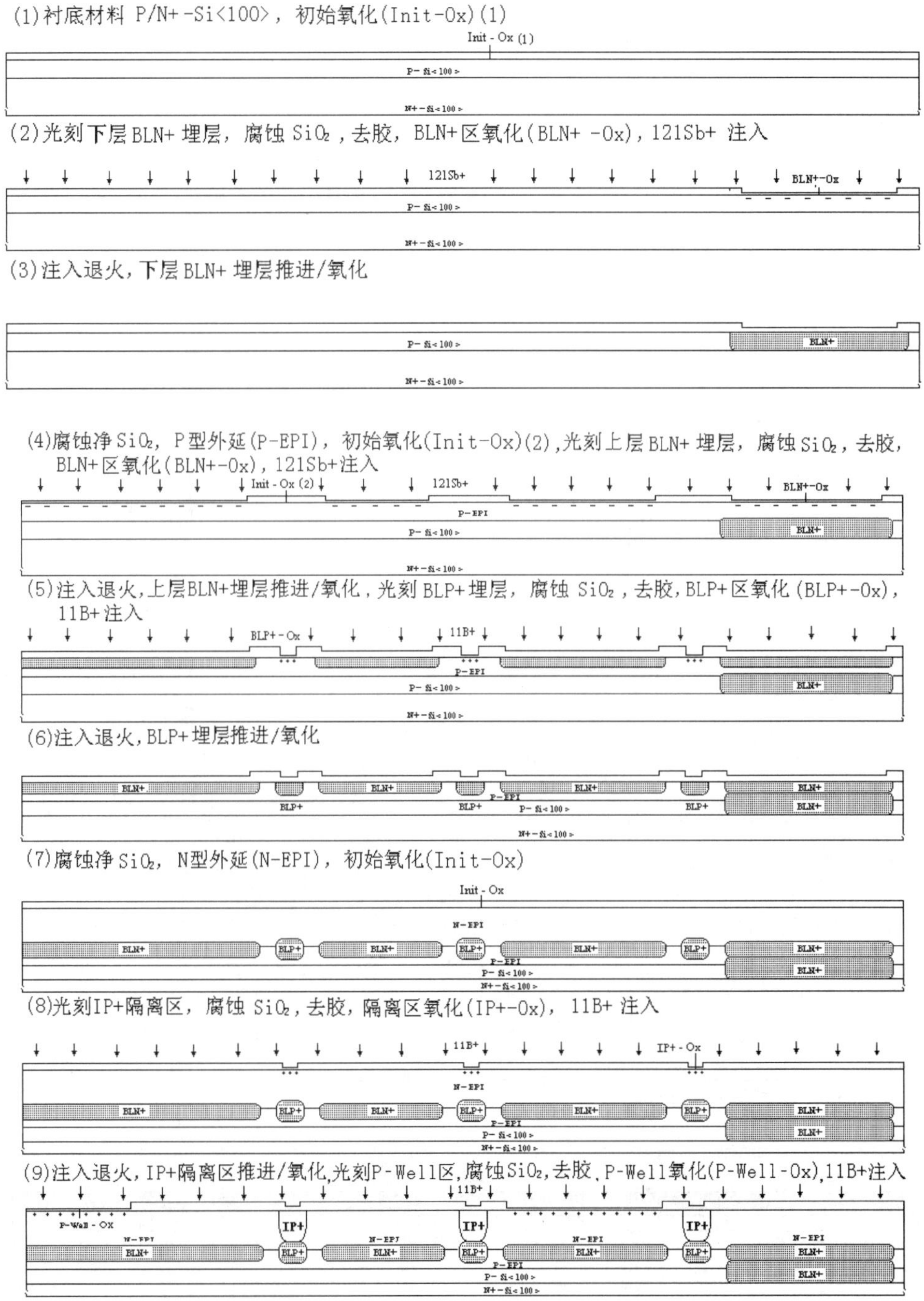

(1) 衬底材料 P/N+-Si<100>，初始氧化(Init-Ox)(1)

(2) 光刻下层BLN+埋层，腐蚀SiO₂，去胶，BLN+区氧化(BLN+-Ox)，121Sb+注入

(3) 注入退火，下层BLN+埋层推进/氧化

(4) 腐蚀净SiO₂，P型外延(P-EPI)，初始氧化(Init-Ox)(2)，光刻上层BLN+埋层，腐蚀SiO₂，去胶，BLN+区氧化(BLN+-Ox)，121Sb+注入

(5) 注入退火，上层BLN+埋层推进/氧化，光刻BLP+埋层，腐蚀SiO₂，去胶，BLP+区氧化(BLP+-Ox)，11B+注入

(6) 注入退火，BLP+埋层推进/氧化

(7) 腐蚀净SiO₂，N型外延(N-EPI)，初始氧化(Init-Ox)

(8) 光刻IP+隔离区，腐蚀SiO₂，去胶，隔离区氧化(IP+-Ox)，11B+注入

(9) 注入退火，IP+隔离区推进/氧化，光刻P-Well区，腐蚀SiO₂，去胶，P-Well氧化(P-Well-Ox)，11B+注入

图7-6 LV/HV P-Well BCD[B]-（B）制程剖面结构示意图（参阅附录B-[2, 3, 6, 13, 14, 17, 18]）

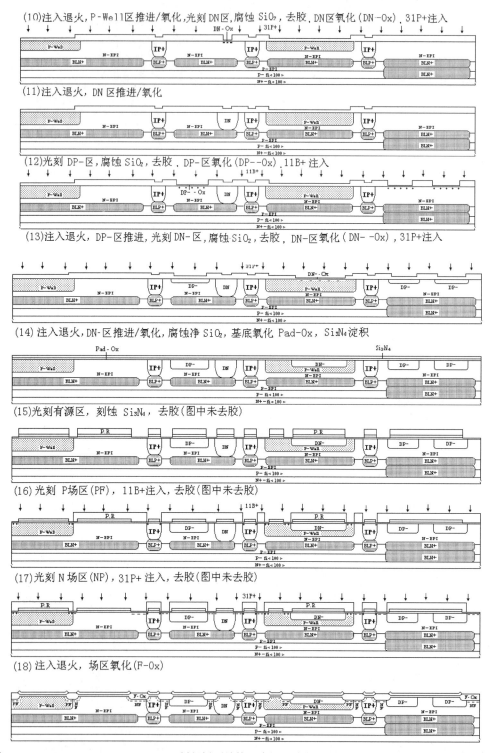

图 7-6　LV/HV P-Well BCD[B]-（B）制程剖面结构示意图（参阅附录 B-[2, 3, 6, 13, 14, 17, 18]）（续）

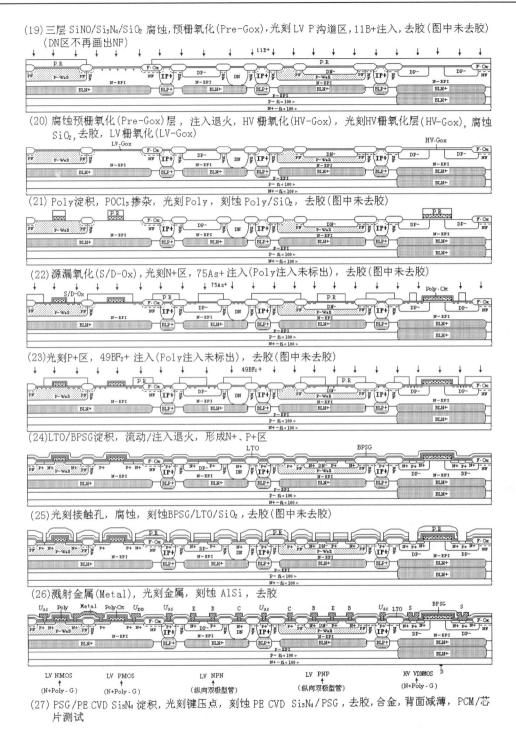

图 7-6 LV/HV P-Well BCD[B]-（B）制程剖面结构示意图（参阅附录 B-[2, 3, 6, 13, 14, 17, 18]）（续）

7.3.3 工艺制程

图 7-5 所示的 LV/HV P-Well BCD[B]-（B）芯片结构采用确定的制造技术来实现。它是由工艺规范确定的各个基本工序、相互关联及将其按一定顺序组合构成的。为实现此制程，在 LV

P-Well BiCMOS[B]制程中，引入部分基本工艺，不仅增加了制造工艺，技术难度增大，使芯片结构发生了明显的变化，而且改变了其制程，从而实现了 LV/HV P-Well BCD[B]-（B）制程。

由多次氧化、光刻、杂质扩散、离子注入、薄膜淀积及溅射金属等各个基本工序构成芯片制程，形成了以下元器件及其杂质层、介质层和互连金属层。

（1）电路芯片中的各个元器件：LV NMOS、LV PMOS、LV NPN（纵向）、LV PNP（纵向）及 HV VDNMOS 等。

（2）这些电路元器件所需要的精确控制的硅中的杂质层：BLN+、BLP+、P-EPI、N-EPI、IP+、DN、P-Well、DP-、DN-、PF、NF、沟道掺杂、N+Poly、N+、P+等。

（3）集成电路所需要的介质层：F-Ox、LV/HV G-Ox、Poly-Ox、BPSG/LTO 等。

（4）将这些电路元器件连接起来形成集成电路的金属层：AlSi。

应用计算机，依据 LV/HV P-Well BCD[B]-（B）芯片制造工艺中各个工序的先后次序，把各个工序连接起来，可以得到制程。它由各个工序所组成，而工序则由各个工步来实现。根据设计电路的电气特性要求，选择工艺序号和工艺规范号，以便得到所需要的工艺参数和电学参数。

根据芯片结构（图 7-5）和制造工艺的各个工序，使用芯片结构技术，利用计算机和相应的软件，描绘出对应每一道工序的剖面，从而得到芯片制造各个工序的结构。芯片制程由上述各个工序所组成，图 7-6 为其示意图。根据制程中的各个工序可以描绘出能反映每次光刻显影或刻蚀的相对应的平面结构。每一道工序的剖面结构或制程完成后的芯片结构都能直观地显示出制程中芯片表面、内部元器件及互连的形成过程和结构的变化。

LV/HV P-Well BCD[B]-（B）制程主要特点如下所述。

（1）LV BiCMOS[B]中的 LV PNP 的 P-Well 与 LV NMOS 的 P-Well 是同时形成的，具有相同的阱深和浓度；LV NPN 的基区与双扩散源区中的 DP-区是同时形成的，具有相同的结深和浓度。

（2）LV PNP 的发射区/集电区和 LV NPN 的基区接触区 P+掺杂的同时：在 N-外延层中形成源区和漏区，以制得 LV PMOS；在 N-外延层中形成 HV VDNMOS 的两个源接低电位区。

（3）LV NPN 的发射区/集电区和 LV PNP 的基区接触区 N+掺杂的同时：在 P-Well 中形成源区和漏区，以制得 LV NMOS；在 N-外延层中形成两个双扩散源区，且在沟道和漏之间具有外延层和 BLN+层，以制得 HV VDNMOS，而两个双扩散源区中的 DP-区是在 N-外延层中做 11B+注入形成的。

（4）LV BiCMOS[B]中的栅氧化改变为厚栅氧化膜生长，增加一次掩模并先进行腐蚀，得到高压厚栅氧化膜，然后接着氧化，以形成低压栅氧化膜。

制程中使用了 18 次掩模，各次光刻确定了 LV/HV P-Well BCD[B]-（B）各层平面结构与横向尺寸。电路芯片各层平面结构与横向尺寸和剖面结构与纵向尺寸，在制程完成后才能确定下来。光刻还精确控制了硅中的杂质浓度及分布和结深，从而确定了电路功能和电气性能。

芯片结构及尺寸和硅中杂质浓度及结深是制程的关键（参见附录 B-[20]）。它们不仅与 HV 器件的下列参数有关：

（1）HV VDNMOS N+/DP-结深度、掺杂浓度和 N-EPI 漂移区的长度、厚度、宽度、掺杂浓度；

（2）HV 栅氧化层厚度；

（3）器件承受的高压、低的导通电阻及阈值电压等。

而且与 LV 器件的下列参数密切相关：

（1）CMOS 器件的工艺参数和电学参数；
（2）双极型器件的工艺参数和电学参数。

CMOS 与双极型器件在这些参数之间必须进行折中与优化，以达到互相匹配的目的。

此外，还要合理选择器件尺寸和掺杂浓度，以使耐压和导通电阻都达到最佳。漂移区长度对导通电阻有影响，因此必须进行优化，以便得到合理的漂移区长度。

制程完成后，先测试晶圆 PCM 数据，达到规范值后，才能测试芯片电气性能。如果是批量生产，则分析 PCM 数据和芯片合格率的高低等。如果主要的 PCM 数据未达到规范值，偏离数值很大，则要对该晶圆进行报废处理。

7.4 LV/HV N-Well BCD[C]

电路采用 3μm 设计规则，使用 LV/HV N-Well BCD[C]制造技术。表 7-4 示出该电路典型元器件、制造技术及主要参数。它以 LV N-Well BiCMOS[C]制程及所制得的元器件为基础，并用 HV 器件结构和制造工艺对其进行改变，最终在硅衬底上形成 LV/HV N-Well BCD[C]芯片中的各种元器件，并使之互连，实现所设计电路。如果得到的各种参数都达到规范值，则芯片性能达到设计指标。

表 7-4 工艺技术和芯片中主要元器件

工 艺 技 术		芯片中主要元器件	
■ 技术	LV/HV BCD[C]	■ 电阻	—
■ 衬底	P-Si<100>	■ 电容	—
■ 阱	N-Well	■ 晶体管	LV NMOS $W/L>1$（驱动管）
■ 隔离	LOCOS		LV PMOS $W/L>1$（负载管）
■ 栅结构	N+Poly/SiO$_2$		LV NPN（纵向双极型）
■ 源漏区	N+，P+		HV PMOS（偏置栅）
■ 栅特征尺寸	3μm（LV）		HV LDNMOS
■ E/B/C 区（LV）	N+/DP-/NWN+	■ 二极管	P+/N-Well（剖面图中未画出）
■ 偏置栅沟道尺寸	≥5μm		N+/P-Sub（剖面图中未画出）
■ DP-漏漂移区长度	视高压而定		
■ DMOS 栅特征尺寸	≥5μm		
■ 沟道尺寸	≥2μm		
■ 沟道和漏极间距	视高压而定		
■ Poly	1 层（N+Poly）		
■ 互连金属	1 层（AlSi）		
■ 低压（U_{DD}）	5V（LV）		
■ 高压（100～700V）	视漂移区长度/掺杂浓度而定		
工 艺 参 数*	数 值	电 学 参 数*	数 值
■ ρ，X_{jNW}/X_{jDP-}	左边这些参数视工艺制程而定	■ U_{LVTN}/U_{LVTP}，U_{TFN}/U_{TFP}	左边这些参数视电路特性而定
■ $T_{F-Ox}/T_{Poly-Ox}$		■ BU_{LVDSN}/BU_{LVDSP}	
■ T_{HV-Gox}/T_{LV-Gox}		■ U_{HVTN}/U_{HVTP}	
■ $T_{Poly}/T_{BPSG}/T_{LTO}$		■ BU_{HVDSN}/BU_{HVDSP}	
■ L_{DLDN}/L_{DHVP}		■ $R_{SNW}/R_{SDP}/R_{SN+Poly}/R_{SN+}/R_{SP+}$	
■ $L_{effn}/L_{effp}/L_{effLDN}/L_{effHVP}$		■ R_{ON}，g_n/g_p，I_{LPN}	
■ X_{jN+}/X_{jP+}，T_{Al}		■ BU_{CBON}/BU_{CEON}，β_{NPN}，f_{TN}	
■ 设计规则	3μm（LV CMOS）	■ 电路 DC/AC 特性	视设计电路而定

*表中参数符号与第 2 章各表相同。

7.4.1 芯片剖面结构

应用芯片结构技术（参见附录 B-[21]），使用计算机和相应的软件，可以得到芯片剖面结构。首先在设计电路中找出各种典型元器件——LV NMOS、LV PMOS、LV NPN（纵向）、HV LDNMOS 及 HV PMOS，然后对这些元器件进行剖面结构设计，分别如图 7-7 中的A、B、C、D及E所示（不要把它们看作连接在一起）。最后排列并拼接这些元器件，构成 LV/HV N-Well BCD[C]芯片典型剖面结构，图 7-7（a）为其示意图。或者把第 5 章 5.4 节中的 N-Well BiCMOS[C]剖面结构与本节设计的 HV LDNMOSD和 HV PMOSE结构进行集成，并去掉 N-Well 电阻、衬底电容及横向 PNP 修改而得到。以该结构为基础，消去 HV PMOS，引入耗尽型 NMOS 和 N-Well 电阻，得到如图 7-7（b）所示的另一种结构。如果引入不同于图 7-7 中的单个或多个元器件结构，或消去其中单个或多个元器件结构，或对其中元器件结构进行改变，则可得到多种不同结构。选用其中与设计电路相联系的一种结构。下面仅对图 7-7（a）所示结构进行介绍。

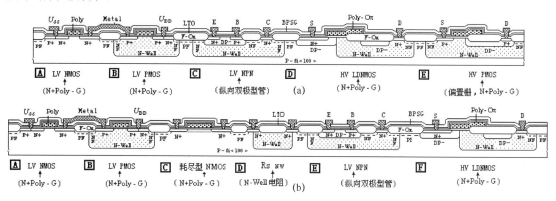

图 7-7　LV/HV N-Well BCD[C]芯片剖面结构示意图（参阅附录 B-[2, 19]）

7.4.2　工艺技术

设计电路工艺技术概要如表 7-4 所示。为实现 LV/HV N-Well BCD[C]技术，引入兼容 HV LDMOS 和偏置栅 HV MOS 器件工艺，对 LV N-Well BiCMOS[C]制造工艺做如下改变。

（1）消去与 N-Well 电阻、衬底电容及横向 PNP 有关的工艺与它们的结构。

（2）在 N-Well 推进之后，引入阱中 11B+注入并推进，形成 DP-基区；生成位于场氧化层（F-Ox）下面的符合 HV 要求的低浓度的长的 DP-区为漂移区，源漏掺杂后形成 P+/DP-区为漏，N-Well 中 P+区为源；同时，在另一阱中生成位于场氧化层（F-Ox）下面降低 N-Well 为漂移区表面电场的 DP-区，而 N-Well 为符合 HV 要求的低浓度的长的掺杂区，源漏掺杂后，在 P-型硅衬底中形成 N+/DP-区为双扩散源，在 N-Well 中形成 N+区为漏。

（3）场区氧化后，在沟道与漏之间引入场氧化层（F-Ox），形成符合 HV 要求的厚度和长度。

（4）腐蚀预栅氧化层后，引入厚、薄栅氧化膜生长。

（5）Poly 淀积并掺杂，引入刻蚀形成偏置栅结构。

上述消去与引入这些基本工艺，使 LV N-Well BiCMOS[C]芯片结构和制程都发生了明显的变化。工艺完成后，制得 LV NMOSA与 LV PMOSB、LV NPNC，以及 HV LDNMOSD与

HV PMOS[E]等，并用 LV/HV N-Well BCD[C]来表示。

LV/HV N-Well BCD[C]电路电气性能/合格率与各制造参数密切相关，确定用于芯片制造的基本参数，如表 7-4 所示。芯片制造工艺由各工步所组成的工序来实现，需要制定出各工序具体的工艺条件，同时保证下列所要求的各种参数都达到规范值。

（1）工艺参数：各种掺杂浓度及分布，X_{jNW}、X_{jDP-}、X_{jN+}、X_{jP+}等结深，T_{F-Ox}、T_{HV-Gox}、T_{LV-Gox}、$T_{Poly-Ox}$等氧化层厚度。

（2）电学参数：U_{TN}、U_{TP}等 LV/HV 阈值电压，R_{SNW}、R_{SDP-}、R_{SN+}、R_{SP+}等薄层电阻，BU_{DSN}、BU_{DSP}等 LV/HV 源漏击穿电压，BU_{CBO}、BU_{CEO}等双极型击穿电压。

（3）硅衬底电阻率、外延层厚度及电阻率等。

为了使各种参数都达到规范值，在工艺线上设立了工艺检测环节。通过对某些特定项目进行定期或不定期的检测，以获得必要的关于材料质量和工艺参数与电学参数的数据。工艺过程检测的目的是通过检测数据的及时反馈，使整条工艺线的控制达到最佳化，以便得到高合格率和高性能芯片。同时，它也为寻找器件生产中发生问题的原因提供了重要的依据。

从制程剖面结构图（图 7-8）中可以看出，需要进行 14 次光刻。光刻要求有高的图形分辨率，同时还要求具有良好的图形套准精度。与 LV N-Well BiCMOS[C]相比，增加了 2 块掩模：HV P 沟道区和 HV 栅氧化膜区。

注意：DP-区是基区并兼作双扩散源区和 HV PMOS 漂移区。

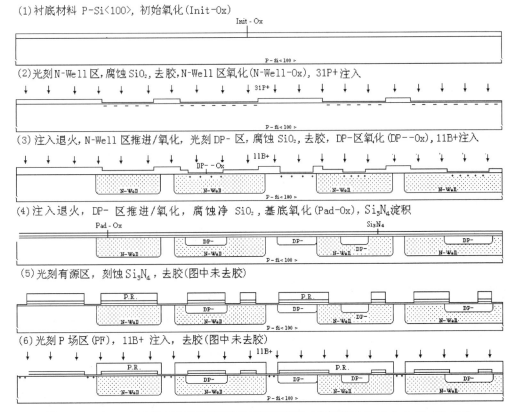

图 7-8 LV/HV N-Well BCD[C]制程剖面结构示意图（参阅附录 B-[2, 3, 6, 13, 17, 19]）

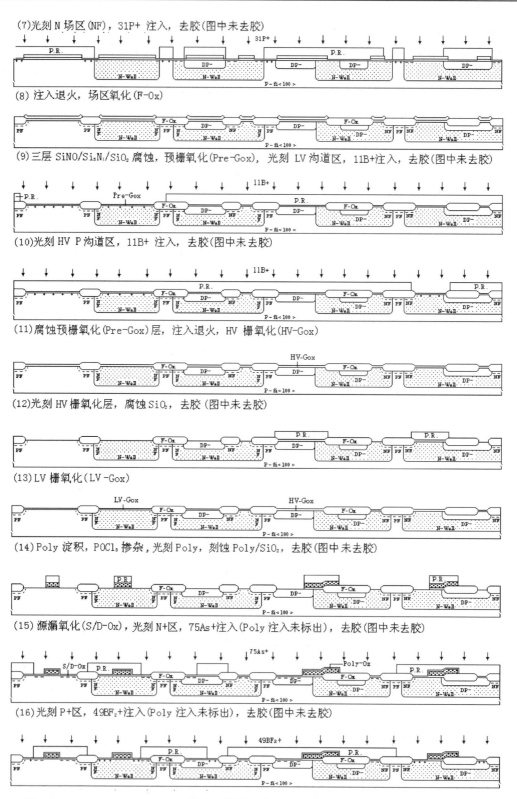

图 7-8　LV/HV N-Well BCD[C]制程剖面结构示意图（参阅附录 B-[2, 3, 6, 13, 17, 19]）（续）

(17) LTO/BPSG 淀积，流动/注入退火，形成 N+、P+ 区

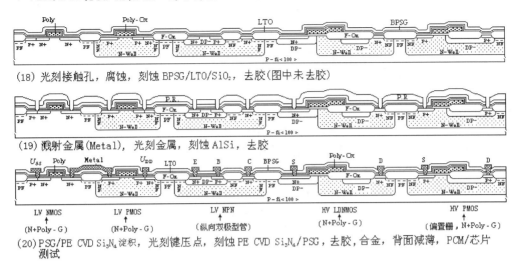

(18) 光刻接触孔，腐蚀，刻蚀 BPSG/LTO/SiO₂，去胶（图中未去胶）

(19) 溅射金属(Metal)，光刻金属，刻蚀 AlSi，去胶

(20) PSG/PE CVD Si₃N₄ 淀积，光刻键压点，刻蚀 PE CVD Si₃N₄/PSG，去胶，合金，背面减薄，PCM/芯片测试

图 7-8　LV/HV N-Well BCD[C] 制程剖面结构示意图（参阅附录 B-[2, 3, 6, 13, 17, 19]）（续）

7.4.3　工艺制程

由工艺规范确定的各个基本工序、相互关联及将其按一定顺序组合，构成图 7-7 所示的 LV/HV N-Well BCD[C] 芯片结构的制程。为实现此制程，在 LV N-Well BiCMOS[C] 制程中，消去与引入部分基本工艺，不仅增加了制造工艺，技术难度增大，使芯片结构发生了明显的变化，而且改变了其制程，从而实现了 LV/HV N-Well BCD[C] 制程。

由多次氧化、光刻、杂质扩散、离子注入、薄膜淀积及溅射金属等各个基本工序构成芯片制程，形成了以下元器件及其杂质层、介质层和互连金属层。

（1）电路芯片中的各个元器件：LV NMOS、LV PMOS、LV NPN（纵向）、HV PMOS 及 HV LDNMOS 等。

（2）这些电路元器件所需要的精确控制的硅中的杂质层：N-Well、DP-、PF、NF、沟道掺杂、N+Poly、N+、P+ 等。

（3）集成电路所需要的介质层：F-Ox、LV/HV G-Ox、Poly-Ox、BPSG/LTO 等。

（4）将这些电路元器件连接起来形成集成电路的金属层：AlSi。

这些必须按给定顺序进行的制造步骤构成了制程。当这些工序都按工艺规范完成，每个晶圆上就做成了很多电路芯片。

应用计算机，依据 LV/HV N-Well BCD[C] 芯片制造工艺中各个工序的先后次序，把各个工序连接起来，可以得到制程。它由各个工序所组成，而工序则由各个工步来实现。根据设计电路的电气特性要求，选择工艺序号和工艺规范号，以便得到所需要的工艺参数和电学参数。

依据图 7-7 芯片剖面结构和制造工艺的各个工序，应用芯片结构技术，利用计算机和相应的软件，可以描绘出芯片制程中各个工序剖面结构，依照各个工序的先后次序连接起来，可以得到如图 7-8 所示的制程剖面结构示意图。该图直观地显示出 LV/HV N-Well BCD[C] 制程中芯片表面、内部元器件及互连的形成过程和结构的变化。

LV/HV N-Well BCD[C] 制程主要特点如下所述。

（1）LV BiCMOS[C]中的 LV PMOS 的 N-Well 与 LV NPN、HV LDNMOS 漏区、HV PMOS 的 N-Well 都是同时形成的，具有相同的阱深和浓度；LV NPN 基区、HV LDNMOS 双扩散源区和降低 N-Well 漂移区表面电场的 DP-区，以及偏置栅 HV PMOS 漂移区的 DP-都是同时形成的，具有相同的结深和浓度。

（2）LV PMOS 的源/漏区 P+掺杂的同时：在 DP-区中形成 LV NPN 的基区 P+接触区；在 N-Well 和 DP-漂移区中分别形成源区和漏区，且在沟道和漏区之间具有场氧化层（F-Ox），以制得偏置栅 HV PMOS，而 DP-漂移区是在 N-Well 内做 11B+注入形成的。

（3）LV NMOS 的源/漏区 N+掺杂的同时：在 DP-基区和 N-Well 中分别形成发射区和集电区，以制得 LV NPN；在 P 型衬底和 N-Well 中分别形成双扩散源区和漏区，且在沟道和漏区之间具有场氧化层（F-Ox），以制得 HV LDNMOS。

（4）LV BiCMOS[C]中的栅氧化改变为厚栅氧化膜生长，增加一次掩模并先进行腐蚀，得到高压栅氧化膜，然后接着氧化，以形成低压栅氧化膜。

LV/HV N-Well BCD[C]制程中使用了 14 次掩模，各次光刻确定了芯片各层平面结构与横向尺寸。工艺完成后确定了：

（1）芯片各层平面结构与横向尺寸；

（2）剖面结构与纵向尺寸；

（3）硅中的杂质浓度、分布及结深；

（4）电路功能和电气性能等。

芯片结构及尺寸和硅中杂质浓度及结深是制程的关键（参见附录 B-[20]）。它们不仅与 HV 器件的下列参数有关：

（1）LD NMOS N+/DP-结深度、掺杂浓度和 N-Well 漂移区的长度、宽度、结深度、掺杂浓度；

（2）DP-漂移区的长度、宽度、结深度、掺杂浓度；

（3）沟道和漏极之间形成场氧化层（F-Ox）的厚度及长度；

（4）HV 栅氧化层厚度；

（5）器件承受的高压、低的导通电阻及阈值电压等。

而且与 LV 器件的下列参数密切相关：

（1）CMOS 器件的工艺参数：衬底电阻率、N-Well 深度及薄层电阻、各介质层和栅氧化层厚度、有效沟道长度，以及源漏结深度、薄层电阻等；

（2）CMOS 器件的电学参数：阈值电压、源漏击穿电压及跨导等；

（3）双极型器件的工艺参数：基区的宽度及薄层电阻（与阱相同）、发射区结深及薄层电阻（与源漏相同）等；

（4）双极型器件的电学参数：β、BU_{CEO} 及 BU_{CBO} 等。

CMOS 与双极型器件在这些参数之间必须进行折中与优化，以达到互相匹配的目的。

此外，要求电路承受的高压和低的导通电阻都达到设计值，这就需要优化漂移区的长度、宽度、结深度、掺杂浓度，以及沟道和漏极之间形成场氧化层（F-Ox）的厚度与长度等。

7.5 LV/HV N-Well BCD[B]-（A）

电路采用 1.2μm 设计规则，使用 LV/HV N-Well BCD[B]-（A）制造技术。该电路典型元器件、制造技术及主要参数如表 7-5 所示。它以 LV N-Well BiCMOS[B]-（A）制程及所制得的元器件为基础，并用 HV LDMOS 结构和制造工艺对其进行改变，最终在硅衬底上形成 LV/HV N-Well BCD[B]芯片中的各种元器件，并使之互连，实现所设计电路。

表 7-5 工艺技术和芯片中主要元器件

工 艺 技 术		芯片中主要元器件	
■ 技术	LV/HV BCD[B]-（A）	■ 电阻	—
■ 衬底	P-Si<100>	■ 电容	—
■ 阱	N-Well	■ 晶体管	LV NLDD NMOS $W/L>1$（驱动管）
■ 隔离	LOCOS		LV PMOS $W/L>1$（负载管）
■ 栅结构	N+Poly/SiO$_2$		LV NPN
■ 源漏区	N+SN-，P+		HV LDNMOS
■ 栅特征尺寸	1.2μm（LV）		HV LDPMOS
■ E/B/C 区（LV）	N+/DP-/NWBLN+DNN+	■ 二极管	P+/N-Well（剖面图中未画出）
■ LDMOS 栅特征尺寸	≥5μm		N+/P-Sub（剖面图中未画出）
■ 沟道尺寸	≥2μm		
■ 沟道和漏极间距	视高压而定		
■ Poly	1 层（N+Poly）		
■ 互连金属	1 层（AlSiCu）		
■ 低压（U_{DD}）	5V（LV）		
■ 高压（100～700V）	视漂移区长度/掺杂浓度而定		
工艺参数*	数 值	电学参数*	数 值
■ ρ，$T_{P\text{-}EPI}$		■ U_{LVTN}/U_{LVTP}	
■ $T_{F\text{-}Ox}/T_{Poly\text{-}Ox}$		■ BU_{LVDSN}/BU_{LVDSP}	
■ $T_{HV\text{-}Gox}/T_{LV\text{-}Gox}$		■ U_{TFN}/U_{TFP}	
■ $X_{jBLN+}/X_{jDN}/X_{jNW}/X_{jDP}/X_{jDN\text{-}}$	左边这些参数视工艺制程而定	■ U_{HVTN}/BU_{HVDSN}，U_{HVTP}/BU_{HVDSP}	左边这些参数视电路特性而定
■ $T_{Poly}/T_{BPSG}/T_{LTO}/T_{TEOS}$		■ $R_{SBLN+}/R_{SNW}/R_{DP}/R_{DN}/R_{SDN}$，$R_{ON}$	
■ L_{DLDN}/L_{DLDP}		■ $R_{SN+Poly}/R_{SN\text{-}}/R_{SP+}$，$g_n/g_p$，$I_{LPN}$	
■ $L_{effN}/L_{effP}/L_{effLDN}/L_{effLDP}$		■ BU_{CBON}/BU_{CEON}	
■ X_{jN+}/X_{jP+}，T_{Al}		■ β_{NPN}，f_T	
■ 设计规则	1.2μm（LV CMOS）	■ 电路 DC/AC 特性	视设计电路而定

*表中参数符号与第 2 章各表相同。

7.5.1 芯片剖面结构

应用芯片结构技术（参见附录 B-[21]），使用计算机和相应的软件，可以得到 LV/HV N-Well

BCD[B]-（A）芯片典型剖面结构。首先在电路中找出各种典型元器件——LV NMOS、LV PMOS、LV NPN（纵向）、HV LDNMOS 及 HV LDPMOS，然后进行剖面结构设计，选取剖面结构各层统一适当的尺寸和不同的标识，表示制程中各工艺完成后的层次，设计得到可以互相拼接得很好的各元器件结构（或在元器件结构库中选取），分别如图 7-9 中的 Ⓐ、Ⓑ、Ⓒ、Ⓓ 及 Ⓔ 所示（不要把它们看作连接在一起）。最后把各元器件结构按一定方式排列并拼接起来，构成芯片剖面结构，图 7-9（a）为其示意图。或者把第 5 章 5.5 节中的 N-Well BiCMOS[B]-（A）剖面结构与本节设计的 HV LDNMOSⒹ 和 HV LDPMOSⒺ 进行集成，并去掉纵向 PNP 和横向 PNP 修改而得到。以该结构为基础，改变其中 LV NPN 的结构，引入 Cf 场区电容和 Poly 电阻，得到如图 7-9（b）所示的另一种结构。如果引入不同于图 7-9 中的单个或多个元器件结构，或消去其中单个或多个元器件结构，或对其中元器件结构进行改变，则可得到多种不同结构。选用其中与设计电路相联系的一种结构。下面仅对图 7-9（a）所示结构进行介绍。

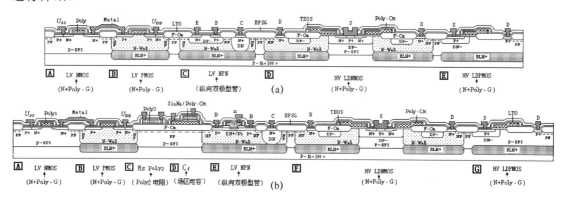

图 7-9　LV/HV N-Well BCD[B]-（A）芯片剖面结构示意图（参阅附录 B-[2, 19]）

7.5.2　工艺技术

设计电路工艺技术概要如表 7-5 所示。为实现 LV/HV N-Well BCD[B]-（A）技术，引入兼容 HV LDMOS 器件工艺，对 LV N-Well BiCMOS[B]-（A）制造工艺做如下改变。

（1）消去与纵向 PNP 和横向 PNP 有关的工艺与它们的结构。

（2）在 N-Well 推进之后，引入阱和 P-型外延层中 11B+注入并推进，分别生成位于场氧化层（F-Ox）下面降低 N-Well 为漂移区（符合 HV 要求的低浓度的长的掺杂区）表面电场的 DP-区和外延层中的 DP-区，源漏掺杂后形成 N+/N-Well 区为漏，N+P+N+/DP-区为双扩散源；外延层中 31P+注入并推进，生成 DN-区，源漏掺杂后形成 P+/DN-区为双扩散源，在沟道和漏之间符合 HV 要求的低浓度的长的 P-型外延层为漂移区，层中 P+区为漏。

（3）场区氧化后，在沟道与漏之间引入场氧化层，形成符号 HV 要求的厚度和长度。

（4）腐蚀预栅氧化层后，引入厚、薄栅氧化膜生长。

（5）Poly 淀积并掺杂，引入刻蚀形成偏置栅结构。

上述消去与引入这些基本工艺，使 LV N-Well BiCMOS[B]结构和制程都发生了明显的变化。工艺完成后，制得 LV NMOSⒶ 与 LV PMOSⒷ、LV NPNⒸ，以及 HV LDNMOSⒹ 与 HV LDPMOSⒺ 等，并用 LV/HV N-Well BCD[B]-（A）来表示。

根据 LV/HV N-Well BCD[B]-（A）电路电气特性要求，确定用于芯片制造的基本参数，如表 7-5 所示。芯片制造工艺中，一是要确保工艺参数、电学参数都达到规范值，二是在批量生产中要确保芯片具有高成品率、高性能及高可靠性。根据电路电气特性的指标，对下列参数提出严格要求。

（1）工艺参数：各种杂质浓度及分布、结深、LV/HV 栅氧化层/介质层厚度等。

（2）电学参数：薄层电阻、LV/HV 源漏击穿电压、双极型击穿电压、LV/HV 阈值电压等。

（3）硅衬底电阻率、外延层厚度及电阻率等。

芯片制造由各工步所组成的工序来实现，需要制定出各工序具体的工艺条件。从制程的最初阶段开始，就对各工序进行严格的工艺监控与检测，并制定出该工序的材料质量和参数规范。如果该工序质量和参数未达到规范要求，偏离数值很大，则要返工，若不能返工，就要做报废处理。在工艺线上进行严格的工艺监控与检测，可使工艺参数和电学参数都达到规范值，生产出高质量芯片。

从制程剖面结构图（图 7-10）中可以看出，制程中需要进行 17 次光刻。光刻对准曝光要严格对准、套准，并使之在确定的误差以内。与 LV N-Well BiCMOS[B]相比，增加了 2 块掩模：DN-区，HV 栅氧化膜区。注意：DP-是基区并兼作双扩散源区。

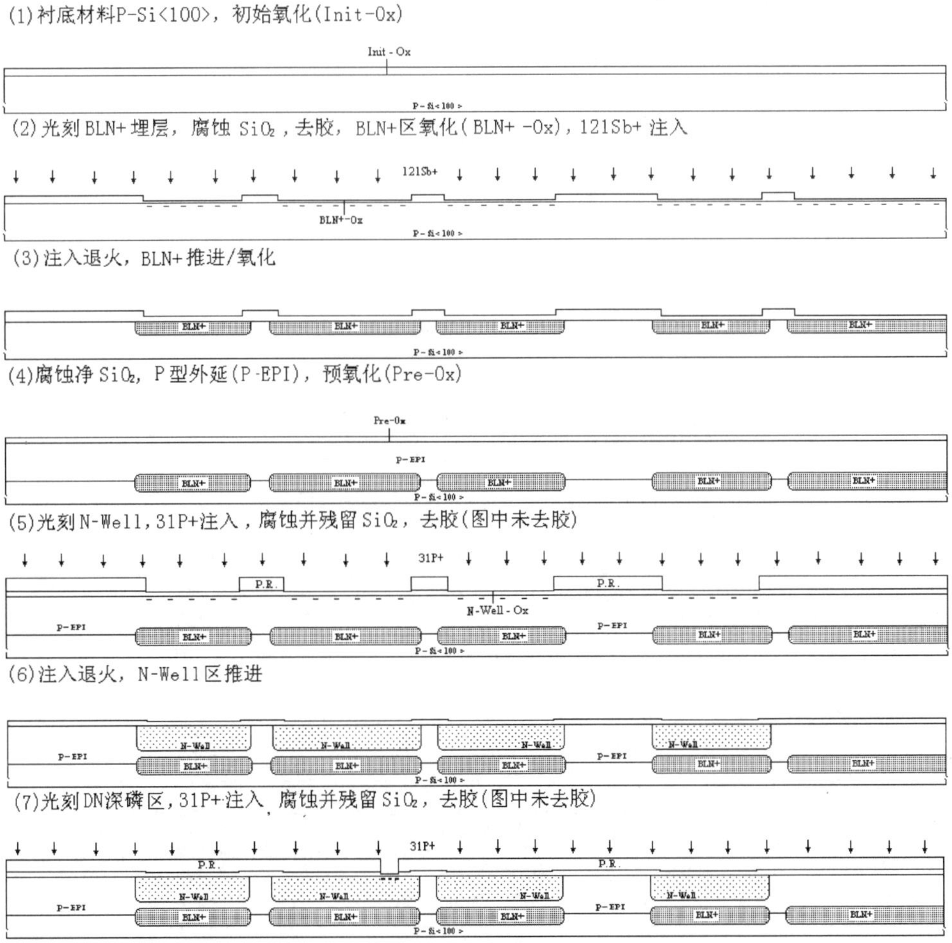
(1)衬底材料P-Si<100>，初始氧化(Init-Ox)
Init - Ox
(2)光刻BLN+埋层，腐蚀 SiO₂，去胶，BLN+区氧化(BLN+ -Ox)，121Sb+ 注入
121Sb+
BLN+-Ox
(3)注入退火，BLN+推进/氧化
BLN+
(4)腐蚀净 SiO₂，P型外延(P-EPI)，预氧化(Pre-Ox)
Pre-Ox
P-EPI
(5)光刻N-Well，31P+注入，腐蚀并残留SiO₂，去胶(图中未去胶)
31P+
P.R.
N-Well - Ox
(6)注入退火，N-Well区推进
N-Well
(7)光刻DN深磷区，31P+注入，腐蚀并残留SiO₂，去胶(图中未去胶)

图 7-10　LV/HV N-Well BCD[B]-（A）制程剖面结构示意图（参阅附录 B-[2, 3, 6, 13, 16-19]）

(8) 注入退火，DN 区推进，光刻 DP- 区，11B+ 注入，腐蚀并残留 SiO₂，去胶（图中未去胶）

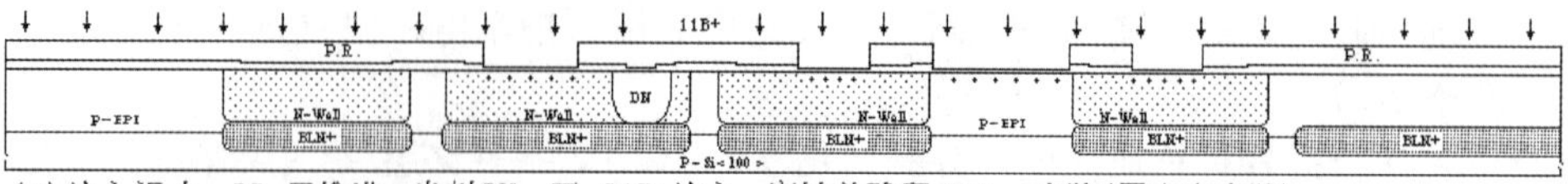

(9) 注入退火，DP- 区推进，光刻 DN- 区，31P+ 注入，腐蚀并残留 SiO₂，去胶（图中未去胶）

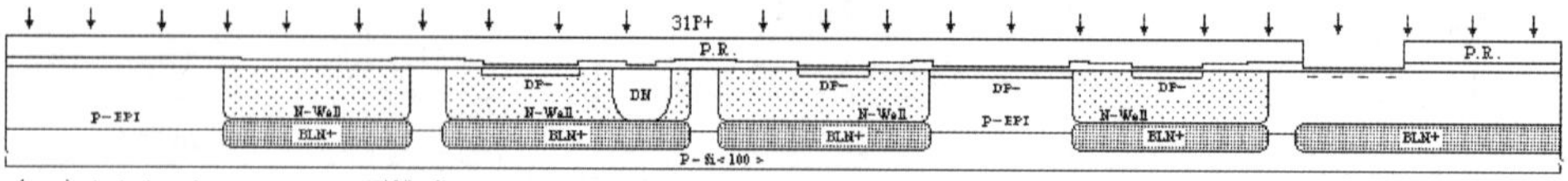

(10) 注入退火，DN-/DP- 区推进/氧化，腐蚀净 SiO₂，基底氧化 Pad-Ox，Si₃N₄ 淀积

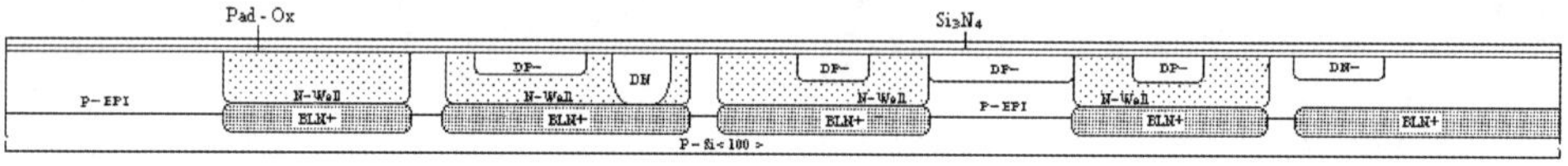

(11) 光刻有源区，刻蚀 Si₃N₄，去胶（图中未去胶）

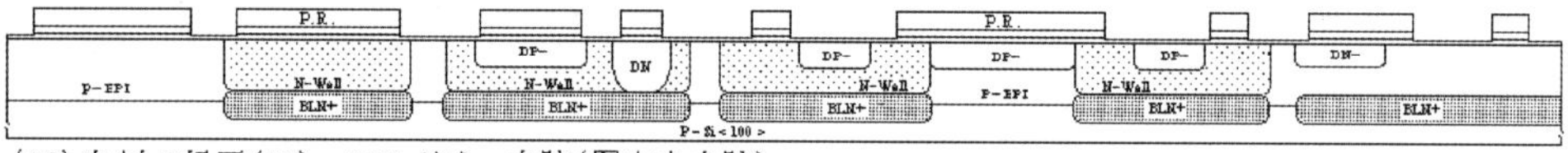

(12) 光刻 P 场区(PF)，11B+ 注入，去胶（图中未去胶）

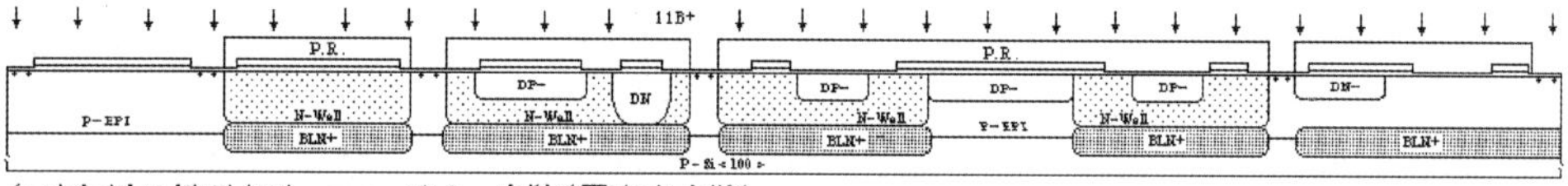

(13) 光刻 N 场区(NP)，31P+ 注入，去胶（图中未去胶）

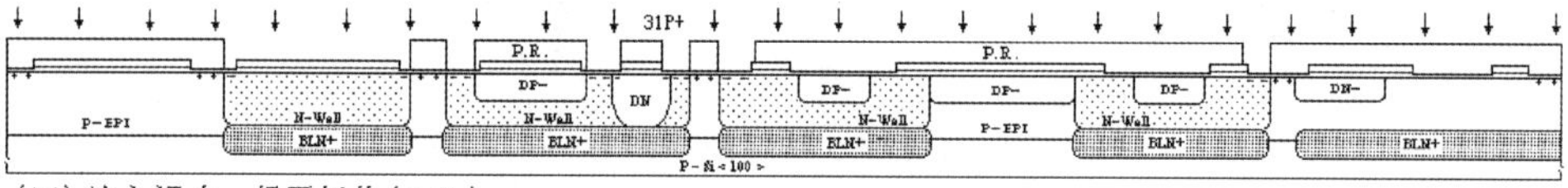

(14) 注入退火，场区氧化(F-Ox)

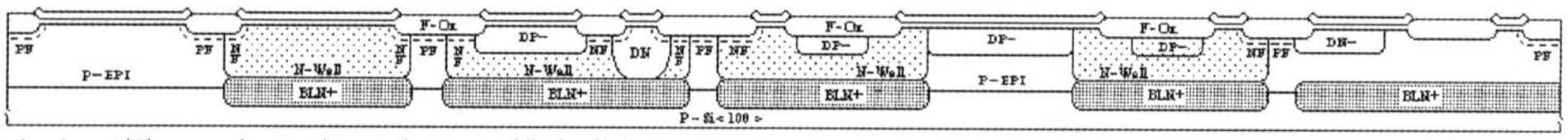

(15) 三层 SiNO/Si₃N₄/SiO₂ 腐蚀，预栅氧化(Pre-Gox)，光刻 LV 沟道区，11B+ 注入，去胶（图中未去胶）（下面 DN 区中的 NF 不再画出）

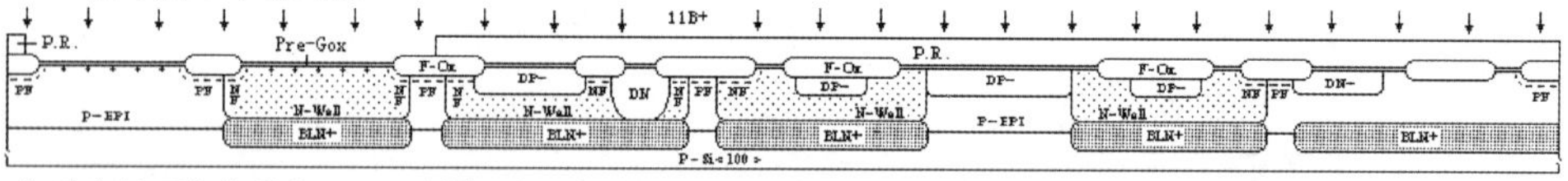

(16) 腐蚀预栅氧化(Pre-Gox)层，注入退火，HV 栅氧化(HV-Gox)，光刻 HV 栅氧化层，腐蚀 SiO₂，去胶，LV 栅氧化(LV-Gox)

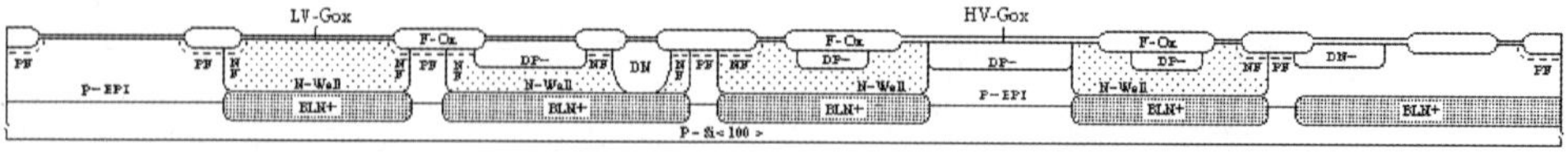

(17) Poly 淀积，POCl₃ 掺杂，光刻 Poly，刻蚀 Poly/SiO₂，去胶（图中未去胶）

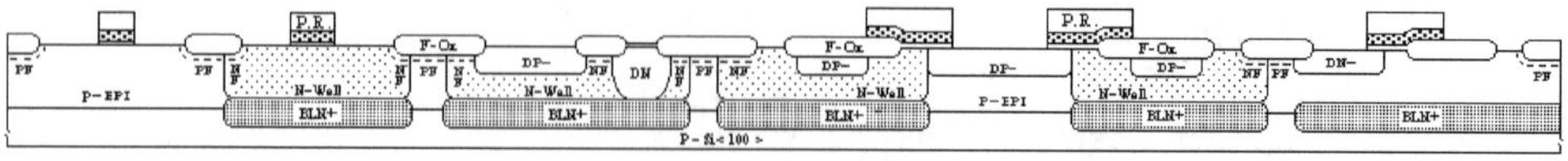

图 7-10　LV/HV N-Well BCD[B]-（A）制程剖面结构示意图（参阅附录 B-[2, 3, 6, 13, 16-19]）（续）

第 7 章 LV/HV 兼容 BCD 芯片与制程剖面结构

(18)源漏氧化(S/D-Ox)，光刻NLDD区，31P+注入(Poly注入未标出)，去胶(图中未去胶)

(19)注入退火，形成SN-区，TEOS淀积/致密，刻蚀形成TEOS侧墙，源漏氧化(S/D-Ox)

(20)光刻N+区，75As+注入(Poly注入未标出)，去胶(图中未去胶)

(21)光刻P+区，49BF2+注入(Poly注入未标出)，去胶(图中未去胶)

(22)LTO/BPSG淀积，流动/注入退火，形成N+SN-、P+区(图中未标出SN-)

(23)光刻接触孔，腐蚀，刻蚀BPSG/LTO/SiO₂，去胶(图中未去胶)

(24)溅射金属(Metal)，光刻金属，刻蚀AlSiCu，去胶

(25)PSG/PE CVD Si₃N₄淀积，光刻键压点，刻蚀PE CVD Si₃N₄/PSG，去胶，合金，背面减薄，PCM/芯片测试

图 7-10　LV/HV N-Well BCD[B]-（A）制程剖面结构示意图（参阅附录 B-[2, 3, 6, 13, 16-19]）（续）

7.5.3 工艺制程

图 7-9 所示的 LV/HV N-Well BCD[B]-（A）芯片结构的制程是由工艺规范确定的各个基本工序、相互关联及将其按一定顺序组合构成的。为实现此制程，在 LV N-Well BiCMOS[B]-（A）制程中，消去与引入部分基本工艺，不仅增加了制造工艺，技术难度增大，使芯片结构发生了明显的变化，而且改变了其制程，从而实现了 LV/HV N-Well BCD[B]-（A）制程。

由多次氧化、光刻、杂质扩散、离子注入、薄膜淀积及溅射金属等各个基本工序构成芯片制程，形成了以下元器件及其杂质层、介质层和互连金属层。

（1）电路芯片中的各个元器件：LV NMOS、LV PMOS、LV NPN（纵向）、HV LDNMOS 及 HV LDPMOS 等。

（2）这些电路元器件所需要的精确控制的硅中的杂质层：BLN+、P-EPI、DN、N-Well、

DP-、DN-、PF、NF、沟道掺杂、SN-、N+Poly、N+、P+等。

(3) 集成电路所需要的介质层：F-Ox、LV/HV G-Ox、Poly-Ox、BPSG 等。

(4) 将这些电路元器件连接起来形成集成电路的金属层：AlSiCu。

这些必须按给定顺序进行的制造步骤构成了制程。

应用计算机，依据 LV/HV N-Well BCD[B]-（A）芯片制造工艺中各个工序的先后次序，把各个工序连接起来，可以得到制程。它由各个工序所组成，而工序则由各个工步来实现。根据设计电路的电气特性要求，选择工艺序号和工艺规范号，以便得到所需要的工艺参数和电学参数。

为了直观地显示出制程中芯片表面、内部元器件及互连的形成过程和结构的变化，借助图 7-9 电路芯片剖面结构和制造工艺的各个工序，利用芯片结构技术，使用计算机和相应的软件，可以描绘出芯片制程中各个工序剖面结构，依照各个工序的先后次序连接起来，可以得到 LV/HV N-Well BCD[B]-（A）制程剖面结构，图 7-10 为其示意图。

LV/HV N-Well BCD[B]-（A）制程主要特点如下所述。

(1) LV BiCMOS[B]中的 N-Well 与 HV LDNMOS 的两个漏区的 N-Well 是同时形成的，具有相同的阱深和浓度；LV NPN 的基区与 HV LDMOS 双扩散源区及降低 N-Well 漂移区表面电场的 DP-区是同时形成的，具有相同的结深和浓度。

(2) LV NPN 基区接触区 P+掺杂的同时：在 N-Well 中形成源区和漏区，以制得 LV PMOS；在 DN-区和衬底分别形成双扩散源区和漏区，且在沟道和漏区之间具有场氧化层（F-Ox），以制得 HV LDPMOS。

(3) LV NPN 发射区/集电区 N+掺杂的同时：在 P-外延层中形成源区和漏区，以制得 LV NMOS；在衬底形成的 DP-区和两个 N-Well 中分别形成一个双扩散源区和两个漏区，在沟道和漏区之间具有场氧化层（F-Ox），以制得 HV LDNMOS，而 DP-是在 N-Well 内和外延层中做 11B+注入形成的。

(4) LV BiCMOS[B]中的栅氧化改变为厚栅氧化膜生长，增加一次掩模并先进行腐蚀，得到高压厚栅氧化膜，然后接着氧化，以形成低压栅氧化膜。

(5) 在 BLN+埋层上做 P-型硅外延，并先后进行不同剂量的 31P+注入，分别形成 DN 区和 N-Well，都与 BLN+相连接。这是为了获得大电流下的低饱和压降，而采用的高浓度的集电极深磷扩散。

制程中使用了 17 次掩模，LV/HV N-Well BCD[B]-（A）芯片各层平面结构与横向尺寸由每次光刻来确定。制程完成后，不仅确定了芯片各层平面结构与横向尺寸，而且也确定了剖面结构与纵向尺寸，并精确控制了硅中的杂质浓度及分布和结深，从而确定了电路功能和电气性能。

芯片结构及尺寸和硅中杂质浓度及结深是制程的关键（参见附录 B-[20]）。它们不仅与 HV 器件的下列参数有关：

(1) HV LDNMOS N+/DP-结深、掺杂浓度和阱漂移区长度、宽度、结深度、掺杂浓度；

(2) HV LDPMOS P+/DN-结深、掺杂浓度和 P 型外延层漂移区的长度、宽度、掺杂浓度；

(3) 沟道和漏极之间场氧化层（F-Ox）的厚度及长度；

(4) HV 栅氧化层厚度；

（5）器件承受的高压、低的导通电阻及阈值电压等。

而且与 LV 器件的下列参数密切相关：

（1）CMOS 器件的工艺参数和电学参数；

（2）双极型器件的工艺参数和电学参数。

CMOS 与双极型器件在这些参数之间必须进行折中与优化，以达到互相匹配的目的。

此外，在 N-Well 漂移区长度确定后，为了获得最高击穿电压，必须优化掺杂浓度。漂移区长度对导通电阻有影响，漂移区长，导通电阻就大。因此必须进行优化，以便得到合理的漂移区长度。低的导通阻抗要求漂移区的掺杂浓度要高，而高的击穿电压要求漂移区的掺杂浓度要低，使漏结雪崩击穿之前，漂移区先夹断，因而在导通电阻和耐压之间要折中考虑。

制程完成后，先测试晶圆 PCM 数据，达到规范值后才能测试芯片电气特性。如果是工程研制，则制造者分析 PCM 数据，而设计者分析芯片功能和性能，两者共同分析讨论，确定下一次的研制方案；如果是批量生产，则分析 PCM 数据和芯片合格率的高低等。如果主要的 PCM 数据未达到规范值，偏离数值很大，则要对该晶圆进行报废处理。

7.6 LV/HV N-Well BCD[B]-（B）

电路采用 1.2μm 设计规则，使用 LV/HV N-Well BCD[B]-（B）制造技术。表 7-6 示出该电路典型元器件、制造技术及主要参数。它以 LV N-Well BiCMOS[B]-（B）制程及所制得的元器件为基础，并用 HV 器件结构和制造工艺对其进行改变，最终在硅衬底上形成 LV/HV N-Well BCD[B]芯片中的各种元器件，并使之互连，实现所设计电路。如果制程完成后得到的各种参数都达到规范值，则芯片性能达到设计指标。

表 7-6 工艺技术和芯片中主要元器件

工 艺 技 术		芯片中主要元器件	
■ 技术	LV/HV N-Well BCD[B]-（B）	■ 电阻	—
■ 衬底	P-Si<100>	■ 电容	—
■ 阱	N-Well	■ 晶体管	LV NLDD NMOS *W/L*>1（驱动管）
■ 隔离	LOCOS		
■ 栅结构	N+Poly/SiO$_2$		LV PMOS *W/L*>1（负载管）
■ 源漏区	N+SN-, P+		LV NPN（纵向双极型）
■ 栅特征尺寸	1.2μm（LV）		HV NPN（纵向双极型）
■ E/B/C 区（LV）	N+/Pb/NWBLN+DNN+		HV PNP（纵向双极型）
■ 偏置栅沟道尺寸	≥5μm		HV LDNMOS
■ DP-漏漂移区尺寸	视高压而定	■ 二极管	N+/P-Sub（剖面图中未画出）
■ DMOS 栅特征尺寸	≥5μm		P+/N-Well（剖面图中未画出）
■ 沟道尺寸	≥2μm		
■ 沟道和漏极间距	视高压而定		
■ Poly	1 层（N+Poly）		
■ 互连金属	1 层（AlSiCu）		

工艺技术		芯片中主要元器件	
■ 低压（U_{DD}）	5V（LV）		
■ 高压（100~700V）	视漂移区长度/掺杂浓度而定		
工艺参数*	数　值	电学参数*	数　值
■ ρ，T_{P-EPI}	左边这些参数视工艺制程而定	■ U_{LVTN}/U_{LVTP}	左边这些参数视电路特性而定
■ $X_{jBLN+}/X_{jDN}/X_{jNW}$		■ BU_{LVDSN}/BU_{LVDSP}	
■ $T_{F-Ox}/T_{HV-Gox}/T_{LV-Gox}/T_{Poly-Ox}$		■ U_{TFN}/U_{TFP}，U_{HVTN}/BU_{HVDSN}	
■ X_{jP+}/X_{jDP+}		■ $R_{SBLN+}/R_{SDN}/R_{SNW}/R_{SDP}/R_{SPb}$	
■ $T_{Poly}/T_{BPSG}/T_{LTO}/T_{TEOS}$		■ $R_{SN+Poly}/R_{SN+}/R_{SP++}$，$R_{ON}$	
■ L_{DLDN}		■ g_n/g_p，I_{LPN}	
■ $L_{effn}/L_{effp}/L_{effLDN}$		■ BU_{CBOP}/BU_{CEOP}，β_{PNP}，f_{TP}	
■ X_{jN+}/X_{jP+}，T_{Al}		■ BU_{CBON}/BU_{CEON}，β_{NPN}，f_{TN}	
■ 设计规则	1.2μm（LV CMOS）	■ 电路 DC/AC 特性	视设计电路而定

*表中参数符号与第2章各表相同。

7.6.1 芯片剖面结构

首先在电路中找出 HV NPN、HV PNP 及 HV LDNMOS 器件，应用芯片结构技术（参见附录 B-[21]），进行剖面结构设计；然后把第 5 章 5.6 节中的 N-Well BiCMOS [B]-（B）剖面结构进行修改，消去 N-Well 电阻和衬底电容；最后与上面三种 HV 器件结构进行集成，得到 LV/HV N-Well BCD[B]-（B）芯片剖面结构，图 7-11（a）为其示意图。以该结构为基础，消去场区 Poly 电阻和电容及纵向 LV PNP 结构，得到如图 7-11（b）所示的另一种结构。如果引入不同于图 7-11 中的单个或多个元器件结构，或消去其中单个或多个元器件结构，或对其中元器件结构进行改变，则可得到多种不同结构。选用其中与设计电路相联系的一种结构。下面仅对图 7-11（b）所示结构进行介绍。

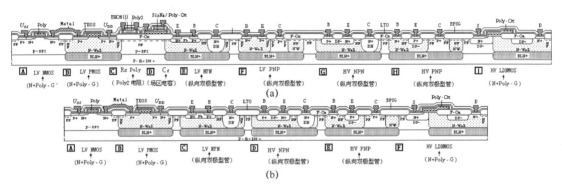

图 7-11　LV/HV N-Well BCD[B]-（B）芯片剖面结构示意图（参阅附录 B-[2, 19]）

7.6.2 工艺技术

设计电路工艺技术概要如表 7-6 所示。为实现 LV/HV N-Well BCD[B]-（B）技术，引入兼容 HV LDMOS 和 HV 双极型器件工艺，对 LV N-Well BiCMOS[B]制造工艺做如下改变。

（1）消去与 N-Well 电阻、衬底电容、场区电容、Poly 电阻及 LV PNP 有关的工艺和它们的结构。

（2）N-Well 推进之后，引入阱和 P-型外延层中 11B+注入并推进，分别生成位于场氧化层（F-Ox）下面降低 N-Well 为漂移区（符合 HV 要求的低浓度的长的掺杂区）表面电场的 DP-区和外延层的 DP-区，源漏掺杂后形成 N+/N-Well 区为漏，N+/DP-区为双扩散源；同时，在另外两个 N-Well 中也生成 DP-区，分别产生 P+/DP-区为基区和发射区。

（3）场氧化后，在沟道与漏之间引入场氧化层，形成符合 HV 要求的厚度和长度。

（4）腐蚀预栅氧化层后，引入厚、薄栅氧化膜生长。

（5）Poly 淀积并掺杂，引入刻蚀形成偏置栅结构。

上述消去与引入这些基本工艺，使 LV N-Well BiCMOS[B]芯片结构和制程都发生了明显的变化。工艺完成后，制得 LV NMOS[A]和 LV PMOS[B]、LV NPN[C]、HV NPN[D]、HV PNP[E]，以及 HV LDNMOS[F]等，并用 LV/HV N-Well BCD[B]-（B）来表示。

LV/HV N-Well BCD[B]-（B）电路电气性能指标与各制造参数密切相关，确定用于芯片制造的基本参数，如表 7-6 所示。制造工艺中，对下列参数提出严格要求。

（1）工艺参数：各种掺杂浓度及分布，X_{jBLN+}、X_{jDN}、X_{jNW}、X_{jPb}、X_{jDP-}、X_{jN+}、X_{jP+}等结深，T_{F-Ox}、T_{HV-Gox}、T_{LV-Gox}、$T_{Poly-Ox}$ 等氧化层厚度。

（2）电学参数：U_{TN}、U_{TP} 等 LV/HV 阈值电压，R_{SBLN+}、R_{SDN}、R_{SNW}、R_{SPb}、R_{SDP-}、R_{SN+}、R_{SP+} 等薄层电阻，BU_{DSN}、BU_{DSP}、BU_{CBO}、BU_{CEO} 等 LV/HV 击穿电压。

（3）硅衬底电阻率、外延层厚度及电阻率等。

芯片制造由各工步所组成的工序来实现，需要制定出各工序具体的工艺条件，以保证所要求的各种参数都达到规范值。电路芯片批量生产时，保持各批次制程的均一性相当重要。不但要监控工艺参数和电学参数，使其在整个晶圆的范围内达到规范值，还要让每一片生产的晶圆都达到这个标准。从投片到产出包括许多步骤，必须使用制程控制各工序的质量，以便得到高合格率和高性能芯片。

在制作掩模时，必须考虑各次光刻所用掩模的名称、图形黑白、正胶、有无划片槽及对准层次等。从制程剖面结构图（图 7-12）中可以看出，需要进行 17 次光刻。光刻不但要求有高的图形分辨率，同时还要求具有良好的图形套准精度。与 LV N-Well BiCMOS[B]相比，增加了 2 块掩模：DP-区和 HV 栅氧化膜区。

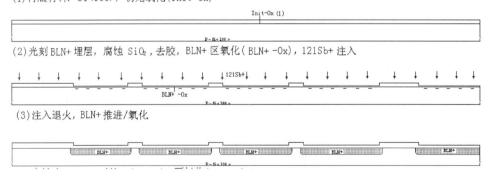

图 7-12 LV/HV N-Well BCD[B]-（B）制程剖面结构示意图（参阅附录 B-[2, 3, 6, 13, 16-19]）

图 7-12 LV/HV N-Well BCD[B]-（B）制程剖面结构示意图（参阅附录 B-[2, 3, 6, 13, 16-19]）（续）

(14) 注入退火，Pb 基区推进

(15) 光刻 LV 沟道区，11B+ 注入，去胶（图中未去胶）

(16) 腐蚀预栅氧化（Pre-Gox）层，注入退火，HV 栅氧化（HV-Gox）

(17) 光刻 HV 栅氧化（HV-Gox）层 腐蚀 SiO₂，去胶，LV 栅氧化（LV-Gox）

(18) Poly 淀积，POCl₃ 掺杂，光刻 Poly，刻蚀 Poly/SiO₂，去胶（图中未去胶）

(19) 源漏氧化（S/D-Ox），光刻 NLDD 区，31P+ 注入（Poly 注入未标出），去胶（图中未去胶）

(20) 注入退火，形成 SN-区，TEOS 淀积/致密，刻蚀形成 TEOS 侧墙，源漏氧化（S/D-Ox）

(21) 光刻 N+ 区，75As+ 注入（Poly 注入未标出），去胶（图中未去胶）

(22) 光刻 P+ 区，49BF₂+ 注入（Poly 注入未标出），去胶（图中未去胶）

(23) LTO/BPSG 淀积，流动/注入退火，形成 N+SN-、P+ 区（图中未标出 SN-）

(24) 光刻接触孔，腐蚀，刻蚀 BPSG/LTO/SiO₂，去胶（图中未去胶）

图 7-12　LV/HV N-Well BCD[B]-（B）制程剖面结构示意图（参阅附录 B-[2, 3, 6, 13, 16-19]）（续）

(25) 溅射金属(Metal)，光刻金属，刻蚀 AlSiCu，去胶

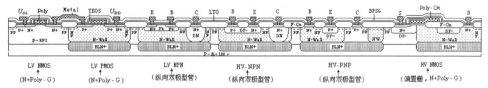

(26) PSG/PE CVD Si₃N₄ 淀积，光刻键压点，刻蚀 PE CVD Si₃N₄/PSG，去胶，合金，背面减薄，PCM/芯片测试

图 7-12　LV/HV N-Well BCD[B]-（B）制程剖面结构示意图（参阅附录 B-[2, 3, 6, 13, 16-19]）（续）

7.6.3　工艺制程

由工艺规范确定的各个基本工序、相互关联及将其按一定顺序组合，构成图 7-11 所示的 LV/HV N-Well BCD[B]-（B）芯片结构的制程。为实现此制程，在 LV N-Well BiCMOS[B]-（B）制程中，消去与引入部分基本工艺，不仅增加了制造工艺，技术难度增大，使芯片结构发生了明显的变化，而且改变了其制程，从而实现了 LV/HV N-Well BCD[B]-（B）制程。

由多次氧化、光刻、杂质扩散、离子注入、薄膜淀积及溅射金属等各个基本工序构成芯片制程，形成了以下元器件及其杂质层、介质层和互连金属层。

（1）电路芯片中的各个元器件：LV NMOS、LV PMOS、LV NPN（纵向）、HV NPN（纵向）、HV PNP（纵向）及 HV LDNMOS；

（2）这些电路元器件所需要的精确控制的硅中的杂质层：BLN+、P-EPI、DN、N-Well、PF、NF、DP-、Pb、沟道掺杂、SN-、N+Poly、N+、P+ 等。

（3）集成电路所需要的介质层：F-Ox、LV/HV G-Ox、Poly-Ox、TEOS、BPSG/LTO 等。

（4）将这些电路元器件连接起来形成集成电路的金属层：AlSiCu。

应用计算机，依据 LV/HV N-Well BCD[B]-（B）芯片制造工艺中各个工序的先后次序，把各个工序连接起来，可以得到制程。它由各个工序所组成，而工序则由各个工步来实现。根据设计电路的电气特性要求，选择工艺序号和工艺规范号，以便得到所需要的工艺参数和电学参数。

根据芯片结构（图 7-11）和制造工艺的各个工序，使用芯片结构技术，利用计算机和相应的软件，描绘出对应每一道工序的剖面，从而得到芯片制造各个工序的结构。芯片制程由上述各个工序所组成，因此确定出 LV/HV N-Well BCD[B]-（B）制程剖面结构，图 7-12 为其示意图。根据制程中的各个工序可以描绘出能反映每次光刻显影或刻蚀的相对应的平面结构。每一道工序的剖面结构或制程完成后的芯片结构都能直观地显示出制程中芯片表面、内部元器件及互连的形成过程和结构的变化。

LV/HV N-Well BCD[B]-（B）制程主要特点如下所述。

（1）LV BiCMOS[B] 的 N-Well 与 HV NPN 的 DP-区的、HV PNP 的及 HV LDNMOS 漏区的 N-Well 都是同时形成的，具有相同的阱深和浓度；HV NPN 和 HV PNP 的 DP-区与 HV LDNMOS 双扩散源区及降低 N-Well 漂移区表面电场的 DP-区都是同时形成的，具有相同的结深和浓度。

如果 DP-区不与 LV NPN 的基区（Pb）同时形成，需要单独生成，则增加一次掩模，DP-区是在 N-Well 中做 11B+注入形成的。

（2）LV NPN 基区接触区 P+掺杂的同时：在 N-Well 中形成源区和漏区，以制得 LV PMOS；在 DP-区和 P-外延层中分别形成 E/C，以制得 HV PNP。

(3) LV NPN 发射区/集电区 N+掺杂的同时：在 P-外延层中形成源区和漏区，以制得 LV NMOS；在 P-外延层和 N-Well 中分别形成源区和漏区，且在沟道和漏区之间具有场氧化层 (F-Ox)，以制得 HV LDNMOS；在 DP-区和 N-Well 中的 DN 区分别形成 E/C，以制得 HV NPN。

(4) LV BiCMOS[B]中的栅氧化改变为厚栅氧化膜生长，增加一次掩模并先进行腐蚀，得到高压厚栅氧化膜，然后接着氧化，以形成低压栅氧化膜。

(5) LV NPN 的集电区进行深磷扩散，与 BLN+ 埋层相连，形成深磷区（DN）。这是为了获得大电流下的低饱和压降而采取的措施。

芯片制程中使用了 17 次掩模，各次光刻确定 LV/HV N-Well BCD[B]-（B）芯片各层平面结构与横向尺寸。工艺完成后，不仅确定了芯片各层平面结构与横向尺寸，而且也确定了剖面结构与纵向尺寸，并精确控制了硅中的杂质浓度及分布和结深，从而确定了电路功能和电气性能。

芯片结构及尺寸和硅中杂质浓度及结深是制程的关键（参见附录 B-[20]）。它们不仅与 HV 器件的下列参数有关：

(1) HV LDNMOS N+/DP-结深、掺杂浓度和 N-Well 漂移区的长度、宽度、结深度、掺杂浓度；

(2) HV PNP/HV NPN 中的 DP-结深度、掺杂浓度；

(3) HV MOS 沟道和漏极之间形成场氧化层（F-Ox）的厚度及长度；

(4) HV 栅氧化层厚度；

(5) 器件承受的高压、低的导通电阻及阈值电压等。

而且与 LV 器件的下列参数密切相关：

(1) CMOS 器件的工艺参数和电学参数；

(2) 双极型器件的工艺参数和电学参数。

CMOS 与双极型器件在这些参数之间必须进行折中与优化，以达到互相匹配的目的。

制程完成后，先测试晶圆 PCM 数据，达到规范值后才能测试芯片电气特性。如果主要的 PCM 数据未达到规范值，偏离数值很大，则要对该晶圆进行报废处理。

此外，在 N-EPI 漂移区长度确定后，为了获得最高击穿电压，必须优化掺杂浓度。漂移区长度对导通电阻有影响，漂移区长，导通电阻就大。因此，必须进行优化，以便得到合理的漂移区长度。低的导通阻抗要求漂移区的掺杂浓度要高，而高的击穿电压要求漂移区的掺杂浓度要低，使漏结雪崩击穿之前，漂移区先夹断。因而在导通电阻和耐压两者之间要折中考虑。

7.7 LV/HV N-Well BCD[B]-（C）

电路采用 1.2μm 设计规则，使用 LV/HV N-Well BCD[B]-（C）制造技术。该电路典型元器件、制造技术及主要参数如表 7-7 所示。它以 LV N-Well BiCMOS[B]-（B）制程及所制得的元器件为基础，并用 HV LDMOS 器件结构和制造工艺对其进行改变，最终在硅衬底上形成 LV/HV N-Well BCD[B]芯片中的主要元器件，并使之互连，实现所设计电路。

表 7-7 工艺技术和芯片中主要元器件

工艺技术		芯片中主要元器件	
■ 技术	LV/HV N-Well BCD[B]-（C）	■ 电阻	R_{SPW}
■ 衬底	P-Si<100>	■ 电容	N+Poly/SiO$_2$/CN+
■ 阱	N-Well	■ 晶体管	LV NLDD NMOS $W/L>1$（驱动管）
■ 隔离	LOCOS		
■ 栅结构	N+Poly/SiO$_2$		LV PMOS $W/L>1$（负载管）
■ 源漏区	N+SN-, P+		LV NPN
■ 栅特征尺寸	1.2μm（LV）		HV LDNMOS
■ E/B/C 区（LV）	N+/DP-/NWBLN+DNN+	■ 二极管	N+/P-Sub（剖面图中未画出）
■ DMOS 栅特征尺寸	≥5μm		P+/N-Well（剖面图中未画出）
■ 沟道尺寸	≥2μm		
■ 沟道和漏极间距	视高压而定		
■ Poly	1 层（N+Poly）		
■ 互连金属	1 层（AlSiCu）		
■ 低压（U_{DD}）	5V（LV）		
■ 高压（100～700V）	视漂移区长度/掺杂浓度而定		
工艺参数*	数　值	电学参数*	数　值
■ ρ, T_{P-EPI}	左边这些参数视工艺制程而定	■ U_{LVTN}/U_{LVTP}	左边这些参数视电路特性而定
■ X_{jBLN+}/X_{jNW}/X_{jCN+}/X_{jDN}		■ BU_{LVDSN}/BU_{LVDSP}	
■ T_{F-Ox}/T_{HV-Gox}/T_{LV-Gox}/$T_{Poly-Ox}$		■ U_{TFN}/U_{TFP}	
■ X_{jDP-}		■ U_{HVTN}, BU_{HVDSN}	
■ T_{Poly}/T_{BPSG}/T_{LTO}/T_{TEOS}		■ R_{SBLN+}/R_{SNW}/R_{SDP}/R_{SDN}/R_{SCN+}	
■ L_{DLDN}		■ $R_{SN+Poly}$/R_{SN+}/R_{SP+}, R_{ON}	
■ L_{effn}/L_{effp}/L_{effLDN}		■ g_n/g_p, I_{LPN}	
■ X_{jN+}/X_{jp+}, T_{Al}		■ BU_{CBON}/BU_{CEON}, β_{NPN}, f_{TN}	
■ 设计规则	1.2μm（LV CMOS）	■ 电路 DC/AC 特性	视设计电路而定

*表中参数符号与第 2 章各表相同。

7.7.1 芯片剖面结构

应用芯片结构技术（参见附录 B-[21]），可以得到芯片典型剖面结构。首先在电路中找出各种典型元器件——LV NMOS、LV PMOS、N-Well 电阻、Cs 衬底电容，LV NPN（纵向）及 HV LDNMOS，然后进行剖面结构设计，分别如图 7-13 中的A、B、C、D、E及F所示（不要把它们看作连接在一起）。最后由它们组成 LV/HV N-Well BCD[B]-（C）芯片典型剖面结构，图 7-13（a）为其示意图。或者把第 5 章 5.6 节中的 N-Well BiCMOS [B]-（B）剖面结构与本节设计的 N-Well 电阻C、Cs 衬底电容D及 HV LDNMOSF进行集成，并去掉场区电容、Poly 电阻及 LV PNP 修改而得到。以该结构为基础，消去 N-Well 电阻和 Cs 衬底电容，引入耗尽型 NMOS 和 HV NPN，得到如图 7-13（b）所示的另一种结构。如果引入不同于图 7-13 中的单个或多个元器件结构,或消去其中单个或多个元器件结构,或对其中元器件结构进行改变,则可得到多种不同结构。选用其中与设计电路相联系的一种结构。下面仅对图 7-13(a)所示结构进行介绍。

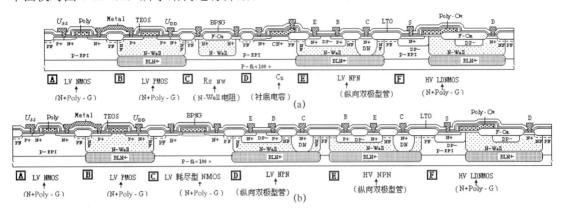

图 7-13　LV/HV N-Well BCD[B]-(C)芯片剖面结构示意图(参阅附录 B-[2, 19])

7.7.2　工艺技术

设计电路工艺技术概要如表 7-7 所示。为实现 LV/HV N-Well BCD[B]-(C)技术,引入兼容 HV LDMOS 器件工艺,对 LV N-Well BiCMOS[B]-(B)制造工艺做如下改变。

(1)消去与场区电容、Poly 电阻及 LV PNP 有关的工艺与它们的结构。

(2)N-Well 推进之后,引入阱和 P-型外延层中 11B+注入并推进,分别生成位于场氧化层(F-Ox)下面降低 N-Well 为漂移区(符合 HV 要求的低浓度的长的掺杂区)表面电场的 DP-区和外延层中的 DP-区,源漏掺杂后形成 N+/DP-区为双扩散源,N+/N-Well 区为漏。

(3)场区氧化后,在沟道与漏之间引入场氧化层,形成符合 HV 要求的厚度和长度。

(4)腐蚀预栅氧化层后,引入厚、薄栅氧化膜生长;

(5)Poly 淀积并掺杂,引入刻蚀形成偏置栅结构。

上述消去与引入这些基本工艺,使 LV N-Well BiCMOS[B]芯片结构和制程都发生了明显的变化。工艺完成后,制得 LV NMOS[A]和 LV PMOS[B]、N-Well 电阻[C]、衬底电容[D]、LV NPN[E],以及 HV LDNMOS[F]等,并用 LV/HV N-Well BCD[B]-(C)来表示。

根据 LV/HV N-Well BCD[B]-(C)电路电气特性要求,确定用于芯片制造的基本参数,如表 7-7 所示。制程工艺中,一方面要确保工艺参数、电学参数都达到规范值,另一方面要确保各批次制程的均一性。根据电气特性的指标,对下列参数提出严格要求。

(1)工艺参数:各种杂质浓度及分布、结深、LV/HV 栅氧化层/介质层厚度等。

(2)电学参数:薄层电阻、LV/HV 源漏击穿电压、双极型击穿电压、LV/HV 阈值电压等。

(3)硅衬底电阻率、外延层厚度及电阻率等。

芯片制造由各工步所组成的工序来实现,需要制定出各工序具体的工艺条件,以保证所要求的各种参数达到规范值。从制程的最初阶段就开始进行工艺检测,以获得芯片制程中各工序必要的关于材料质量和工艺参数与电学参数的数据。在芯片集成度不断增加的情况下,每一道工序都有决定成功或失败的关键问题:沾污、结深、薄膜的质量。工艺检测对于描绘工艺硅片的特性与检查其成品率非常关键,要确保工艺参数和电学参数都达到规范值。

从制程剖面结构图（图 7-14）中可以看出，制程中需要进行 17 次光刻。光刻对准曝光要严格对准、套准，并使之在确定的误差以内。与 LV N-Well BiCMOS[B] 相比，增加了 1 块掩模：HV 栅氧化膜区。注意：DP-基区兼作双扩散源区。

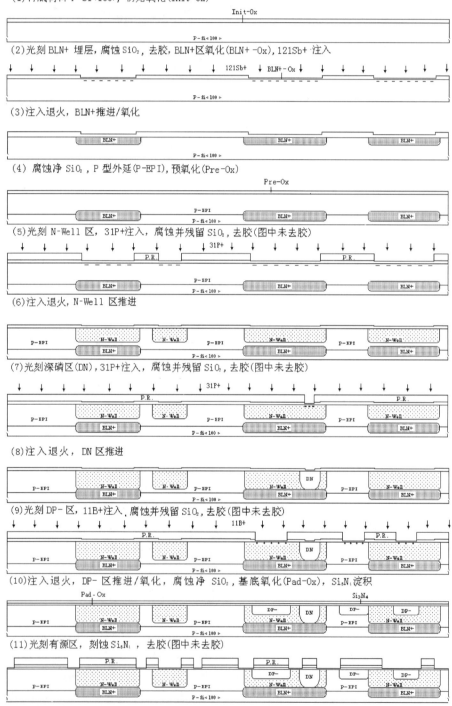

图 7-14　LV/HV N-Well BCD[B]-（C）制程剖面结构示意图（参阅附录 B-[2, 3, 6, 13, 16-19]）

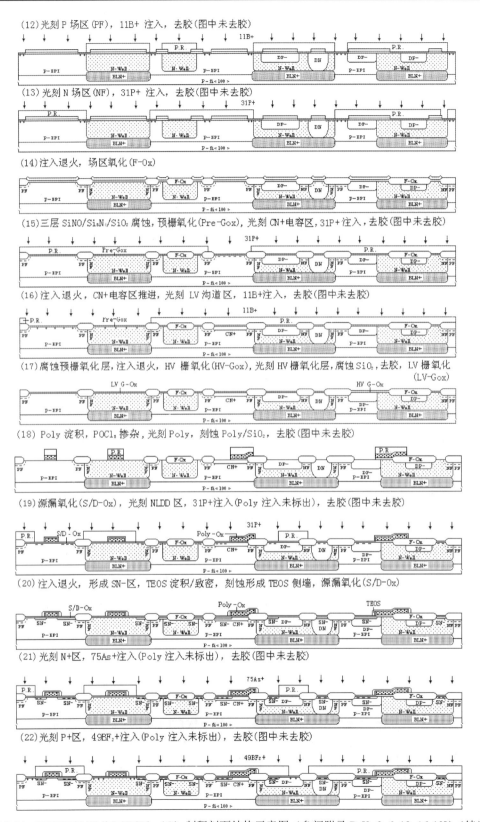

图 7-14 LV/HV N-Well BCD[B]-（C）制程剖面结构示意图（参阅附录 B-[2, 3, 6, 13, 16-19]）（续）

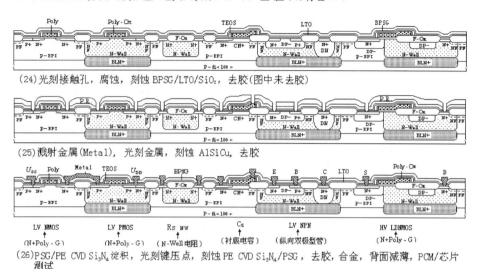

图 7-14 LV/HV N-Well BCD[B]-（C）制程剖面结构示意图（参阅附录 B-[2, 3, 6, 13, 16-19]）（续）

7.7.3 工艺制程

图 7-13 所示的 LV/HV N-Well BCD[B]-（C）芯片结构采用确定的制造技术来实现。它是由工艺规范确定的各个基本工序、相互关联及将其按一定顺序组合构成的。为实现此制程，在 LV N-Well BiCMOS[B]制程中，消去与引入部分基本工艺，不仅增加了制造工艺，技术难度增大，使芯片结构发生了明显的变化，而且改变了其制程，从而实现了 LV/HV N-Well BCD[B]-（C）制程。

由多次氧化、光刻、杂质扩散、离子注入、薄膜淀积及溅射金属等各个基本工序构成芯片制程，形成了以下元器件及其杂质层、介质层和互连金属层。

（1）电路芯片中的各个元器件：LV NMOS、LV PMOS、N-Well 电阻、衬底电容、LV NPN（纵向）及 HV LDNMOS 等。

（2）这些电路元器件所需要的精确控制的硅中的杂质层：BLN+、P-EPI、DN、N-Well、DP-、PF、NF、沟道掺杂、CN+、SN-、N+Poly、N+、P+等。

（3）集成电路所需要的介质层：F-Ox、LV/HV G-Ox、Poly-Ox、BPSG 等。

（4）将这些电路元器件连接起来形成集成电路的金属层：AlSiCu。

应用计算机，依据 LV/HV N-Well BCD[B]-（C）芯片制造工艺中各个工序的先后次序，把各个工序连接起来，可以得到制程。它由各个工序所组成，而工序则由各个工步来实现。根据设计电路的电气特性要求，选择工艺序号和工艺规范号，以便得到所需要的工艺参数和电学参数。

应用芯片结构技术，使用计算机和相应的软件，根据图 7-13 电路芯片剖面结构和制造工艺的各个工序，可以描绘出芯片制程中各个工序剖面结构，依照各个工序的先后次序连接起来，可以得到如图 7-14 所示的制程剖面结构示意图。该图直观地显示出 LV/HV N-Well BCD[B]-（C）制程中芯片表面、内部元器件及互连的形成过程和结构的变化。

LV/HV N-Well BCD[B]-（C）制程主要特点如下所述。

（1）LV BiCMOS[B]中的 N-Well 与 HV LDNMOS 的 N-Well 是同时形成的，具有相同的

阱深和浓度；LV NPN 的基区与 HV LDNMOS 双扩散源区及降低 N-Well 漂移区表面电场的 DP-区是同时形成的，具有相同的结深和浓度。

（2）LV NPN 基区接触区 P+掺杂：同时在 N-Well 中形成源区和漏区，以制得 LV PMOS。

（3）LV NPN 发射区/集电区 N+掺杂的同时：在 P-外延层中形成源区和漏区，以制得 LV NMOS；在 N-Well 两端形成接触区，以制得 N-Well 电阻和衬底电容 CN+接触 N+区；在 DP-区和 N-Well 中分别形成双扩散源区和漏区，且在沟道和漏区之间具有场氧化层（F-Ox），以制得 HV LDNMOS，而 DP-是在 N-Well 和外延层中做 11B+注入形成的。

（4）LV BiCMOS[B]中的栅氧化改变为厚栅氧化膜生长，增加一次掩模并先进行腐蚀，得到高压厚栅氧化膜，然后接着氧化，以形成低压栅氧化膜。

（5）LV NPN 的集电区采用深磷扩散，与 BLN+ 埋层相连，形成深磷区（DN）。这是为了获得大电流下的低饱和压降而采用的方法。

制程中使用了 17 次掩模，各次光刻确定了 LV/HV N-Well BCD[B]-（C）各层平面结构与横向尺寸。芯片各层平面结构与横向尺寸和剖面结构与纵向尺寸，在制程完成后才能确定下来，进而精确控制硅中的杂质浓度及分布和结深，最终确定电路功能和电气性能。

芯片结构及尺寸和硅中杂质浓度及结深是制程的关键（参见附录 B-[20]）。它们不仅与 HV 器件的下列参数有关：

（1）HV LDNMOS N+/DP-结深、掺杂浓度和阱漂移区的长度、宽度、结深度、掺杂浓度；

（2）沟道和漏极之间场氧化层（F-Ox）的厚度及长度；

（3）HV 栅氧化层厚度；

（4）器件承受的高压、低的导通电阻及阈值电压等。

而且与 LV 器件的下列参数密切相关：

（1）CMOS 器件的工艺参数和电学参数；

（2）双极型器件的工艺参数和电学参数。

CMOS 与双极型器件在这些参数之间必须进行折中与优化，以达到互相匹配的目的。

此外，在 N-EPI 漂移区长度确定后，为了获得最高击穿电压，必须优化掺杂浓度。漂移区长度对导通电阻有影响，漂移区长，导通电阻就大。因此必须进行优化，以便得到合理的漂移区长度。低的导通阻抗要求漂移区的掺杂浓度要高，而高的击穿电压要求漂移区的掺杂浓度要低，使漏结雪崩击穿之前，漂移区先夹断。因而在导通电阻和耐压两者之间要折中考虑。

制程完成后，结构中横向和纵向尺寸能否实现芯片要求，达到设计电路性能指标，关键取决于各工序的工艺规范值。如果制程完成后芯片得到的结构参数不精确，则电路性能就达不到设计指标。所以芯片制造中要严格遵守工艺规范才能得到合格的电路。

7.8　LV/HV Twin-Well BCD[C]

电路采用 3μm 设计规则，使用 LV/HV Twin-Well BCD[C]制造技术。表 7-8 示出该电路典型元器件、制造技术及主要参数。它以 LV Twin-Well BiCMOS[C]制程及所制得的元器件为基础，并用 HV LDMOS 器件结构和制造工艺对其进行改变，最终在硅衬底上形成 LV/HV Twin-Well BCD[C] 芯片中的各种元器件，并使之互连，实现所设计电路。如果得到的各种参数都符合所设计电路的要求，则芯片性能达到设计指标。

表 7-8 工艺技术和芯片中主要元器件

工艺技术		芯片中主要元器件	
■ 技术	LV/HV Twin-Well BCD[C]	■ 电阻	—
■ 衬底	P-Si<100>	■ 电容	—
■ 阱	Twin-Well	■ 晶体管	LV NMOS $W/L>1$（驱动管）
■ 隔离	LOCOS		LV PMOS $W/L>1$（负载管）
■ 栅结构	N+Poly/SiO$_2$		LV NPN（纵向双极型）
■ 源漏区	N+、P+		HV LDNMOS
■ 栅特征尺寸	3μm（LV）		HV PMOS（偏置栅）
■ E/B/C 区（LV）	N+/Pb/NWN+	■ 二极管	N+/P- Well（剖面图中未标出）
■ 偏置栅沟道尺寸	≥5μm		P+/N- Well（剖面图中未标出）
■ DP-漏漂移区尺寸	视高压而定		
■ DMOS 栅特征尺寸	≥5μm		
■ 沟道尺寸	≥2μm		
■ 沟道和漏极间距	视高压而定		
■ Poly	1 层（N+Poly）		
■ 互连金属	1 层（AlSi）		
■ 电源（U_{DD}）	5V（LV）		
■ 高压（100~700V）	视漂移区长度/掺杂浓度而定		
工艺参数*	数值	电学参数*	数值
■ ρ	左边这些参数视工艺制程而定	■ U_{LVTN}/U_{LVTP}	左边这些参数视电路特性而定
■ $X_{jDNW}/X_{jDN}/X_{jDP}/X_{jPW}/X_{jNW}/X_{jPb}$		■ BU_{LVDSN}/BU_{LVDSP}	
■ $T_{F-Ox}/T_{HV-Gox}/T_{LV-Gox}/T_{Poly-Ox}$		■ U_{TFN}/U_{TFP}	
■ $T_{Poly}/T_{BPSG}/T_{LTO}$		■ U_{HVTN}/U_{HVTP}, BU_{HVDSN}/BU_{HVDSP}	
■ L_{DLDN}/L_{DHVP}		■ $R_{SDNW}/R_{DN}/R_{DP}/R_{SPW}/R_{SNW}$	
■ $L_{effn}/L_{effnp}/L_{effLDN}/L_{effHVP}$		■ $R_{SPb}/R_{SN+Poly}$	
■ X_{jN+}/X_{jP+}, T_{Al}		■ R_{SN+}/R_{SP+}, R_{ON}, g_n/g_p, I_{LPN}	
		■ BU_{CBON}/BU_{CEON}, β_{NPN}, f_{TN}	
■ 设计规则	3μm（LV CMOS）	■ 电路 DC/AC 特性	视设计电路而定

*表中参数符号与第 2 章各表相同。

7.8.1 芯片剖面结构

应用芯片结构技术（参见附录 B-[21]），使用计算机和相应的软件，可以得到芯片剖面结构。首先在设计电路中找出各种典型元器件——LV NMOS、LV PMOS、LV NPN（纵向）、HV LDNMOS 及 HV PMOS，然后对这些元器件进行剖面结构设计，分别如图 7-15 中的 A 、 B 、 C 、 D 及 E 所示（不要把它们看作连接在一起）。最后排列并拼接这些元器件，构成 LV/HV Twin-Well BCD[C]芯片典型剖面结构，图 7-15（a）为其示意图。以该结构为基础，消去 HV PMOS，引入 LV PNP，得到如图 7-15（b）所示的另一种结构。如果引入不同于图 7-15 中的单个或多个元器件结构，或消去其中单个或多个元器件结构，或对其中元器件结构进行改变，则可得到多种不同结构。选用其中与设计电路相联系的一种结构。下面仅对图 7-15（a）所示结构进行介绍。

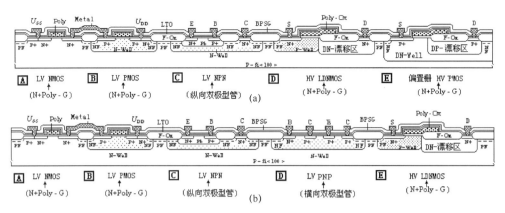

图 7-15　LV/HV Twin-Well BCD[C]芯片剖面结构示意图（参阅附录 B-[2, 19]）

7.8.2　工艺技术

设计电路工艺技术概要如表 7-8 所示。为实现 LV/HV Twin-Well BCD[C]技术，引入兼容 HV LDMOS 和偏置栅 HV MOS 器件工艺，对 LV Twin-Well BiCMOS[C]制造工艺做如下改变。

（1）生成 Twin-Well 之前，引入 P-型硅衬底中 31P+深注入并推进，得到 DN-Well，在其中做 11B+注入并推进，生成位于场氧化层（F-Ox）下面符合 HV 要求的低浓度的长的 DP-漂移区，源漏掺杂后形成 P+/DP-区为漏，DN-Well 中 P+区为源；P-型硅衬底中 31P+注入并推进，生成位于场氧化层（F-Ox）下面符合 HV 要求的低浓度的长的 DN-漂移区，源漏掺杂后形成 N+/DN-区为漏，P-型衬底中的 N+/P-Well 区为双扩散源。

（2）场氧化后，在沟道与漏之间引入场氧化层，形成符合 HV 要求的厚度和长度。

（3）腐蚀预栅氧化层后，引入厚、薄栅氧化膜生长。

（4）Poly 淀积并掺杂，引入刻蚀形成偏置栅结构。

上述引入这些基本工艺，使 LV Twin-Well BiCMOS[C]芯片结构和制程都发生了明显的变化。工艺完成后，制得 LV NMOS[A]和 LV PMOS[B]、LV NPN[C]、HV LDNMOS[D]及偏置栅 HV PMOS[E]等，并用 LV/HV Twin-Well BCD[C]来表示。

LV/HV Twin-Well BCD[C]电路电气性能/合格率与各制造参数密切相关，确定用于芯片制造的基本参数，如表 7-8 所示。芯片制造工艺由各工步所组成的工序来实现，需要制定出各工序具体的工艺条件，同时保证下列所要求的各种参数都达到规范值。

（1）工艺参数：各种掺杂浓度及分布，X_{jDNW}、X_{jDN-}、X_{jDP-}、X_{jPW}、X_{jNW}、X_{jPb}、X_{jN+}、X_{jP+} 等结深，T_{F-Ox}、T_{HV-Gox}、T_{LV-Gox}、$T_{Poly-Ox}$ 等氧化层厚度。

（2）电学参数：U_{TN}、U_{TP} 等 LV/HV 阈值电压，R_{SDNW}、R_{SDN-}、R_{SDP-}、R_{SPW}、R_{SNW}、R_{SPb}、R_{SN+}、R_{SP+} 等薄层电阻，BU_{DSN}、BU_{DSP} 等 LV/HV 源漏击穿电压，BU_{CBO}、BU_{CEO} 等双极型击穿电压。

（3）硅衬底电阻率等。

为了保证各种参数都达到规范值，在工艺线上设立了工艺检测环节。通过对某些特定项目进行定期或不定期的检测，以获得必要的关于材料质量和工艺参数与电学参数的数据。工艺过程检测的目的是通过检测数据的及时反馈，使整条工艺线的控制达到最佳化，以便得到高合格率和高性能芯片。同时，它也为寻找器件生产中发生问题的原因提供了重要的依据。

对于光刻次数很多的情况，制作掩模时，通常设计者与制造者一起来确定。如果应用芯片结构及其制程剖面结构技术，就不难确定出各次光刻工序。从制程剖面结构图（图 7-16）

中可以看出，需要进行 18 次光刻。光刻不但要求有高的图形分辨率，同时还要求具有良好的图形套准精度。与 LV Twin-Well BiCMOS[C]相比，增加了 5 块掩模：DN-Well、DP-区、DN-区、HV P 沟道区及 HV 栅氧化膜区。

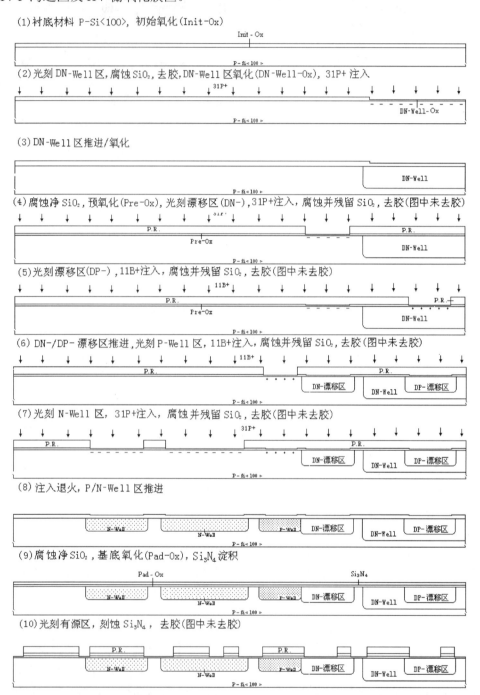

图 7-16　LV/HV Twin-Well BCD[C]制程剖面结构示意图（参阅附录 B-[2, 3, 6, 13, 17, 19]）

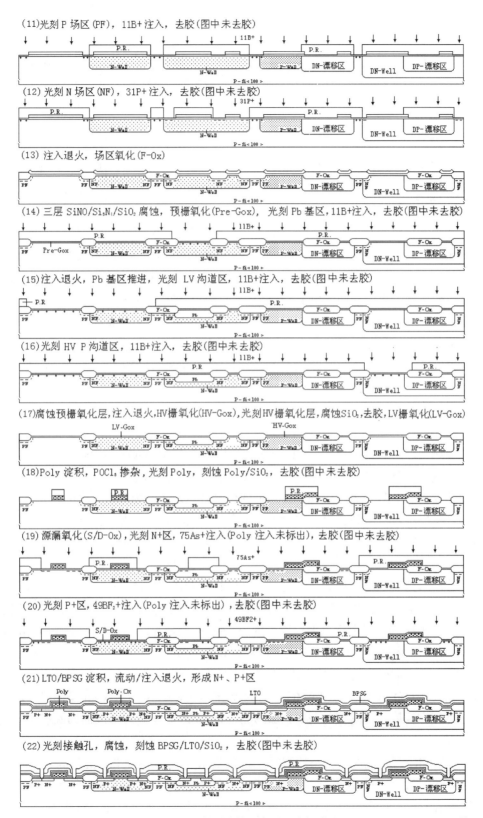

图 7-16 LV/HV Twin-Well BCD[C]制程剖面结构示意图（参阅附录 B-[2, 3, 6, 13, 17, 19]）（续）

(23) 溅射金属(Metal)，光刻金属，刻蚀 AlSi，去胶

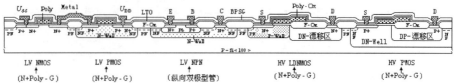

(24) PSG/PE CVD Si_3N_4 淀积，光刻键压点，刻蚀 PE CVD Si_3N_4/PSG，去胶，合金，背面减薄，PCM/芯片测试

图 7-16　LV/HV Twin-Well BCD[C]制程剖面结构示意图（参阅附录 B-[2, 3, 6, 13, 17, 19]）（续）

7.8.3　工艺制程

由工艺规范确定的各个基本工序、相互关联及将其按一定顺序组合，构成图 7-15 所示的 LV/HV Twin-Well BCD[C]芯片结构的制程。为实现此制程，在 LV Twin-Well BiCMOS[C]制程中，引入部分基本工艺，不仅增加了制造工艺，技术难度增大，使芯片结构发生了明显的变化，而且改变了其制程，从而实现了 LV/HV Twin-Well BCD[C]制程。

由多次氧化、光刻、杂质扩散、离子注入、薄膜淀积及溅射金属等各个基本工序构成芯片制程，形成了以下元器件及其杂质层、介质层和互连金属层。

（1）电路芯片中的各个元器件：LV NMOS、LV PMOS、LV NPN（纵向）、HV LDNMOS 及 HV PMOS 等。

（2）这些电路元器件所需要的精确控制的硅中的杂质层：DN-Well、DN-、DP-、P-Well、N-Well、PF、NF、Pb、沟道掺杂、N+Poly、N+、P+ 等。

（3）集成电路所需要的介质层：F-Ox、LV/HV G-Ox、Poly-Ox、BPSG/LTO 等。

（4）将这些电路元器件连接起来形成集成电路的金属层：AlSi。

应用计算机，依据 LV/HV Twin-Well BCD[C]芯片制造工艺中各个工序的先后次序，把各个工序连接起来，可以得到制程。它由各个工序所组成，而工序则由各个工步来实现。根据设计电路的电气特性要求，选择工艺序号和工艺规范号，以便得到所需要的工艺参数和电学参数。

应用芯片结构技术，依据图 7-15 芯片剖面结构和制造工艺的各个工序，利用计算机和相应的软件，可以描绘出芯片制程中各个工序剖面结构，依照各个工序的先后次序连接起来，可以得到如图 7-16 所示的制程剖面结构示意图。该图直观地显示出 LV/HV Twin-Well BCD[C]制程中芯片表面、内部元器件及互连的形成过程和结构的变化。

LV/HV Twin-Well BCD[C]制程主要特点如下所述。

（1）LV BiCMOS[C]中的 LV PMOS 的 N-Well 与 LV NPN 的 N-Well 是同时形成的，具有相同的阱深和浓度；但它们与 HV PMOS 的 DN-Well 不是同时形成的，具有不同的阱深和浓度。

（2）LV PMOS 源/漏区 P+掺杂的同时：在 N-Well 中形成 LV NPN 的基区 P+接触区；在 DN-Well 和 DP-漂移区中分别形成源区和漏区，且在沟道和漏区之间具有场氧化层（F-Ox），以制得偏置栅 HV PMOS，而 DP-漂移区是在 DN-Well 内做 11B+注入并推进形成的。

(3) LV NMOS 源/漏区 N+掺杂的同时：在 Pb 基区和 N-Well 中分别形成发射区和集电区，以制得 LV NPN；在 P-Well 和 DN-漂移区中分别形成双扩散源区和漏区，且在沟道和漏区之间具有场氧化层（F-Ox），以制得 HV LDNMOS，而 DN-漂移区是在衬底中做 31P+ 注入形成的。

(4) LV BiCMOS[C]中的栅氧化改变为厚栅氧化膜生长，增加一次掩模并先进行腐蚀，得到高压栅氧化膜，然后接着氧化，以形成低压栅氧化膜。

制程中使用了 18 次掩模，各次光刻确定了 LV/HV Twin-Well BCD[C]芯片各层平面结构与横向尺寸。工艺完成后确定了：

(1) 芯片各层平面结构与横向尺寸；
(2) 剖面结构与纵向尺寸；
(3) 硅中的杂质浓度、分布及结深；
(4) 电路功能和电气性能等。

芯片结构及尺寸和硅中杂质浓度及结深是制程的关键（参见附录 B-[20]）。它们不仅与 HV 器件的下列参数有关：

(1) HV LDNMOS N+/P-Well 结的深度、掺杂浓度和 DN-漂移区的长度、宽度、结深度、掺杂浓度；
(2) HV PMOS DP-漂移区的长度、宽度、结深度、掺杂浓度；
(3) 沟道和漏极之间场氧化层（F-Ox）的厚度及长度；
(4) HV 栅氧化层厚度；
(5) 器件承受的高压、低的导通电阻及阈值电压等。

而且与 LV 器件的下列参数密切相关：

(1) CMOS 器件的工艺参数和电学参数；
(2) 双极型器件的工艺参数和电学参数。

此外，要求电路承受的高压和低的导通电阻都达到设计值，这就需要优化漂移区的长度、宽度、结深度、掺杂浓度，以及沟道和漏极之间形成场氧化层（F-Ox）的厚度和长度等。

制程完成后，先测试晶圆 PCM 数据，达到规范值后，才能测试芯片电气特性。如果主要的 PCM 数据未达到规范值，偏离数值很大，则要对该晶圆进行报废处理。

7.9　LV/HV Twin-Well BCD[B]-（A）

电路采用 1.2μm 设计规则，使用 LV/HV Twin-Well BCD[B]-（A）制造技术。该电路主要元器件、制造技术及主要参数如表 7-9 所示。它以 LV Twin-Well BiCMOS[B]制程及所制得的元器件为基础，并用 HV LDMOS 器件结构和制造工艺对其进行改变，最终在硅衬底上形成 LV/HV Twin-Well BCD[B]芯片中的主要元器件，并使之互连，实现所设计电路。该电路或各层版图已变换为缩小的各层平面和剖面结构图形的芯片。如果得到的工艺参数与电学参数都符合所设计电路的要求，则芯片功能和电气性能都能达到设计指标。

表 7-9 工艺技术和芯片中主要元器件

工艺技术		芯片中主要元器件	
■ 技术	LV/HV Twin-Well BCD[B]-（A）	■ 电阻	—
■ 衬底	P-Si<100>	■ 电容	—
■ 阱	Twin-Well	■ 晶体管	LV NLDD NMOS W/L>1（驱动管）
■ 隔离	LOCOS/IP+		LV PMOS W/L>1（负载管）
■ 栅结构	N+Poly/SiO$_2$		LV NPN
■ 源漏区	N+SN-，P+		HV PMOS（偏置栅）
■ 栅特征尺寸	1.2μm（LV）		HV LDNMOS
■ E/B/C 区（LV）	N+/DP-/N-epiN+	■ 二极管	N+/P-Well（剖面图中未标出）
■ 偏置栅沟道尺寸	≥5μm		P+/N-Well（剖面图中未标出）
■ DP-漏漂移区长度	视高压而定		
■ DMOS 栅特征尺寸	≥5μm		
■ 沟道尺寸	≥2μm		
■ 沟道和漏极间距	视高压而定		
■ Poly	1 层（N+Poly）		
■ 互连金属	1 层（AlSiCu）		
■ 电源（U_{DD}）	5V（LV）		
■ 高压（100～700V）	视漂移区长度/掺杂浓度而定		
工艺参数*	数 值	电学参数*	数 值
■ ρ	左边这些参数视工艺制程而定	■ U_{LVTN}/U_{LVTP}	左边这些参数视电路特性而定
■ X_{jBLP+}/X_{jNW}/X_{jPW}/X_{jDP}/X_{jIP+}		■ BU$_{LVDSN}$/BU$_{LVDSP}$	
■ T_{F-Ox}/T_{HV-Gox}/T_{LV-Gox}/$T_{Poly-Ox}$		■ U_{TFN}/U_{TFP}	
■ T_{N-EPI}		■ U_{HVTN}/U_{HVTP}	
■ T_{Poly}/T_{BPSG}/T_{LTO}/T_{TEOS}		■ BU$_{HVDSN}$/BU$_{HVDSP}$，R_{SBLN+}/R_{SNW}	
■ L_{DLDN}/L_{DHVP}		■ R_{SPW}/R_{SDP}/R_{SISOP+}/$R_{SN+Poly}$	
■ L_{effN}/L_{effP}/L_{effLDN}/L_{effHVP}		■ R_{SN+}/R_{SP+}，R_{ON}，g_n/g_p，I_{LPN}	
■ X_{jN+}/X_{jP+}，T_{Al}		■ BU$_{CBON}$/BU$_{CEON}$，$β_{NPN}$，f_{TN}	
■ 设计规则	1.2μm（LV CMOS）	■ 电路 DC/AC 特性	视设计电路而定

*表中参数符号与第 2 章各表相同。

7.9.1 芯片剖面结构

应用芯片结构技术（参见附录 B-[21]），使用计算机和相应的软件，可以得到 LV/HV Twin-Well BCD[B]-（A）芯片典型剖面结构。首先在电路中找出各种典型元器件——LV NMOS、LV PMOS、LV NPN（纵向）、HV LDNMOS 及 HV PMOS。然后进行剖面结构设计，选取剖面结构各层统一适当的尺寸和不同的标识，表示制程中各工艺完成后的层次，设计得到可以互相拼接得很好的各元器件结构，分别如图 7-17 中的 A、B、C、D 及 E 所示（不要把它们看作连接在一起）。最后把各元器件结构按一定方式排列并拼接起来，构成芯片剖面结构，图 7-17（a）为其示意图。以该结构为基础，引入 Cs 衬底电容和 N-Well 电阻，得到如图 7-17（b）所示的另一种结构。如果引入不同于图 7-17 中的单个或多个元器件结构，或消去其中单个或多个元器件结构，或对其中元器件结构进行改变，则可得到多种不同结构。选用其中与设计电路相联系的一种结构。下面仅对图 7-17（a）所示结构进行介绍。

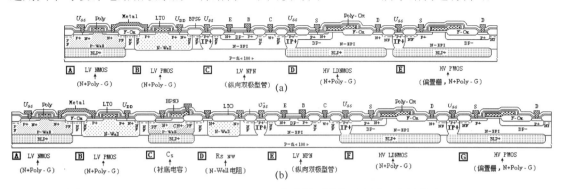

图 7-17　LV/HV Twin-Well BCD[B]-（A）芯片剖面结构示意图（参阅附录 3-[2, 19]）

7.9.2　工艺技术

设计电路工艺技术概要如表 7-9 所示。为实现 LV/HV Twin-Well BCD[B]-（A）技术，引入兼容 HV LDMOS 和偏置栅 HV MOS 器件工艺，对 LV Twin-Well BiCMOS[B]制造工艺做如下改变。

（1）Twin-Well 推进之后，引入 N-型外延层中 11B+注入并推进，生成位于场氧化层（F-Ox）下面符合 HV 要求的低浓度的长的 DP-区为漂移区，源漏掺杂后形成 P+/DP-区为漏，N-型外延层中 P+区为源；同时，在 N-型外延层中分别形成 N+/DP-区为双扩散源和 N+区为漏，在沟道和漏之间符合 HV 要求的低浓度的长的 N-型外延层为漂移区。

（2）场区氧化后，在沟道与漏之间引入场氧化层，形成符合 HV 要求的厚度和长度。

（3）腐蚀预栅氧化层后，引入厚、薄栅氧化膜生长。

（4）Poly 淀积并掺杂，刻蚀形成偏置栅结构。

上述引入这些基本工艺，使 LV Twin-Well BiCMOS[B]芯片结构和制程都发生了明显的变化。工艺完成后，制得 LV NMOS A 与 LV PMOS B、LV NPN C、HV LDNMOS D 及偏置栅 HV PMOS E 等，并用 LV/HV Twin-Well BCD[B]-（A）LSI/VLSI 来表示。

根据 LV/HV Twin-Well BCD[B]-（A）电路电气特性要求，确定用于芯片制造的基本参数，如表 7-9 所示。芯片制造工艺中，一是要确保工艺参数、电学参数都达到规范值，二是在批量生产中要确保芯片具有高成品率、高性能及高可靠性。根据电路电气特性的指标，对下列参数提出严格要求。

（1）工艺参数：各种杂质浓度及分布、结深、LV/HV 栅氧化层/介质层厚度等。

（2）电学参数：薄层电阻、LV/HV MOS 源漏击穿电压、双极型击穿电压、LV/HV 阈值电压等。

（3）硅衬底电阻率、外延层厚度及电阻率等。

芯片制造由各工步所组成的工序来实现，需要制定出各工序具体的工艺条件。从芯片制程的最初阶段开始，就对各工序进行严格的工艺监控与检测，并制定出该工序的材料质量和参数规范。如果该工序质量和参数未达到规范要求，偏离数值很大，则要返工，若不能返工，就要进行报废处理。在工艺线上进行严格的工艺监控与检测，可使工艺参数和电学参数都达到规范值,生产出高质量芯片。

在制作掩模时,必须考虑各次光刻所用掩模的名称、图形黑白、正胶、有无划片槽及对准层次等。从制程剖面结构图(图 7-18)中可以看出,需要进行 18 次光刻。对于光刻,不但要求有高的图形分辨率,同时还要求具有良好的图形套准精度。与 LV Twin-Well BiCMOS[B] 相比,增加了 2 块掩模:HV P 沟道区和 HV 栅氧化膜区。

注意:DP-是基区并兼作漂移区和双扩散源区。

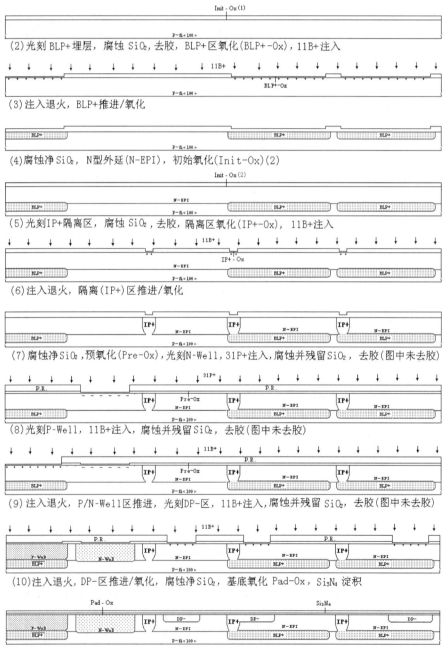

图 7-18　LV/HV Twin-Well BCD[B]-(A)制程剖面结构示意图(参阅附录 B-[2, 3, 6, 13, 14, 16-19])

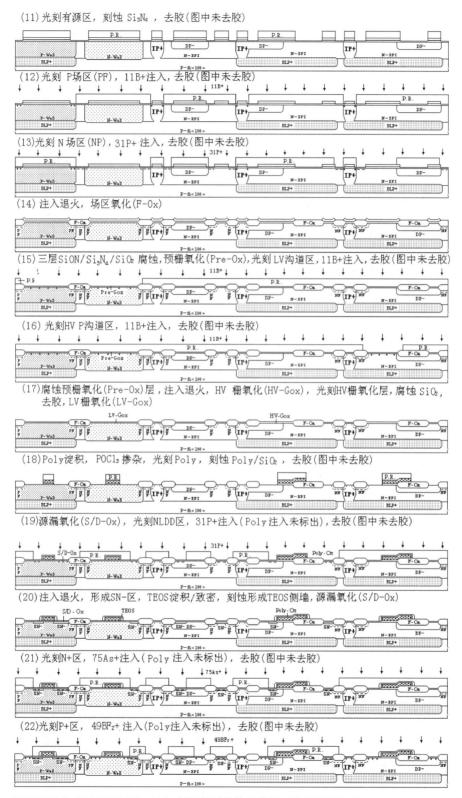

图 7-18 LV/HV Twin-Well BCD[B]-（A）制程剖面结构示意图（参阅附录 B-[2, 3, 6, 13, 14, 16-19]）（续）

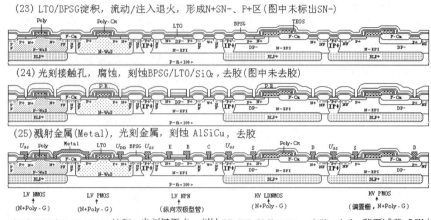

图 7-18　LV/HV Twin-Well BCD[B]-（A）制程剖面结构示意图（参阅附录 B-[2, 3, 6, 13, 14, 16-19]）（续）

7.9.3　工艺制程

图 7-17 所示的 LV/HV Twin-Well BCD[B]-（A）芯片结构的制程是由工艺规范确定的各个基本工序、相互关联及将其按一定顺序组合构成的。为实现此制程，在 LV Twin-Well BiCMOS[B]制程中，引入部分基本工艺，不仅增加了制造工艺，技术难度增大，使芯片结构发生了明显的变化，而且改变了其制程，从而实现了 LV/HV Twin-Well BCD[B]-（A）制程。

由多次氧化、光刻、杂质扩散、离子注入、薄膜淀积及溅射金属等各个基本工序构成芯片制程，形成了以下元器件及其杂质层、介质层和互连金属层。

（1）电路芯片中的各个元器件：LV NMOS、LV PMOS、LV NPN（纵向）、HV PMOS 及 HV LDNMOS 等。

（2）这些电路元器件所需要的精确控制的硅中的杂质层：BLP+、N-EPI、IP+、NW、PW、DP-、PF、NF、沟道掺杂、SN-、N+Poly、N+、P+ 等。

（3）集成电路所需要的介质层：F-Ox、LV/HV G-Ox、Poly-Ox、BPSG/LTO 等。

（4）将这些电路元器件连接起来形成集成电路的金属层：AlSiCu。

应用计算机，依据 LV/HV Twin-Well BCD[B]-（A）芯片制造工艺中各个工序的先后次序，把各个工序连接起来，可以得到制程。它由各个工序所组成，而工序则由各个工步来实现。根据设计电路的电气特性要求，选择工艺序号和工艺规范号，以便得到所需要的工艺参数和电学参数。

为了直观地显示出制程中芯片表面、内部元器件及互连的形成过程和结构的变化，借助图 7-17 电路芯片剖面结构和制造工艺的各个工序，利用芯片结构技术，使用计算机和相应的软件，可以描绘出芯片制程中各个工序剖面结构，依照各个工序的先后次序连接起来，可以得到 LV/HV Twin-Well BCD[B]-（A）制程剖面结构，图 7-18 为其示意图。

LV/HV Twin-Well BCD[B]-（A）制程主要特点如下所述。

（1）LV NPN 基区、偏置栅 HV PMOS 漂移区及 HV LDNMOS 双扩散区的 DP-都是同时形成的，具有相同的结深和浓度。

（2）LV NPN 基区接触区 P+掺杂的同时：在 N-Well 中形成源区和漏区，以制得 LV PMOS；

在 N-型外延层和 DP-漂移区中分别形成源区和漏区，且在沟道和漏区之间具有场氧化层（F-Ox），以制得偏置栅 HV PMOS，而 DP-区是在 N-型外延层中做 11B+注入形成的。

（3）LV NPN 发射区/集电区 N+掺杂的同时：在 P-Well 中形成源区和漏区，以制得 LV NMOS；在 DP-区和 N-型外延层中分别形成双扩散源区和漏区，且在沟道和漏区之间具有场氧化层（F-Ox），以制得 HV LDNMOS。

（4）LV BiCMOS[B]中的栅氧化改变为厚栅氧化膜生长，增加一次掩模并先进行腐蚀，得到高压厚栅氧化膜，然后接着氧化，以形成低压栅氧化膜。

制程中使用了 18 次掩模，LV/HV Twin-Well BCD[B]芯片各层平面结构与横向尺寸由每次光刻来确定。制程完成后，不仅确定了芯片各层平面结构与横向尺寸，而且也确定了剖面结构与纵向尺寸，并精确控制了硅中的杂质浓度及分布和结深，从而确定了电路功能和电气性能。

芯片结构及尺寸和硅中杂质浓度及结深是制程的关键（参见附录 B-[20]）。它们不仅与 HV 器件的下列参数有关：

（1）HV LDNMOS N+/DP-结的深度、掺杂浓度和 N-EPI 漂移区的长度、宽度、结深度、掺杂浓度；

（2）HV PMOS DP-漂移区的长度、宽度、结深度、掺杂浓度；

（3）HV MOS 沟道和漏极之间场氧化层（F-Ox）的厚度及长度；

（4）HV 栅氧化层厚度；

（5）器件承受的高压、低的导通电阻及阈值电压等。

而且与 LV 器件的下列参数密切相关：

（1）CMOS 器件的工艺参数：Twin-Well 深度及薄层电阻、各介质层和栅氧化层厚度、有效沟道长度、源漏结深度及薄层电阻等；

（2）CMOS 器件的电学参数：阈值电压、源漏击穿电压及跨导等；

（3）双极型器件的工艺参数：隔离/发射区的结深度及薄层电阻、基区宽度及薄层电阻、外延层电阻率及厚度等；

（4）双极型器件的电学参数：BU_{CEO}、BU_{CBO} 及 β 等。

CMOS 与双极型器件在这些参数之间必须进行折中与优化，以达到互相匹配的目的。

此外，在 N-EPI 漂移区长度确定后，为了获得最高击穿电压，必须优化掺杂浓度。漂移区长度对导通电阻有影响，漂移区长，导通电阻就大。因此必须进行优化，以便得到合理的漂移区长度。低的导通阻抗要求漂移区的掺杂浓度要高，而高的击穿电压要求漂移区的掺杂浓度要低，使漏结雪崩击穿之前，漂移区先夹断。因而在导通电阻和耐压两者之间要折中考虑。

7.10 LV/HV Twin-Well BCD[B]-（B）

电路采用 1.0μm 设计规则，使用 LV/HV Twin-Well BCD[B]-（B）制造技术。表 7-10 示出该电路主要元器件、制造技术及主要参数。它以通常具有 BLN+埋层和 N 型外延的 LV Twin-Well BiCMOS[B]（下面简称通常 BiCMOS[B]）制程及所制得的元器件为基础，并用 HV LDMOS/HV 双极型结构和制造工艺对其进行改变，最终在硅衬底上形成 LV/HV Twin-Well BCD[B]芯片中的主要元器件，并使之互连，实现所设计电路。该电路或各层版图已变换为缩小的各层平面和剖面结构图形的芯片。如果得到的各种工艺参数与电学参数都符合所设计电路的要求，则芯片功能和电气性能都能达到设计指标。

表 7-10 工艺技术和芯片中主要元器件

工 艺 技 术		芯片中主要元器件	
■ 技术	LV/HV Twin-Well BCD[B]-（B）	■ 电阻	—
■ 衬底	P-Si<100>	■ 电容	—
■ 阱	Twin-Well	■ 晶体管	LV NLDD NMOS W/L>1（驱动管）
■ 隔离	LOCOS/IP+		
■ 栅结构	N+Poly/SiO$_2$		LV PLDD PMOS W/L>1（负载管）
■ 源漏区	N+SN-, P+SP-		
■ 栅特征尺寸	1.0μm（LV）		LV NPN
■ E/B/C（LV）	N+/DP-/N-epiBLN+DN/N+		HV PNP（纵向双极型）
■ DMOS 栅特征尺寸	≥5μm		HV NPN（纵向双极型）
■ 沟道尺寸	≥2μm		HV LDNMOS
■ 沟道和漏极间距	视高压而定	■ 二极管	N+/P-Well（剖面图中未标出）
■ Poly	1 层（N+Poly）		P+/N-Well（剖面图中未标出）
■ 互连金属	1 层（AlSiCu）		
■ 电源（U_{DD}）	5V（LV）		
■ 高压（HV 双极型）	30～100V		
■ 高压 MOS（100～700V）	视漂移区长度/掺杂浓度而定		
工 艺 参 数*	数 值	电学参数*	数 值
■ ρ, T_{N-EPI}	左边这些参数视工艺制程而定	■ U_{LVTN}/U_{LVTP}, U_{TFN}/U_{TFP}	左边这些参数视电路特性而定
■ $X_{jBLN+}/X_{jIP+}/X_{jDN}$		■ BU$_{LVDSN}$/BU$_{LVDSP}$	
■ $X_{jNW}/X_{jPW}/X_{jDP}/X_{jN-}$		■ U_{HVTN}/BU$_{HVDSN}$	
■ $T_{F-Ox}/T_{HV-Gox}/T_{LV-Gox}/T_{Poly-Ox}$		■ $R_{SBLN+}/R_{SBLP+}/R_{SDN}$	
■ $T_{Poly}/T_{BPSG}/T_{LTO}/T_{TEOS}$		■ $R_{SNW}/R_{SPW}/R_{DP}/R_{DN}/R_{SN+Poly}$	
■ T_{N-EPI}		■ R_{SN+}/R_{SP+}, R_{ON} g_n/g_p, I_{LPN}	
■ $L_{effn}/L_{effp}/L_{effLDN}$, L_{DLDN}		■ BU$_{CBON}$/BU$_{CEON}$, β_{NPN}, f_{TN}	
■ X_{jN+}/X_{jP+}, T_{Al}		■ BU$_{CBOP}$/BU$_{CEOP}$, β_{PNP}, f_{TP}	
■ 设计规则	1.0μm（LV CMOS）	■ 电路 DC/AC 特性	视设计电路而定

*表中参数符号与第 2 章各表相同。

7.10.1 芯片剖面结构

在电路中找出各种典型元器件——LV NMOS、LV PMOS、LV NPN（纵向）、HV NPN（纵向）、HV PNP（纵向）及 HV LDNMOS，应用芯片结构技术（参见附录 B-[21]），进行剖面结构设计，分别如图 7-19 中的 Ⓐ、Ⓑ、Ⓒ、Ⓓ、Ⓔ及Ⓕ所示（不要把它们看作连接在一起）。由它们构成 LV/HV Twin-Well BCD[B]-（B）芯片典型剖面结构，图 7-19（a）为其示意图。以该结构为基础，消去 HV PNP，引入 Cf 场区电容和 Poly 电阻，得到如图 7-19（b）所示的另一种结构。如果引入不同于图 7-19 中的单个或多个元器件结构，或消去其中单个或多个元器件结构，或对其中元器件结构进行改变，则可得到多种不同结构。选用其中与设计电路相联系的一种结构。下面仅对图 7-19（a）所示结构进行介绍。

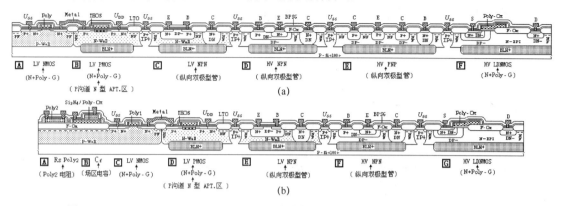

图 7-19　LV/HV Twin-Well BCD[B]-（B）芯片剖面结构示意图（参阅附录 B-[2, 19]）

7.10.2　工艺技术

设计电路工艺技术概要如表 7-10 所示。为实现 LV/HV Twin-Well BCD[B]-（B）技术，引入兼容 HV LDMOS 和 HV 双极型器件工艺，对通常 BiCMOS[B] 制造工艺做如下改变。

（1）Twin-Well 推进之后，引入 N-型硅外延层中 11B+ 和 31P+ 注入并推进，分别生成 DP-区和 DN-区。源漏掺杂后形成 N+/DN-/DP-区为双扩散源，在沟道和漏之间具有符合 HV 要求的低浓度的长的 N-型外延层为漂移区，N+/DN-区为漏。

（2）上述引入 11B+ 和 31P+ 注入并推进的同时，在外延层另外几个有源区中各形成 DN-区和 DP-区，分别生成 N+/DN-区为发射区和 P+/DP-区为发射区与集电区，DN-为基区。

（3）场区氧化后，在沟道与漏之间引入场氧化层（F-Ox），形成符合 HV 要求的厚度和长度。

（4）腐蚀预栅氧化层后，引入厚、薄栅氧化膜生长。

（5）Poly 淀积并掺杂，引入刻蚀形成偏置栅结构。

上述引入这些基本工艺，使 LV Twin-Well BiCMOS[B]芯片结构和制程都发生了明显的变化。工艺完成后，制得 LV NMOS[A]和 LV PMOS[B]、LV NPN[C]、HV NPN[D]、HV PNP[E]，以及 HV LDNMOS[F]等，并用 LV/HV Twin-Well BCD[B]-（B）来表示。

LV/HV Twin-Well BCD[B]-（B）电路电气性能指标与各制造参数密切相关，确定用于芯片制造的基本参数，如表 7-10 所示。制造工艺中，对下列参数提出严格要求。

（1）工艺参数：各种掺杂浓度及分布，X_{jBLN+}、X_{jIP+}、X_{jDN}、X_{jNW}、X_{jPW}、X_{jDP-}、X_{jDN-}、X_{jN+}、X_{jP+} 等结深，T_{F-Ox}、T_{HV-Gox}、T_{LV-Gox}、$T_{Poly-Ox}$ 等氧化层厚度。

（2）电学参数：U_{TN}、U_{TP} 等 LV/HV 阈值电压，R_{SBLN+}、R_{SIP+}、R_{SDN}、R_{SNW}、R_{SPW}、R_{SDP-}、R_{SIN-}、R_{SN+}、R_{SP+} 等薄层电阻，BU_{DSN}、BU_{DSP}、BU_{CBO}、BU_{CEO} 等 LV/HV 击穿电压。

（3）硅衬底电阻率、外延层厚度及电阻率等。

芯片制造由各工步所组成的工序来实现，需要制定出各工序具体的工艺条件，以保证所要求的各种参数都达到规范值。从工艺制程的最初阶段就开始进行工艺检测，以获得芯片制程中各工序必要的关于材料质量和工艺参数与电学参数的数据。在芯片集成度不断增加的情况下，每一道工序都有决定成功或失败的关键问题：沾污、结深、薄膜的质量。工艺检测对于描绘工艺硅片的特性与检查其成品率非常关键,要确保工艺参数和电学参数都达到规范值。

在制作掩模时,必须考虑各次光刻所用掩模的名称、图形黑白、正胶、有无划片槽及对准层次等。从制程剖面结构图(图 7-20)中可以看出,需要进行 21 次光刻。对于光刻,不但要求有高的图形分辨率,同时还要求具有良好的图形套准精度。与 LV Twin-Well BiCMOS[B] 相比,增加了 3 块掩模:DP-区、DN-区及 HV 栅氧化膜区。

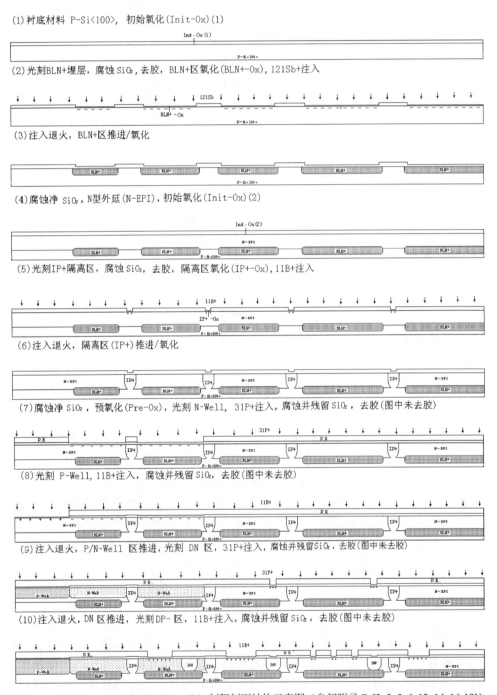

图 7-20 LV/HV Twin-Well BCD[B]-(B)制程剖面结构示意图(参阅附录 B-[2,3,5,6,13,14,16-19])

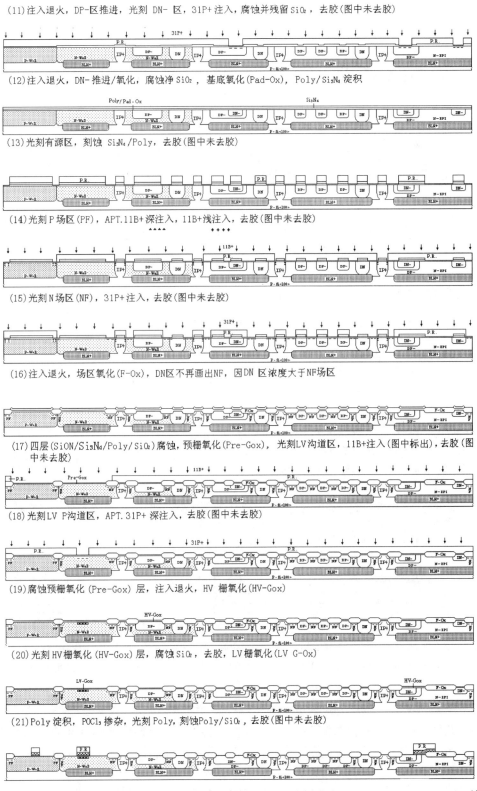

图 7-20 LV/HV Twin-Well BCD[B]-（B）制程剖面结构示意图（参阅附录 B-[2, 3, 5, 6, 13, 14, 16-19]）（续）

(22) 源漏氧化(S/D-Ox)，光刻 NLDD 区，31P+ 注入（Poly 注入未标出），去胶（图中未去胶）

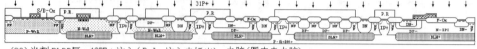

(23) 光刻 PLDD 区，49BF₂+ 注入（Poly 注入未标出），去胶（图中未去胶）

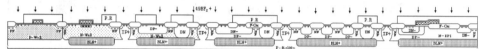

(24) 注入退火，形成 SN-、SP- 区，TEOS 淀积/致密，刻蚀形成 TEOS 侧墙，源漏氧化(S/D-Ox)

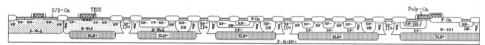

(25) 光刻 N+ 区，75As+ 注入（Poly 注入未标出），去胶（图中未去胶）

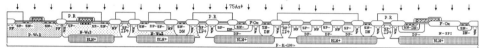

(26) 光刻 P+ 区，49BF₂+ 注入（Poly 注入未标出），去胶（图中未去胶）

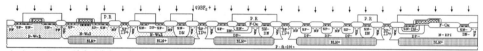

(27) LTO/BPSG 淀积/致密，注入退火，形成 N+SN-、P+SP- 区（图中未标出 SN-、SP-）

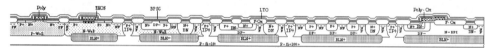

(28) 光刻接触孔，腐蚀，刻蚀 BPSG/LTO/SiO₂，去胶（图中未去胶）

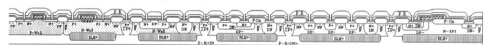

(29) 溅射金属(Metal)，光刻金属，刻蚀 AlCu，去胶

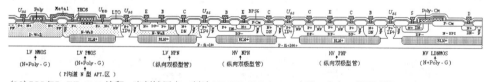

(30) PSG/PE CVD Si₃N₄ 淀积，光刻键压点，刻蚀 PE CVD Si₃N₄/PSG，去胶，合金，背面减薄，PCM 测试

图 7-20　LV/HV Twin-Well BCD[B]-（B）制程剖面结构示意图（参阅附录 B-[2, 3, 5, 6, 13, 14, 16-19]）（续）

7.10.3　工艺制程

由工艺规范确定的各个基本工序、相互关联及将其按一定顺序组合，构成图 7-19 所示的 LV/HV Twin-Well BCD[B]-（B）芯片结构的制程。为实现此制程，在通常的 BiCMOS[B] 制程中，引入部分基本工艺，不仅增加了制造工艺，技术难度增大，使芯片结构发生了明显的变化，而且改变了其制程，从而实现了 LV/HV Twin-Well BCD[B]-（B）制程。

由多次氧化、光刻、杂质扩散、离子注入、薄膜淀积及溅射金属等各个基本工序构成芯片制程，形成了以下元器件及其杂质层、介质层和互连金属层。

（1）电路芯片中的各个元器件：LV NMOS、LV PMOS、LV NPN（纵向）、HV NPN（纵向）、HV PNP（纵向）及 HV LDNMOS 等。

（2）这些电路元器件所需要的精确控制的硅中的杂质层：BLN+、N-EPI、IP+、DN、P-Well、N-Well、DP-、DN-、PF、NP、沟道掺杂、SN-、SP-、N+Poly、N+、P+等。

（3）集成电路所需要的介质层：F-Ox、LV/HV G-Ox、Poly-Ox、TEOS、BPSG/LTO 等。

（4）将这些电路元器件连接起来形成集成电路的金属层：AlSiCu。

应用计算机，依据 LV/HV Twin-Well BCD[B]-（B）芯片制造工艺中各个工序的先后次序，把各个工序连接起来，可以得到制程。它由各个工序所组成，而工序则由各个工步来实现。根据设计电路的电气特性要求，选择工艺序号和工艺规范号，以便得到所需要的工艺参数和电学参数。

根据图 7-19 芯片剖面结构和制造工艺的各个工序，使用芯片结构技术，利用计算机和相应的软件，可以描绘出芯片制程中各个工序剖面结构，依照各个工序的先后次序连接起来，可以得到如图 7-20 所示的制程剖面结构示意图。该图直观地显示出 LV/HV Twin-Well BCD[B]-（B）制程中芯片表面、内部元器件及互连的形成过程和结构的变化。

LV/HV Twin-Well BCD[B]-（B）制程主要特点如下所述。

（1）LV BiCMOS[B]制程中 NPN 基区的 DP-区与 HV NPN 和 HV PNP 的 DP-区是同时形成的，具有相同的浓度和结深；HV NPN 发射区与 HV LDMOS 源漏区的 N+/DN-是同时形成的，具有相同的浓度和结深。

（2）LV NPN 基区接触区 P+掺杂的同时：在 N-Well 中形成源区和漏区，以制得 LV PMOS；在 DP-区形成发射区/集电区，以制得 HV PNP；在 DP-区形成 HV NPN 基区的 P+接触区。

（3）LV NPN 发射区/集电区 N+掺杂的同时：在 P-Well 中形成源区和漏区，以制得 LV NMOS；在 DN-区和 DN 区中分别形成发射区和集电区，以制得 HV NPN 和 HV PNP 基区的 N+接触区；在 DN-/DP-区和 DN-区分别形成双扩散源区（N+/DN-/DP-）和漏区（N+/DN-），且在沟道和漏区之间具有场氧化层（F-Ox），以制得 HV LDNMOS。

（4）LV BiCMOS[B]中的栅氧化改变为厚栅氧化膜生长，增加一次掩模并先进行腐蚀，得到高压厚栅氧化膜，然后接着氧化，以形成低压栅氧化膜。

制程中使用了 21 次掩模，各次光刻确定了 LV/HV Twin-Well BCD[B]-（B）芯片各层平面结构与横向尺寸。工艺完成后确定了：

（1）芯片各层平面结构与横向尺寸；

（2）剖面结构与纵向尺寸；

（3）硅中的杂质浓度、分布及结深；

（4）电路功能和电气性能等。

芯片结构及尺寸和硅中杂质浓度及结深是制程的关键（参见附录 B-[20]）。它们不仅与 HV 器件的下列参数有关：

（1）HV LDNMOS 的 N+/DP-的结深度、掺杂浓度和 N-EPI 漂移区的长度、宽度、厚度、掺杂浓度；

（2）HV NPN 和 HV PNP 的 DP-区、DN-区的结深度、掺杂浓度；

（3）HV MOS 沟道和漏极之间场氧化层（F-Ox）的厚度及长度；

（4）HV 栅氧化层厚度；

（5）器件承受的高压、低的导通电阻及阈值电压等。

而且与 LV 器件的下列参数密切相关：

（1）CMOS 器件的工艺参数和电学参数；

（2）双极型器件的工艺参数和电学参数等。

CMOS 与双极型器件在这些参数之间必须进行折中与优化，以达到互相匹配的目的。

此外，在 N-EPI 漂移区长度确定后，为了获得最高击穿电压，必须优化掺杂浓度。漂移区长度对导通电阻有影响，漂移区长，导通电阻就大。因此必须进行优化，以便得到合理的漂移区长度。低的导通阻抗要求漂移区的掺杂浓度要高，而高的击穿电压要求漂移区的掺杂浓度要低，使漏结雪崩击穿之前，漂移区先夹断。因而在导通电阻和耐压两者之间要折中考虑。

制程完成后，平面/剖面结构和横向/纵向尺寸能否实现芯片要求，关键取决于各工序的工艺规范值。如果制程完成后，芯片得到的工艺参数和电学参数不精确，则电路性能就达不到设计指标。所以芯片制造中要严格遵守各工序的工艺规范。

制程完成后，先测试晶圆 PCM 数据，达到规范值后才能测试芯片电气特性。如果主要的 PCM 数据未达到规范值，偏离数值很大，则要对该晶圆进行报废处理。

附录 A 术语缩写对照

A

Al	铝
AlCu, Al/Cu	铝铜
Al-G	铝栅
AlSi, Al/Si	铝硅
AlSiCu, Al/Si/Cu	铝硅铜
APCVD	常压化学气相淀积
APT.	防穿通
75As+	砷离子
AsH$_3$	砷烷

B

11B+	硼离子
B	基区，基极
Bath	槽
BCD	双极、互补 MOS、DMOS
Beam	束流
49BF$_2$+	二氟化硼离子
BiCMOS	双极 CMOS
BLN+	N+ 埋层
BLN+ -Ox	N+ 埋层区氧化
BLP+	P+ 埋层
BLP+ -Ox	P+ 埋层区氧化
BPSG	硼磷硅玻璃
BSG	硼硅玻璃

C

C	集电极
CD	特征尺寸/临界尺寸
C$_f$	场区电容
CMOS	互补 MOS
CMP	化学机械抛光
CoSi$_2$	硅化钴
SiOC	碳掺杂氧化硅
Cs	衬底电容
Csc	存储单元衬底电容
Csd	槽结构电容
CVD	化学气相淀积

D

D/A	数字/模拟
D-CD	显影后条宽尺寸
DDD	双扩散掺杂
Def	缺陷
Deep Submicron	深亚微米
DMOS	双扩散 MOS
D-NMOS 或 ND	耗尽型 NMOS
DN	深磷区
DN-Well	深 N-Well
DN-	深 N-区
DP-	深 P-区
Dose	剂量
DRAM	动态随机存取存储器

E

E	发射极
EB	腐蚀槽
E-CD	腐蚀或刻蚀后条宽尺寸
E/D 型 PMOS	增强型/耗尽型 PMOS
E/D 型 NMOS	增强型/耗尽型 NMOS
En	能量
EPI, epi	外延
E-NMOS	增强型 NMOS
E-PMOS	增强型 PMOS
EPROM	可擦除可编程只读存储器
EEPROM	电可擦可编程只读存储器
ESD	静电放电
E-SIMOS	增强型迭栅注入 MOS

F

F-Ox	场区氧化
Flash	闪烁 EEPROM
Flotox	浮栅隧道氧化 MOS

G

G，Gate	栅
Gate-Ox，G-Ox	栅氧化

H

Halo	晕区
HDPCVD	高密度等离子化学气相淀积
HDPSiO$_2$	高密度等离子化学气相淀积 SiO$_2$
HV DMOS	高压 DMOS
HV G-Ox	高压栅氧化
HV LDMOS	高压横向 DMOS
HV NMOS	高压 NMOS
HV NPN	高压 NPN
HV PMOS	高压 PMOS
HV PNP	高压 PNP
HV VDMOS	高压纵向 DMOS

I

IC	集成电路
ILD	层间介质
Insp	镜检
Init-Ox	初始氧化
ISO	隔离
IP+	IP+隔离

L

L	沟道长度
Latch up	闩锁
LDD	轻掺杂漏，淡掺杂漏
LDMOS	横向 DMOS
LOCOS	硅局部氧化
LPCVD	低压化学气相淀积
LSI	大规模集成电路
LTO	低温 SiO$_2$
LV G-Ox	低压栅氧化
LV NMOS	低压 NMOS
LV PMOS	低压 PMOS
LV/HV	低电/高压兼容

M

Mask ROM	掩模 ROM
Metal，M	金属
HMDS	黏附剂
Min	分
MOS	金属氧化物半导体
MOS C	MOS 电容

N

n	折射率
Nb	N 型基区
ND	N 型漂移区
N-EPI，N-epi	N 型外延
NF	N 型场区
N-Halo	N 型晕区
NiSi	硅化镍
NLDD	N 型轻掺杂漏，N 型淡掺杂漏
nm	纳米
NMOS	N 沟道 MOS
N+SN-	N+区相接浅（横向）N-区
N+/N-	N+区相接（纵向）N-区
N+-Ox	N+区氧化
N+Poly	N 型重掺杂多晶硅
N+Poly-G	N 型重掺杂多晶硅栅
N+Poly-N+	N+Poly 相接 N+区
N-Si<100>	N 型硅<100>
N-Sub	N 型衬底
N-Well，NW	N 阱
N-Well CMOS	N 阱 CMOS
N-Well Ox	N 阱区氧化

P

31P+	磷离子
PSG	磷硅玻璃
PAD	键压块，键压点
Pad-Ox	基底氧化
Pb	P 型基区
PCM	生产控制参数（工艺参数和电学参数）
PD	P 型漂移区
Pepi	P 型外延
PECVD SiO$_2$	等离子增强化学气相淀积 SiO$_2$
PECVD Si$_3$N$_4$	等离子增强化学气相淀积 Si$_3$N$_4$
PF	P 型场区
PVD	物理气相淀积

P-Halo	P 型晕区	121Sb+	锑离子
PLDD	P 型轻掺杂漏	STI	浅槽隔离
PMOS	P 沟道 MOS	S/D-Ox	源漏区氧化
P+-Ox	P+区氧化	SD-NMOS	强耗尽型 NMOS
Poly-Ox	多晶硅氧化	Si-G	硅栅
Poly1	第 1 层多晶	SIMOS	选栅注入 MOS
Poly2	第 2 层多晶	Si_3N_4	氮化硅
Poly1-Ox	第 1 层多晶硅氧化	SiON	氮氧化硅
Poly2-Ox	第 2 层多晶硅氧化	SOG	旋涂二氧化硅
P+Poly-G	P 型重掺杂多晶硅栅	SOI	绝缘层上的单晶硅
P+SP-	P+区相接浅（横向）P-区	SiOF	氧化硅中掺氟
P+/P-	P+区相接（纵向）P-区	STI	浅槽隔离
P.R	光刻胶	SRAM	静态随机存储器
Pr	程序	Submicron	亚微米
Pre-Gox	预栅氧化	Submicron CMOS	亚微米 CMOS
Pre-Ox	预氧化	Deep Submicron	深亚微米
P-Si<100>	P 型硅<100>		
P-Sub	P 型衬底	**T**	
PE CVD Si_3N_4/PSG	等离子增强型化学气相淀积氮化硅/磷硅玻璃	T	温度，厚度
		$TaSi_2$	硅化钽
P-Well，PW	P 阱	Tepi	外延层厚度
		TEOS	正硅酸乙酯
R		TG-Ox	栅氧化层厚度
RAM	随机存取存储器	Tox	氧化层厚度
ret.N-Well	逆向（倒向）N 阱	Ti	钛
ret.P-Well	逆向（倒向）P 阱	TiN	氮化钛
ret.Well	逆向（倒向）阱	$TiSi_2$	钛化硅
reticle	初缩版	Tu-Ox	隧道孔氧化
Rs Nb	N 型基区薄层电阻	Twin-Well，TW	双阱
Rs n-	n-区薄层电阻	Type	型号
Rs N+	N+扩区薄层电阻		
Rs N+Poly	N+多晶薄层电阻	**U**	
Rs N-Poly	N-多晶薄层电阻		
Rs nw	N 阱薄层电阻	ULSI	极大规模集成电路
Rs P+	P+扩区薄层电阻	U_{DD}	接电源
Rs Pb	P 型基区薄层电阻	U_{in}	输入
Rs P+Poly	P+多晶薄层电阻	U_{out}	输出
Rs pw	P 阱薄层电阻	U_{SS}	接地
RTA	快速热退火	U_{tn}	NMOS 管阈值电压
RTP	快速热处理	U_{tp}	PMOS 管阈值电压
		U_{Tf}	场区阈值电压
S		UV	紫外光或紫外光灯
S	秒		

V

VDMOS	纵向 DMOS		
VDSM	超深亚微米		
V-Deep Submicron CMOS	超深亚微米 CMOS		
VLSI	超大规模集成电路		
Via	通孔		

W

W 钨
W/L 宽长比
W Plug 钨塞
WSi_2 硅化钨

X

X_j 结深
X_{jpw} P-Well
X_{jnw} N-Well
X_{jp+} P+结深
X_{jn+} N+结深
X_{jpb} Pb 基区宽度
X_{jnb} Nb 基区宽度

附录B 简要说明

[1] 31P+、75As+或11B+、49BF$_2$离子注入,形成N-或P-区、N+或P+区;Poly淀积并刻蚀等,实际上是指光刻后做离子注入,刻蚀。全书各章节的技术叙述中都做了这样的简化。

[2] 剖面结构指的是上表面层结构,为了简明起见,背面和侧面结构都不画出。全书各章节如此。

[3] 若剖面结构图中,增强型沟道区离子注入符号<++++>、<---->消失,则表明该工序已做过注入退火。全书都做了这样的规定。

[4] MOS N沟道耗尽区31P+ 或 75As+ 注入后,如果剖面结构图中沟道区离子注入符号由<----> 改变为<▬▬▬>,则表明该工序已做过注入退火。全书都做了这样的规定。

[5] MOS 沟道区11B+、31P+或75As+防穿通注入后,若剖面结构图中沟道区离子注入符号由<++++>、<----> 改变为 <▭▭▭>、<▬▬▬>,则表明该工序已做过注入退火。前者符号表示N沟P型APT.区,后者符号表示P沟N型APT.区。全书都做了这样的规定。

[6] 电路芯片制造技术的各个工序中,都略去了硅衬底清洗、工艺检测及去胶等。全书都做了这样的规定。

[7] BiCMOS[C]-(A)、-(B)…方括号中C表示以CMOS工艺为基础的BiCMOS工艺,而(A)、(B)…表示不同制造工艺。全书各章节都如此。

[8] BiCMOS[B]-(A)、-(B)…方括号中B表示以双极型工艺为基础的BiCMOS工艺,而(A)、(B)…表示不同制造工艺。全书各章节都如此。

[9] LV/HV BiCMOS[C]-(A)、-(B)…方括号中C表示以CMOS工艺为基础的 LV/HV 兼容 BiCMOS 工艺,而(A)、(B)…表示不同制造工艺。全书各章节都如此。

[10] LV/HV BiCMOS[B]-(A)、-(B)…方括号中B表示以双极型工艺为基础的 LV/HV 兼容 BiCMOS 工艺,而(A)、(B)…表示不同制造工艺。全书各章节都如此。

[11] LV/HV BCD[C]-(A)、-(B)…方括号中C表示以CMOS工艺为基础的 LV/HV 兼容 BCD 工艺,而(A)、(B)…表示不同制造工艺。全书各章节都如此。

[12] LV/HV BCD[B]-(A)、-(B)…方括号中B表示以双极型工艺为基础的 LV/HV 兼容 BCD 工艺,而(A)、(B)…表示不同制造工艺。全书各章节都如此。

[13] 工艺制程中,场氧化后,呈现出三层或四层结构,为了简明起见,通常制程剖面结构示意图中未画出并未标示出 SiON/Si$_3$N$_4$/SiO$_2$ 或 SiON/Si$_3$N$_4$/Poly/SiO$_2$。

[14] 在剖面结构图中,为了与PMOS管的P+源漏区区分开,双极型P+隔离区使用IP+来表示。

[15] 在剖面结构图中,为了与NMOS管的N+源漏区区分开,MOS衬底电容N+极区使用CN+来表示。

[16] NMOS 管或 PMOS 管在做 NLDD 或 PLDD 注入、刻蚀形成侧墙后,做N+或P+注入并退火后形成N+SN-或P+SP-源漏区,在剖面结构图中,为了简化起见,略去了 SN-或 SP-区的标示,仅标示出N+或P+源漏区。

[17] 在剖面结构图中,轻或淡31P+或75As+、11B+或49BF2离子注入,退火后形成浅的区域使用SN-或SP-来表示,而形成深的区域则使用DN-或DP-来表示。

[18] 理论上在外延层表面应重现完全相同的埋层图形,但实际上外延层上的图形相对于原埋层图形发生了水平漂移、畸变。硅生长-腐蚀速率的各向异性是图形漂移与畸变的根本原因。在 BiCMOS 制造工艺中,准确测量相对漂移量比较困难,因此必须找到一个简单易行的方法。生产中常在埋层光刻板上制作一个对准记号,外延后对准记号发生一定漂移。为了使隔离光刻板对准埋层图形,不受图形漂移的影响,隔

离光刻对准记号必须事先考虑漂移量,在制作隔离掩模板时,就要把这个漂移量通过对准记号表示出来。全书各章节涉及外延层上的图形漂移的,光刻对准都用此方法来解决。

[19] LV/HV 兼容 CMOS、BiCMOS、BCD 电路中,为了防止厚氧化层上面金属互联所产生的寄生沟道,在 HV MOS 周围加了 N+ 或 P+ 隔离环。在剖面结构或制程剖面结构图中,为了简明起见,通常都略去 N+ 或 P+ 隔离环。

[20] 参考 1.9.1 节芯片结构及其参数中的图 1-22,芯片横向和纵向尺寸、工艺参数和电学参数与电路性能依赖关系。

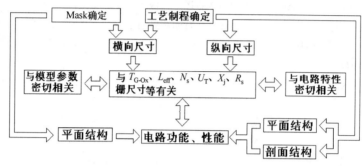

[21] 参考 1.9.2 节。

参考文献

[1] 陈星弼. 功率 MOSFET 与高压集成电路[M]. 南京：东南大学出版社，1990.

[2] 刘忠立. CMOS 集成电路原理制造及应用[M]. 北京：电子工业出版社，1990.

[3] 王阳元，关旭东，马俊如. 集成电路工艺基础[M]. 北京：高等教育出版社，1991.

[4] 谢世健. 集成电路兼容技术[M]. 南京：东南大学出版社，1994.

[5] K.A.杰克逊，et al. 半导体工艺[M]. 北京：科学出版社，1999.

[6] 荒井英辅. 集成电路 A[M]. 北京：科学出版社，2000.

[7] Stephen A.Campbell. 微电子制造科学原理与工程技术[M]. 北京：电子工业出版社，2003.

[8] 广濑全孝. 集成电路[M]. 科学出版社，北京：2003.

[9] Kiat-SengYeo，Yeo，Samir S.Rofail，Wang-Ling Goh. 低压低功耗 CMOS/BiCMOS 超大规模集成电路[M]. 北京：电子工业出版社，2003.

[10] Michael Quirk，Julian Serda. 半导体制造技术[M]. 北京：电子工业出版社，2004.

[11] 甘学温，黄如，刘晓彦，等. 纳米 CMOS 器件[M]. 北京：科学出版社，2004.

[12] 蒋建飞. 纳米芯片学[M]. 上海：上海交通大学出版社，2007.

[13] 潘桂忠. MOS 集成电路结构与制造技术[M]. 上海：上海科学技术出版社，2010.

[14] 洪慧，韩雁，文进才，等. 功率集成电路技术理论与设计[M]. 杭州：浙江大学出版社，2011.

[15] 潘桂忠. MOS 集成电路工艺与制造技术[M]. 上海：上海科学技术出版社，2012.

[16] Hong Xiao（萧宏）. 半导体制造技术导论（第二版）[M]. 杨银堂，段宝兴，译. 北京：电子工业出版社，2013.

[17] 张汝京. 纳米集成电路制造工艺（第 2 版）[M]. 北京：清华大学出版社，2017.

[18] 温德通. 集成电路制造工艺与工程应用[M]. 北京：机械工业出版社，2018.